Sekundarstufe II

Biosphäre

Neurobiologie

Cornelsen

Biosphäre
Sekundarstufe II, Neurobiologie

Herausgeber:
Joachim Becker, Dormagen

Autorinnen und Autoren:
Joachim Becker, Dormagen; Christian Gröne, Lünen; Martin Kamann, Köln;
Michael Linkwitz, Rösrath; Delia Nixdorf, Velbert; Harald Seufert, Düsseldorf

Redaktion:
Dr. Peggy Radant, Dr. Claudia Seidel

Designberatung:
Katharina Wolff-Steininger, Ellen Meister

Layoutkonzept, Umschlaggestaltung, Layout und technische Umsetzung:
SOFAROBOTNIK GbR, Augsburg & München

Grafik:
Angelika Kramer, Stuttgart; Karin Mall, Berlin;
Tom Menzel, Klingberg; Bernhard A. Peter, Pattensen

Titelbild:
Bauchflecken-Baumsteiger (*Ranitomeya ventrimaculata*)
Vario-Images / Design Pics

Begleitmaterial zum Lehrwerk	
E-Book	978-3-06-420184-2
Lösungen zum Schülerbuch	978-3-06-420057-9
Klausurenheft	978-3-06-420113-2
Klausuren auf CD-ROM	978-3-06-329657-3

www.cornelsen.de

1. Auflage, 3. Druck 2019

Alle Drucke dieser Auflage sind inhaltlich unverändert
und können im Unterricht nebeneinander verwendet werden.

Druck und Bindung: Livonia Print, Riga

ISBN 978-3-06-420056-2

PEFC/12-31-006

PEFC zertifiziert
Dieses Produkt stammt aus nachhaltig bewirtschafteten Wäldern und kontrollierten Quellen.

www.pefc.de

INHALTSVERZEICHNIS

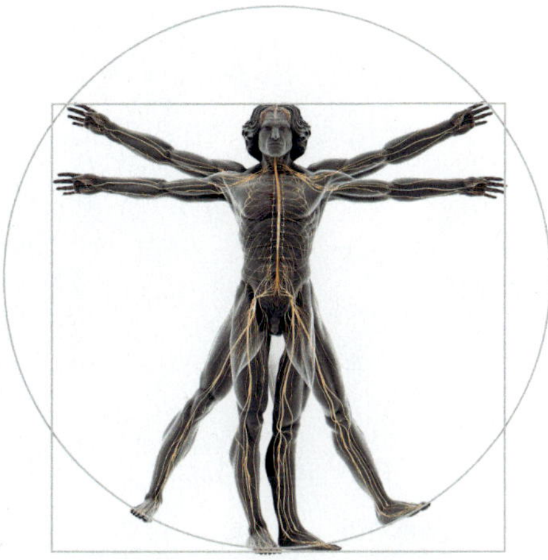

BIOLOGISCHES PRINZIP

Basiskonzept Struktur und Funktion

Aplysia californica *ist eine Meeresschnecke, die bis zu 75 Zentimeter groß werden kann. Aufgrund ihres Erscheinungsbildes wird sie auch als Kalifornischer Seehase bezeichnet. Da sie besonders große, mit dem bloßen Auge erkennbare Nervenzellen besitzt, ist sie für die neurophysiologische Forschung von besonderem Interesse. Anhäufungen von Nervenzellkörpern, die als Ganglien oder Nervenknoten bezeichnet werden, sind für die Steuerung der verschiedenen Organe verantwortlich. Dies ist ein Beispiel für das Basiskonzept* ***Struktur und Funktion.***

01 *Aplysia californica*

BIOLOGISCHES PRINZIP

Basiskonzept Steuerung und Regelung

Elefanten besitzen eine im Verhältnis zu ihrem Volumen kleine Körperoberfläche. In ihren Lebensräumen in Asien und Afrika müsste das eigentlich ein Nachteil sein. Ihre Hautoberfläche ist zu klein, um bei hohen Temperaturen die aufgenommene Wärme wieder abführen zu können. Anhand von Infrarotbildern wurde nachgewiesen, dass die Tiere in den kalten Nächten ihre Körpertemperatur absenken. Hierdurch wird die tagsüber aufgenommene Wärme in der folgenden Nacht wieder abgegeben. Dieser Effekt wird als Heterothermie bezeichnet und ist ein Beispiel für das Basiskonzept ***Steuerung und Regelung.***

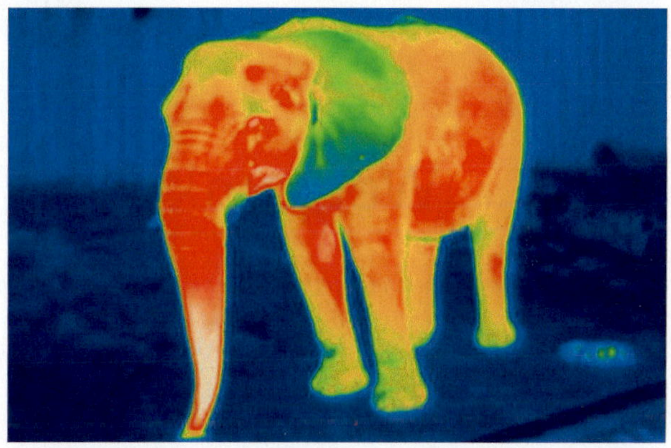

02 Hauttemperaturen eines Elefanten (rot = hoch, blau = niedrig)

BIOLOGISCHES PRINZIP

Basiskonzept Information und Kommunikation

Die männlichen Raggi-Paradiesvögel locken bei der Balz weibliche Vögel durch laute Rufe an. Sobald sich ein Weibchen nähert, beginnen die Männchen zu tanzen. Dabei spreizen sie ihre Flügel und breiten ihre langen und filigranen Schmuckfedern zu einem großen Fächer aus, den sie schwenken und erzittern lassen. Die rot gefärbten Federn erscheinen dabei wie zuckende Flammen. Rufe, Federkleid und Tanz sind Beispiele für das Basiskonzept ***Information und Kommunikation.***

03 Männlicher Raggi-Paradiesvogel

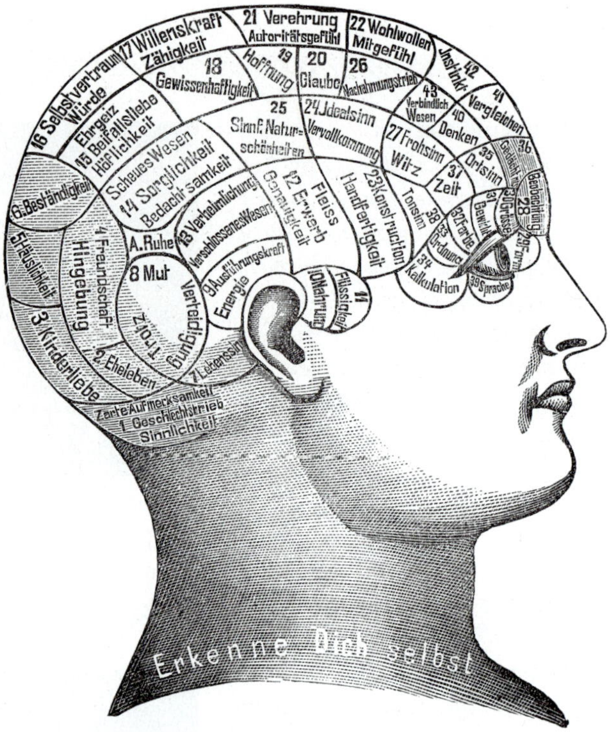

01 Karte der funktionellen Aufteilung des Gehirns aus dem 19. Jahrhundert

Wegpunkte der Hirnforschung

Die Karte des Gehirns beschreibt eine Vorstellung, die der Arzt und Neuroanatom Franz Josef GALL begründete. Er glaubte, geistige Eigenschaften wie Gewissenhaftigkeit oder Frohsinn seien bestimmten Arealen der Großhirnrinde zuzuordnen. Wie entwickelten sich die Vorstellungen von Gehirn und Geist seit der Antike?

GEHIRN ALS DRÜSE · Schon in der Antike konnte man den Zusammenhang zwischen Struktur und Funktion verschiedener Körperteile, zum Beispiel der Hände, eindeutig erklären. Erheblich schwieriger war es, aus der Form des Kopfes seine Funktion abzuleiten. Aufgrund der Lage der Sinnesorgane nahm man an, das Gehirn sei für die Sinnesleistungen zuständig. HIPPOKRATES vertrat erstmalig die Ansicht, das Gehirn sei Sitz des Verstandes. Im 2. Jahrhundert nach Christus entdeckte der römische Arzt GALENUS im Gehirn des Menschen mit Flüssigkeit gefüllte Gänge und Hohlräume. Daher nahm er an, das Gehirn funktioniere wie eine Drüse und die Nerven wie Schläuche. Diese Auffassung bestand 1500 Jahre lang.

NEURONENTHEORIE · Nach der Erfindung des Lichtmikroskops war es möglich, den Bau des Gehirns präziser zu erforschen. Camillo GOLGI entwickelte im Jahr 1873 eine Färbetechnik mit Silbernitrat, die es erlaubte, den zellulären Aufbau des Nervengewebes sichtbar zu machen. Mit dieser neuen Methode untersuchte der spanische Histologe Santiago Ramón y CAYAL die Gehirne verschiedener Tierarten. Er kam zu dem Schluss, dass das Nervensystem aus Milliarden einzelner Nervenzellen, den *Neuronen*, aufgebaut ist. Die Neuronen kommunizieren über spezielle Verbindungen miteinander, die *Synapsen*. Nach dieser Neuronentheorie ist das Neuron die kleinste Einheit des Nervensystems.

ELEKTROPHYSIOLOGIE · Als Luigi GALVANI im Jahr 1789 mit der gerade neu entdeckten Elektrizität experimentierte, lagen eines Nachmittags auf seinem Labortisch Froschschenkel, die für das Abendessen bestimmt waren. Während ein Assistent eine Elektrisiermaschine betrieb, berührte GALVANI zufällig die Froschschenkel mit einem Messer. Dadurch entstand ein geschlossener Stromkreis. Zu seinem Erstaunen begannen die Froschschenkel zu zucken. GALVANI vermutete, einer *elektrischen Lebenskraft* auf der Spur zu sein. Innerhalb der nächsten Jahrzehnte entdeckte man, dass die Nerven nicht durch die Bewegung von Flüssigkeit mit dem Gehirn kommunizieren, sondern Neuronen elektrische Signale erzeugen und übertragen. Damit wurde die Forschungsrichtung der *Elektrophysiologie* begründet.

GEHIRNFUNKTIONEN · Ende des 18. Jahrhunderts entwickelte sich die Vorstellung, dass spezifische Gehirnfunktionen in verschiedenen Bereichen des Gehirns lokalisiert sind. Einige Mediziner nahmen sogar an, man könne durch genaues Ausmessen der Schädelform auf besondere Persönlichkeitsmerkmale schließen, da besonders stark entwickelte Gehirnregionen von außen erkennbar seien. Dieser Wissenschaftszweig der *Phrenologie* hatte noch bis ins 20. Jahrhundert viele Anhänger. Andere Wissenschaftler vertraten die gegenteilige Ansicht, dass kein Gehirnbereich alleine für eine Verhaltensreaktion verantwortlich sei. Alle Gehirnregionen wirkten bei allen geistigen Funktionen gemeinsam. Da jeder Gehirnbereich das gleiche Verhaltenspotenzial aufweist, nannten sie ihre Vorstellung *Äquipotenzialtheorie*.

Einen anderen methodischen Ansatz verfolgte Pierre Paul BROCA um 1860. Er untersuchte Patienten, die aufgrund eines Schlaganfalls eine neurologisch bedingte Sprachstörung hatten. Die Autopsie der Verstorbenen zeigte, dass bei allen Patienten die gleiche Region der linken Hälfte des Großhirns einen anatomischen Defekt, eine *Läsion,* aufwies. Dieses Sprachzentrum wird seinem Entdecker zu Ehren als *Broca-Areal* bezeichnet. Nach Bekanntwerden der Erkenntnisse von BROCA und GALVANI forschten die Mediziner gezielt danach, die Funktion weiterer Gehirnareale zu entschlüsseln. So wurde im Tierversuch nachgewiesen, dass die elektrische Stimulation bestimmter Bereiche des Gehirns spezifische Bewegungen der Extremitäten zur Folge hat.

Eine andere wichtige Erkenntnis lieferte der Arzt Carl WERNICKE im Jahr 1876. Einige seiner Patienten konnten sprechen, waren aber nicht in der Lage, ihre eigenen gesprochenen Worte zu verstehen. Die dafür verantwortliche Läsion fand sich aber an einer anderen Stelle als von BROCA beschrieben. WERNICKE schloss daraus, dass komplexe kognitive Leistungen nicht einer einzigen Gehirnregion zuzuordnen sind, sondern dass verschiedene Gehirnregionen an deren Verarbeitung beteiligt sind. Im Zusammenhang mit der Feststellung, dass das Gehirn aus Zellen aufgebaut ist, wird diese Theorie als *zellulärer Konnektionismus* bezeichnet. Noch bis Mitte des 20. Jahrhunderts bestimmte die Äquipotenzialtheorie die wissenschaftliche Forschung. Die modernen Ansichten basieren jedoch auf dem zellulären Konnektionismus.

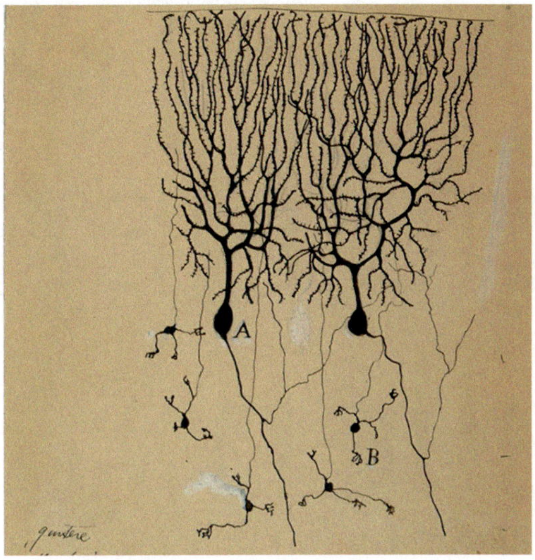

02 Zellen aus dem Kleinhirn einer Taube, Zeichnung von 1899

griech. phren = Verstand

lat. conectia = Verbindung

lat. äquus = gleich

lat. potentia = Leistungsfähigkeit

1 Erläutern Sie, welche Entdeckungen zur Theorie des zellulären Konnektionismus geführt haben!

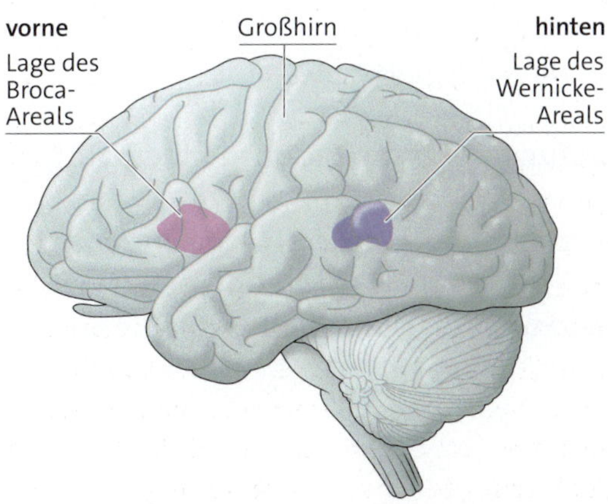

03 Sprachzentren im Gehirn des Menschen

Nervensystem und Nervenzellen

In diesem Kapitel beschäftigen Sie sich mit

- der Stammesgeschichte und dem Aufbau von Nervensystemen;
- der Struktur und der Funktion von Gehirn und Rückenmark;
- medizinischen Methoden zur Untersuchung des Gehirns;
- dem Bau von Neuronen und der Entstehung von Membranpotenzialen;
- der Leitung von Informationen innerhalb von Neuronen;
- der Übertragung von Informationen zwischen Neuronen;
- der Wirkung von Nervengiften auf die Erregungsleitung.

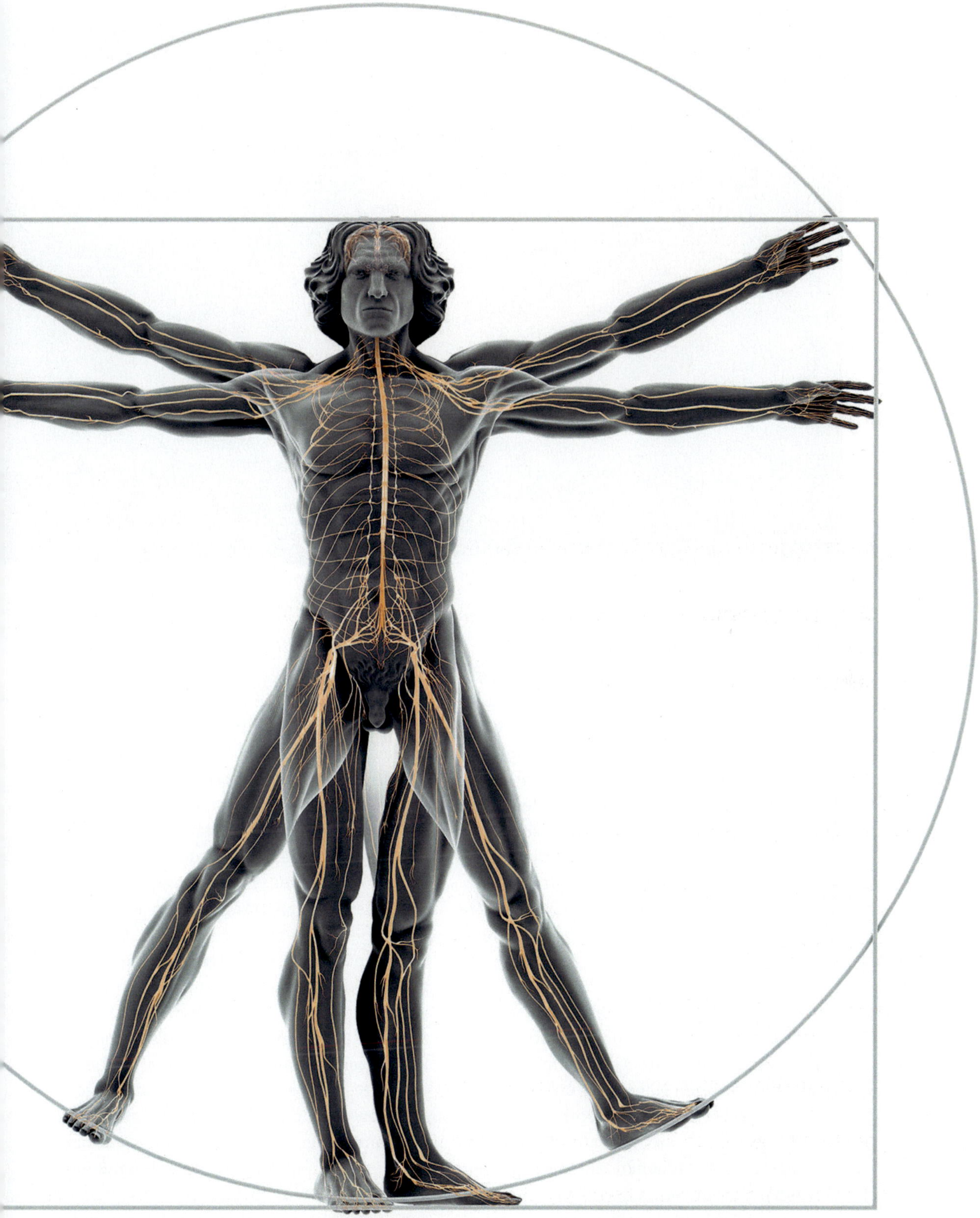

Die Erforschung des menschlichen Nervensystems begann bereits in der Antike.

01 Kompassqualle

Nervensysteme

Die Kompassqualle ist sowohl im Mittelmeer als auch in der Nordsee anzutreffen. Ihren Namen verdankt sie der rötlichen Bänderung ihres Schirms, der an eine Kompassrose erinnert. Ihr Körper besteht aus einer Gallertmasse, die von einer inneren und einer äußeren Zellschicht umschlossen ist. Obwohl sie kein Gehirn hat, kann sie auf Licht und Schwerkraft reagieren. Wie steuert die Kompassqualle dieses Verhalten und wie unterscheiden sich die Nervensysteme im Tierreich?

WIRBELLOSE TIERE · Die stammesgeschichtlich ältesten Tiere sind die Schwämme. Sie haben kein Nervensystem, sitzen am Meeresgrund und filtrieren Nährstoffe aus dem Wasser. Wenn keine Nährstoffe vorhanden sind, sterben sie.

Vor ungefähr 670 Millionen Jahren entstanden die ersten Nesseltiere, zu denen auch die Quallen gehören. Sie haben gegenüber den Schwämmen einen bedeutenden evolutionären Vorteil: Quallen können sich aktiv bewegen und auf Nahrung zuschwimmen. Sie verfügen über spezialisierte Zellen, die **Neuronen,** die in einfachen **Nervennetzen** miteinander kommunizieren und damit einfaches Verhalten ermöglichen. Das Grundprinzip der Informationsübertragung ist so erfolgreich, dass es sich im Verlauf der Evolution kaum noch veränderte.

Singular: Ganglion

Bei Ringelwürmern wie dem Regenwurm besteht das Nervensystem aus zwei längs verlaufenden Nervensträngen, dem *Bauchmark*. Zudem erkennt man kleine, aus Neuronen bestehende Knoten, die **Ganglien.** Beide Nervenstränge sind über die Ganglien miteinander verknüpft. Daraus leitet sich die Bezeichnung **Strickleiternervensystem** ab. Es ermöglicht komplexere Verhaltensweisen als einfache Nervennetze, zum Beispiel gezielte Bewegungen.

griech. kephalo = Kopf

Insekten wie die Taufliege und Weichtiere wie der Kalmar weisen eine zunehmende Konzentration der Sinnesorgane im vorderen Bereich auf. Auch die Steuerung des Nervensystems ist zunehmend im Kopf zentralisiert. Die Ganglien sind zu einer komplexeren Struktur, dem **Gehirn,** verschmolzen. Dieser evolutionäre Prozess wird als **Cephalisation** bezeichnet.

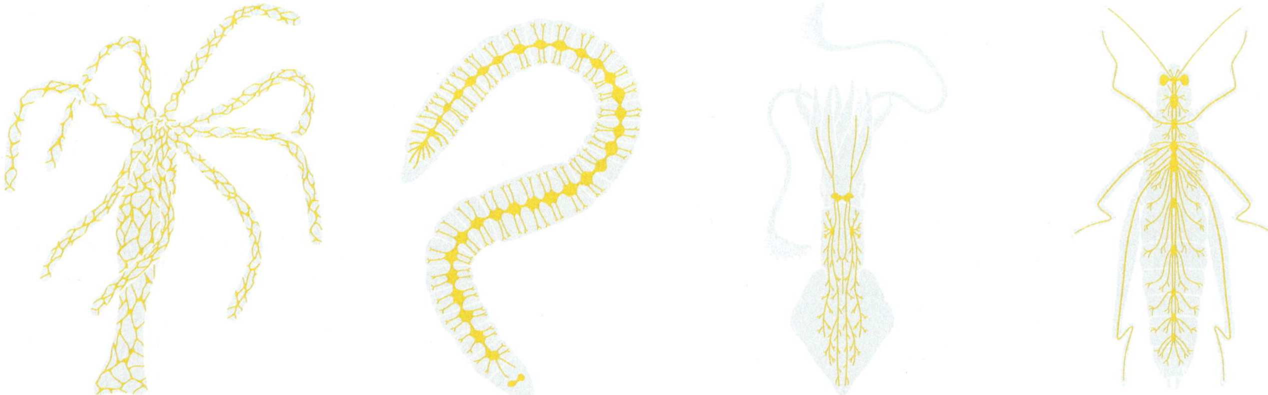

02 Nervensysteme wirbelloser Tiere

WIRBELTIERE · Die Grundstruktur des Nervensystems der Wirbeltiere leitet sich von dem der Wirbellosen ab, ist aber wesentlich komplizierter aufgebaut. Im *Gehirn* und im *Rückenmark* befinden sich die meisten Neuronen. Da hier die wichtigen Steuerungsprozesse stattfinden und alle Informationen verarbeitet werden, bilden Gehirn und Rückenmark das **zentrale Nervensystem,** kurz **ZNS.**

Alle Nerven, welche die verschiedenen Körpergewebe mit dem ZNS verbinden und Signale zum ZNS leiten oder vom ZNS erhalten, werden als **peripheres Nervensystem,** kurz **PNS,** zusammengefasst.

Das PNS gliedert sich in zwei Untereinheiten. Alle Informationen von den Sinneszellen und Sinnesorganen sowie Informationen über den Zustand der Eingeweide werden über *sensorische* Bahnen, die *afferenten* Neuronen, zum ZNS geleitet. Vom ZNS werden die einlaufenden Informationen verarbeitet und entsprechende Signale über *motorische* Bahnen, die *efferenten* Neuronen, weitergeleitet.

lat. afferens = hinführend

lat. efferens = herausführend

Die motorischen Bahnen untergliedern sich nochmals. Für alle Prozesse, die willkürlich gesteuert werden, beispielsweise muskelkoordinierte Bewegungsabläufe, sind efferente Neuronen verantwortlich, die als **somatisches Nervensystem** zusammengefasst werden. Demgegenüber kann die Steuerung der Eingeweide nicht willentlich beeinflusst werden. Die efferenten Neuronen, die das ZNS mit den Eingeweiden verbinden, werden deshalb als **autonomes Nervensystem** bezeichnet.

griech. autós = selbst

griech. nómos = Gesetz

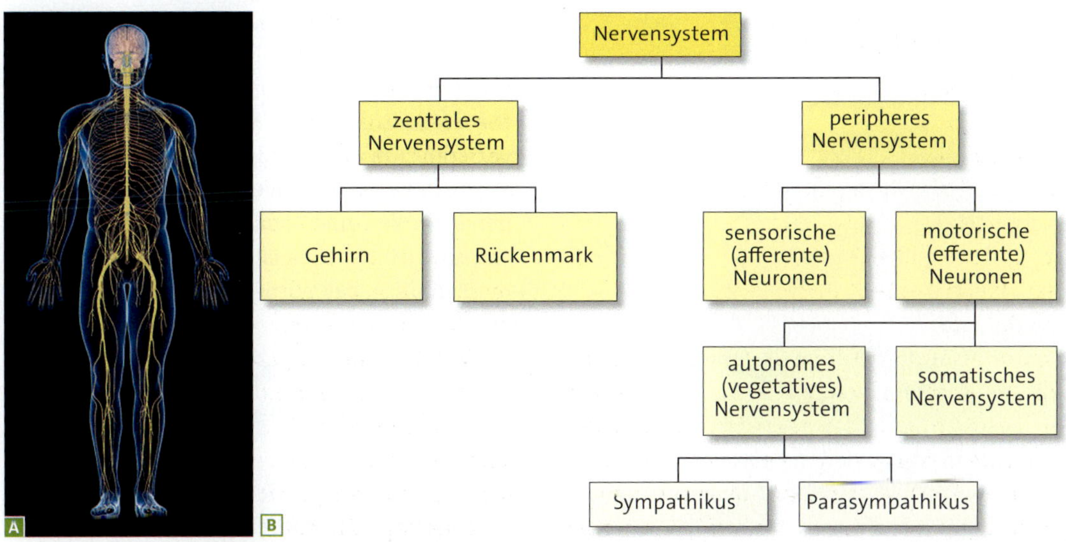

03 Nervensystem des Menschen:
A Übersicht,
B Gliederung

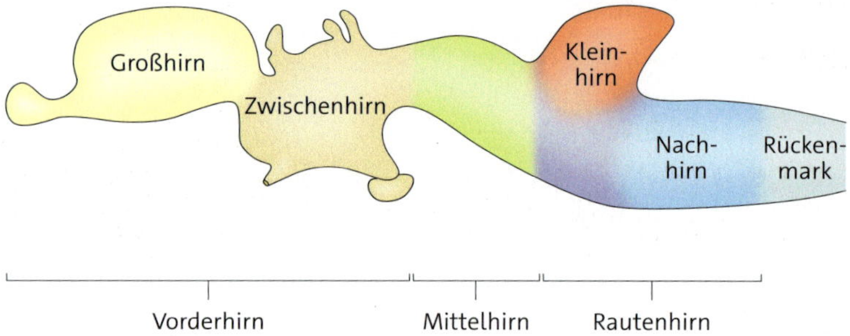

04 Grundbauplan des Wirbeltiergehirns

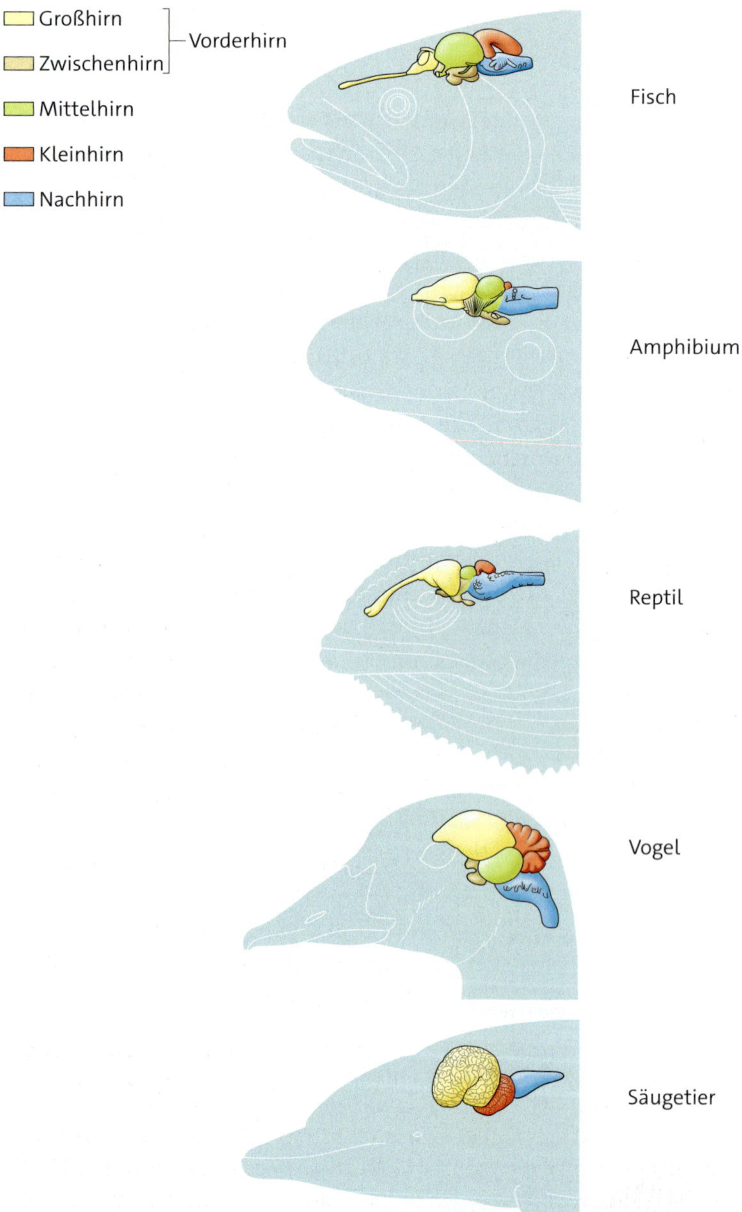

05 Wirbeltiergehirne

EVOLUTION DES WIRBELTIERGEHIRNS · Auf den ersten Blick erkennt man zwischen den verschiedenen Wirbeltiergehirnen erhebliche Unterschiede. Dennoch sind sie auf einen gemeinsamen Grundbauplan zurückzuführen. Das Wirbeltiergehirn bildet sich im Verlauf der Embryonalentwicklung aus drei bläschenartigen Vorstülpungen des Rückenmarks. Ein Bläschen entwickelt sich zum *Vorderhirn*, das sich in *Großhirn* und *Zwischenhirn* gliedert, und eins zum *Mittelhirn*. Das dritte Bläschen bildet sich zum *Rautenhirn* mit *Nachhirn* und *Kleinhirn* aus. Ein Vergleich der Wirbeltiere zeigt mehrere evolutionäre Trends der Gehirnentwicklung:

Die relative Größe des Gehirns nimmt im Verhältnis zur Körpermasse innerhalb der Wirbeltierklassen vom Fisch zum Säugetier zu. Doch auch unter den Säugetieren gibt es große Unterschiede. So ist die relative Größe des Delfingehirns fünfmal so groß wie das einer Katze. Neuere Forschungsergebnisse weisen aber darauf hin, dass die Gehirngröße allein kein Maß für die kognitive Leistungsfähigkeit eines Lebewesens ist.

Das Nachhirn hat sich im Verlauf der Evolution am wenigsten verändert. Demgegenüber ist das für die Bewegungskoordination verantwortliche Kleinhirn insbesondere beim Vogel stark ausgeprägt. Dieses Beispiel zeigt ausgehend vom ursprünglichen Grundbauplan eine zunehmende Differenzierung und Segmentierung.

Das Vorderhirn der Fische verarbeitet hauptsächlich Geruchseindrücke und ist somit ein *Riechhirn*. Bei Amphibien und Reptilien wird es zum Zentrum für die Verarbeitung aller Sinneseindrücke. Daraus resultiert eine Zunahme der Komplexität des Vorderhirns.

Die Großhirnrinde, der **Kortex,** hat sich bei Säugetieren zum übergeordneten sensorischen und motorischen Zentrum entwickelt. Einfurchungen bewirken eine Zunahme der Oberfläche der Großhirnrinde. Dies ist ein weiterer Trend in der Evolution des Wirbeltiergehirns.

1 Erläutern Sie am Beispiel der Cephalisation das Basiskonzept Struktur und Funktion!

2 Beschreiben Sie den Aufbau des Nervensystems der Wirbeltiere!

Material A ▸ Wirbeltiergehirne und Gehirnentwicklung

Adulte Gehirne von Wirbeltieren

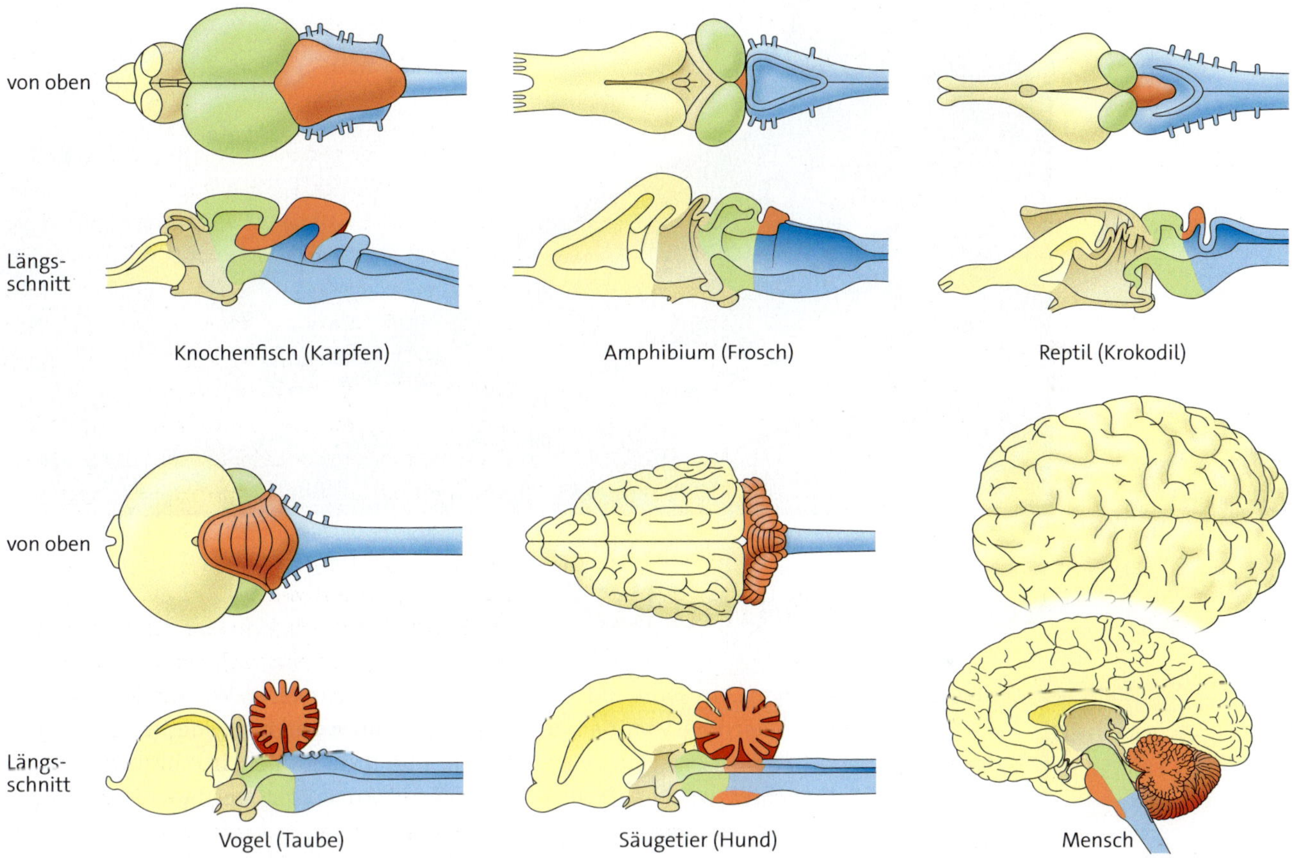

Entwicklung des Gehirns im menschlichen Embryo

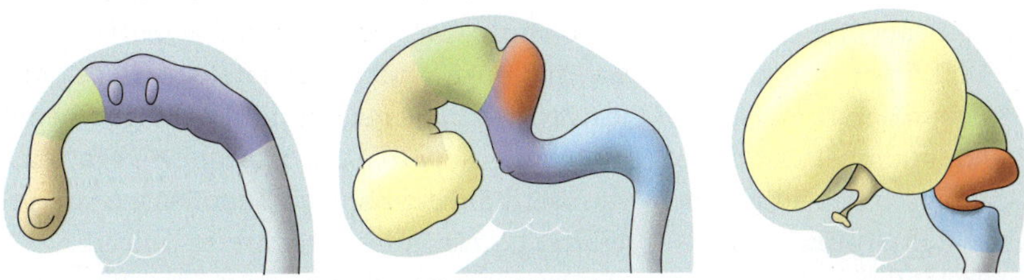

Während der Embryonalentwicklung entwickeln sich bei allen Wirbeltieren am vorderen Ende des Rückenmarks die Gehirnabschnitte Vorderhirn (bestehend aus Großhirn und Zwischenhirn), Mittelhirn und Rautenhirn (bestehend aus Kleinhirn und Nachhirn). Im Nachhirn werden wichtige Körperfunktionen wie Kreislauf und Atmung reguliert, während das Mittelhirn als Vermittler zwischen Rückenmark und den anderen Teilen des Gehirns dient.

Das Kleinhirn koordiniert die Bewegungsabläufe und die Orientierung im Raum. Das Zwischenhirn gliedert sich in den Thalamus, wo sensorische und motorische Informationen auf dem Weg zum Großhirn verarbeitet werden, und den Hypothalamus, der das autonome Nervensystem reguliert.
Das stammesgeschichtlich aus dem Vorderhirn der Fische hervorgehende Großhirn der anderen Wirbeltiere steuert zunehmend die Funktionen der anderen Gehirnteile.

A1 Beschreiben Sie die drei Stadien der Embryonalentwicklung des Gehirns!

A2 Vergleichen Sie den Bau der Wirbeltiergehirne in Bezug auf den Differenzierungsgrad und deuten Sie die Unterschiede!

01 Flipper spielen nur mit Gedanken

Vorderhirn und Rückenmark

Die Wissenschaftlerin trägt eine Haube mit 128 Elektroden. Diese empfangen die vom Gehirn ausgehenden Signale und leiten sie an einen angeschlossenen Computer weiter, der mit einem Flipper-Automaten verbunden ist. Auf diese Weise kann die Wissenschaftlerin nur mit ihren Gedanken den Flipper-Automaten steuern. Wie ist es möglich, die Gehirnaktivitäten des Menschen zu lokalisieren und mit einem Computer auszuwerten?

VORDERHIRN · Vergleicht man das Gehirn des Menschen mit dem anderer Säugetiere, fällt sofort die im Verhältnis zum Körper enorme Größe auf. Die durchschnittlichen Gehirnmasse des Menschen beträgt 1,35 Kilogramm. Es ist eines der größten Organe des menschlichen Körpers. Ein Teil des Vorderhirns, das **Großhirn,** überdeckt mit etwa 80 Prozent der Gehirnmasse fast alle anderen Gehirnteile.

Biorhythmus siehe Seite 78 und 79

Das Großhirn lässt sich in eine linke und eine rechte Großhirnhälfte unterteilen. Beide *Hemisphären* bestehen aus einer äußeren, wenige Millimeter dicken, grauen Schicht, der *Großhirnrinde,* und einer darunter liegenden weißen Schicht.

Im Vergleich zu anderen Wirbeltieren sind bei den Säugetieren und insbesondere beim Menschen Einfaltungen der Großhirnrinde zu erkennen, wodurch ihre Oberfläche stark vergrößert ist. Sie beträgt etwa einen Quadratmeter und hat zur Folge, dass die Nervenzellen der Großhirnrinde sehr gut mit Sauerstoff versorgt werden können. Beide Hemisphären sind durch ein dickes Nervenbündel, den *Balken*, miteinander verbunden.

Unterhalb des Großhirns liegt das ebenfalls zum Vorderhirn gehörende **Zwischenhirn.** Es gliedert sich in *Thalamus* und *Hypothalamus*. Im Thalamus wird ein Teil der Informationen des ZNS, die zur Großhirnrinde gelangen, verarbeitet. Der Hypothalamus ist für die Regulation des Hormonhaushalts und der Drüsen verantwortlich. Weiterhin steuert er unseren Biorhythmus und damit unsere innere Uhr.

GROSSHIRNRINDE · Untersuchungen an Patienten mit lokalen Gehirndefekten, etwa durch einen Schlaganfall, erlaubten erste Einblicke in die Funktionsbereiche der Großhirnrinde. So zeigte sich, dass die linke Körperseite von der rechten Hemisphäre und die rechte Körperseite von der linken Hemisphäre gesteuert wird.

Die Großhirnrinde, der **Kortex,** gliedert sich in vier *Hirnlappen*. Der vordere Teil des Großhirns ist der *Stirnlappen*. Direkt dahinter liegt der *Scheitellappen*. Beide Teile werden durch eine quer liegende Furche, die *Zentralfurche*, voneinander getrennt. Vor der Zentralfurche befindet sich ein Streifen, dessen Neuronen die Muskeln aller Körperteile koordinieren. Deshalb bezeichnet man diesen Streifen als **motorisches Rindenfeld.** Mit einer elektrischen Sonde kann man einzelne Neuronen stimulieren und damit bestimmte Muskeln zum Zucken bringen.

Im Scheitellappen hinter der Zentralfurche findet die Verarbeitung aller Berührungsinformationen statt. Erregt man bei einer Versuchsperson einen Punkt dieser Region mit einer Sonde, empfindet sie dies, als ob sie an einer bestimmten Körperstelle berührt worden sei. Man bezeichnet den Bereich deshalb als **somatosensorisches Rindenfeld.** Mithilfe der Stimulation lassen sich die Rindenfelder kartieren. Man erhält eine Darstellung der Größe der Rindenfelder, in denen die Körperteile unterschiedlich repräsentiert sind. Eine solche Darstellung bezeichnet man als *Homunkulus*.

Auf beiden Seiten des Großhirns liegen die *Schläfenlappen*. Sie sind für das Erkennen von Gesichtern, das Hören und das Sprachverständnis zuständig. Im *Hinterhauptlappen* werden visuelle Eindrücke verarbeitet.

Bei jeder Gehirnaktivität entstehen messbare elektrische Signale. Anhand der Sensoren in der Haube der Wissenschaftlerin und der Kartierung der Großhirnrinde kann der Computer die elektrischen Signale verrechnen und damit den Flipper steuern.

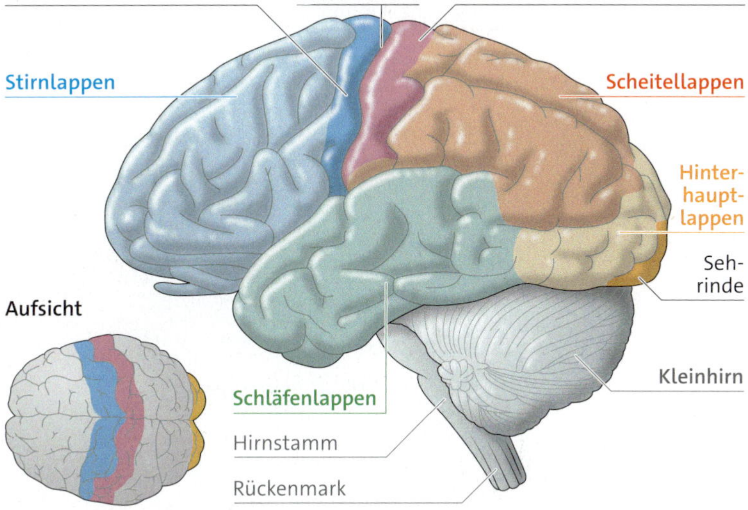

02 Rindenfelder des Großhirns

LIMBISCHES SYSTEM · Unterhalb der Großhirnrinde befindet sich der evolutionär ursprüngliche Teil des Vorderhirns, das *limbische System*. Es nimmt Einfluss auf das Gedächtnis sowie auf Emotionen wie Lustempfinden, Wut und Angst. Eine Ratte, die das Lustzentrum ihres limbischen Systems mit einem Hebel selbst stimulieren kann, betätigt diesen Hebel bis zur Erschöpfung und ignoriert sogar Wasser und Futter.

limbisches System siehe Seite 124

Überblick über das Gehirn siehe Seite 146 und 147

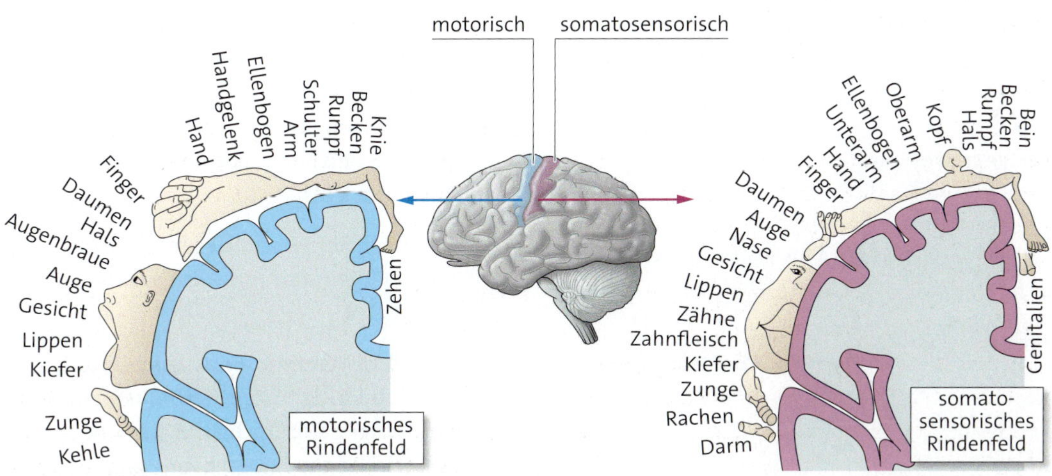

03 Karte des motorischen und des somatosensorischen Rindenfelds (Homunkulus)

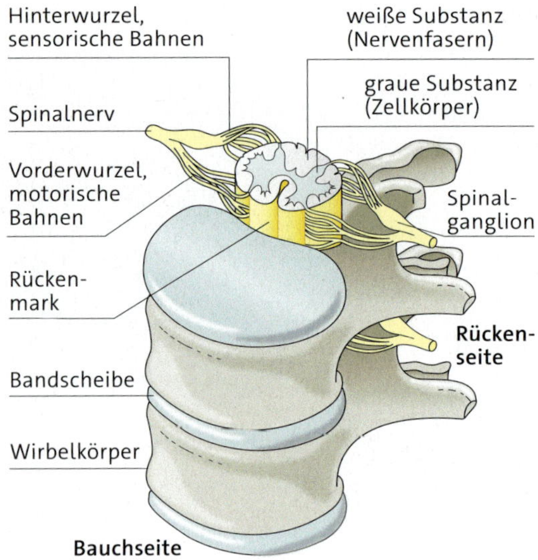

04 Querschnitt durch das Rückenmark

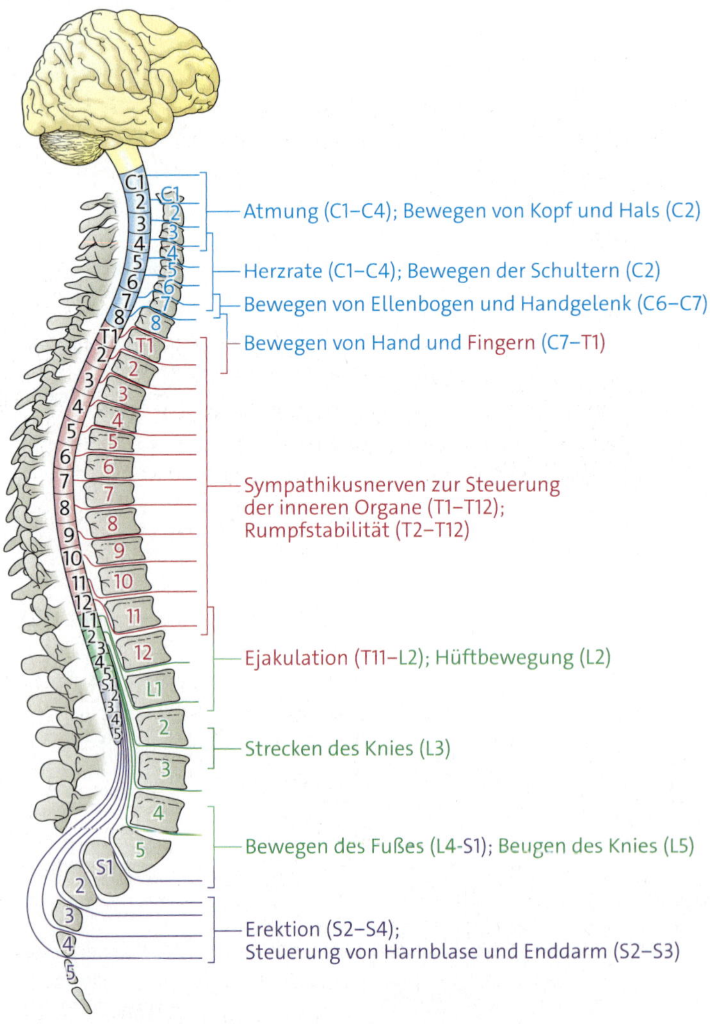

05 Rückenmark und Körperfunktionen

RÜCKENMARK · Ein schwerer Unfall, der zu einer Verletzung der Wirbelsäule führt, kann auch eine Querschnittlähmung zur Folge haben. Wie lässt sich das erklären?

Ein wichtiger Bestandteil des ZNS ist das *Rückenmark*. Es schließt sich an den Hirnstamm an und verläuft innerhalb der Wirbelsäule. Die Wirbellöcher der einzelnen Wirbel bilden einen Kanal, durch den das Rückenmark von außen geschützt ist.

Im Querschnitt erscheint das Rückenmark schmetterlingsförmig. Die innere graue Substanz enthält überwiegend die Zellkörper der Nervenzellen, die äußere weiße Substanz Nervenfasern. Zwischen den Wirbeln erkennt man auf beiden Seiten *Spinalnerven*. Sie treten durch Öffnungen zwischen den einzelnen Wirbeln aus dem Rückenmark heraus und bilden über zwei Äste die Verbindung zum PNS. Die sensorischen Bahnen münden in ein Spinalganglion. Von dort leiten sie ihre Signale über die *Hinterwurzel* des Spinalnervs zum Hinterhorn des Rückenmarks. Die motorischen Neuronen im Vorderhorn des Rückenmarks empfangen ihre Signale über die *Vorderwurzel* des Spinalnervs. Somit können die Informationen der afferenten Bahnen zum Gehirn geleitet werden und die Informationen vom Gehirn über die efferenten Bahnen zu den jeweiligen Muskeln.

Eine Verletzung des Rückenmarks hat zur Folge, dass die Verbindungen zwischen den jeweiligen sensorischen sowie motorischen Bahnen und dem Gehirn unterbrochen werden. Ein Patient kann beispielsweise seine Beine weder fühlen, noch bewegen, obwohl die Muskeln intakt sind.

1 Beschreiben Sie, wie man mithilfe einer elektrischen Sonde die Großhirnrinde kartieren kann!

2 Erläutern Sie, weshalb es möglich ist, einen Flipper nur mit seinen Gedanken zu steuern!

3 Erläutern Sie unter Berücksichtigung der Abbildung 05, weshalb Querschnittlähmungen unterschiedlich starke Auswirkungen haben können!

Material A ▸ Somatosensorische Rindenfelder

Kaninchen

Katze

Affe

Mensch

In den somatosensorischen Rindenfeldern verschiedener Säugetiere werden die Körperoberflächen in unterschiedlicher Weise repräsentiert.

A1 Beschreiben Sie die Gemeinsamkeiten und die Unterschiede der vier Abbildungen!

A2 Deuten Sie die Besonderheiten, die sich aus den somatosensorischen Rindenfeldern der vier Lebewesen ableiten lassen!

Material B ▸ Rindenfelder und Sprache

Gehirnaktivität während des Aussprechens von Worten (PET-Aufnahme)

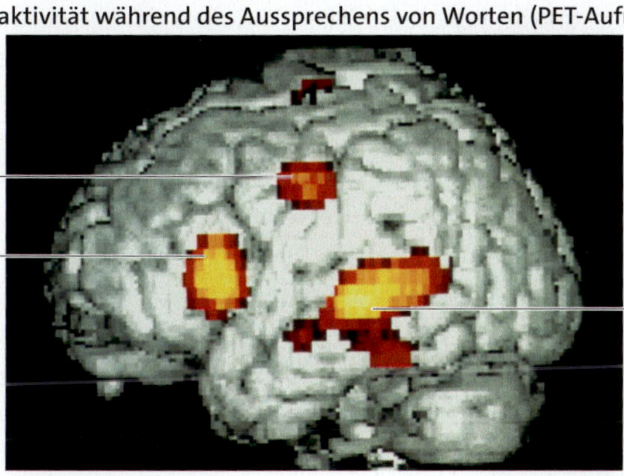

ein gehörtes Wort nachsprechen

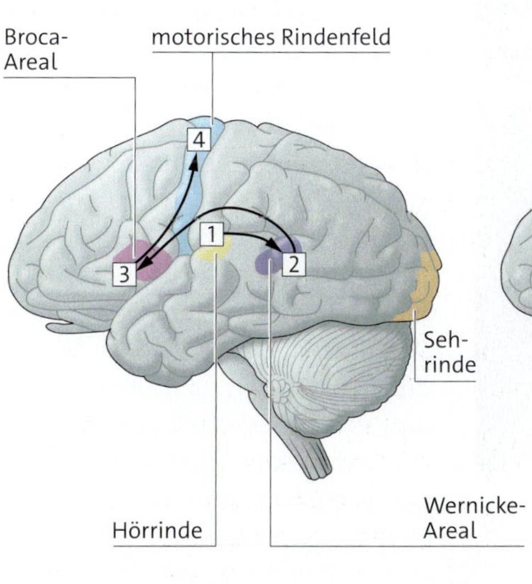

ein geschriebenes Wort aussprechen

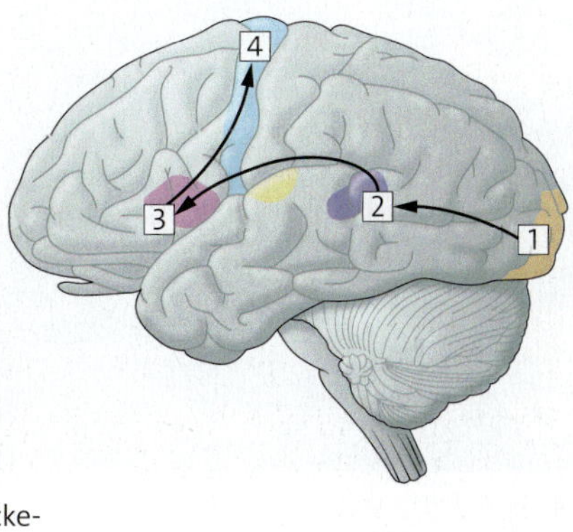

Mithilfe moderner bildgebender Verfahren wie der Positronen-Emissions-Tomografie, kurz PET, kann man sichtbar machen, welche Teile des Gehirns gerade aktiv sind. Weitere Untersuchungen führten zu einer Modellvorstellung, in welcher Reihenfolge die Gehirnregionen beim Nachsprechen eines gehörten Wortes oder beim Vorlesen aktiviert werden.

Bei Patienten, deren Sprachvermögen nach einem Schlaganfall beeinträchtigt war, wurden folgende Beobachtungen gemacht:

Ist das Broca-Areal betroffen, sind die Patienten in der Lage, Sprache zu verstehen, können aber keine Worte aussprechen. Ist das Wernicke-Areal betroffen, können die Menschen Sprache nicht verstehen, obwohl sie deutlich sprechen können.

B1 Beschreiben Sie den Signalfluss im Gehirn beim Nachsprechen und Vorlesen von Worten!

B2 Erklären Sie die unterschiedlichen Beeinträchtigungen der Sprachfähigkeit anhand der dargestellten Modellvorstellung!

IM BLICKPUNKT MEDIZINTECHNIK

Bildgebende Verfahren

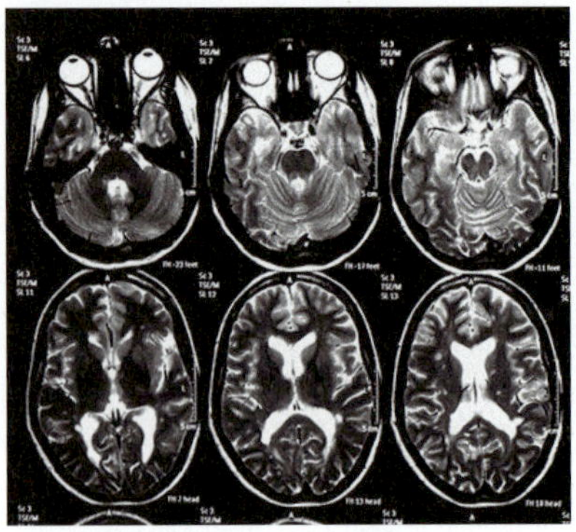

01 CT-Aufnahme

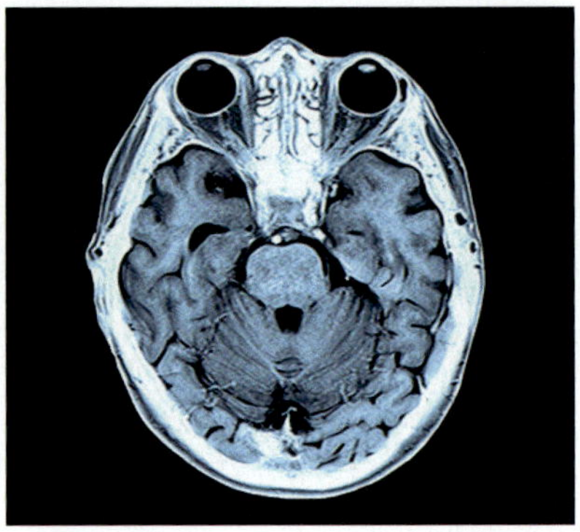

02 MRT-Aufnahme

Bis in das 20. Jahrhundert erlangte man Erkenntnisse über den Aufbau des Gehirns nur anhand der Untersuchung Verstorbener. Demgegenüber ist es heutzutage möglich, nicht nur den Aufbau, sondern auch die Funktionsweise des Gehirns am lebenden Menschen zu erforschen.

COMPUTERTOMOGRAFIE, CT · Röntgenstrahlung durchdringt den menschlichen Körper, wird aber von verschiedenen Organen in unterschiedlicher Weise absorbiert. Bei der CT macht man sich dieses Prinzip zunutze, indem man eine Röntgenstrahlungsquelle in einer bestimmten Ebene um den Kopf kreisen lässt. Gegenüber der Strahlungsquelle befinden sich Detektoren, mit denen die nicht absorbierte Strahlung gemessen wird. Dadurch entsteht das Bild eines Gehirnschnitts. Ein Computer berechnet aus mehreren Schnittbildern ein dreidimensionales Bild. Auf diese Weise wird beispielsweise ein Tumor sichtbar gemacht. Die Bezeichnung Tomografie leitet sich aus den griechischen Wörtern für „schneiden" und „abbilden" ab.

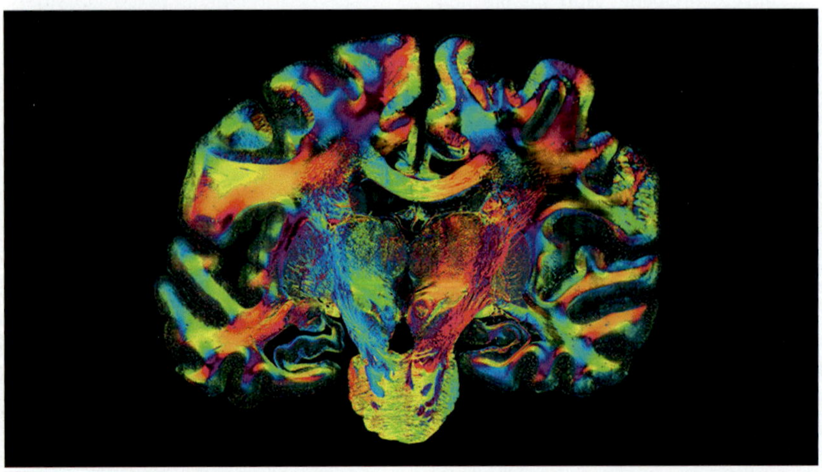

03 Nervenfasern im polarisierten Licht

MAGNETRESONANZTOMOGRAFIE, MRT · Unser Gewebe besteht zu einem Großteil aus Wasser. Die Protonen der in den Wassermolekülen gebundenen Wasserstoffatome nehmen in einem starken Magnetfeld Energie auf und werden in einen angeregten Zustand versetzt. Wird das Magnetfeld ausgeschaltet, so fallen die Protonen in einen Zustand niedrigerer Energie zurück und senden dabei ein Signal aus, das man als Resonanzfrequenz bezeichnet. Daraus leitet sich die Bezeichnung Magnetresonanztomografie für dieses Verfahren ab.
Wie bei der CT werden bei der MRT mehrere Schnittbilder erzeugt und zu einem räumlichen Abbild des Gehirns zusammengefügt. Die weichen Gewebe mit hohem Wasseranteil werden im Vergleich zur CT jedoch mit größerem Kontrast dargestellt.

POLARIZED LIGHT IMAGING · Eine neue Methode zur Erforschung des Gehirns basiert auf der Bestrahlung dünner Gehirnschnitte mit polarisiertem Licht. Je nach Einstrahlwinkel wird das Licht durch die Nervenfasern in unterschiedlicher Weise gebrochen. Anhand einer Serie von Gehirnschnitten lässt sich damit der räumliche Verlauf der Nervenfasern bestimmen. Man erhält eine farbige Karte des neuronalen Netzwerks des Gehirns und kann erkennen, welche Gehirnteile miteinander in Kontakt stehen. Daraus lässt sich ein Rückschluss auf die Funktionsweise ziehen. Allerdings ist es hiermit nicht möglich, die Gehirnaktivität lebender Personen zu beobachten.

FUNKTIONELLE BILDGEBUNG · Aktive Neuronen haben einen erhöhten Energiebedarf. Deshalb nehmen sie mehr Glukose und Sauerstoff aus dem Blut auf als inaktive Neuronen. Bei der **Positronen-Emissions-Tomografie,** kurz **PET,** macht man sich den erhöhten Glukosebedarf zunutze. Dem Patienten wird schwach radioaktiv markierte Desoxyglukose in eine Vene injiziert. Da eine Zelle dieses Präparat nicht von normaler Glukose unterscheiden kann, wird die Desoxyglukose von aktiven Nervenzellen aufgenommen und emittiert dort positiv geladene Elementarteilchen, die extrem kurzlebigen Positronen. Die Positronen zerfallen sofort und setzen dabei Photonen frei. Ringförmig angeordnete Detektoren ermitteln, wie stark die Emission der Photonen ist.
Um auswerten zu können, welche Region im Gehirn beispielsweise bei der Aussprache eines Wortes aktiv ist, muss ein Kontrollversuch durchgeführt werden. Man erstellt eine zusätzliche Aufnahme, während der Proband stumm ist, und ermittelt die Differenz der Signale.

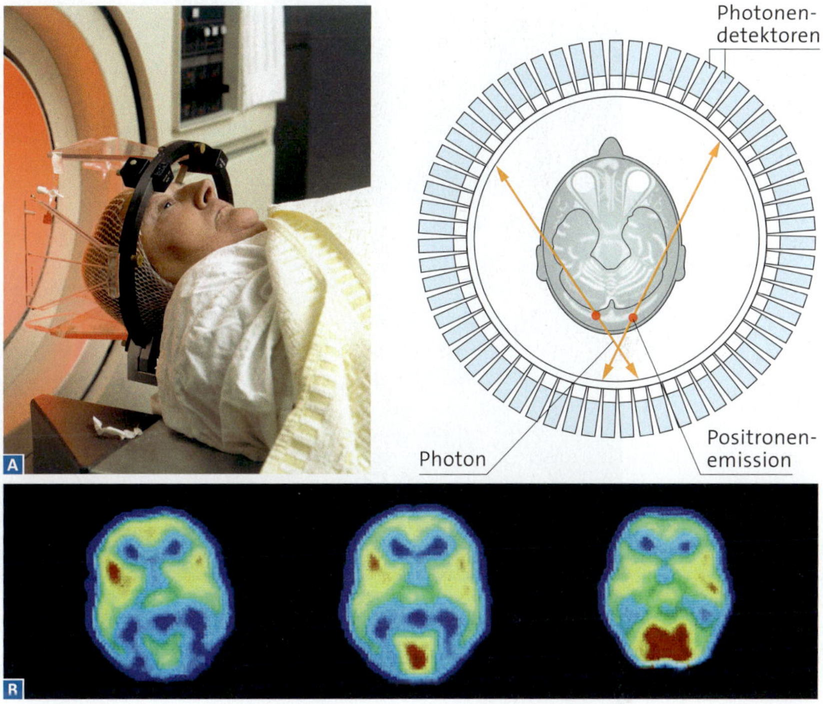

04 Positronen-Emissions-Tomografie: **A** Verfahren, **B** PET-Aufnahme

Aktive Gehirnregionen sind stärker durchblutet als inaktive. Der rote Blutfarbstoff Hämoglobin gibt dort seinen Sauerstoff an die Nervenzellen ab. Mit Sauerstoff beladenes Hämoglobin hat eine andere magnetische Resonanz als Hämoglobin, das seinen Sauerstoff abgegeben hat. Die **funktionelle Magnetresonanztomografie,** kurz **fMRT,** nutzt diesen Unterschied. Aufgrund der verschiedenen Magnetresonanzen des Hämoglobins kann somit die Stoffwechselaktivität eines Gehirnabschnitts bestimmt werden. Dies bedeutet einen großen Fortschritt gegenüber der PET, da die fMRT eine höhere Auflösung hat und damit zu genaueren Bildern führt. Außerdem lässt sich die fMRT schneller durchführen, ohne den Patienten radioaktiver Strahlung auszusetzen.
PET und fMRT erlauben die Messung von Gehirnaktivitäten, zeigen also wie das Gehirn funktioniert. Man fasst sie deshalb unter der Bezeichnung *funktionelle Bildgebung* zusammen.

1 Beschreiben Sie die verschiedenen bildgebenden Verfahren und erläutern Sie ihre Anwendung!

2 Erklären Sie, weshalb es notwendig ist, bei der funktionellen Bildgebung einen Kontrollversuch durchzuführen!

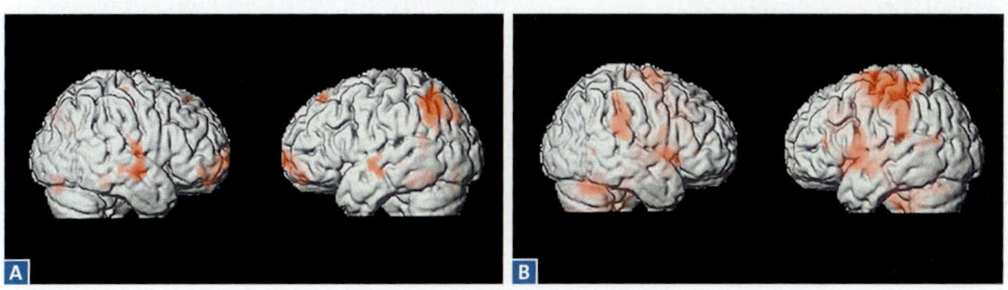

05 fMRT-Aufnahme: **A** an eine Aktivität denken, **B** eine Aktivität ausführen

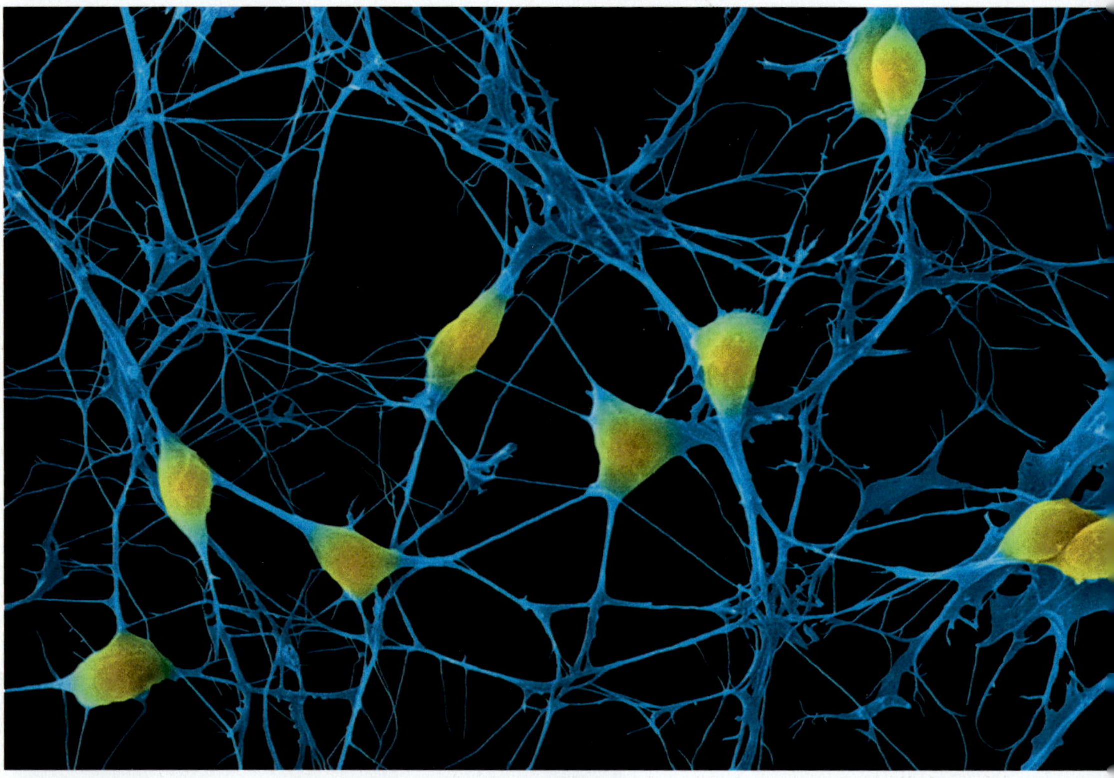

01 Zellkultur von Neuronen aus dem Kortex

Neuronen und Gliazellen

Das mit einem Rasterelektronenmikroskop aufgenommene Foto zeigt Neuronen der Großhirnrinde, die in einer Zellkultur wachsen. Sie unterscheidet sich erheblich von Zellkulturen anderer Gewebe. Man erkennt gelb eingefärbte Zellkörper und blau hervorgehobene Fortsätze, die ein kompliziertes Netzwerk bilden. Um verstehen zu können, wie ein solches Netzwerk zustande kommt, muss die Struktur seiner Bestandteile bekannt sein. Wie ist ein Neuron aufgebaut?

griech. dendron = Baum

griech. synapsis = Verbindung

BAU DES NEURONS · Alle Neuronen des Nervensystems weisen einen ähnlichen Bauplan auf. Das elektronenmikroskopische Bild der Zellkultur lässt erkennen, dass der Zellkörper eines Neurons, der als **Soma** bezeichnet wird, nur einen Teil der Nervenzelle ausmacht. Bei einem typischen Neuron hat er einen Durchmesser von etwa 20 Mikrometern. Im Soma befinden sich die für Körperzellen charakteristischen Organellen wie Zellkern und Mitochondrien sowie alle für die Proteinbiosynthese notwendigen Strukturen. Dort werden das Wachstum des Neurons und alle Stoffwechselprozesse gesteuert.

Der auffälligste Unterschied von Neuronen gegenüber anderen Zelltypen ist ein schmaler, bis zu einem Meter langer Zellfortsatz, das **Axon**. An den häufig verzweigten Axonenden sind verdickte Strukturen erkennbar, die **Synapsenendknöpfchen.** Der Übergang zwischen Soma und Axon wird aufgrund seiner Verdickung als *Axonhügel* bezeichnet. Dieser besondere Aufbau des Neurons dient der Informationsübertragung über größere Strecken.
Auch am Soma befinden sich häufig stark verzweigte Zellfortsätze. Da die Struktur dieser Fortsätze an einen Baum erinnert, werden sie als **Dendriten** bezeichnet. Über die Synapsenendknöpfchen stehen die Neuronen mit den Dendriten der Nachbarneuronen in Kontakt. Die Kontaktstellen heißen **Synapsen**. Im Gehirn eines erwachsenen Menschen ist jedes einzelne Neuron durchschnittlich über 10 000 Synapsen mit Nachbarneuronen verbunden.

GLIAZELLEN · Im Nervensystem der Wirbeltiere befinden sich neben den Neuronen weitere Zelltypen, die *Gliazellen*. Häufigste Gliazellen sind die **Astrozyten.** Sie haben einen unregelmäßig geformten Zellkörper und relativ lange Fortsätze. Über ihren engen Kontakt zu den Neuronen beeinflussen sie deren Wachstum. Außerdem regulieren sie die chemische Zusammensetzung der extrazellulären Umgebung der Neuronen. Andere Astrozyten haben Kontakt zu den Blutgefäßen. Sie verhindern als Bestandteil der *Blut-Hirn-Schranke* das Eindringen giftiger Substanzen aus dem Blut in das Gehirn. Man nimmt an, dass sie wichtig für die Ernährung der Neuronen sind. **Mikrogliazellen** sind zuständig für die Beseitigung abgestorbener oder degenerierter Neuronen, andere Gliazellen sind an der Gehirnentwicklung beteiligt.

Die Axone der meisten Wirbeltierneuronen weisen gegenüber den Nervenzellen anderer Tierstämme eine Besonderheit auf. Sie sind von einer *Myelinscheide* umgeben. Sie wird von spezifischen Gliazellen, den **Schwann-Zellen,** gebildet. Sie umwickeln das Axon mehrfach. Dadurch entsteht ein dichter Membranstapel, der das Axon umhüllt und elektrisch isoliert. Schwann-Zellen bilden die Myelinscheide nur im PNS. Im ZNS wird diese Aufgabe von einem anderen Typ Gliazellen, den **Oligodendrozyten,** übernommen. In regelmäßigen Abständen ist die Myelinscheide unterbrochen, sodass die Axonmembran dort freiliegt. Diese freien Stellen bezeichnet man als *Ranvier-Schnürringe*. Sie sind für die Erregungsleitung der elektrischen Signale von Bedeutung.

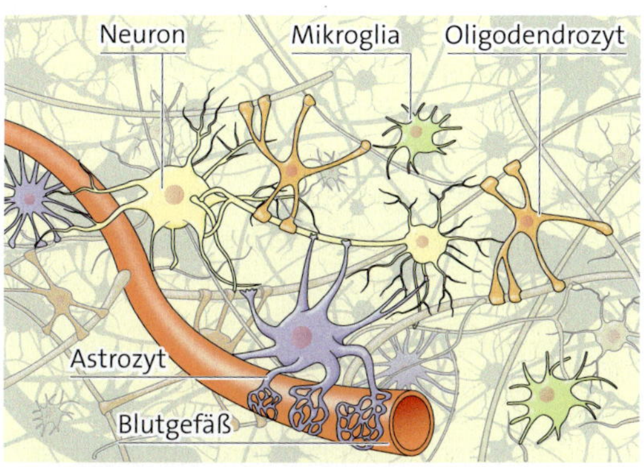

02 Gliazellen im Gehirn des Menschen

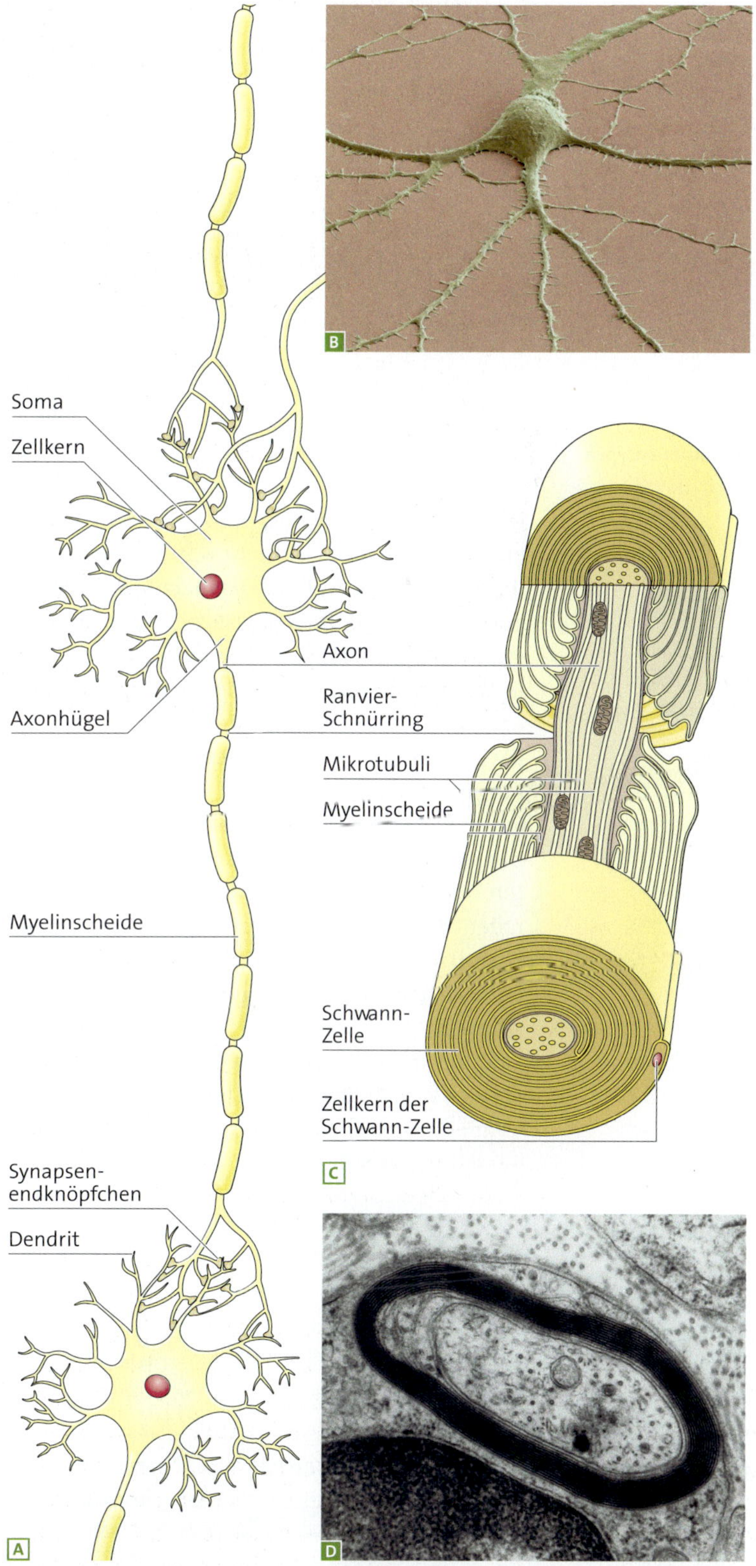

03 Aufbau eines Wirbeltierneurons: **A** Grundbauplan (Schema), **B** Zellkörper (EM-Aufnahme), **C** Axon mit Myelinscheide (Schema), **D** Querschnitt durch ein Axon (EM-Aufnahme)

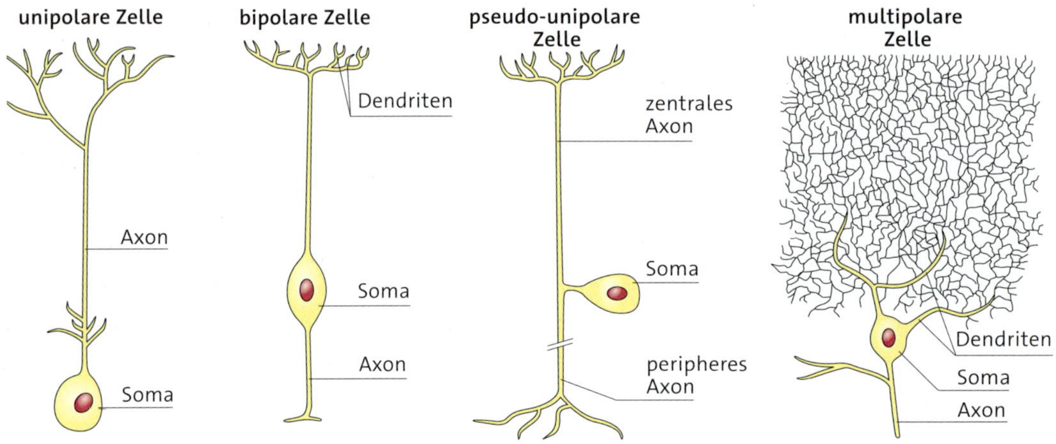

04 Neuronentypen

NEURONENTYPEN · Obwohl alle Neuronen eine vergleichbare Grundstruktur haben, kann man einige Unterschiede beobachten: Bei wirbellosen Tieren haben die Neuronen meist nur einen einzigen Fortsatz. Sie werden deshalb als *unipolar* bezeichnet. In der Netzhaut des Wirbelauges befinden sich Neuronen mit zwei Fortsätzen, die *bipolaren* Zellen. Sie erhalten ihre Informationen von den Sinneszellen und leiten diese zum Sehnerv weiter.

Die Neuronen der sensorischen Bahnen zum Rückenmark entstehen während der Embryonalentwicklung aus bipolaren Zellen, deren Fortsätze miteinander verschmelzen. Sie werden deshalb als *pseudo-unipolare* Zellen bezeichnet.

Die Purkinje-Zellen im Kleinhirn weisen eine starke Verästelung der Dendriten auf und können als *multipolare* Zellen besonders viele Synapsen ausbilden.

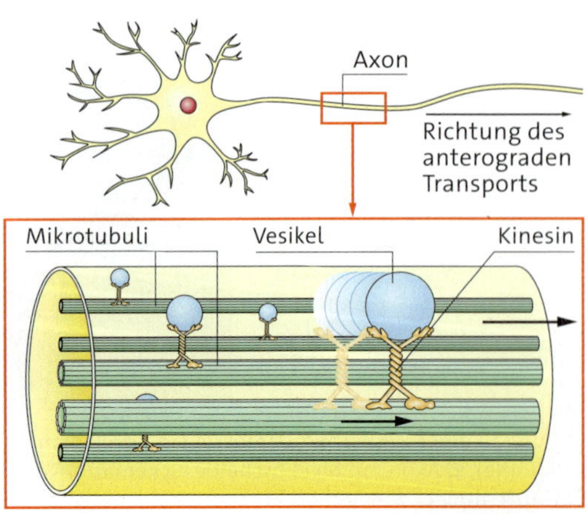

05 Vesikeltransport im Axon

TRANSPORT IM AXON · Da sich der Zellkern der Neuronen im Soma befindet, war lange Zeit unbekannt, wie die Produkte der Proteinbiosynthese zu den weit entfernten Synapsenendknöpfchen gelangen. Um diese Frage zu klären, experimentierten amerikanische Neurobiologen in den 1940er-Jahren mit Neuronen. Sie wollten überprüfen, ob Proteine aus dem Soma ins Axon transportiert werden. Hierzu schnürten sie das Axon direkt hinter dem Axonhügel mit einer Schlinge aus einem dünnen Faden ab. Sie konnten beobachten, dass sich auf der dem Soma zugewandten Seite Proteine und andere Stoffwechselprodukte anhäuften. Nach Lösen der Schlinge löste sich der Stau und die Proteine bewegten sich entlang des Axons.

Anhand neuerer Untersuchungen konnte ermittelt werden, wie der Stofftransport im Axon funktioniert. Die im Soma produzierten Moleküle werden über den Golgi-Apparat zunächst in Vesikel eingeschlossen. Innerhalb des Axons verlaufen in Längsrichtung Mikrotubuli. Ein spezifisches Protein, das *Kinesin*, bindet an ein Vesikel und bewegt sich mithilfe beinartiger Fortsätze unter Verbrauch von ATP entlang der Mikrotubuli. Der Transport verläuft vom Soma in Richtung der Synapsenendknöpfchen. Er wird als *anterograder Transport* bezeichnet.

1 Vergleichen Sie Struktur und Funktion von Neuronen und Gliazellen!

2 Erläutern Sie den Transport von Stoffwechselprodukten durch das Axon!

Material A ▸ Gliazellen im Gehirn

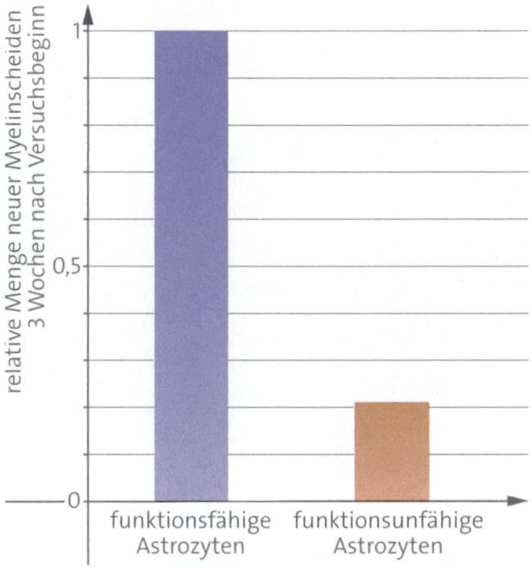

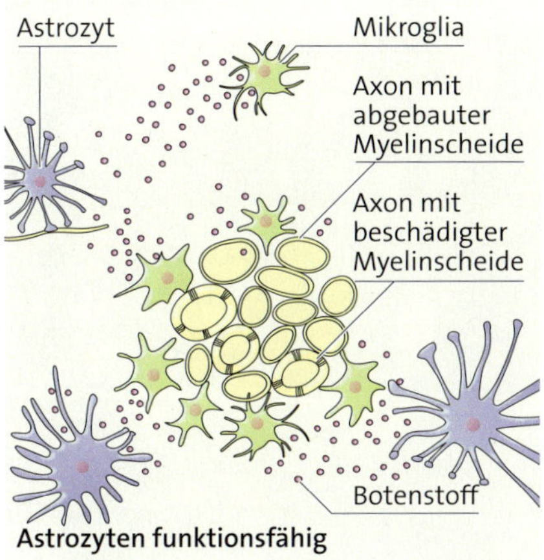

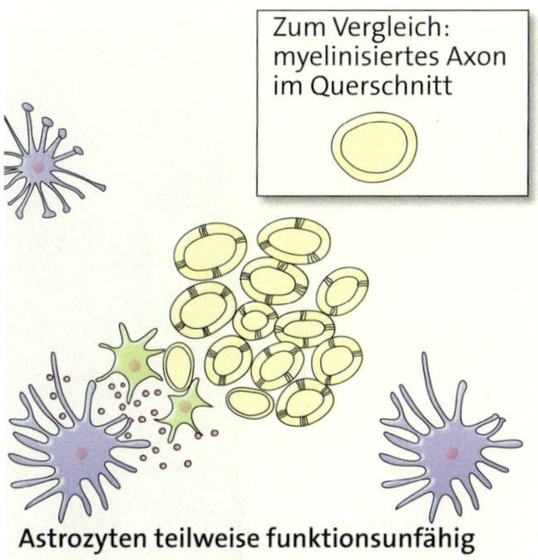

Beschädigte Myelinscheiden von Gehirnneuronen werden von Mikrogliazellen durch Phagozytose entfernt. Danach können Oligodendrozyten eine neue Myelinscheide bilden. Um herauszufinden, welche Bedeutung Astrozyten für die Bildung der Myelinscheiden der Neuronen im Gehirn haben, wurde das Gehirngewebe von Mäusen mit einem Gift behandelt, das die Myelinscheiden beschädigt.

In einem weiteren Versuch wurden gleichzeitig die Astrozyten funktionsunfähig gemacht. Nach drei Wochen überprüfte man den Abbau der beschädigten Myelinscheiden und erhielt die im Diagramm gezeigten Ergebnisse.
Es konnte experimentell nachgewiesen werden, dass die Astrozyten einen Botenstoff freisetzen, der Mikrogliazellen in geschädigtes Gewebe einwandern lässt.

A1 Erläutern Sie anhand des Balkendiagramms die Bedeutung der Astrozyten für die Regeneration der Myelinscheide!

A2 Beschreiben Sie anhand der schematischen Darstellungen den Ablauf der Entfernung beschädigter Myelinscheiden!

A3 Erklären Sie, welche Bedeutung der Gliazellen für das Gehirn aus diesen Befunden ableitbar ist!

Material B ▸ Proteintransport im Axon

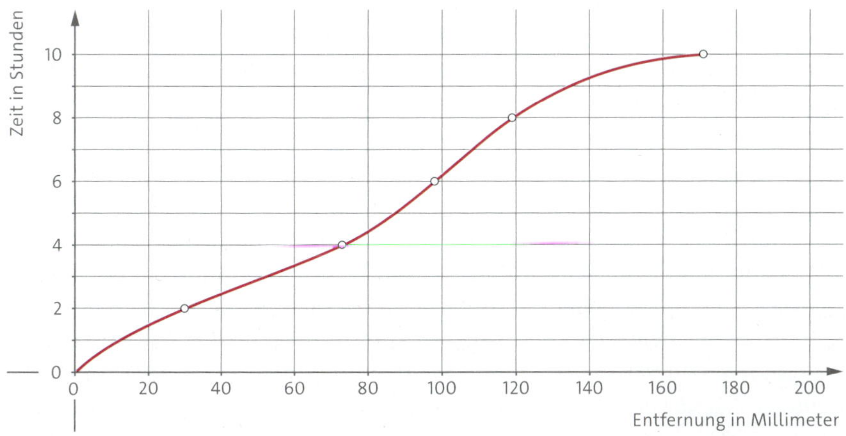

Um nachzuweisen, mit welcher Geschwindigkeit Proteine im Axon durch Kinesin transportiert werden, wurde die Aminosäure Leucin radioaktiv markiert und in das Soma des Ischiasnervs einer Katze injiziert. Die Aminosäure wird in der Zelle sofort in Proteine eingebaut, die damit ebenfalls radioaktiv markiert sind. In verschiedenen Zeitabständen überprüfte man anschließend am Axon, in welcher Entfernung vom Soma die Radioaktivität messbar war.

B1 Ermitteln Sie anhand der Ausbreitung der radioaktiv markierten Proteine die Transportrate im Axon pro Tag!

B2 Erklären Sie den geringeren Wert der Ausbreitung radioaktiv markierter Proteine innerhalb der ersten beiden Stunden!

B3 Begründen Sie, weshalb es bei diesem Experiment notwendig ist, die radioaktiv markierte Aminosäure in das Soma zu injizieren und nicht direkt in das Axon!

01 Arbeitsplatz im elektrophysiologischen Labor

Entstehung des Membranpotenzials

Die modernen Untersuchungsmethoden zur Funktionsweise von Neuronen sind mit einem hohen technischen Aufwand verbunden. Man benötigt einen Mikromanipulator mit Mikroelektroden, die über ein Mikroskop gesteuert werden. Der Arbeitstisch ist vibrationsfrei aufgehängt. Zudem wird die Apparatur durch einen Faraday-Käfig von äußeren elektrischen Einflüssen abgeschirmt. Gemessene Werte werden über einen Verstärker zu einem Computer geleitet, der die Daten grafisch darstellt. Weshalb ist solch ein Aufwand bei der Forschung an Nervenzellen notwendig?

griech. Ion = Wanderer

GELADENE TEILCHEN IM NEURON · Im Zytoplasma eines Neurons sind unterschiedlich geladene Ionen gelöst. Dies sind insbesondere positiv geladene Kaliumionen und negativ geladene organische Aminosäurereste und Proteine. Aufgrund der ungerichteten Eigenbewegung der Ionen verteilen sich die geladenen Teilchen gleichmäßig in der Lösung. Es handelt sich um einen Konzentrationsausgleich durch *Diffusion*. Taucht man zwei Elektroden in die Zelle ein, so ist keine Spannung messbar, da sich die unterschiedlichen Ladungen der Ionen gegenseitig aufheben. Das Zytoplasma leitet jedoch elektrischen Strom. Legt man eine Stromquelle an, so wandern die positiv geladenen Kaliumionen zur negativ geladenen Kathode. Sie werden deshalb als *Kationen* bezeichnet. Die negativ geladenen organischen *Anionen* wandern zur positiv geladenen Anode.

TRENNUNG VON LADUNGEN · Das Neuron ist von der Lipiddoppelschicht der Zellmembran umhüllt. Sie ist nur etwa zehn Nanometer dick und bildet eine natürliche Barriere für Ionen. Ein Konzentrationsausgleich der geladenen Ionen durch die Zellmembran hindurch ist nicht möglich. Die Zellmembran wirkt also wie ein elektrischer Isolator. In der Membran der Neuronen befinden sich jedoch Tunnelproteine. Sie sind selektiv für bestimmte Ionen durchlässig und werden als **Ionenkanäle** bezeichnet. Die Kanäle können sich öffnen und schließen und beeinflussen auf diese Weise den Ionenfluss durch die Membran.
Anhand einer vereinfachten Modellvorstellung lässt sich die Wirkung der Ionenkanäle verdeutlichen. Es wird angenommen, dass sich in einer Zelle gleiche Konzentrationen positiv geladener

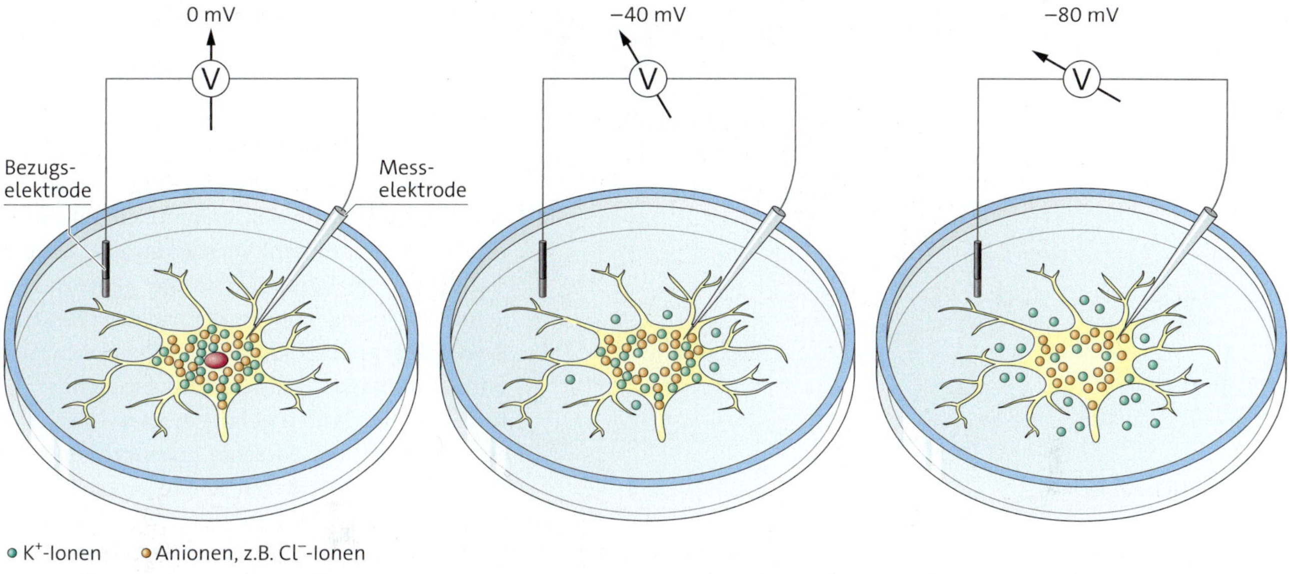

02 Modellvorstellung zur Potenzialdifferenz

Kaliumionen, K^+, und negativ geladener organischer Anionen, A^-, befinden. Zunächst ist keine Spannung messbar. Sobald sich die Kaliumionenkanäle öffnen, strömen Kaliumionen nach außen. Je höher der Konzentrationsgradient ist, umso größer ist die Nettodiffusion. Außen nimmt die Anzahl der positiven Ladungen zu, während innen ihre Anzahl abnimmt.

Da die organischen Anionen die Membran nicht passieren können, überwiegen im Zellinneren die negativen Ladungen. Es entsteht eine Potenzialdifferenz zwischen innen und außen, die man als Spannung messen kann. Hierbei wird das Potenzial der Zellaußenseite willkürlich auf den Wert null gesetzt. Je mehr Kaliumionen aus der Zelle hinaus diffundieren, desto größer wird die Potenzialdifferenz, und die gemessene Spannung steigt.

Die Anziehungskräfte der im Zellinneren zurückbleibenden Anionen auf die Kaliumionen wachsen. Dies hat zur Folge, dass bei einer bestimmten Potenzialdifferenz kein Nettoausstrom der Kaliumionen mehr erfolgt und die Spannung sich nicht mehr verändert. Damit wirken diese Kräfte entgegengesetzt zum Konzentrationsgradienten. Die bei dem entstandenen Gleichgewicht gemessene Spannung wird als **Gleichgewichtspotenzial** bezeichnet. Man kann sie für jedes neurophysiologisch wichtige Ion berechnen.

IM BLICKPUNKT PHYSIK

Elektrische Stromstärke

Die Bewegung von elektrischen Ladungen wird als elektrischer Strom bezeichnet. Je größer die Ladungsmenge ist, die in einer bestimmten Zeit zum Beispiel durch den Querschnitt eines Ionenkanals fließt, desto höher ist die ***Stromstärke I****. Sie wird in* ***Ampere****, kurz* ***A****, gemessen.*

Elektrische Spannung

Die Zellmembran bewirkt eine Ladungstrennung zwischen der Zellinnen- und der Zellaußenseite. Dabei hat jede Seite ein bestimmtes elektrisches Potenzial. Die Differenz zwischen beiden Potenzialen wird als elektrische ***Spannung U*** *bezeichnet. Sie steigt mit dem Ladungsunterschied zwischen der Zellinnenseite als Anode und der Zellaußenseite als Kathode. Die elektrische Spannung wird in* ***Volt****, kurz* ***V****, gemessen.*

Ionenart	extrazelluläre Konzentration in Millimol/Liter	intrazelluläre Konzentration in Millimol/Liter	Verhältnis außen : innen	Gleichgewichtspotenzial in Millivolt
Kaliumionen, K^+	5	100	1:20	−80
Natriumionen, Na^+	150	15	10:1	+62
Kalziumionen, Ca^{2+}	2	0,0002	10 000:1	+123
Chloridionen, Cl^-	150	13	11,5:1	−65

03 Ionenkonzentrationen und Gleichgewichtspotenziale

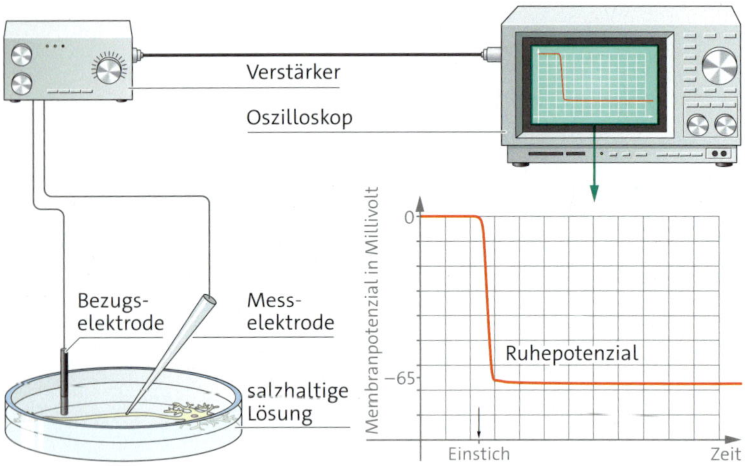

04 Voltage-Clamp-Technik

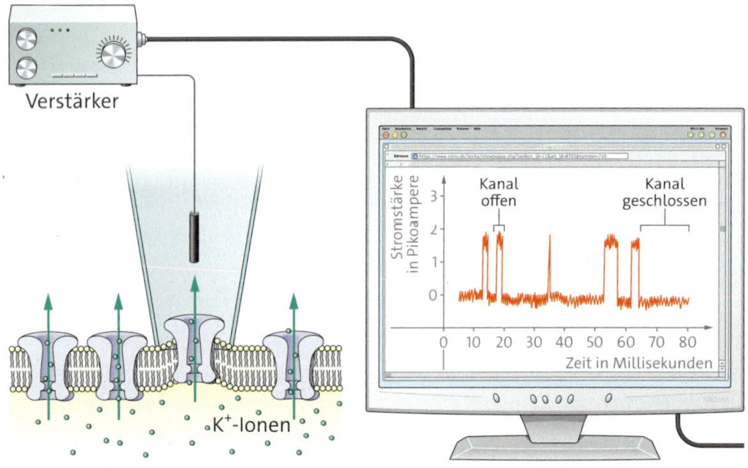

05 Patch-Clamp-Technik

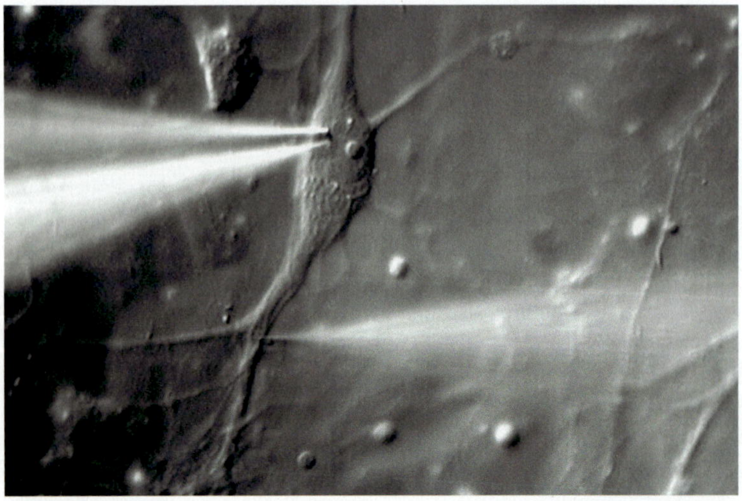

06 Patch-Clamp-Elektrode (EM-Aufnahme)

MESSUNG VON MEMBRANPOTENZIALEN · Bereits Ende der 1940er-Jahre wurde die noch heute gebräuchliche Methode zur Messung elektrischer Potenziale an Zellmembranen entwickelt. Als *Messelektrode* verwendet man eine Mikropipette aus Glas, die mit einer Salzlösung gefüllt ist. Ein in die Mikropipette eingeführter Draht ist mit einem Verstärker und einem Oszilloskop verbunden, das die gemessenen Spannungen gegenüber einer weiteren Elektrode, der *Bezugselektrode,* anzeigt. Das Verfahren wird als **Voltage-Clamp-Technik** bezeichnet.
In den 1970er-Jahren gelang es, diese Methode zu verfeinern. Die Forscher entwickelten eine Glasmikropipette, deren Spitze einen Durchmesser von nur einem Mikrometer und besonders glatte Ränder hat. Die Mikropipette ist mit einer Salzlösung gefüllt, die der Extrazellularflüssigkeit entspricht. Dort hinein taucht ein sehr feiner Silberdraht, der über einen Verstärker mit einem Computer verbunden ist. Mithilfe eines leichten Unterdrucks ist es möglich, einen einzelnen Ionenkanal anzusaugen. Die Methode wird als **Patch-Clamp-Technik** bezeichnet. Sie erlaubt es, die Ionenstrome durch einen geöffneten Ionenkanal exakt zu messen. Die Stromstärken liegen in einem Bereich von wenigen Pikoampere, das heißt 10^{-12} Ampere.

Bei beiden Messverfahren würden selbst kleinste Erschütterungen, zum Beispiel durch Schritte im Raum, verhindern, dass die Mikropipetten zielgenau gesteuert werden können. Daher ist ein schwingungsgedämpfter Labortisch bei diesen Experimenten unbedingt notwendig.
Die extrem geringen Stromflüsse sind nur mithilfe einer aufwendigen Verstärkung messbar, wenn alle elektromagnetischen Umgebungseinflüsse wie das Telefonieren mit einem Handy durch einen Faraday-Käfig abgeschirmt werden.

1 Erklären Sie anhand von Abbildung 02 auf Seite 25 die Entstehung eines Gleichgewichtspotenzials!

2 Erläutern Sie, weshalb innerhalb eines Neurons keine Spannung messbar ist!

3 Beschreiben Sie die Methoden zur Messung von Membranpotenzialen!

Material A ▸ Modellversuch zum Gleichgewichtspotenzial

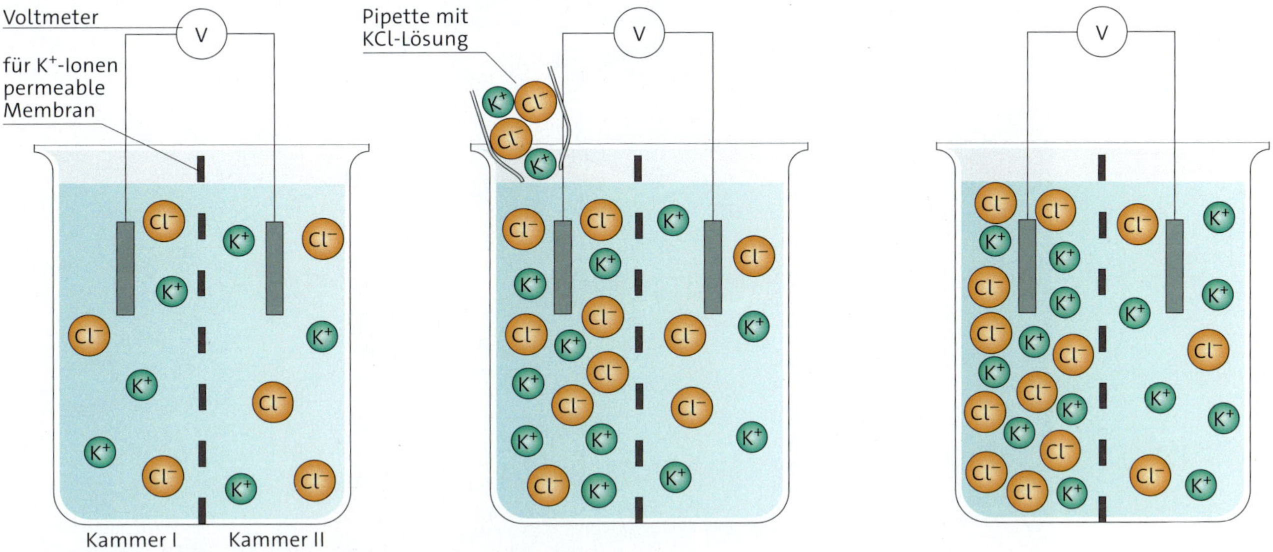

Ein Becherglas wird durch eine semipermeable Membran, die nur für Kaliumionen durchlässig ist, in zwei Kammern geteilt. Das Gefäß wird zunächst mit einer Kaliumchloridlösung gefüllt, sodass in beiden Kammern die gleichen Ionenkonzentrationen vorliegen. In einem weiteren Versuch erhöht man in der linken Kammer die Kaliumchloridkonzentration um das Zehnfache.

A1 Erläutern Sie die Vorgänge im Becherglas nach Erhöhung der Kaliumchloridkonzentration in der linken Kammer!

A2 Beschreiben und erklären Sie die elektrische Spannung in den drei Bechergläsern!

A3 Erklären Sie, weshalb es in diesem Modellversuch nicht zu einem Konzentrationsausgleich zwischen den Kammern kommt!

Material B ▸ Membranpotenzial für Kaliumionen

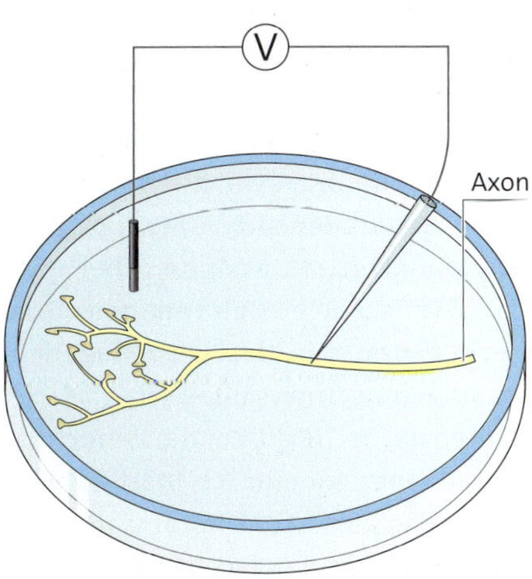

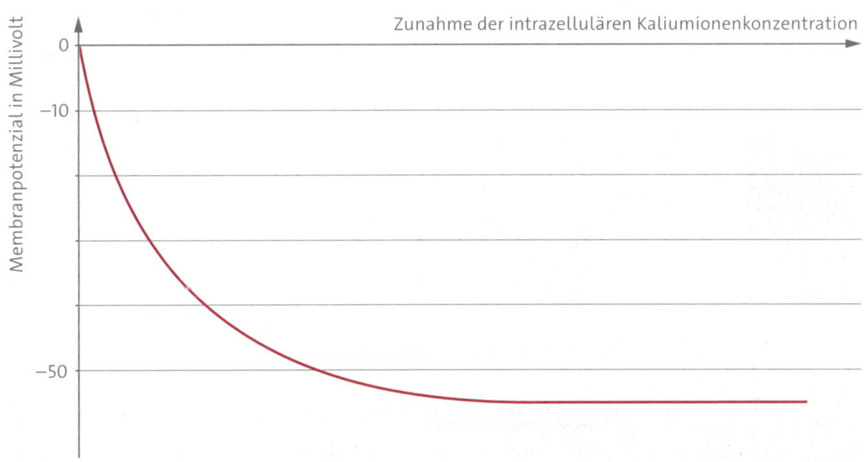

Das Axon eines Tintenfischneurons wird isoliert und in eine physiologische Kochsalzlösung gelegt, deren Ionenkonzentrationen denen der intrazellulären Flüssigkeit entsprechen. Anschließend wird die Zellflüssigkeit des Axons nach und nach gegen eine Flüssigkeit ausgetauscht, deren Kaliumionenkonzentration immer stärker zunimmt.

B1 Beschreiben Sie die Veränderung des Membranpotenzials während des Versuchs!

B2 Erklären Sie den Verlauf des Membranpotenzials!

01 Tintenfisch *Loligo*

Vom Ruhe- zum Aktionspotenzial

Als Neurophysiologen erste experimentelle Messungen an Neuronen durchführten, gab es noch keine Mikroelektroden, mit denen die nur 0,5 bis 20 Mikrometer dünnen Axone von Wirbeltieren untersucht werden konnten. Die Axone des Tintenfischs Loligo *hingegen haben einen Durchmesser von bis zu zwei Millimetern und sind deshalb leicht zu präparieren. So wurde Loligo zu einem der wichtigsten Modellorganismen für Neurophysiologen.*

Als man die Spannungsverhältnisse am Loligo-*Axon erforschte, beobachtete man, dass sich das Potenzial an der Membran nach einer Reizung spontan änderte. Wie lassen sich diese Potenzialveränderungen erklären?*

SPANNUNG AM AXON IM RUHEZUSTAND · Sticht man eine Messelektrode in ein nicht erregtes Axon von *Loligo* und taucht die Bezugselektrode in die Umgebungsflüssigkeit, kann man eine Potenzialdifferenz messen. Diese bezeichnet man als **Ruhepotenzial.** Das Innere des Neurons ist gegenüber der extrazellulären Seite negativ geladen. Für Wirbeltierneuronen im Ruhezustand gelten ähnliche Bedingungen. Je nach Zelltyp werden Werte zwischen −40 und −90 Millivolt gemessen.

Die Zellmembran des Neurons trennt unterschiedliche Ladungen. Im Zellinneren befinden sich hauptsächlich Kaliumionen und organische Anionen wie Aminosäurereste und Proteine. In nur geringen Konzentrationen kommen Natrium- und Chloridionen vor. Auf der Zellaußenseite hingegen finden sich hohe Natrium- und Chloridionenkonzentrationen, aber nur verhältnismäßig wenige Kaliumionen. Die Gleichgewichtspotenziale der verschiedenen Ionenarten tragen in unterschiedlicher Weise zum Ruhepotenzial bei. Je größer die Permeabilität der Zellmembran für eine Ionenart ist, umso stärker wird das gemessene Potenzial durch deren Gleichgewichtspotenzial bestimmt. Bei Säugetierneuronen ist dies insbesondere das Gleichgewichtspotenzial für Kaliumionen. Ein Teil der Kaliumionenkanäle ist ständig geöffnet. Sie werden deshalb auch *Kaliumionenhintergrundkanäle* genannt. Aufgrund des Konzentrationsgefälles diffundieren Kaliumionen durch

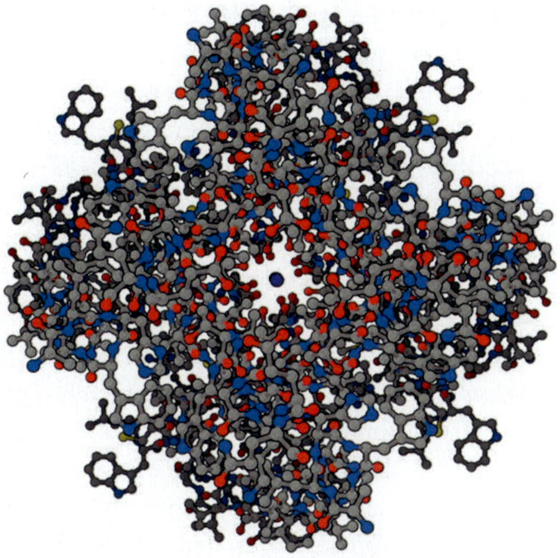

02 Aufsicht eines Kaliumionenkanals mit zentralem Kaliumion

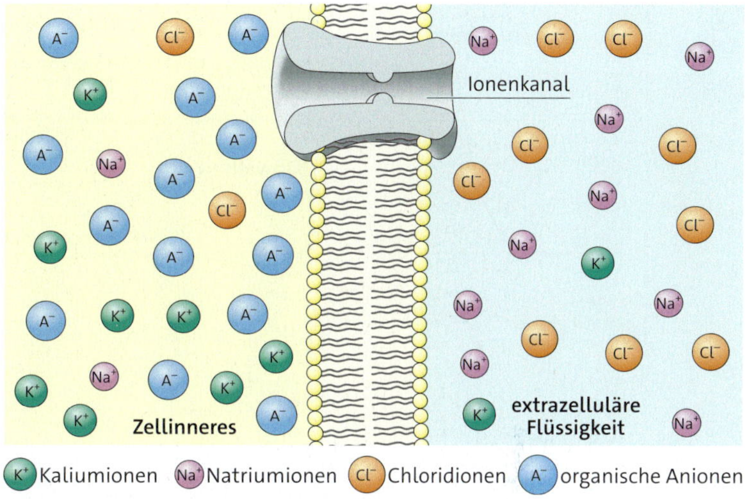

03 Ionenverteilung an der Membran eines Neurons

die geöffneten Kanäle von innen nach außen. Wenn die Membran nur für Kaliumionen durchlässig wäre, müsste das Ruhepotenzial den gleichen Wert haben wie das Gleichgewichtspotenzial von Kaliumionen, also etwa –80 Millivolt. Beim Säugetierneuron wird jedoch ein Wert von ungefähr –65 Millivolt gemessen. Diese Abweichung ist darauf zurückzuführen, dass in geringerem Umfang Natriumionen von außen in die Zelle diffundieren.

ERHALTUNG DES RUHEPOTENZIALS · Da Natriumionen fortwährend in das Neuron einströmen, müsste die Konzentration an positiven Ladungen in der Zelle langsam steigen und damit die Spannung abnehmen. Das Ruhepotenzial bleibt in der lebenden Nervenzelle jedoch konstant. Ursache hierfür ist ein Protein in der Zellmembran, das Natriumionen gegen das Konzentrationsgefälle aus der Zelle heraus- und gleichzeitig Kaliumionen in die Zelle hineinpumpt. Der aktive Transport durch diese **Natrium-Kalium-Pumpe** geschieht unter ATP-Verbrauch und ist für etwa 70 Prozent des Energieverbrauchs des Gehirns verantwortlich.

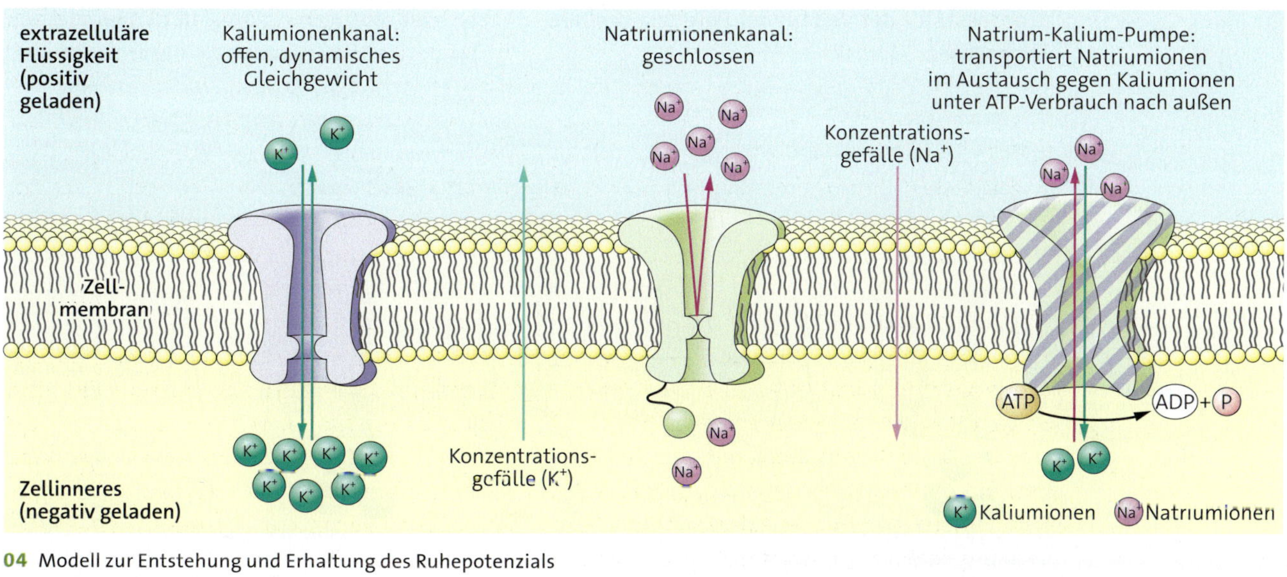

04 Modell zur Entstehung und Erhaltung des Ruhepotenzials

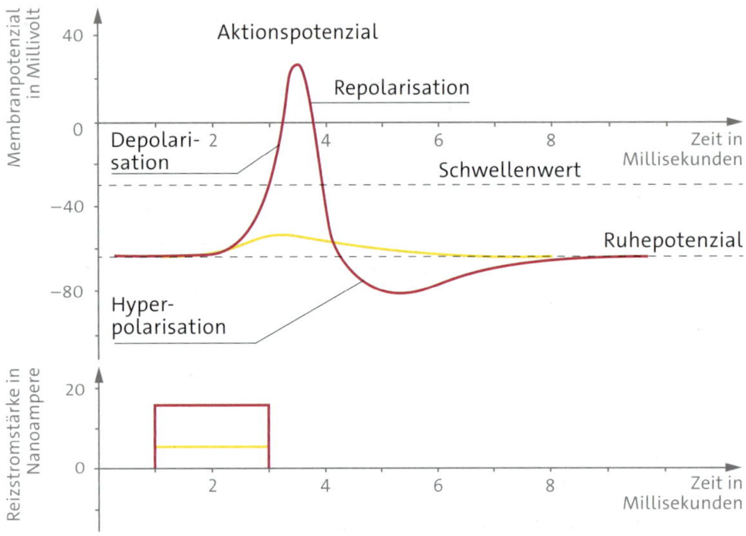

05 Reaktion eines Axons auf Reize

POTENZIALVERÄNDERUNGEN DURCH REIZE · Wenn man in einem Experiment eine Stelle des Axons geringfügig reizt, sodass sich das Membranpotenzial kurzzeitig von −65 auf −50 Millivolt verringert, kehrt das Membranpotenzial rasch zum Ausgangszustand zurück. Man beobachtet keine weiteren Auswirkungen auf das Axon. Erreicht das Membranpotenzial durch einen stärkeren Reiz einen bestimmten **Schwellenwert,** beispielsweise −30 Millivolt, führt dies jedoch zu einer spontanen Reaktion, bei der sich die Spannungsverhältnisse an der gereizten Stelle der Membran des Axons innerhalb einer Millisekunde umkehren. Ein **Aktionspotenzial** wird ausgelöst. Am Oszilloskop lässt sich der Verlauf der Potenzialumkehr beobachten.

ABLAUF EINES AKTIONSPOTENZIALS · Im Ruhezustand entspricht die extrazelluläre Konzentration der positiv geladenen Natriumionen etwa dem Zehnfachen der Konzentration im Zellinneren. Das Membranpotenzial von −65 Millivolt ist aber im Verhältnis zum Natriumionengleichgewichtspotenzial von +62 Millivolt negativ. Da sich entgegengesetzte Ladungen anziehen und die Natriumionenkanäle geschlossen sind, ist die Anziehungskraft für die Natriumionen, die *elektrostatische Anziehungskraft,* beträchtlich.

1. Wird die Axonmembran so stark gereizt, dass der Schwellenwert erreicht wird, werden Spannungssensoren der Natriumionenkanäle aktiviert und die Kanäle öffnen sich. Der daraus resultierende Natriumioneneinstrom führt zur **Depolarisation** der Axonmembran. Da sich auf einer Membranfläche von einem Mikrometer mehrere Tausend Natriumionenkanäle befinden, die sich gleichzeitig öffnen, verändert sich das Membranpotenzial sehr schnell bis zu einem Wert von etwa +30 Millivolt. Das Zellinnere ist gegenüber dem Extrazellularraum positiv geladen, es kommt zur Spannungsumkehr, dem *Overshoot.* Bereits nach einer Millisekunde werden die Natriumionenkanäle wieder geschlossen.
2. Die Depolarisation der Axonmembran löst mit einer zeitlichen Verzögerung von ungefähr einer Millisekunde das Öffnen spannungsgesteuerter Kaliumionenkanäle aus. Da der Zellaußenraum zu diesem Zeitpunkt

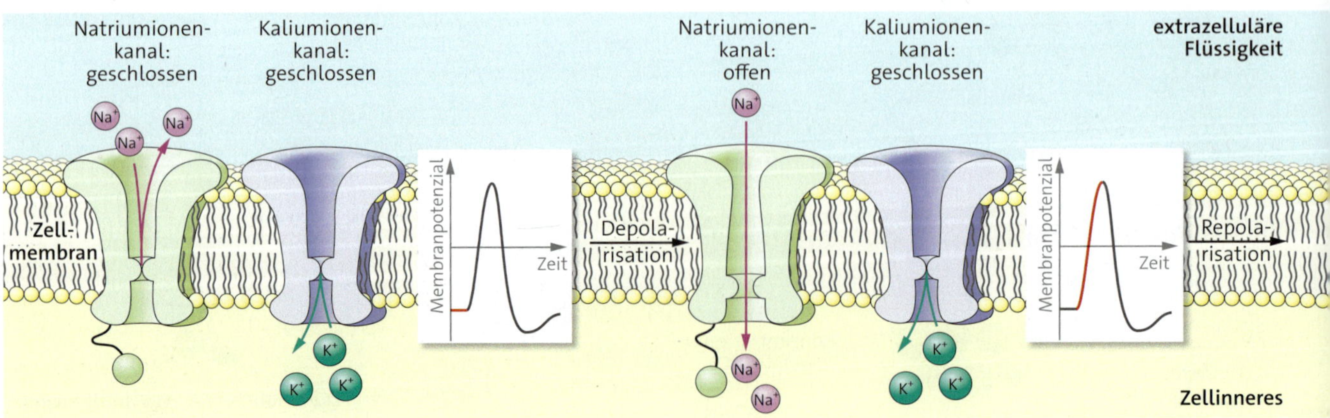

06 Ionenkanäle steuern den Ablauf des Aktionspotenzials

negativ geladen ist, ist die elektrostatische Anziehungskraft, die einen Ausstrom der Kaliumionen aus der Zelle bewirkt, sehr hoch. Die Kaliumionen strömen deshalb schnell aus dem Axon heraus und führen dazu, dass das Membranpotenzial innen äußerst schnell wieder negativ wird. Es findet eine **Repolarisation** statt.

3. Da für einen sehr kurzen Zeitraum sowohl die spannungsgesteuerten Kaliumionenkanäle als auch die Kaliumionenhintergrundkanäle geöffnet sind, strömen mehr Kaliumionen aus dem Axon als notwendig sind, um das Ruhepotenzial wieder zu erreichen. Deshalb sinkt die Kurve des Aktionspotenzials tiefer ab. Es kommt zur **Hyperpolarisation,** die auch als *Undershoot* bezeichnet wird.

VERMINDERTE ERREGBARKEIT · Jeder Natriumionenkanal hat einen kugelförmigen Proteinteil, der in das Zellinnere hineinragt. Bei der Inaktivierung des Kanals durch die Spannungsumkehr klappt die Kugel in die Pore und verschließt sie wie ein Tor. Dadurch wird verhindert, dass ein weiteres Aktionspotenzial ausgelöst wird. Diese Phase nennt man **absolute Refraktärzeit.** Wenn das Membranpotenzial wieder das Ruhepotenzial erreicht, löst sich die Proteinkugel vom Kanal und die spannungsgesteuerten Natriumionenkanäle schließen sich. Jetzt kann wieder ein Aktionspotenzial ausgelöst werden. Da die Kaliumionenkanäle noch geöffnet sind und die Membran hyperpolarisiert ist, ist jedoch ein stärkerer depolarisierender Stromimpuls notwendig, um den Schwellenwert zu erreichen. Diese Phase wird deshalb als **relative Refraktärzeit** bezeichnet. Aufgrund der spezifischen Reaktion der spannungsgesteuerten Ionenkanäle auf einen überschwelligen Reiz entstehen immer gleich starke Ionenströme. Das bedeutet, dass ein Aktionspotenzial eines jeden Neurontyps immer die gleiche Höhe, also die gleiche Amplitude hat. Aktionspotenziale funktionieren wie ein Schalter, der ein- oder ausgeschaltet ist. Es handelt sich somit um ein *Alles-oder-nichts-Prinzip*.

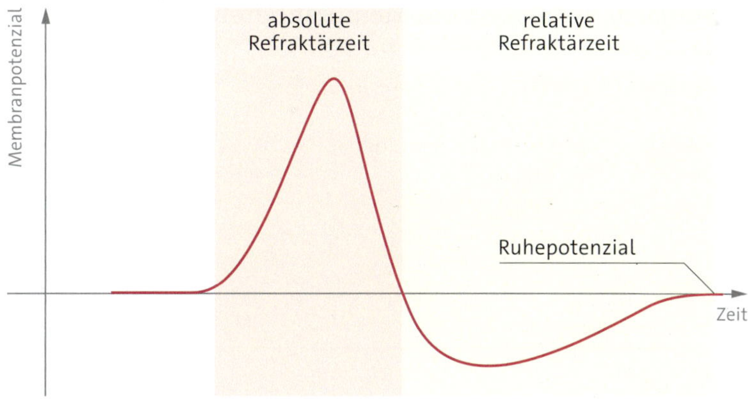

07 Absolute und relative Refraktärzeit

1 Erläutern Sie, wie das Ruhepotenzial zustande kommt!

2 Beschreiben Sie den Ablauf eines Aktionspotenzials!

3 Erläutern Sie, weshalb während der absoluten Refraktärzeit kein Aktionspotenzial ausgelöst werden kann!

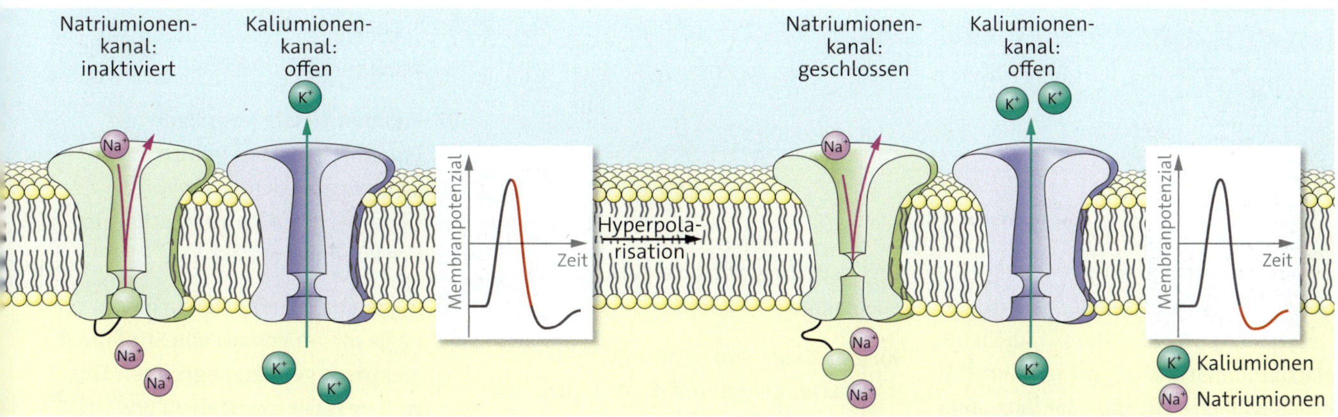

Material A ▸ Messung des Membranpotenzials

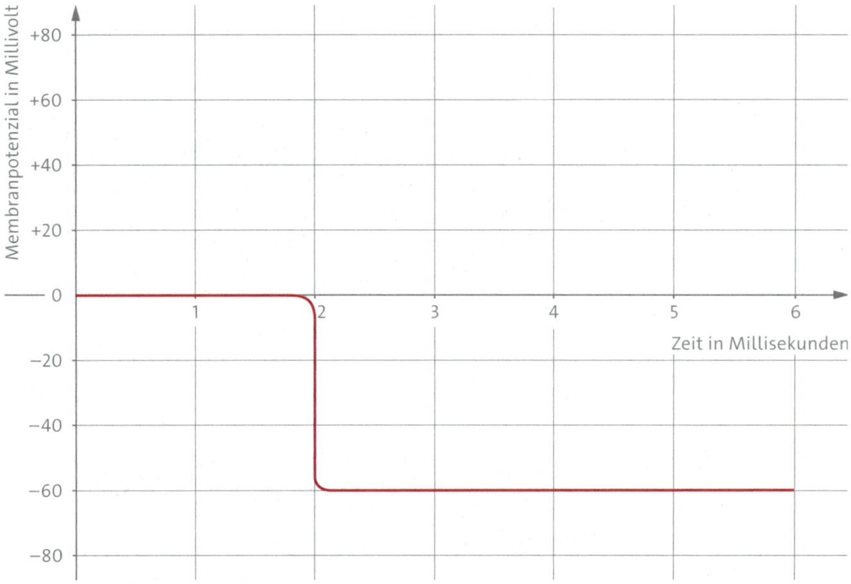

Die Aufzeichnung des Membranpotenzials beim Tintenfisch *Loligo* zeigt die in der Abbildung dargestellten Messergebnisse.

A1 Beschreiben Sie die Versuchsanordnung, die zur Gewinnung der Messergebnisse benötigt wird!

A2 Erklären Sie die Veränderung der Spannung zum Zeitpunkt t = 2 Millisekunden!

Material B ▸ Austrittsrate für Natriumionen bei *Loligo*

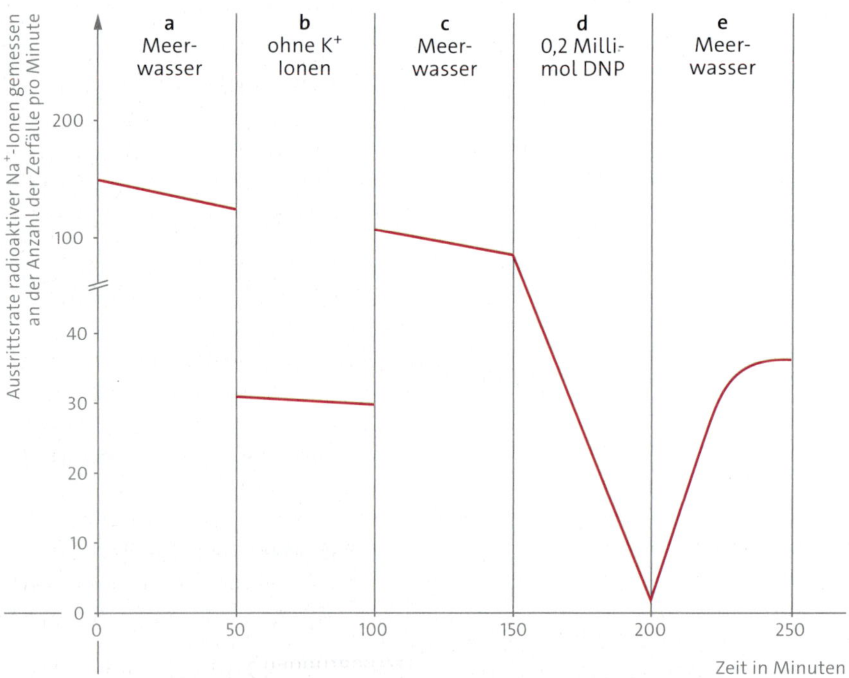

Ein Riesenaxon von *Loligo* wird über längere Zeit in Meerwasser gelegt, dessen Natriumionen durch radioaktive Natriumionen ersetzt worden sind. Dadurch wird erreicht, dass die Natriumionen im Axon radioaktiv markiert sind.

Erst dann beginnt die eigentliche Versuchsreihe:

a) Das Axon wird in normales Meerwasser gelegt und die Austrittsrate der radioaktiven Natriumionen gemessen.

b) Anschließend wird das Axon in eine Lösung gelegt, die keine Kaliumionen enthält.

c) Das Axon wird in normales Meerwasser überführt.

d) Dem Meerwasser wird Dinitrophenol, kurz DNP, zugegeben. DNP blockiert die ATP-Synthese in den Mitochondrien.

e) Das Axon wird in normales Meerwasser gelegt.

B1 Beschreiben Sie die Ergebnisse der Teilversuche a bis e anhand der Abbildung!

B2 Erklären Sie die jeweiligen Ergebnisse zu den Teilversuchen unter Berücksichtigung Ihrer Kenntnisse zur Aufrechterhaltung des Ruhepotenzials!

B3 In einem weiteren Versuch wird das Axon im Verlauf von Stadium d elektrisch gereizt. Begründen Sie, welche Auswirkungen zu erwarten sind!

Material C ▸ Reize und Aktionspotenziale

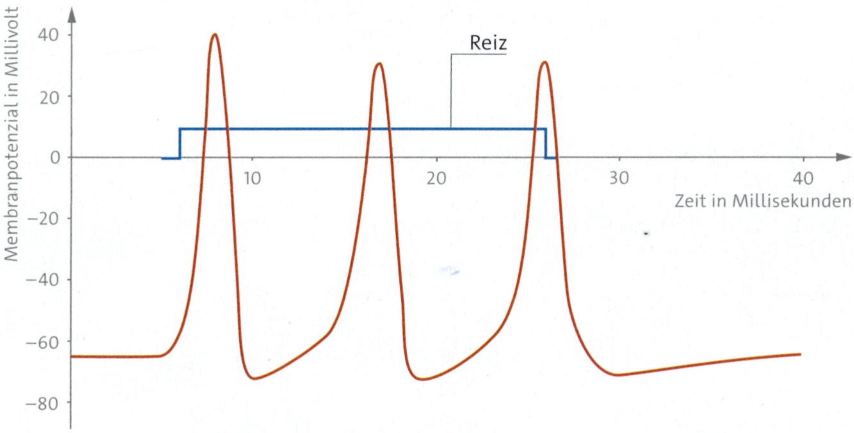

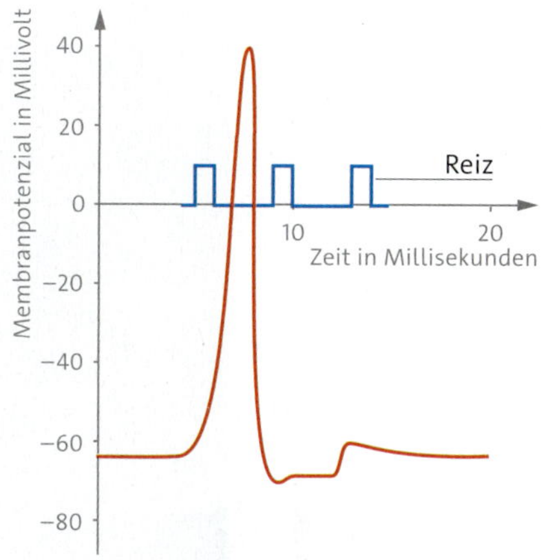

In einem Experiment wird untersucht, wie das Axon eines Neurons auf eine Dauerreizung über einen Zeitraum von 20 Millisekunden reagiert.

In einem zweiten Experiment wird das Axon drei kurzen Reizen mit einer Dauer von jeweils einer Millisekunde ausgesetzt.

C1 Vergleichen Sie die Beobachtungen der beiden Experimente!

C2 Deuten Sie die unterschiedlichen Reaktionen des Axons!

Material D ▸ *Fugu* – gefährlich und delikat

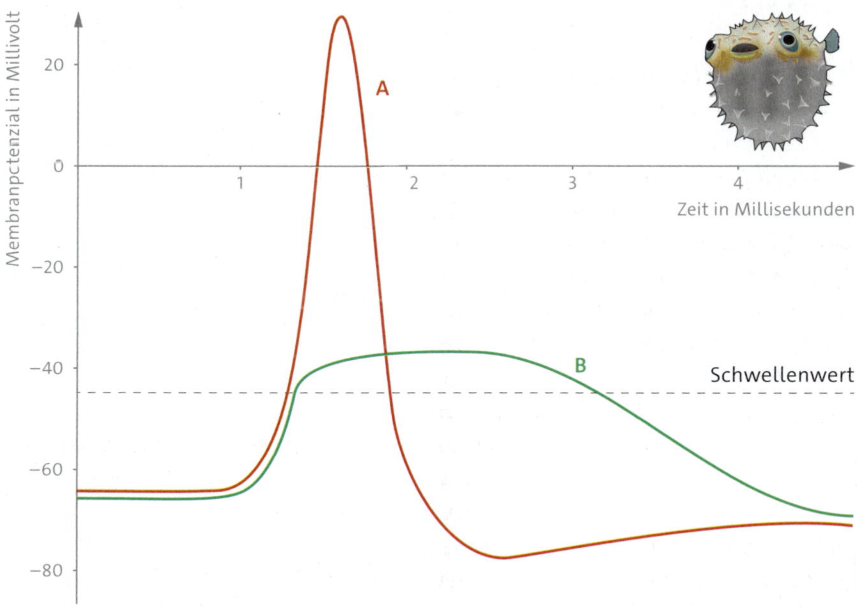

Der *Fugu* ist der bekannteste Vertreter der Kugelfische. Er ist ein Knochenfisch, dessen Schuppen zu Stacheln umgewandelt sind. Bei Gefahr können die Kugelfische sich aufblähen, indem sie Wasser in eine sackartige Erweiterung des Magens pumpen. Dadurch vergrößert sich ihr Volumen und die Stacheln stehen nach außen ab, was bei Kontakt für Raubfische äußerst unangenehm werden kann. Ein weiterer Schutzmechanismus des *Fugu* ist die Anreicherung des Gifts Tetrodotoxin in seinen Organen. Es ist eines der stärksten bekannten nicht proteinartigen Nervengifte. Eine Dosis von zehn Mikrogramm pro Kilogramm Körpermasse ist bereits tödlich.

Obwohl *Fugu* extrem giftig ist, steht er in Japan ganz oben auf der Delikatessenliste. Wer in Japan einen *Fugu* zubereiten möchte, muss mithilfe eines speziellen Kochkurses eine Lizenz dafür erwerben, da es jährlich zu etwa 150 Todesfällen durch eine *Fugu*-Vergiftung kommt. Wichtig bei der Zubereitung ist, dass die giftigen Keimdrüsen sowie Gallenblase, Leber und Darm schnell und sauber entfernt werden, da das Gift sonst in die ungiftige Muskulatur gelangt.

D1 Vergleichen Sie die Verläufe der abgebildeten Membranpotenziale A und B!

D2 Begründen Sie anhand des Verlaufs der Kurve B die Wirkungsweise von Tetrodotoxin auf Neuronen!

D3 Stellen Sie Hypothesen zu den Folgen der Vergiftung mit Tetrodotoxin für den Organismus auf!

01 Zungenschuss eines Chamäleons

Erregungsleitung

Ein Chamäleon sitzt scheinbar regungslos auf einem Ast. Während es seine Beute mit den Augen fixiert, ragt seine Zunge ein wenig aus dem leicht geöffneten Maul. Plötzlich schleudert die Zunge innerhalb von wenigen Millisekunden in Richtung Beute. Bei diesem Zungenschuss kann die Chamäleonzunge eine Geschwindigkeit von sechs Metern pro Sekunde erreichen. Das getroffene Beutetier wird von der Zungenspitze angesaugt und anschließend ins Maul des Chamäleons gezogen. Wie erfolgt die neuronale Erregungsleitung für diese extrem schnelle Bewegung?

WEITERLEITUNG VON AKTIONSPOTENZIALEN · Wird an einem Axon durch einen elektrischen Impuls ein Aktionspotenzial ausgelöst, lassen sich anhand von Messelektroden innerhalb kürzester Zeit Aktionspotenziale in immer größeren Abständen vom Ursprungsort nachweisen. Das bedeutet, dass die Erregung entlang des Axons kontinuierlich weitergeleitet wird. Da bei einem Aktionspotenzial zunächst Natriumionen in die Zelle einströmen, ist das Zellinnere in diesem Bereich kurzfristig gegenüber der Außenseite positiv geladen. In der direkten Umgebung befindet sich das Axon im Ruhezustand. Dort ist das Zellinnere gegenüber außen negativ geladen. Aufgrund dieser Ladungsunterschiede kommt es zu einem seitlichen Stromfluss, den *lokalen Strömchen*. Sie haben eine Depolarisation der Axonmembran in der Umgebung des Aktionspotenzials zur Folge. Erreicht dort die Depolarisation den Schwellenwert, öffnen sich die spannungsgesteuerten Natriumionenkanäle und lösen ein neues Aktionspotenzial aus. Somit wird die Erregung entlang des Axons weitergeleitet.

In der Nervenzelle entstehen Aktionspotenziale am Axonhügel und breiten sich nur in Richtung der präsynaptischen Endigungen aus. Obwohl die lokalen Strömchen in beide Richtungen fließen, ist eine gegenläufige Ausbreitung nicht möglich, da sich die Natriumionenkanäle nach einem Aktionspotenzial in der Refraktärphase befinden und nicht auf die Depolarisation reagieren.

VERSCHIEDENE LEITUNGSGESCHWINDIGKEITEN · Die Riesenaxone des Tintenfischs leiten sensorische Erregungen, die den Fluchtreflex steuern. Da Schnelligkeit für die Tiere einen Selektionsvorteil bedeutet, haben sich im Verlauf der Evolution Axone mit einer höheren Leitungsgeschwindigkeit entwickelt. Offensichtlich besteht ein Zusammenhang mit dem Durchmesser dieser Axone.

In dünnen Axonen ist der Innenwiderstand relativ hoch, die lokalen Strömchen können sich nicht weit ausbreiten. Mit zunehmendem Durchmesser des Axons sinkt der Innenwiderstand. Damit erhöht sich die Reichweite der lokalen Strömchen. Eine den Schwellenwert übersteigende Depolarisation erfolgt aufgrund der höheren Stromstärke schneller und in größeren Abständen. Ein größerer Durchmesser erhöht also die Leitungsgeschwindigkeit.

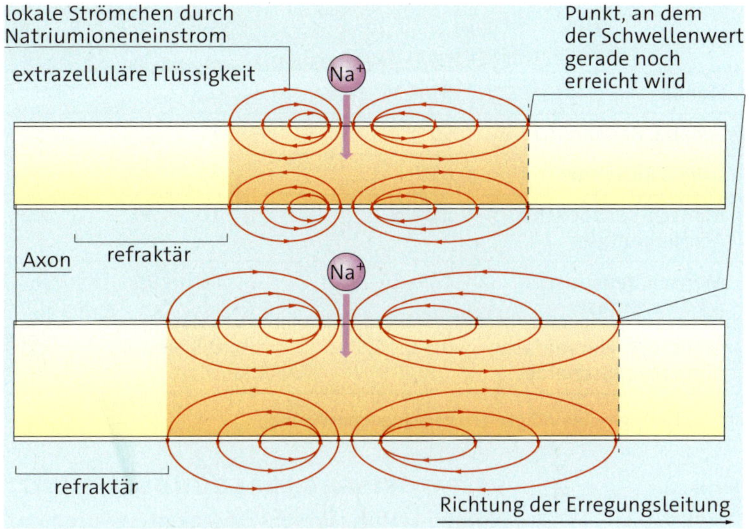

02 Einfluss des Axondurchmessers auf lokale Strömchen

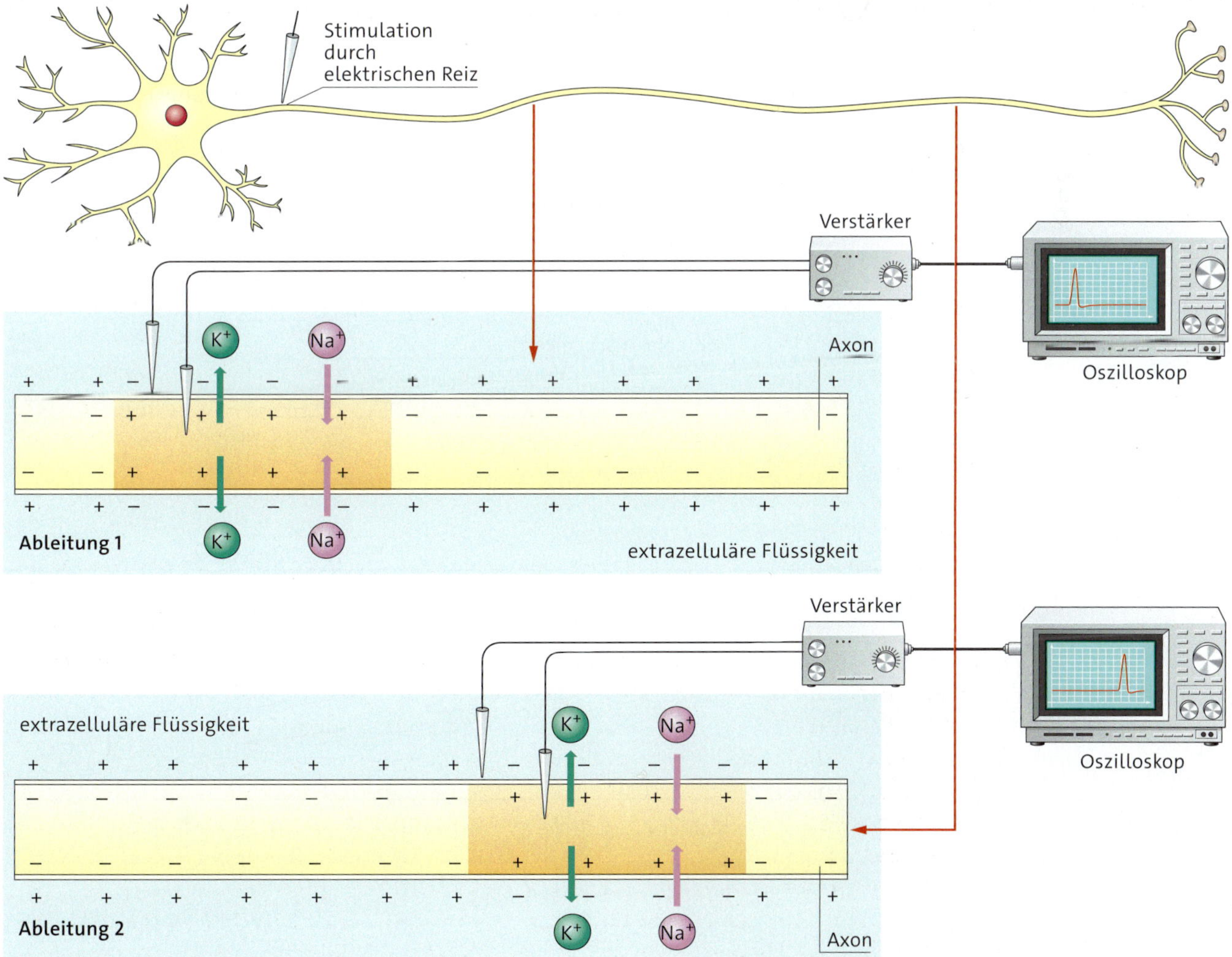

03 Ausbreitung eines Aktionspotenzials

Lebewesen	Axondurchmesser in µm	Leitungsgeschwindigkeit in m/s
Qualle	6 bis 12	0,5
Schabe, Bauchmark	50	7
Loligo, Riesenaxon	650	25
Mensch, sensorische Aδ-Nervenfaser	2 bis 5	10 bis 30
Mensch, sensorische Aβ-Nervenfaser	7 bis 15	40 bis 90
Mensch, C-Nervenfaser, ohne Myelinscheide	0,5 bis 1,5	0,5 bis 2,0

04 Leitungsgeschwindigkeiten verschiedener Axone

lat. saltare = springen

Axon mit Myelinscheide *siehe Seite 21*

SALTATORISCHE ERREGUNGSLEITUNG · Höhere Leitungsgeschwindigkeiten durch größere Axondurchmesser wie beim Tintenfisch haben einen erheblichen Nachteil: Das Nervensystem benötigt viel Raum. Bei den Wirbeltieren, zu denen auch das Chamäleon gehört, entwickelte sich im Lauf der Evolution ein anderer, raumsparender Weg. Die Axone, auch Nervenfasern, der Wirbeltiere sind von einer Myelinscheide umgeben, die in Abständen von 0,2 bis 2,0 Millimetern von Ranvier-Schnürringen unterbrochen ist. Die Myelinscheide wirkt wie die Isolierung eines Stromkabels und verstärkt den Stromfluss im Inneren des Axons. Dadurch erhöht sich die Reichweite der lokalen Strömchen erheblich. Nur in den frei liegenden Bereichen der Ranvier-Schnürringe befinden sich spannungsgesteuerte Natriumionenkanäle und nur hier werden Aktionspotenziale ausgelöst. Dies hat zur Folge, dass die Aktionspotenziale von Schnürring zu Schnürring springen. Die Geschwindigkeit dieser *saltatorischen Erregungsleitung* ist erheblich höher als die der kontinuierlich weitergeleiteten Erregung der nicht myelinisierten Fasern. Ein weiterer Vorteil der saltatorischen Erregungsleitung ergibt sich daraus, dass sie weniger Energie benötigt, da weniger Ionenpumpen notwendig sind.

1 Erläutern Sie die Bedeutung der lokalen Strömchen für die Erregungsleitung!

2 Vergleichen Sie die kontinuierliche und die saltatorische Erregungsleitung!

3 Nehmen Sie Stellung zu der Aussage, dass das Gehirn eines Menschen ohne Myelinscheide größer als ein Scheunentor sein müsste!

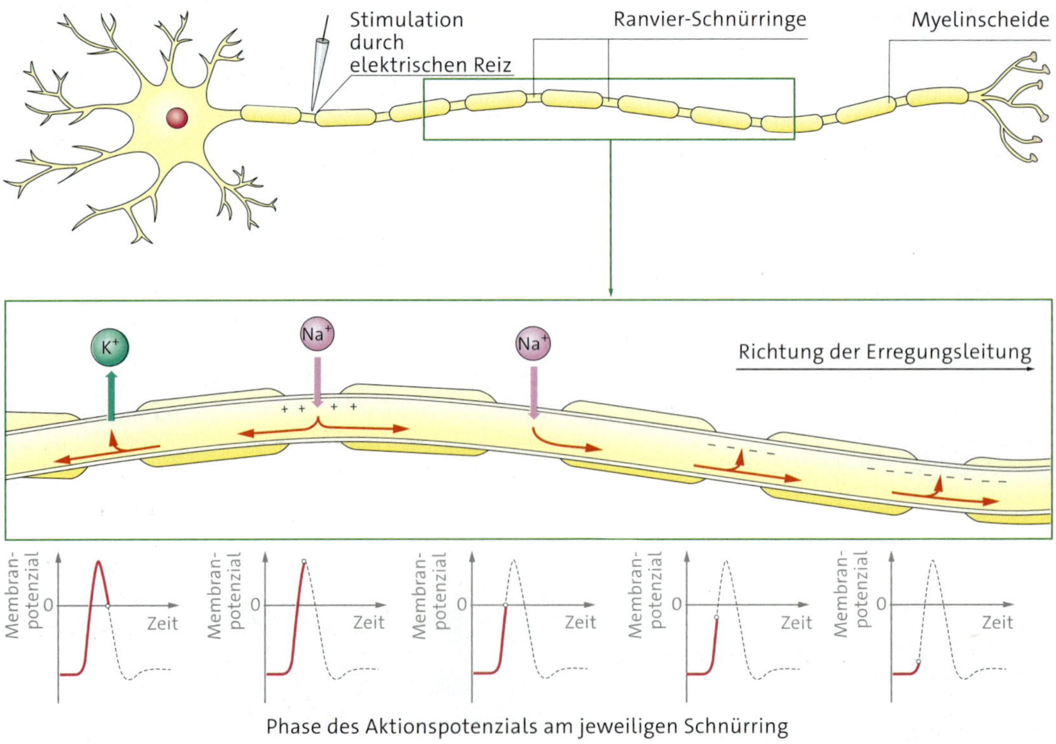

05 Saltatorische Erregungsleitung

Material A ▸ Lokalanästhesie

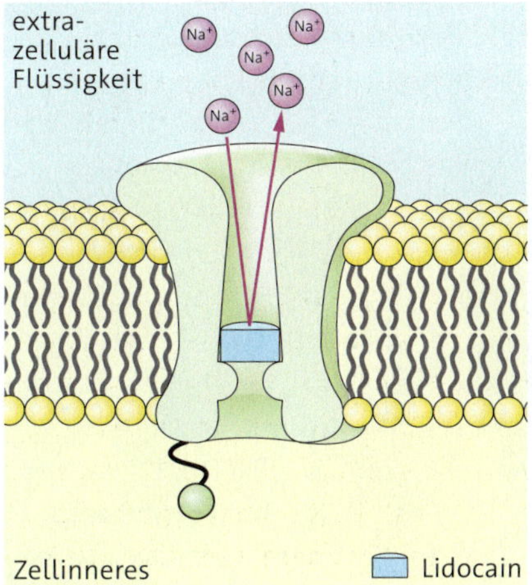

Schmerz- und Berührungsreize werden von verschiedenen Neuronen verarbeitet. Die Signalübertragung von Schmerzen läuft über sehr aktive, dünne Aδ-Neuronen und marklose C-Neuronen. Die Signale von Berührungen werden von weniger aktiven, dicken Aβ-Neuronen übertragen. Diesen Umstand macht man sich in der medizinischen Praxis bei der Lokalanästhesie mit dem Wirkstoff Lidocain zunutze. So kann ein Zahnarzt mit einer Injektion von Lidocain in den Gaumen die schmerzassoziierten Bahnen des umliegenden Gewebes betäuben. Die Wirkung des Lidocains beruht darauf, dass es durch die Axonmembran in die Axone der schmerzassoziierten Neuronen diffundiert und die Natriumionenkanäle blockiert.

A1 Erläutern Sie, weshalb Lidocain zu einer lokalen Betäubung führt!

A2 Stellen Sie anhand der Prinzipien der Erregungsleitung eine Hypothese auf, weshalb ein Patient zwar keine Schmerzen, aber Berührungen wahrnehmen kann!

Material B ▸ Multiple Sklerose

Unterschiedliche Krankheitsverläufe

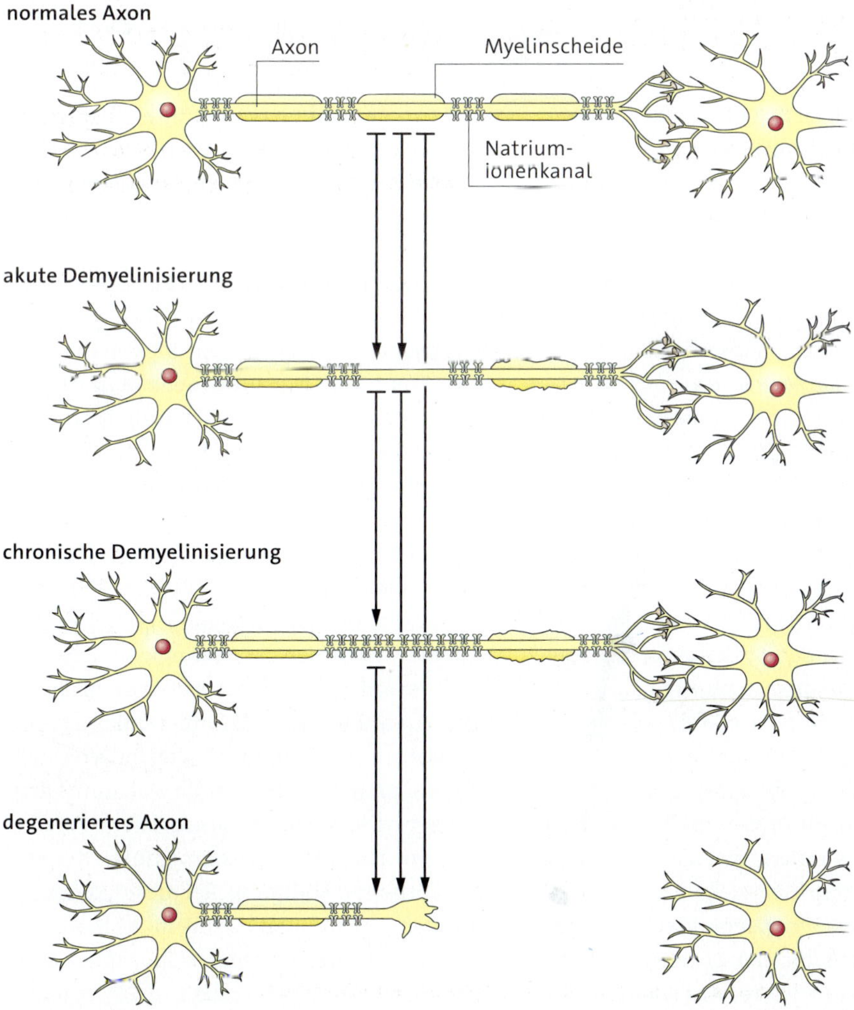

Multiple Sklerose, kurz MS, ist eine Erkrankung des ZNS. Erste Anzeichen einer Multiplen Sklerose sind häufig Bewegungs- und Empfindungsstörungen sowie Lähmungserscheinungen, Seh- oder Sprachstörungen.

Multiple Sklerose entwickelt sich aufgrund einer Störung des Immunsystems. Die Abwehrzellen, deren Aufgabe die Bekämpfung von Krankheitserregern ist, greifen die Myelinscheiden der Axone an. Die Myelinscheiden werden abgebaut und durch verhärtetes Narbengewebe ersetzt.

B1 Beschreiben Sie die durch Multiple Sklerose verursachten Veränderungen am Axon!

B2 Erklären Sie die Auswirkungen der verschiedenen Stadien der Demyelinisierung auf die Erregungsleitung!

B3 Begründen Sie, weshalb das Krankheitsbild bei der Multiplen Sklerose sehr uneinheitlich sein kann!

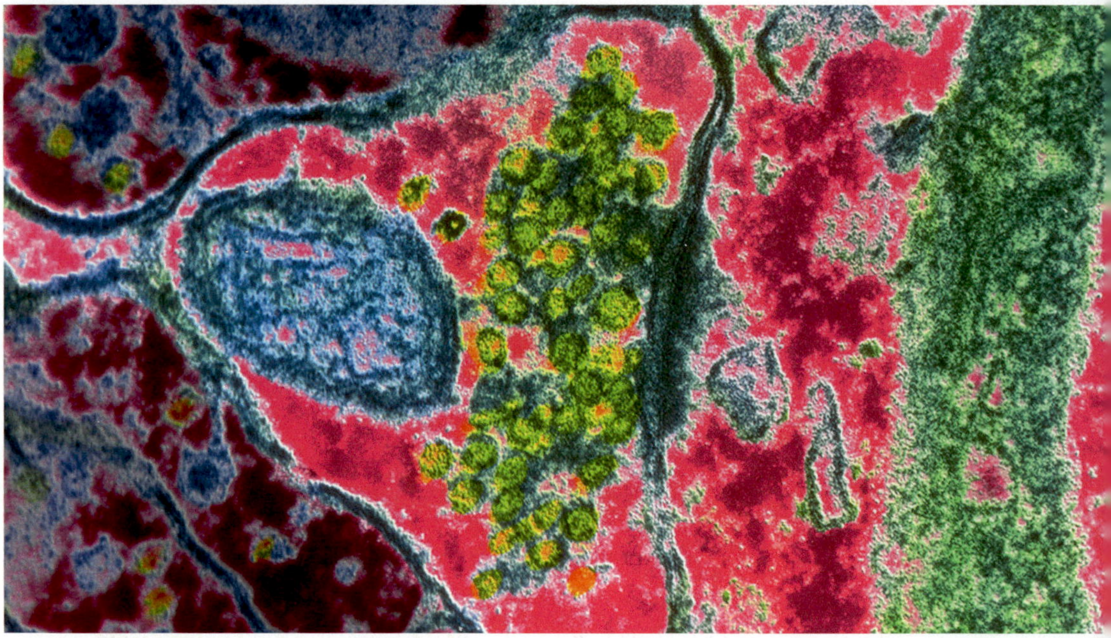

01 Elektronenmikroskopische Aufnahme einer Synapse

Informationsübertragung an Synapsen

Im elektronenmikroskopischen Bild erkennt man ein Synapsenendknöpfchen dicht am Soma einer anderen Nervenzelle anliegend. Deutlich sichtbar sind die kleinen grünen Vesikel im Bereich der präsynaptischen Endigung und die Zellmembranen, die beide Nervenzellen voneinander trennen. Trotz dieser Trennung werden Aktionspotenziale vom Synapsenendknöpfchen an das nachfolgende Neuron übermittelt. Wie geschieht dies und welche Rolle spielen dabei die synaptischen Vesikel?

CHEMISCHE SYNAPSEN · Zwischen den beiden Nervenzellen befindet sich ein schmaler Spalt mit einer Breite von ungefähr 20 bis 40 Nanometern. Die an diesen **synaptischen Spalt** angrenzende Membran des Synapsenendknöpfchens wird als *präsynaptische Membran* und die der nachgeschalteten Nervenzelle als *postsynaptische Membran* bezeichnet. Astrozyten in der direkten Umgebung der Synapsen produzieren eine aus faserförmigen Proteinen bestehende Matrix, die den Kontakt zwischen beiden Nervenzellen im synaptischen Spalt verstärkt.
In den Vesikeln des Synapsenendknöpfchens befindet sich ein chemischer Botenstoff, zum Beispiel der Neurotransmitter **Acetylcholin.** Er ist für die Signalübertragung über den synaptischen Spalt hinweg verantwortlich. Derartige Synapsen werden deshalb als *chemische Synapsen* bezeichnet.

ABLAUF DER INFORMATIONSÜBERTRAGUNG ·

1. Erreicht ein Aktionspotenzial das Synapsenendknöpfchen, wird dessen Membran durch die Öffnung der Natriumionenkanäle depolarisiert. Diese Depolarisation hat zur Folge, dass sich spannungsgesteuerte Kalziumionenkanäle öffnen. Da die Kalziumionenkonzentration im Bereich des synaptischen Spalts bis zu 500-mal höher als im Zellinneren ist, strömen Kalziumionen durch die geöffneten Kanäle in die präsynaptische Endigung ein. Wie viele Kanäle sich öffnen, ist abhängig von der Anzahl der ankommenden Aktionspotenziale.
Die Zunahme der Kalziumionenkonzentration ist ein Signal für die Vesikel im Synapsenendknöpfchen: Je höher die Kalziumionenkonzentration steigt, umso mehr Vesikel verschmelzen mit der Zellmembran der präsynaptischen Endigung. Bei dieser *Exozytose* werden die in den Vesikeln enthaltenen Neurotransmitter, mehrere Tausend Acetylcholin-Moleküle pro Vesikel, in den synapti-

schen Spalt ausgeschüttet. Die Freisetzung des Acetylcholins wird sehr präzise gesteuert und erfolgt extrem schnell, beim Riesenaxon des Tintenfischs innerhalb von 0,2 Millisekunden nach Öffnung der Kalziumionenkanäle.

2. Die Acetylcholin-Moleküle diffundieren durch den synaptischen Spalt zur postsynaptischen Membran. Dort befinden sich transmittergesteuerte Ionenkanäle, die für Natriumionen permeabel sind. Sie öffnen sich, sobald Acetylcholin an einen spezifischen **Acetylcholin-Rezeptor** bindet. Durch die einströmenden Natriumionen wird das Neuron im Bereich der postsynaptischen Membran depolarisiert. Es entsteht ein **postsynaptisches Potenzial,** kurz **PSP**. Die Stärke der Depolarisation ist davon abhängig, wie groß die Menge der einströmenden Natriumionen ist, also davon, wie viele Natriumionenkanäle durch Acetylcholin geöffnet werden. Somit bestimmt die Anzahl der freigesetzten Acetylcholin-Moleküle die Veränderung des postsynaptischen Potenzials. Wenn dieses einen bestimmten Schwellenwert überschreitet, entsteht am Axonhügel des nachgeschalteten Neurons ein neues Aktionspotenzial.

3. Eine weitere synaptische Signalübertragung ist nur möglich, wenn die Ionenkanäle der postsynaptischen Membran wieder geschlossen sind. Dafür ist es notwendig, dass das Acetylcholin schnell inaktiviert wird. Dies geschieht durch das Enzym Acetylcholin-Esterase, welches Acetylcholin hydrolytisch in Cholin und Acetat, den Säurerest der Essigsäure, spaltet. Die Acetylcholin-Rezeptoren werden nun nicht mehr aktiviert und die Natriumionenkanäle sind geschlossen. Cholin diffundiert zurück zur präsynaptischen Endigung und wird dort über ein aktives Transportsystem wieder aufgenommen. Im Synapsenendknöpfchen erfolgt die Rückgewinnung von Acetylcholin mithilfe eines Enzyms, das eine neue Acetatgruppe an das Cholin bindet. Die Vesikel werden neu gebildet und im Synapsenendknöpfchen wieder mit Acetylcholin beladen.

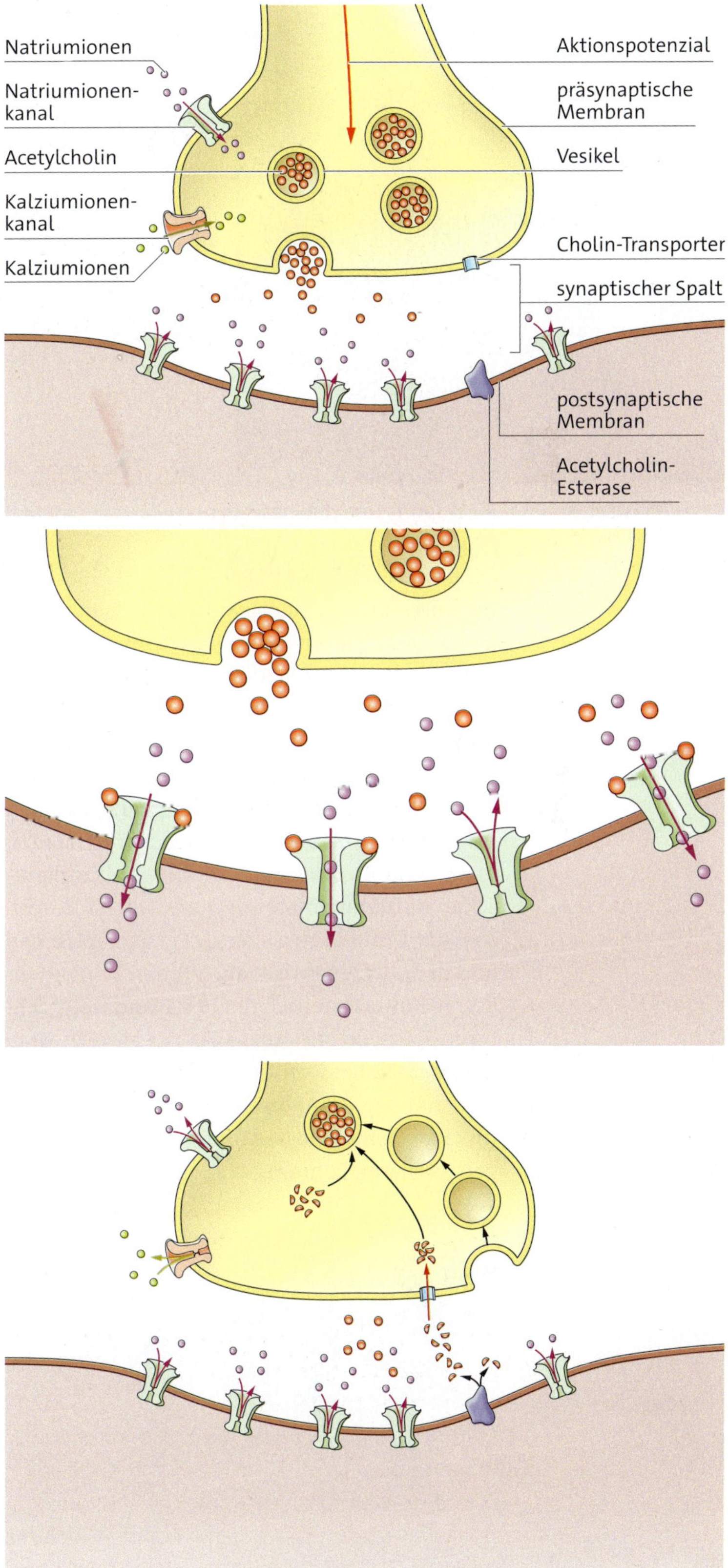

02 Signalübertragung an einer chemischen Synapse

SIGNALÜBERTRAGUNG ZWISCHEN NEURONEN

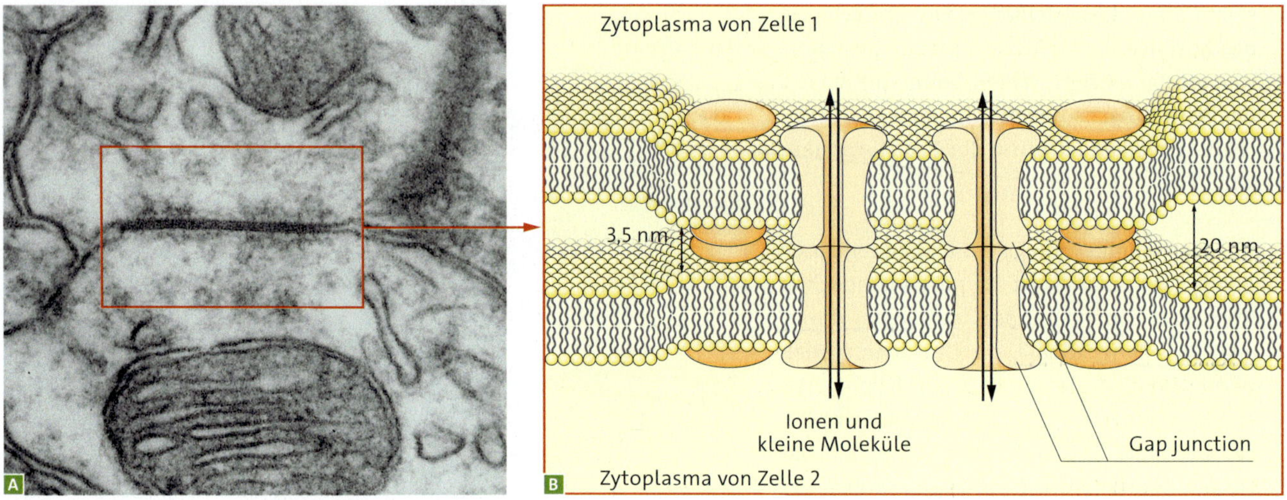

03 Elektrische Synapse: **A** EM-Aufnahme, **B** Neuronen sind über *Gap junctions* verbunden (Schema)

ELEKTRISCHE SYNAPSEN · In den 1950er-Jahren untersuchten amerikanische Wissenschaftler Riesensynapsen des Flusskrebses und machten dabei eine interessante Entdeckung: Wenn sie das Axon vor der Riesensynapse elektrisch reizten, konnten sie fast verzögerungsfrei ein postsynaptisches Potenzial messen. Eine solch hohe Übertragungsgeschwindigkeit ließ sich mit der Wirkungsweise chemischer Synapsen nicht erklären. Anhand elektronenmikroskopischer Aufnahmen stellte man weiterhin fest, dass der Abstand zwischen der präsynaptischen und der postsynaptischen Zellmembran an einigen Kontaktstellen nur 3,5 Nanometer beträgt. Spezielle Proteinkanäle, die als *Gap junctions* bezeichnet werden, verbinden beide Zellen miteinander. Ihre Poren sind so groß, dass die im Zytoplasma gelösten Ionen in beide Richtungen passieren können.

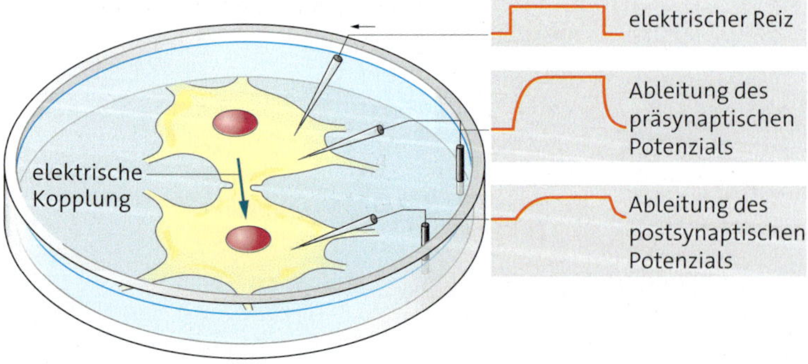

04 Elektrische Kopplung

ELEKTRISCHE KOPPLUNG · Ein Aktionspotenzial im präsynaptischen Neuron löst sofort ein Aktionspotenzial im postsynaptischen Neuron aus. Auch nach einer unterschwelligen Reizung des präsynaptischen Neurons kann man im Nachbarneuron eine Veränderung des Membranpotenzials nachweisen. Aufgrund der direkten Verbindung beider Zellen kommt es zu einer passiven Weiterleitung des elektrischen Signals durch den Ionenstrom. Die Nervenzellen sind *elektrisch gekoppelt*.

Ein besonderer Unterschied gegenüber der chemischen Synapse zeigt sich, wenn man das postsynaptische Neuron elektrisch reizt. Unmittelbar danach lässt sich im präsynaptischen Neuron eine Potenzialveränderung messen. Elektrische Ströme können demnach in beide Richtungen, also *bidirektional* fließen.
Elektrische Synapsen steuern bestimmte Neuronen von Wirbellosen, die Fluchtreaktionen auslösen. Im ZNS der Säugetiere synchronisieren sie die Aktivität von Neuronen.

1 Erstellen Sie ein Flussdiagramm, das den Ablauf der Informationsübertragung an einer chemischen Synapse übersichtlich darstellt!

2 Vergleichen Sie die Informationsübertragung an der chemischen und an der elektrischen Synapse!

Material A ▸ Der Vagusstoff

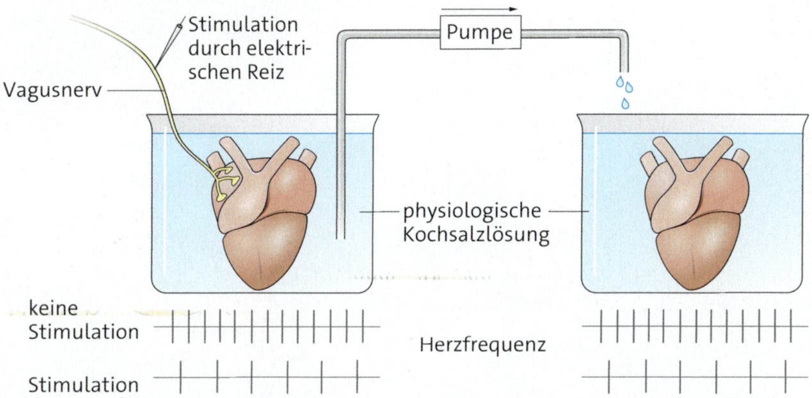

Zu Beginn des 20. Jahrhunderts hatte man noch keine konkrete Vorstellung von der Informationsübertragung an der Synapse. Deshalb experimentierte der deutsch-österreichische Pharmakologe Otto LOEWI mit Froschherzen, indem er das Herz und den Vagusnerv, der das Herz innerviert, isolierte – zunächst ohne Erfolg. Die Idee für das entscheidende Experiment kam LOEWI in einem Traum. Im Jahr 1921 wachte er in der Nacht von Ostersonntag auf und kritzelte seine Gedanken auf ein Stück Papier. Am nächsten Morgen überfiel ihn das Gefühl, dass er etwas sehr Wichtiges aufgeschrieben hatte. Doch er konnte es nicht mehr lesen. Für LOEWI war dieser Sonntag der hoffnungsloseste Tag in seinem ganzen Leben als Wissenschaftler. In der darauffolgenden Nacht fiel ihm wieder ein, um was es sich handelte. Diesmal ging er sofort ins Labor.

A1 Beschreiben Sie das von LOEWI durchgeführte Experiment!

A2 Erklären Sie, welche Vorstellung zur Informationsübertragung an der Synapse mit diesem Experiment bestätigt wurde!

A3 Deuten Sie anhand der Herzfrequenzen die Funktion des Vagusnervs!

Material B ▸ Chemische und elektrische Synapse im Vergleich

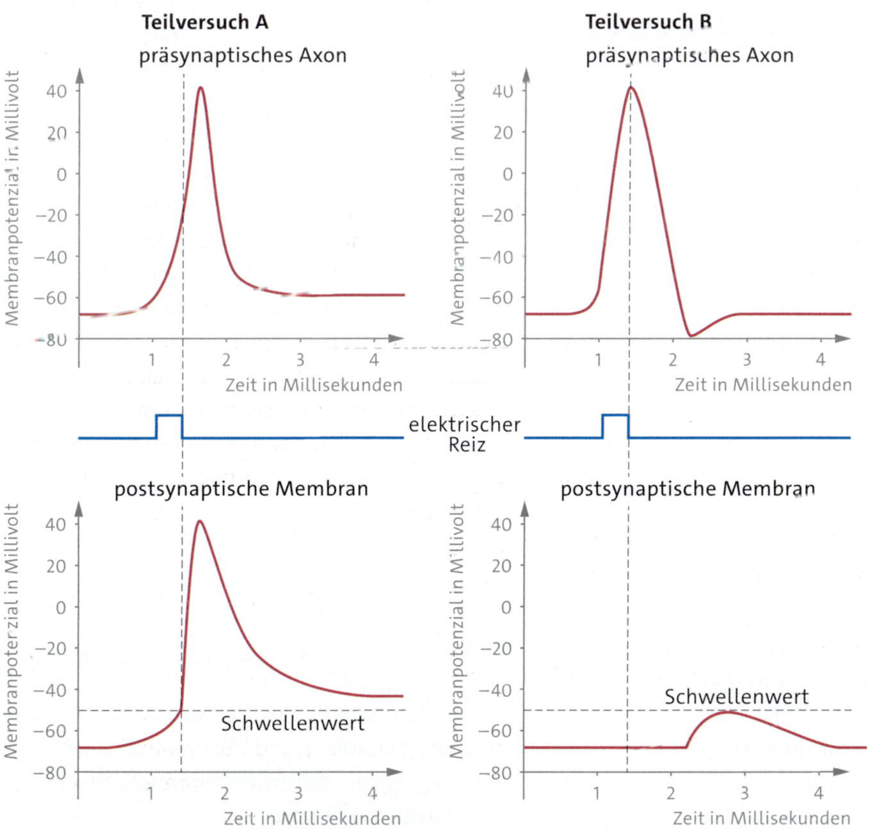

In einem Experiment untersuchte man die Membranpotenziale an zwei verschiedenen Synapsentypen. Hierzu wurde das präsynaptische Axon beider Neuronen elektrisch gereizt.

Mithilfe zweier Elektroden wurden gleichzeitig die Membranpotenziale am präsynaptischen Axon und an der postsynaptischen Membran gemessen.

B1 Vergleichen Sie die Membranpotenziale des präsynaptischen Axons und der postsynaptischen Membran in den beiden Teilversuchen!

B2 Begründen Sie, welche postsynaptische Reaktion der elektrischen und welche der chemischen Synapse zuzuordnen ist!

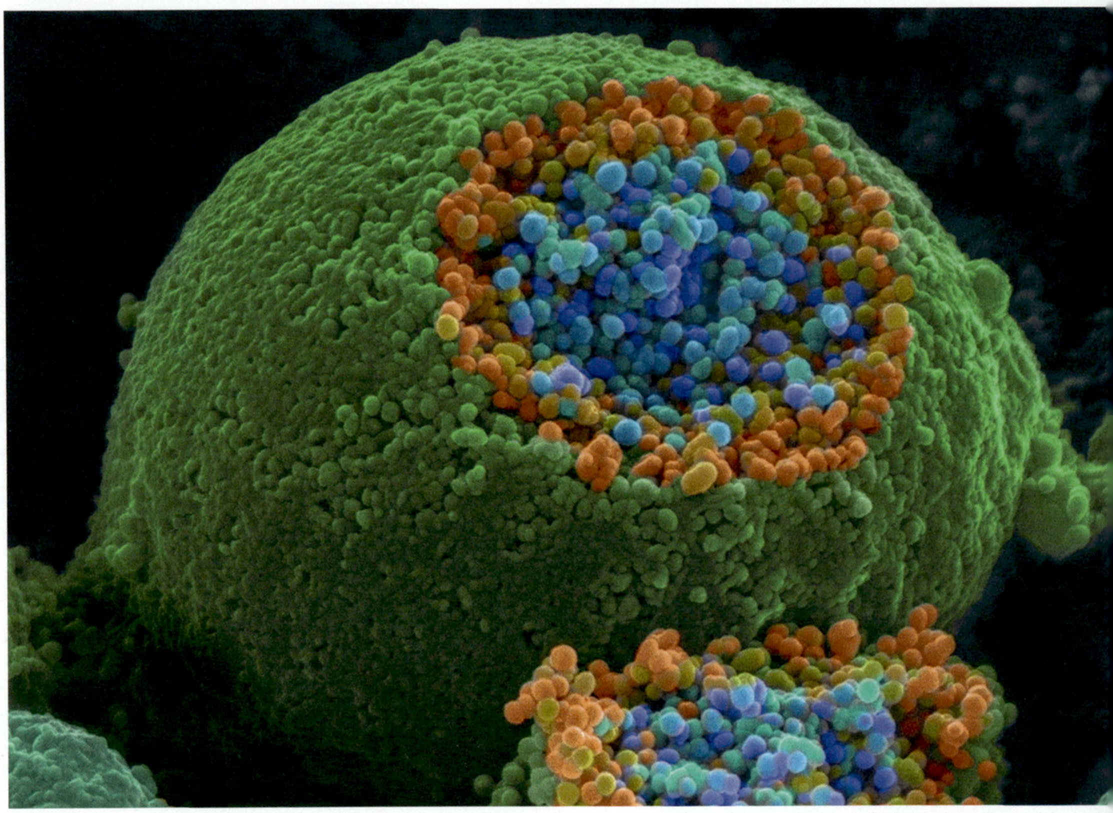

01 Aufgebrochenes Synapsenendknöpfchen mit Vesikeln

Neurotransmitter

Ein Synapsenendknöpfchen wird auf –196 Grad Celsius abgekühlt und mit einem tiefgekühlten Messer im Vakuum aufgebrochen. Anschließend wird das Präparat für die Untersuchung im Rasterelektronenmikroskop vorbereitet. Zur Veranschaulichung wird das fertige Bild gefärbt. Darauf erkennt man, dass ein Teil der Zellmembran des Synapsenendknöpfchens herausgebrochen ist. Auffällig sind die vielen Vesikel im Zellinneren und am abgelösten Bruchstück. Sie alle sind mit Neurotransmittern gefüllt. Aber welche Stoffe dienen als Neurotransmitter?

UNTERSCHIEDLICHE NEUROTRANSMITTER · Nachdem zunächst entdeckt worden war, dass die Informationsübertragung zwischen zwei Neuronen in den meisten Fällen an chemischen Synapsen erfolgt, versuchte man die Moleküle zu identifizieren, die in unserem Nervensystem als wichtige Neurotransmitter dienen. Dabei zeigte sich, dass die verschiedenen Neuronen insbesondere im Gehirn jeweils unterschiedliche Neurotransmitter aufweisen. Deren Funktionen und Wechselwirkungen werden in der aktuellen medizinischen Forschung zunehmend entschlüsselt.
Die häufigsten Neurotransmitter zeigen in ihrer Struktur auffällige Ähnlichkeiten mit anderen chemischen Verbindungen in der Zelle. Es sind entweder Aminosäuren, von Aminosäuren abgeleitete Amine oder aus Aminosäuren aufgebaute Peptide. Man nimmt daher an, dass sie sich im Verlauf der Evolution aus den Aminosäuren entwickelt haben.

Die meisten Neuronen besitzen nur einen spezifischen Neurotransmitter. Man bezeichnet die Neuronen deshalb nach diesem Transmitter, beispielsweise als *cholinerg*, wenn sie Acetylcholin ausschütten, oder als *GABAerg*, wenn sie *γ-Aminobuttersäure*, kurz *GABA*, ausschütten. In den letzten Jahren entdeckte man allerdings auch Neuronen, die unterschiedliche Transmitter freisetzen können.

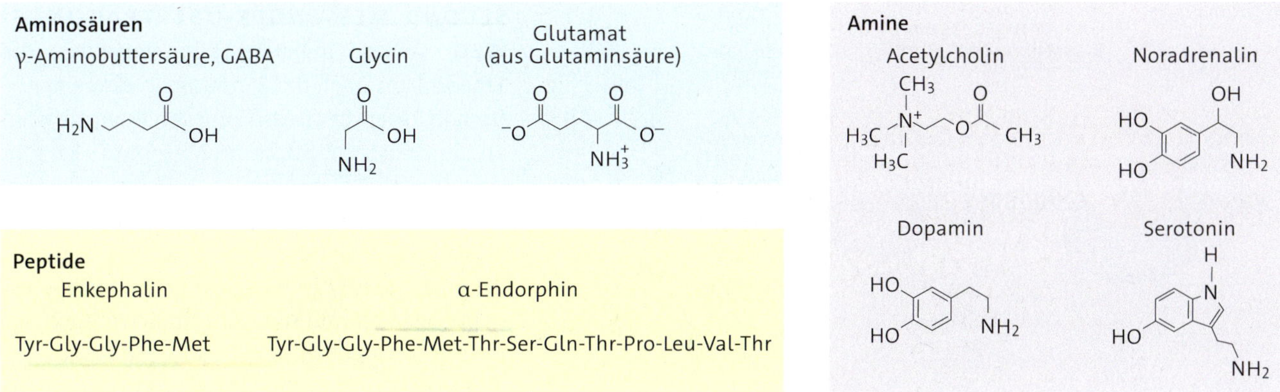

02 Wichtige Neurotransmitter

SYNTHESE UND SPEICHERUNG VON NEUROTRANSMITTERN · Für die Informationsübertragung an der Synapse werden große Mengen an Neurotransmittern benötigt, die nur teilweise über Transporterproteine durch die präsynaptische Membran wieder aufgenommen werden können. Deshalb ist die Synthese von Transmittermolekülen ein wichtiger Prozess zur Erhaltung der Funktion der Neuronen.
Die Synthese langkettiger Vorläuferpeptide erfolgt im Soma an den Ribosomen des *rauen Endoplasmatischen Retikulums*, kurz *ER*. Im Golgi-Apparat werden die Vorläufer anschließend in kleinere Peptidfragmente, die aktiven Neurotransmitter, gespalten und dann in Vesikeln zur Synapse transportiert und dort gespeichert. Auf die gleiche Weise gelangen die Enzyme für die Synthese von Aminosäuren und Aminen zum Synapsenendknöpfchen. Diese Transmitter werden somit vor Ort produziert und anschließend durch Transporterproteine in die Vesikel befördert.

anterograder Transport siehe Seite 22

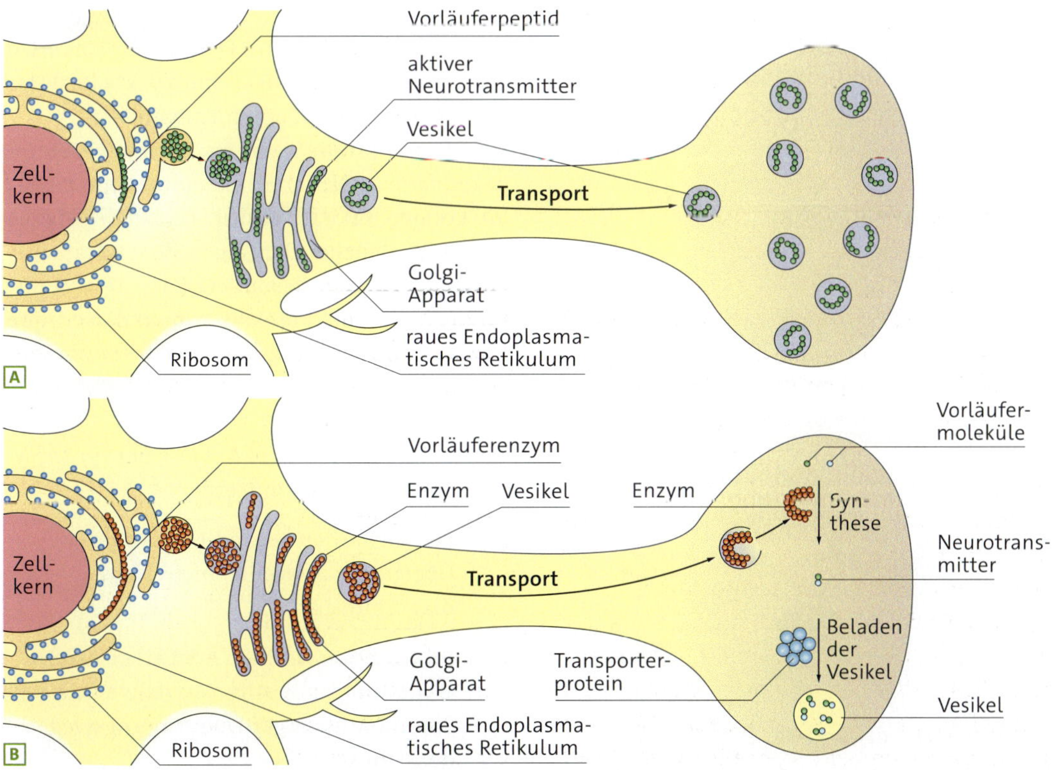

03 Synthese von Neurotransmittern:
A Peptide,
B Amine und Aminosäuren

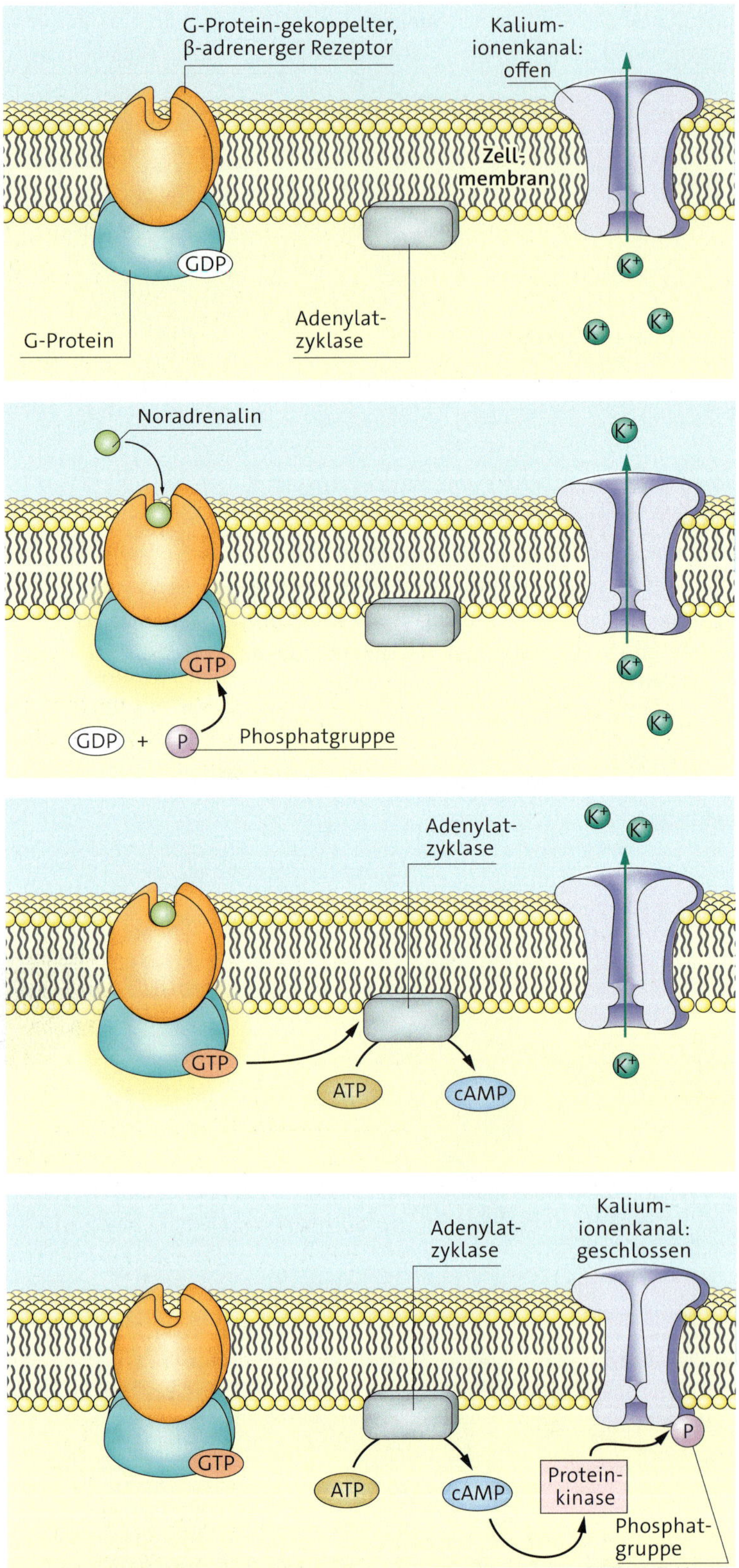

04 Modulation des postsynaptischen Potenzials über ein Second-Messenger-System

SECOND-MESSENGER-ÜBERTRAGUNGSWEG · In den meisten Fällen bewirken die Transmitter nach der Bindung an einen spezifischen Rezeptor die Öffnung von Ionenkanälen an der postsynaptischen Membran. Es gibt jedoch auch Rezeptoren, die nicht an einen Ionenkanal gebunden sind. Ein Beispiel hierfür ist der Rezeptor für den Transmitter Noradrenalin. Dieser β-adrenerge Rezeptor ist in der postsynaptischen Membran an ein zunächst inaktives Enzym gekoppelt, dessen Kosubstrat Guanosindiphosphat, kurz GDP, ist und das deshalb als **G-Protein** bezeichnet wird. Sobald Noradrenalin an den Rezeptor bindet, wird am G-Protein das GDP durch ein Guanosintriphosphat, kurz GTP, ersetzt. Damit ist das G-Protein aktiviert.
Im nächsten Schritt aktiviert es ein weiteres Enzym, die Adenylatzyklase. Sie wandelt ATP in zyklisches Adenosinmonophosphat, kurz **cAMP,** um. cAMP stimuliert eine *Proteinkinase*, die Phosphatgruppen auf Kaliumionenkanäle überträgt. Diese werden dadurch geschlossen.
Das Schließen der Kaliumionenkanäle hat zur Folge, dass keine positiv geladenen Kaliumionen aus dem Neuron herausströmen können und sich dadurch der Wert des postsynaptischen Potenzials verringert. Das Neuron ist aufgrund dessen leichter erregbar als zuvor. Die Wirkung hält länger an als die direkte Reaktion des Ionenkanals auf einen Transmitter.
Man kennt bereits mehr als 100 an G-Proteine gekoppelte Rezeptoren mit unterschiedlichen Wirkungen auf das Neuron. Da bei der Signalübertragung neben dem eigentlichen Transmitter das cAMP eine besondere Rolle als weiterer Botenstoff spielt, bezeichnet man diese Informationsweiterleitung als *Second-Messenger-Übertragungsweg*.

1 Beschreiben Sie die Abläufe der Synthese von Neurotransmittern!

2 Stellen Sie den Second-Messenger-Übertragungsweg in einem Flussdiagramm dar!

3 Erklären Sie, weshalb man einen an ein G-Protein gekoppelten Signalweg als Second-Messenger-Übertragungsweg bezeichnet!

Material A ▸ Der verkürzte Signalweg

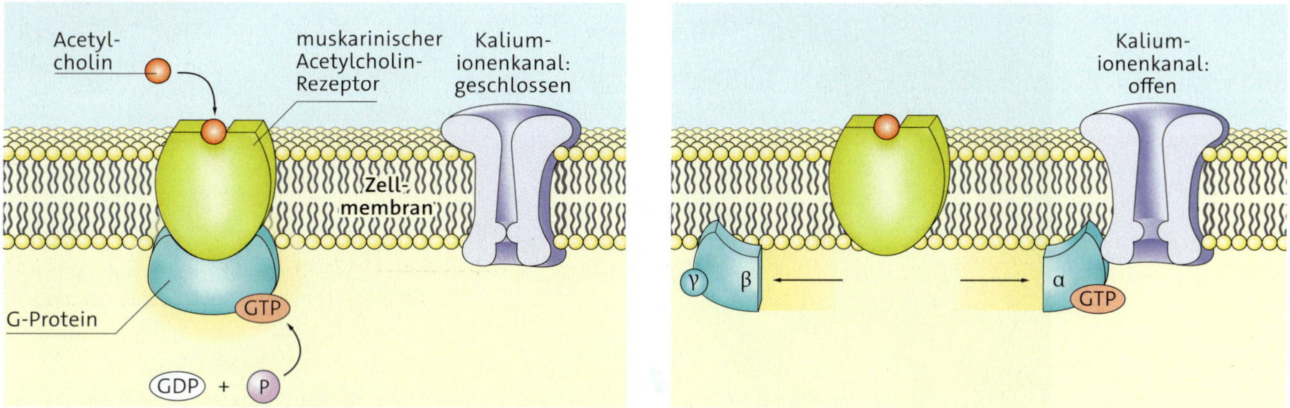

In den Neuronen, die den Herzmuskel steuern, befinden sich Rezeptoren für den Transmitter Acetylcholin. Sie sind über G-Proteine mit jeweils einem Kaliumionenkanal verbunden. Die Reaktionszeit dieses als verkürzter Signalweg bezeichneten Prozesses liegt bei 30 bis 100 Millisekunden.

Pharmakologische Analysen haben gezeigt, dass das im Fliegenpilz vorkommende Gift Muskarin am Acetylcholin-Rezeptor bindet. Es entfaltet aber eine erheblich stärkere Wirkung als Acetylcholin. Der Rezeptor wird deshalb als muskarinischer Acetylcholin-Rezeptor bezeichnet.

A1 Beschreiben Sie den Ablauf des verkürzten Signalwegs!

A2 Erläutern Sie die Wirkung des Acetylcholins an der postsynaptischen Membran des Herzmuskels!

A3 Bereits wenige Milligramm Muskarin wirken tödlich. Erklären Sie diesen Sachverhalt!

Material B ▸ Second-Messenger-Kaskade

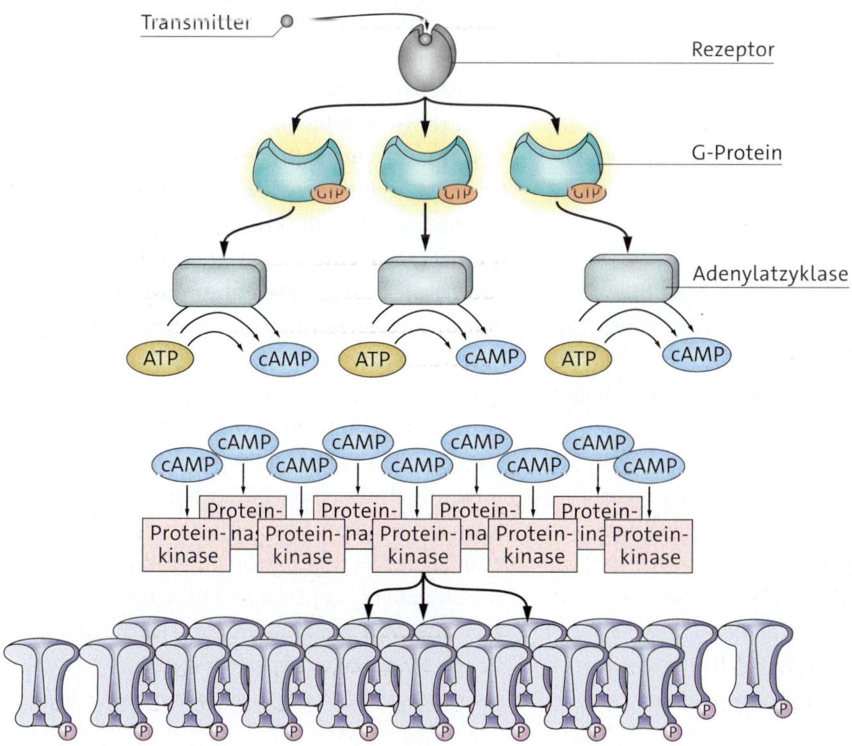

Bei der Signalübertragung durch G-Protein-gekoppelte Second-Messenger-Kaskaden aktiviert ein Transmittermolekül zunächst einen Rezeptor. Daraufhin läuft eine mehrstufige Kaskade ab, die zu einer Verstärkung der Messenger-Wirkung führt. So bewirkt ein Transmittermolekül das Schließen von Kaliumionenkanälen in einem größeren Membranbereich. Dieser Prozess verläuft langsam, kann aber bis zu mehreren Minuten andauern. Man nimmt an, dass er bei der neuronalen Entwicklung und für das Langzeitgedächtnis von Bedeutung ist.

B1 Beschreiben Sie den Ablauf der Second-Messenger-Kaskade!

B2 Erläutern Sie Gemeinsamkeiten und Unterschiede zwischen verkürztem Signalweg und Second-Messenger-Kaskade!

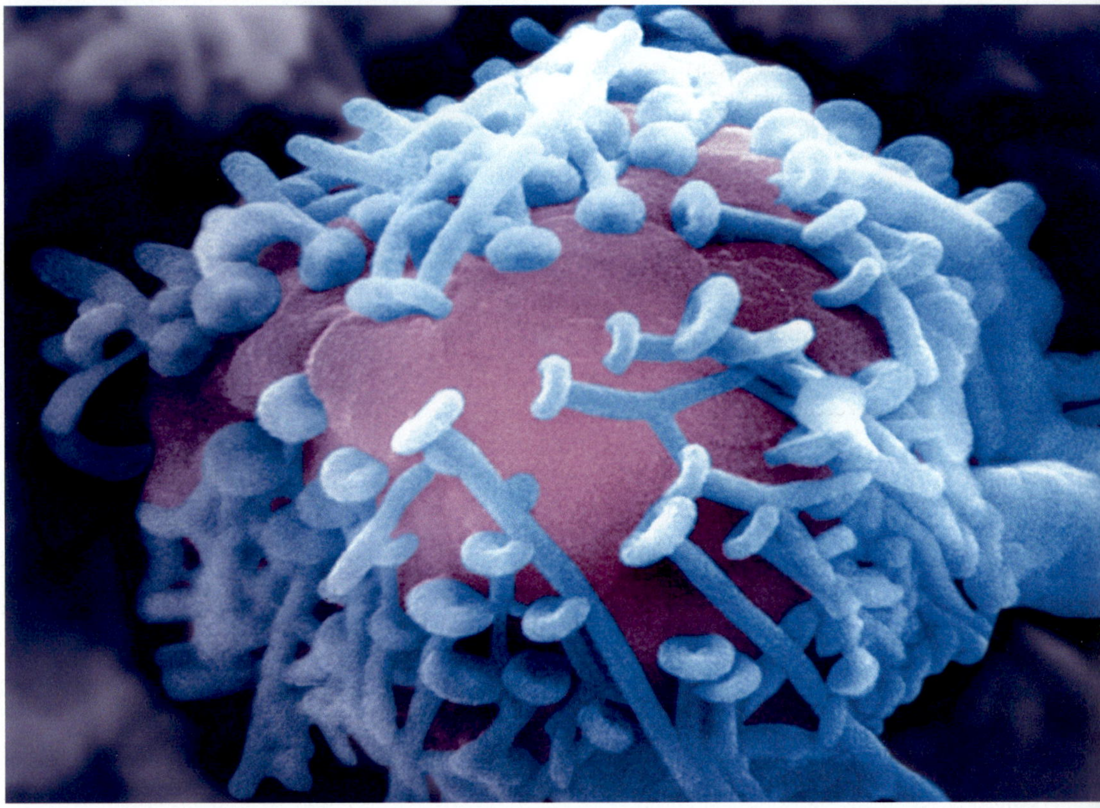

01 Soma eines Neurons mit zahlreichen Synapsen

Erregende und hemmende Synapsen

Die Neuronen des ZNS stehen in einem ständigen Informationsaustausch. Bis zu 10 000 Synapsen am Soma und an den Dendriten eines einzigen Neurons empfangen Signale, die das Neuron verarbeitet und an andere Neuronen weiterleitet. Wie werden diese teilweise unterschiedlichen Signale verrechnet?

POSTSYNAPTISCHE POTENZIALE · Viele Transmitter haben eine ähnliche Wirkung wie Acetylcholin, beispielsweise Glutamat, Serotonin und Dopamin. Wenn sie an spezifische Rezeptoren binden, veranlassen sie das Öffnen von Natriumionenkanälen an der postsynaptischen Membran. Das Einströmen der positiv geladenen Natriumionen hat zur Folge, dass sich das Potenzial an dieser Membran verringert, sie wird *depolarisiert*. Wenn die Depolarisation der postsynaptischen Membran den Schwellenwert erreicht, wird am Axonhügel des postsynaptischen Neurons ein neues Aktionspotenzial ausgelöst. Deshalb bezeichnet man eine derartige Synapse als *erregende Synapse* und die Veränderung des Membranpotenzials als **exzitatorisches postsynaptisches Potenzial,** kurz **EPSP.** Andere Neurotransmitter wie γ-Aminobuttersäure und Glycin binden an Rezeptoren von Chloridionenkanälen an der postsynaptischen Membran. Die Chloridionenkanäle öffnen sich und negativ geladene Chloridionen strömen in das Neuron ein. Dies hat zur Folge, dass das postsynaptische Potenzial negativer wird, die Membran wird *hyperpolarisiert*. Der Abstand zum Schwellenwert ist nun größer und damit ist das Auslösen eines Aktionspotenzials am Axonhügel des postsynaptischen Neurons unwahrscheinlicher. Daher handelt es sich bei solch einer Synapse um eine *hemmende Synapse* und bei der Hyperpolarisation um ein **inhibitorisches postsynaptisches Potenzial,** kurz **IPSP.** Während sich erregende Synapsen meist auf die Dendriten verteilen, kommen hemmende Synapsen häufiger auf dem Soma und dem Axonhügel vor.

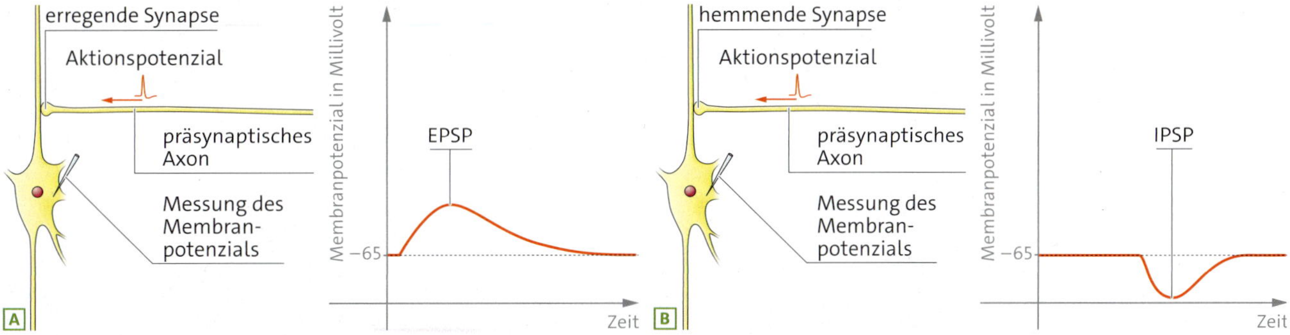

02 Postsynaptisches Potenzial: **A** exzitatorisch, **B** inhibitorisch

SYNAPTISCHE INTEGRATION · An der motorischen Endplatte eines Muskels verursacht ein einziges präsynaptisches Aktionspotenzial die Freisetzung der Transmittermoleküle aus 200 Vesikeln. Dies führt zu einem EPSP von etwa 40 Millivolt. Demgegenüber setzt ein präsynaptisches Aktionspotenzial im ZNS nur ein einzelnes Vesikel frei und erzeugt ein EPSP von wenigen Millivolt. Diese Depolarisation ist zu gering, um am Axonhügel des Neurons ein Aktionspotenzial zu erzeugen. Sind hingegen an einem Dendriten mehrere erregende Synapsen gleichzeitig aktiv, so addieren sich die Amplituden der EPSP. Diese **räumliche Summation** hat zur Folge, dass am Axonhügel der Schwellenwert überschritten wird und dort neue Aktionspotenziale gebildet werden.
Treffen an einer Synapse viele Aktionspotenziale nacheinander innerhalb weniger Millisekunden ein, addieren sich die von dieser Synapse erzeugten Amplituden der EPSP ebenfalls. Dieser Vorgang wird als **zeitliche Summation** bezeichnet.
Auch die IPSP hemmender Synapsen beeinflussen die Erregung des Neurons. Die von ihnen erzeugte Hyperpolarisation der Membran schwächt die Depolarisation erregender Synapsen ab und kann sie sogar auslöschen. Dies führt dazu, dass durch das postsynaptische Neuron weniger oder gar keine Aktionspotenziale weitergeleitet werden.
Die Erregung eines Neurons ist das Ergebnis der Verrechnung der durch die verschiedenen Synapsen erzeugten Potenziale. Anhand dieses als *synaptische Integration* bezeichneten Vorgangs der Informationsverarbeitung bestimmt das Neuron, wie viele Aktionspotenziale weitergeleitet werden.

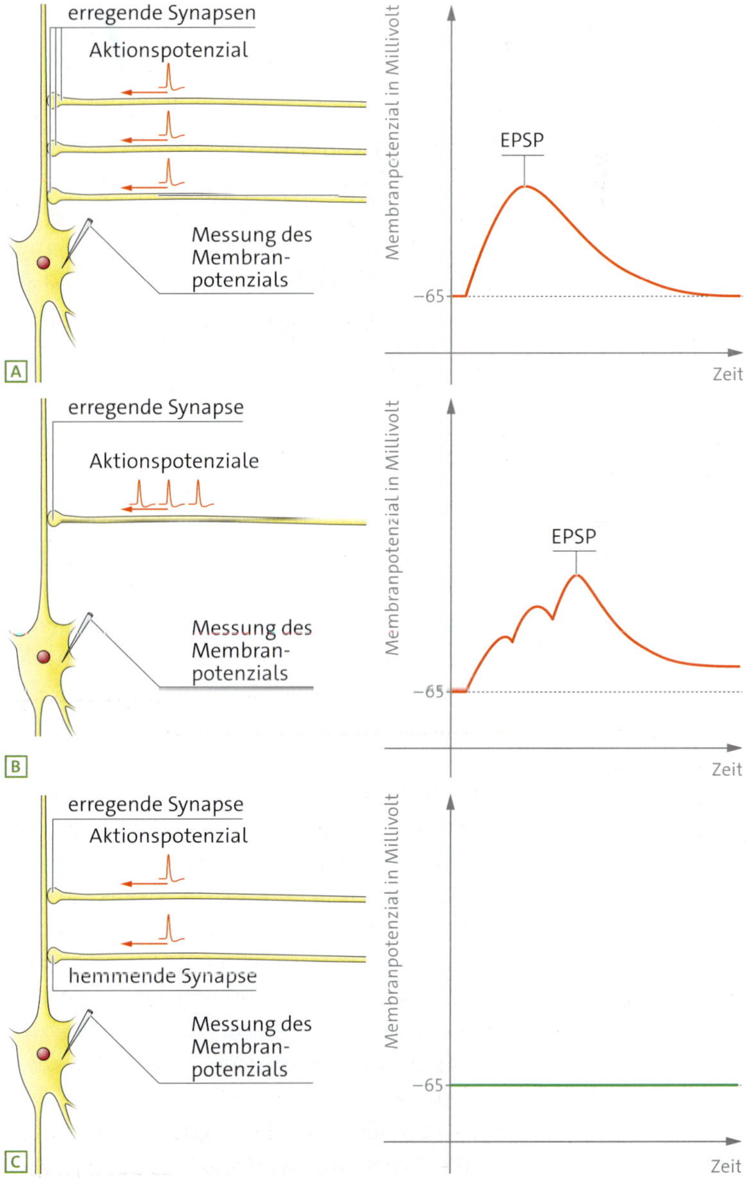

03 Synaptische Integration: **A** räumliche Summation, **B** zeitliche Summation, **C** Summation erregender und hemmender Synapsen

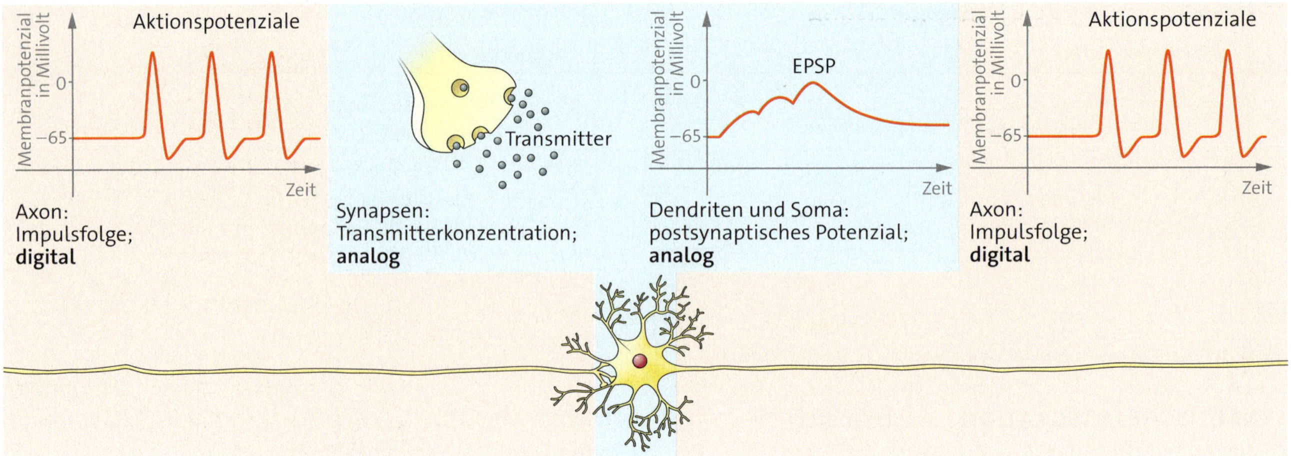

04 Codewechsel bei der Informationsweiterleitung

CODIERUNG NEURONALER INFORMATIONEN · Wenn eine Nervenzelle bis zum Schwellenwert erregt wird, erzeugt sie am Axonhügel ein Aktionspotenzial. Jedes Aktionspotenzial hat die gleiche Amplitude. Es handelt sich also um ein Alles-oder-nichts-Signal. Bei einer stärkeren Erregung erhöht sich nur die Impulsfolge. Es werden somit mehr Aktionspotenziale pro Zeiteinheit gebildet als bei einer schwächeren Erregung. Die Informationen werden somit **digital** codiert.

Am Synapsenendknöpfchen veranlassen die einlaufenden Aktionspotenziale die Exozytose der mit Transmittern gefüllten Vesikel und damit die Ausschüttung der Transmitter in den synaptischen Spalt. Je höher die Frequenz der Aktionspotenziale ist, desto mehr Vesikel entleeren sich und desto mehr Transmittermoleküle werden freigesetzt. Auf diese Weise erfolgt eine Umcodierung der Information: Die ausgeschüttete Transmittermenge ist **analog** zur Frequenz der Aktionspotenziale.

Die Amplitude der an der postsynaptischen Membran erzeugten Potenziale hängt davon ab, wie viele Transmittermoleküle ausgeschüttet wurden. Je stärker beispielsweise der Reiz ist, umso größer ist die Amplitude eines EPSP. Die Codierung der Information erfolgt also ebenfalls analog.

Am Axonhügel wird die Information wieder digital in Form von Aktionspotenzialen codiert. Somit erfolgt bei der Erregungsleitung im Nervensystem eine mehrfache Umcodierung.

MODULATION · Ob ein Neuron im ZNS Aktionspotenziale weiterleitet, hängt nicht nur von der synaptischen Integration der erregenden und hemmenden Synapsen ab. Einen weiteren entscheidenden Einfluss haben die Second-Messenger-Übertragungswege. Sie sind zwar langsamer, können jedoch die Erregbarkeit des Neurons über einen längeren Zeitraum beeinflussen. So führt beispielsweise die durch den β-adrenergen Rezeptor gesteuerte Öffnung der Kaliumionenkanäle zu einer Verringerung des postsynaptischen Potenzials. Dies hat zur Folge, dass die von erregenden Synapsen ausgehenden EPSP eher den Schwellenwert erreichen, das Neuron also leichter erregbar ist.

Da Signalübertragungen über Second-Messenger-Kaskaden jeweils unterschiedliche Ionenkanäle beeinflussen können, besteht auch die Möglichkeit, dass die postsynaptische Membran, beispielsweise durch das Öffnen von Chloridionenkanälen, hyperpolarisiert wird. Das Neuron ist dann nur durch eine erhöhte Anzahl an EPSP erregbar. Obwohl Second-Messenger-Signale kein EPSP oder IPSP auslösen, beeinflussen sie die synaptische Integration. Dies wird als *Modulation* bezeichnet.

1 Erläutern Sie den Unterschied zwischen einem EPSP und einem IPSP!

2 Vergleichen Sie die räumliche und die zeitliche Summation!

Material A ▸ Passive Erregungsleitung

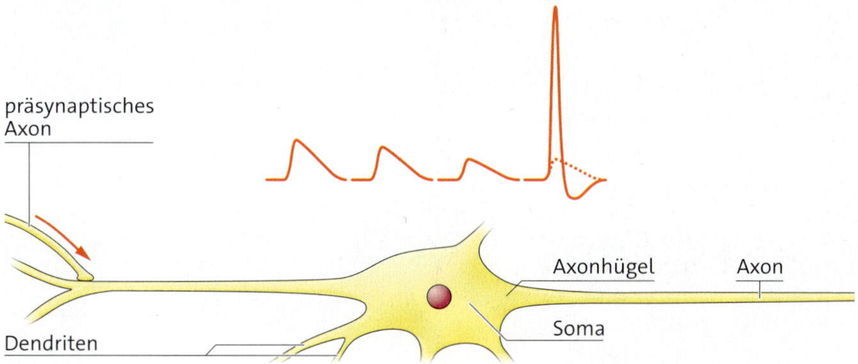

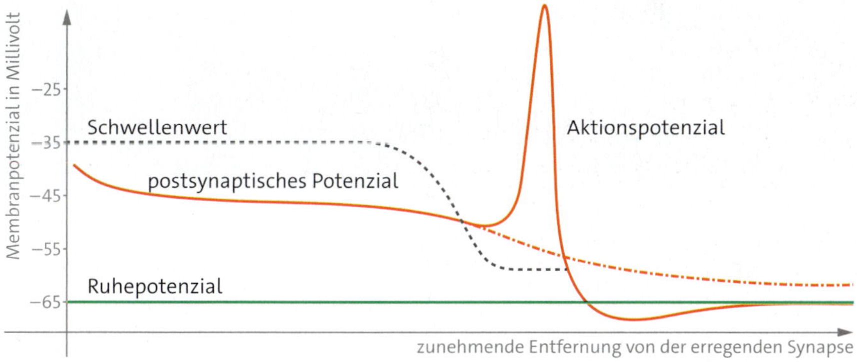

Der elektrische Widerstand der Zellmembran beeinflusst die passive Erregungsleitung an einem Neuron. Um diesen Einfluss zu untersuchen, wird in einem Experiment an einer Synapse ein EPSP erzeugt und die Depolarisation der Zellmembran in verschiedenen Abständen von der Synapse gemessen.

Die Ergebnisse der Messungen werden in einem Koordinatensystem festgehalten. Im Bereich des Axonhügels ist die Dichte der spannungsgesteuerten Natriumionenkanäle besonders hoch.

A1 Erläutern Sie anhand der gemessenen postsynaptischen Potenziale die Besonderheit der passiven Erregungsleitung!

A2 Beschreiben und erklären Sie die im Koordinatensystem dargestellten Kurvenverläufe!

Material B ▸ Kurzschlusshemmung

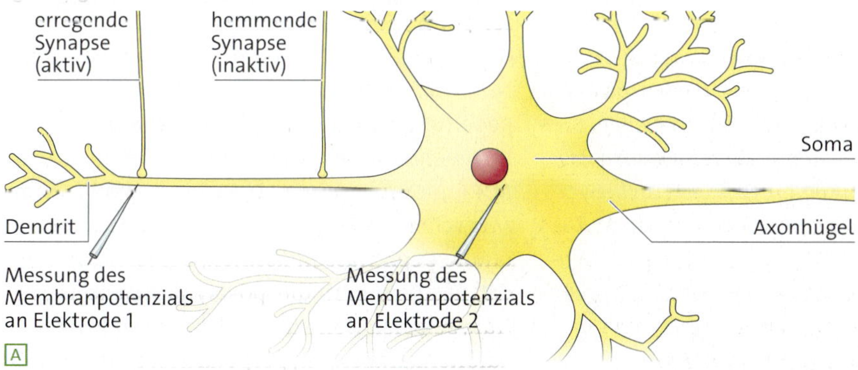

A

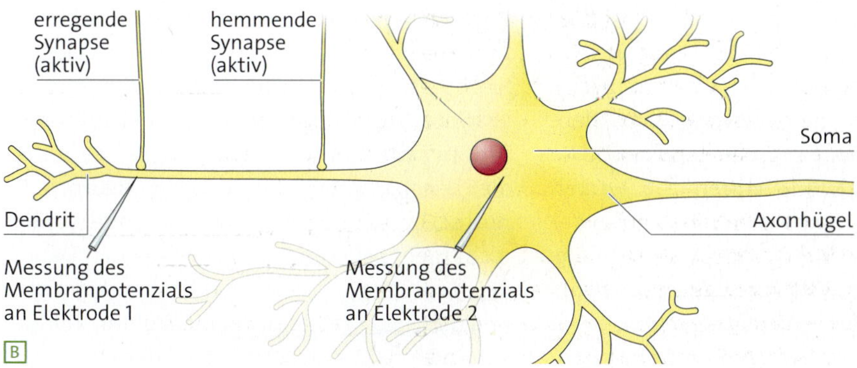

B

Bei der genetisch bedingten Schreckkrankheit, der Hyperekplexie, kommt es zu übersteigerten Schreckreaktionen wie unkontrolliertem Muskelzittern. Ursache hierfür sind defekte inhibitorische Glycin-Rezeptoren.

Ein wichtiger Bestandteil der synaptischen Integration ist die Kurzschlusshemmung. Direkt hinter einer erregenden Synapse liegt am selben Dendriten eine hemmende Synapse.

B1 Stellen Sie die Potenzialverhältnisse an den Elektroden 1 und 2 für die beiden dargestellten Fälle A und B unter Berücksichtigung der biochemischen Vorgänge dar!

B2 Erklären Sie am Beispiel der Schreckkrankheit die Bedeutung der Kurzschlusshemmung für die synaptische Integration!

01 Jivaro-Indianer mit Blasrohr

lat. botulus = Wurst

Synapsengifte

Während der dritten Entdeckungsreise von Christoph KOLUMBUS nach Südamerika von 1498 bis 1500 ruderten etwa 30 Spanier auf einem Fluss in das Landesinnere. Plötzlich wurden sie von Indianern aus einem Kanu mit Pfeilen angegriffen. Zwei Spanier wurden getroffen. Innerhalb kurzer Zeit starben die beiden, obwohl ihre Verletzungen eher harmlos erschienen. Die Spitzen der Pfeile waren mit einer braunen Paste bestrichen, die aus dem Saft der Früchte verschiedener Lianenarten hergestellt wurde. Die Indianer nannten ihr Pfeilgift, das sie noch heute zur Jagd verwenden, Curare. Weshalb wirkt Curare tödlich und warum kann man mit Curare erlegte Tiere bedenkenlos verzehren?

NATÜRLICHE NEUROTOXINE · Verschiedene Bakterien-, Pflanzen- und Tierarten produzieren Giftstoffe, die das Nervensystem insbesondere im Bereich der Synapse angreifen und damit die Informationsübertragung stören. Sie wirken *neurotoxisch*. Neurotoxine sind nützlich bei der Abwehr von Beutegreifern oder beim Beutefang. Das Gift der Schwarzen Witwe, das α-Latrotoxin, entfaltet seine tödliche Wirkung, indem es an Proteine auf der Außenseite der präsynaptischen Membran bindet und die Öffnung der **Kalziumionenkanäle** veranlasst. Die mit Acetylcholin gefüllten Vesikel der neuromuskulären Synapse werden schlagartig entleert. Die Folge sind starke Muskelkrämpfe.

Bakteriengifte gehören zu den wirksamsten Neurotoxinen. In verdorbenen Lebensmitteln gedeiht das Bakterium *Clostridium botulinum*. Intravenös verabreicht wirken bereits 0,001 Mikrogramm seines Botulinumtoxins beim Menschen tödlich. Es verhindert die Freisetzung von Acetylcholin, indem es die **Verschmelzung der Vesikelmembran** mit der präsynaptischen Membran unterbindet. Dies führt zur Lähmung der Skelettmuskulatur und der Atemmuskeln.

Das zweitstärkste Bakteriengift, das Tetanustoxin, wird von dem Erreger des Wundstarrkrampfes, dem Bakterium *Chlostridium tetani*, gebildet. 0,01 Mikrogramm dieses Neurotoxins führen beim Menschen zum Tod. Es verhindert die Freisetzung der inhibitorischen Neurotransmitter Glycin und GABA. Motoneurone werden nicht mehr gehemmt, sodass es zu einer Dauerdepolarisation der postsynaptischen Membran und damit zu Krämpfen der Muskulatur kommt. Der Tod erfolgt durch Aussetzen der Atmung.

Wichtig Klausur: Genetik → auch wichtig
Ökologie + Evolution + PBS Stammbaumanalyse nicht große Bedeutung
Weglassen Ökosystem See + Stickstoff Fotosynthese / Zellatmung / Gärung ← Wichtig

Andere Neurotoxine wirken auf die **Rezeptoren der postsynaptischen Ionenkanäle.** Das Gift der Königskobra, das α-Bungarotoxin, bindet an die Acetylcholin-Rezeptoren und verhindert die Öffnung der Natriumionenkanäle und damit die Ausbildung eines erregenden postsynaptischen Potenzials. Es kommt zur Muskel- und Atemlähmung.
Curare besteht aus einer Mixtur verschiedener Alkaloide und hemmt kompetitiv die Rezeptoren der Natriumionenkanäle. Es bindet aber nicht so stark an die Rezeptoren wie α-Bungarotoxin und kann deshalb durch Erhöhung der Acetylcholinkonzentration verdrängt werden. Da Curare beim Erhitzen zerfällt, können mit Curare erlegte Beutetiere nach dem Garen bedenkenlos verzehrt werden.
Verschiedene Nachtschattengewächse produzieren das Nervengift Atropin. Es verdankt seinen Namen der Schwarzen Tollkirsche, *Atropa belladonna*. Das Gift blockiert die *muskarinischen* Acetylcholin-Rezeptoren des Herzens und beschleunigt deshalb die Herzfrequenz. Bei einer höheren Dosis werden auch die Acetylcholin-Rezeptoren der motorischen Endplatte blockiert. In früheren Zeiten träufelten sich Frauen Tollkirschsaft in die Augen, um die Pupillen zu erweitern. Daher die Artbezeichnung *belladonna*.

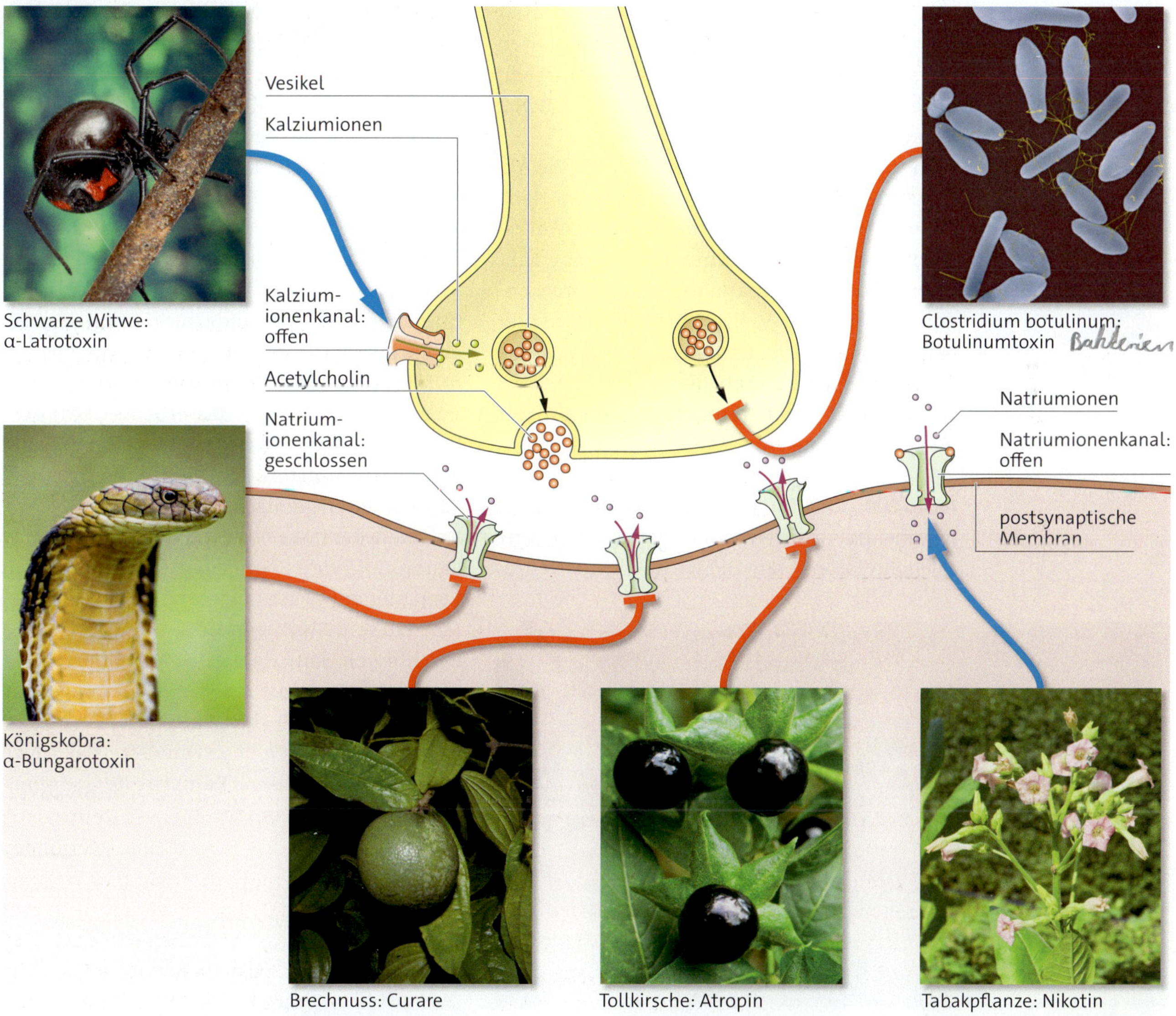

02 Wirkung von Synapsengiften an einer cholinergen Synapse

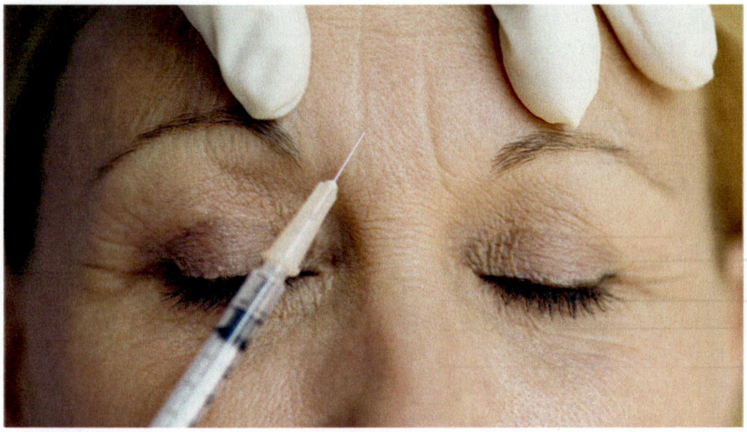

03 Anwendung von Botox

BOTOX · Da Botulinumtoxin in geringer Dosierung eine glättende Wirkung auf Hautfalten hat, wurde dieses Neurotoxin zur kosmetischen Faltenbehandlung eingesetzt und bald als Botox bekannt.
Lach- oder Stirnfalten entstehen durch die Aktivität der mimischen Gesichtsmuskeln. Nach einer Injektion des Neurotoxins in den Muskel wird dieser nicht mehr innerviert. Seine Lähmung führt zur Entspannung der entsprechenden Hautregion. Viele Beispiele bekannter Persönlichkeiten verdeutlichen jedoch, dass die Behandlung eine unnatürliche Gesichtsmimik zur Folge hat. Die Wirkung hält ungefähr vier bis sechs Monate an.

NIKOTIN · Das im Tabak enthaltene Nikotin gilt ebenfalls als Neurotoxin. Es bindet an Acetylcholin-Rezeptoren und wirkt wie der Neurotransmitter Acetylcholin. Es entfaltet im Präfrontalkortex eine stimulierende Wirkung. In Kombination mit anderen Tabakstoffen beeinflusst es das dopaminerge Belohnungssystem der Großhirnrinde durch Hemmung des Enzyms *Monoaminooxidase*. Neurotransmitter wie Dopamin und Serotonin werden nicht mehr abgebaut. Dies gilt als Ursache für die hohe Suchtwirkung des Nikotins.

04 Umgang mit chemischen Kampfstoffen

CHEMISCHE KAMPFSTOFFE · Im Jahr 1936 stellte die IG Farben ein sehr giftiges Insektizid mit der Bezeichnung *Tabun* vor. In der Folgezeit entwickelte man auf Basis dieses Phosphorsäureesters weitere Gifte: *Sarin*, *Soman* und *Parathion*. Nur Parathion wurde als E 605 in der Folgezeit als Pflanzenschutzmittel eingesetzt, während die anderen Gifte als chemische Kampfstoffe von militärischem Interesse waren. Ab 1945 erforschte man die Wirkung der Phosphorsäureester und erkannte, dass sie das Enzym Acetylcholin-Esterase hemmen und damit den Abbau des Acetylcholins im synaptischen Spalt verhindern. Muskelkrämpfe und Aussetzen der Atmung sind die Folge. Soldaten führen deshalb stets einen Injektor mit dem Gegengift Atropin mit sich.
Auf Basis der Kenntnisse zum Wirkmechanismus entwickelte man das erheblich giftigere *VX*, das erst beim Abschuss einer Chemiewaffe als Binärkampfstoff aus zwei mindergiftigen Komponenten gemischt wird.
Nachdem der Irak noch in den 1980er-Jahren im Ersten Golfkrieg Chemiewaffen in menschenverachtender Weise eingesetzt hatte, wurde im Jahr 1993 ein Chemie-Waffen-Übereinkommen beschlossen, laut dem sich 160 Staaten verpflichtet haben, auf die Produktion, Lagerung und den Gebrauch chemischer Waffen zu verzichten. Trotzdem gibt es Hinweise, dass noch im Jahr 2015 chemische Kampfstoffe im Syrienkrieg eingesetzt wurden.

1 Nennen Sie die verschiedenen Neurotoxine und ihre Wirkorte an der Synapse!

2 Erläutern Sie, weshalb Atropin als Gegengift für chemische Kampfstoffe genutzt werden kann!

Material A ▸ Mungos und Kobras

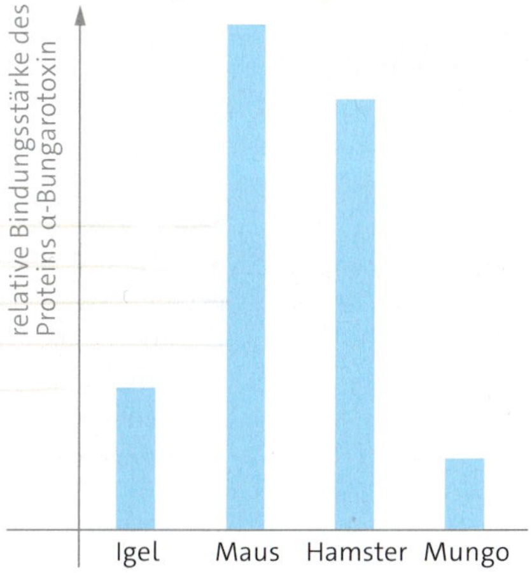

Verschiedene Arten der Familie der Mangusten werden als Mungos bezeichnet. Sie sind in Afrika und Asien verbreitet und ernähren sich unter anderem von giftigen Schlangen, wie Kobras. Bei den Mungos haben sich Schutzmechanismen gegen Neurotoxine wie das α-Bungarotoxin entwickelt. Zur Aufklärung eines solchen Schutzmechanismus untersuchte man die Bindungsstärke des α-Bungarotoxins am Acetylcholin-Rezeptor der Muskulatur der Mungos und verglich sie mit den Werten anderer kleiner Säugetiere.

A1 Erläutern Sie die Wirkung von α-Bungarotoxin!

A2 Erklären Sie anhand der Messwerte, weshalb Mungos gegen das Schlangengift unempfindlich sind!

Material B ▸ Der Tod des SOKRATES

Der griechische Philosoph SOKRATES wurde im Jahr 399 vor Christus wegen angeblicher Einführung neuer Götter und verderblichen Einflusses auf die Jugend zum Tode durch den Schierlingsbecher verurteilt. Dieser Trank wird aus einer giftigen Pflanze, dem Gefleckten Schierling, gewonnen. Oral aufgenommen wirken 0,5 bis 1,0 Gramm des darin enthaltenen Giftes Coniin tödlich. PLATON, ein Schüler von SOKRATES, beschrieb die einsetzende Lähmung: „Daraufhin berührte ihn eben dieser, der ihm das Gift gegeben hatte, von Zeit zu Zeit und untersuchte seine Füße und Schenkel. Dann drückte er ihm den Fuß stark und fragte, ob er es fühle; er sagte nein. Und darauf die Knie, und so ging es immer höher hinauf." Schließlich starb SOKRATES bei vollem Bewusstsein durch Atemlähmung.

B1 Stellen Sie Hypothesen zur möglichen Wirkung von Coniin an der Synapse auf!

B2 Planen Sie ein Experiment am Neuron zur Überprüfung Ihrer Hypothesen!

B3 Recherchieren Sie die Wirkung von Coniin und vergleichen Sie diese mit den von Ihnen aufgestellten Hypothesen!

Training A ▸ Toxine der Kegelschnecke

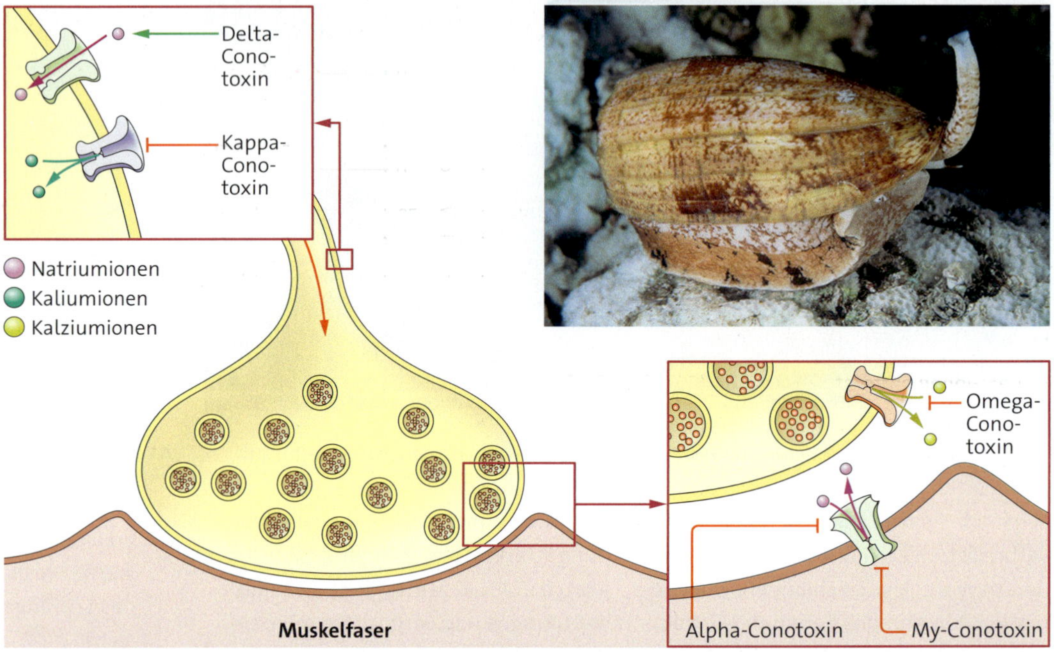

Toxin	Wirkung/Ort
Alpha-Conotoxin	blockiert die Acetylcholin-Rezeptoren an der motorischen Endplatte
Delta-Conotoxin	verhindert das Schließen der spannungsgesteuerten Natriumionenkanäle des Axons
Kappa-Conotoxin	blockiert die Kaliumionenkanäle des Axons
Omega-Conotoxin	blockiert die Kalziumionenkanäle an der präsynaptischen Membran
My-Conotoxin	blockiert die Öffnung postsynaptischer Natriumionenkanäle

Kegelschnecken leben im Meer und ernähren sich von Würmern und kleineren Fischen. Sie sind deutlich langsamer als ihre Beute. Im Verlauf der Evolution hat sich bei ihnen ein spezielles Jagdverhalten entwickelt: Sie graben sich im sandigen Meeresboden ein, bis nur noch ihr Schlundrohr aus dem Boden ragt. Fische halten das Schlundrohr für einen Wurm und werden dadurch angelockt. Wenn sich ein Fisch nähert, schießt die Schnecke einen Giftpfeil ab. Die gelähmte Beute wird anschließend in das dehnbare Schlundrohr gezogen und verdaut. Das Gift der Kegelschnecken besteht aus einem Cocktail verschiedener Peptide, der Conotoxine.

Obwohl die Conotoxine auch für Menschen gefährlich werden können, wird Omega-Conotoxin in der Humanmedizin erfolgreich zur Schmerztherapie eingesetzt. Neuronen leiten die Schmerzinformation über das Rückenmark zum Gehirn, wo der Schmerz wahrgenommen wird. Bei der Schmerztherapie wird Omega-Conotoxin in geringer Dosierung in die Rückenmarksflüssigkeit injiziert.

a Erläutern Sie die Wirkung des Delta- und des Kappa-Conotoxins am Axon!

b Erläutern Sie die Wirkung der anderen Conotoxine an der Synapse!

c Erklären Sie die Auswirkung des Giftcocktails hinsichtlich des Beutefangs der Kegelschnecke!

d Stellen Sie eine Hypothese auf, weshalb Omega-Conotoxin bei der Schmerztherapie direkt in die Rückenmarkflüssigkeit und nicht intravenös verabreicht wird!

Training B ▸ Riesenaxone des Kalmars *Loligo*

Umgebungsflüssigkeit	Teilversuch	Beobachtungen
Meerwasser	1) Stimulation S	
	2) Mikroinjektion von Acetylcholin im Bereich A zwischen N_1 und N_2	
	3) Mikroinjektion von Acetylcholin in N_2	
Meerwasser, Ca^{2+}-Ionen entfernt	4) Stimulation S	
Meerwasser, Zugabe von Giftstoffen, die die Na^{+}-und K^{+}-Kanäle blockieren	5) Stimulation S	

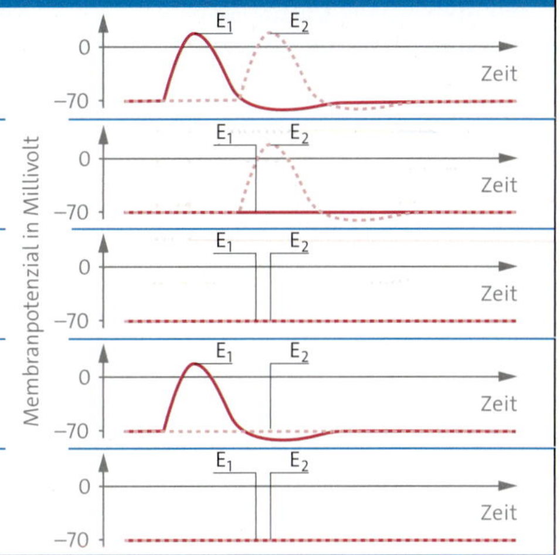

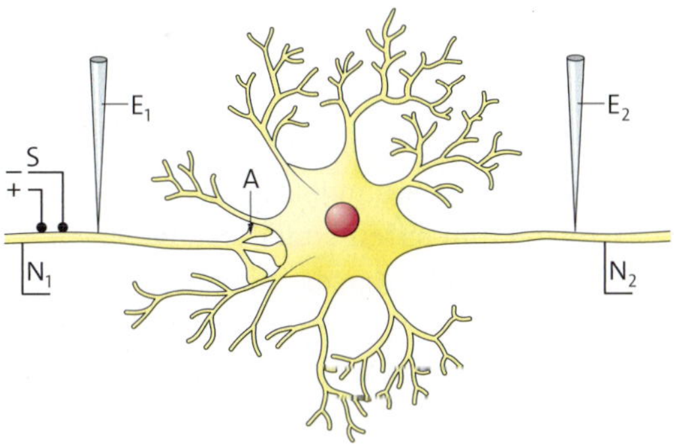

S: Stimulation durch elektrischen Reiz
E_1, E_2: Elektroden
N_1, N_2: Neuronen
A: Möglichkeit zur Mikroinjektion von Acetylcholin

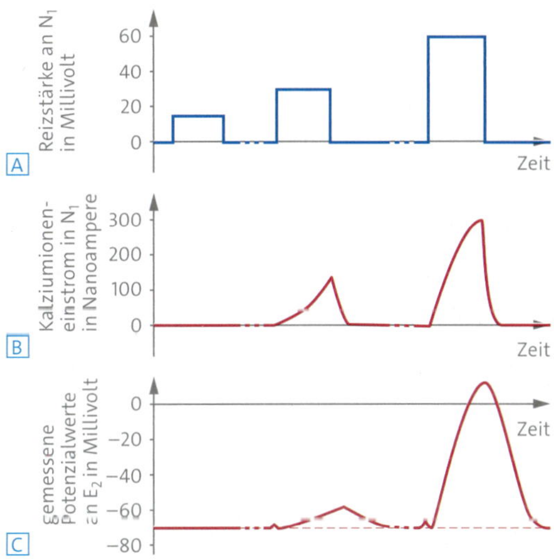

Wichtige Erkenntnisse zur Funktionsweise der Neuronen erhielt man anhand von Experimenten an den Riesenaxonen des Kalmars *Loligo*. In einer Versuchsreihe mit fünf Teilversuchen wurden hierzu die Reaktionen zweier Neuronen im Bereich der Synapse untersucht.

Für ein weiteres Experiment wurde das präsynaptische Neuron N_1 in einem Gefäß mit Meerwasser zunächst mit 15, dann mit 30 und zuletzt mit 60 Millivolt depolarisiert. Gleichzeitig registrierte man den Kalziumioneneintrom in das Neuron N_1 und die Spannungsänderungen am nachgeschalteten Neuron N_2.

a Erklären Sie die Beobachtungen der Teilexperimente 1 bis 5 anhand Ihrer Kenntnisse zur Erregungsleitung am Axon und an der Synapse!

b Deuten Sie die gemessenen Werte in den Diagrammen B und C nach Depolarisation des Neurons N_1!

c Planen Sie einen weiterführenden Versuch, mit dem Sie die Bedeutung des Acetylcholins für die Erregungsleitung genauer untersuchen können!

Nervensysteme, Gehirn und Rückenmark

Neuron: Das Neuron oder auch die Nervenzelle ist ein spezialisierter Zelltyp, der Informationen aus der Umwelt in Form von elektrischen Signalen weiterleiten und verarbeiten kann.

Nervennetz: ermöglicht einfache Verhaltensreaktionen durch die Verknüpfung und Kommunikation von Neuronen, beispielsweise bei Quallen.

Ganglion: ein aus Neuronen bestehender Knoten.

Strickleiternervensystem: zwei Nervenstränge sind über Ganglien miteinander verknüpft.

Cephalisation: evolutionärer Entwicklungsprozess, bei dem sich der Kopf zunehmend vom Körper absetzt.

zentrales Nervensystem, ZNS: gliedert sich in Gehirn und Rückenmark. Hier werden alle wichtigen Informationen verarbeitet und finden wichtige Steuerungsprozesse statt.

peripheres Nervensystem, PNS: Bezeichnung für alle Neuronen, die Informationen von den Körpergeweben zum ZNS oder vom ZNS zu den Geweben leiten.

afferente Neuronen: leiten Informationen von den Sinneszellen oder Sinnesorganen zum ZNS.

efferente Neuronen: leiten Signale vom ZNS zu den jeweiligen Muskeln.

somatisches Nervensystem: ist für alle Prozesse zuständig, die willkürlich gesteuert werden, wie muskelkoordinierte Bewegungsabläufe.

autonomes Nervensystem: auch vegetatives Nervensystem. Es ist für alle Prozesse zuständig, die nicht willentlich beeinflusst werden können, wie die Steuerung der Eingeweide.

Wirbeltiergehirn: besteht aus fünf Gehirnabschnitten, die sich während der Embryonalentwicklung bilden: Großhirn, Zwischenhirn, Mittelhirn, Kleinhirn und Nachhirn.

Großhirn: übergeordnetes Zentrum für die Verarbeitung von Sinneseindrücken und des Bewusstseins.

Zwischenhirn: gliedert sich in Thalamus und Hypothalamus. Der Thalamus verarbeitet sensorische und motorische Informationen und leitet sie zum Großhirn. Der Hypothalamus reguliert das autonome Nervensystem und ist für die Regulation des Hormonhaushalts verantwortlich.

Mittelhirn: Vermittler zwischen Rückenmark und den anderen Gehirnteilen. Es ist an der Bewegungskontrolle beteiligt.

Kleinhirn: koordiniert alle Bewegungsabläufe und ist für die Orientierung im Raum zuständig.

Nachhirn: reguliert alle grundlegenden Körperfunktionen wie Kreislauf und Atmung. Es wird mit der Brücke und dem Mittelhirn als Stammhirn zusammengefasst.

Hemisphären: Unterteilung des Großhirns in eine rechte und eine linke Hälfte.

Balken: Nervenbündel, das die beiden Hemisphären miteinander verbindet.

Großhirnrinde, Kortex: übergeordnetes sensorisches und motorisches Zentrum der Säugetiere. Es ist die Gehirnstruktur, die sich im Verlauf der Evolution des Menschen am stärksten ausgedehnt hat. Der Kortex gliedert sich in Stirnlappen, Scheitellappen, Schläfenlappen und Hinterhauptlappen.

Rindenfelder: Gliederung der Großhirnrinde in verschiedene sensorische und motorische Funktionsbereiche wie das motorische Rindenfeld und das somatosensorische Rindenfeld.

Rückenmark: Es schließt sich an den Hirnstamm an und verläuft innerhalb der Wirbelsäule. Das Rückenmark leitet alle afferenten Signale zum Gehirn und alle efferenten Signale zu den Muskeln.

Spinalnerven: liegen auf beiden Seiten des Rückenmarks. Sie treten zwischen den Wirbeln aus dem Rückenmark heraus und bilden die Verbindung zum PNS.

Bildgebende Verfahren

Computertomografie, CT: durch Röntgenstrahlung erzeugte Schnittbilder des zu untersuchenden Gewebes werden mithilfe eines Computers zu einem räumlichen Bild zusammengefügt.

Magnetresonanztomografie, MRT: Erzeugung von Schnittbildern menschlichen Gewebes durch ein starkes Magnetfeld. Die angeregten Kerne von Wasserstoffatomen fallen zurück in einen Zustand niedrigerer Energie und senden dabei eine Resonanzfrequenz aus, die gemessen wird.

Polarized Light Imaging: Bestimmung des Verlaufs von Nervenfasern im Gehirn durch Bestrahlung mit polarisiertem Licht, das je nach Einstrahlwinkel in unterschiedlicher Weise gebrochen wird. Daher erscheinen die Nervenfasern in unterschiedlicher Farbe.

Positronen-Emissions-Tomografie, PET: Messung der Aktivität von Neuronen über deren erhöhten Glukosebedarf. Hierzu wird radioaktiv markierte Glukose in die Blutbahn injiziert, die positiv geladene Positronen emittiert. Die beim Zerfall der Positronen freigesetzten Photonen werden mit einem Detektor ermittelt.

funktionelle Magnetresonanztomografie, fMRT: Bestimmung der Stoffwechselaktivitäten der Gehirnregionen anhand des unterschiedlichen Sauerstoffbedarfs. Gemessen wird die abweichende magnetische Resonanz von mit Sauerstoff beladenem Hämoglobin gegenüber unbeladenem.

Neuronen und Gliazellen

Soma: Zellkörper eines Neurons.

Axon: schmaler, bis zu einem Meter langer Zellfortsatz eines Neurons. Axone werden auch als Neuriten oder Nervenfasern bezeichnet.

Axonhügel: verdickter Bereich des Axons am Übergang vom Soma zum Axon. Dort entsteht bei ausreichender Erregung ein Aktionspotenzial.

Synapsenendknöpfchen: verdickte Struktur am Ende eines Axons. Da Axone häufig verzweigt sind, weisen sie eine Vielzahl an Synapsenendknöpfchen auf.

Dendriten: stark verzweigte Zellfortsätze eines Neurons, die eine baumkronenähnliche Struktur aufweisen.

Synapse: Kontaktstelle zwischen zwei Neuronen. Meist besteht der Kontakt zwischen einem Synapsenendknöpfchen eines Neurons und einem Dendriten des nachgeschalteten Neurons.

Gliazellen: Zellen des Nervensystems, die kleiner als Neuronen sind und diese unterstützen.

Astrozyten: sind die häufigsten Gliazellen. Sie regulieren die chemische Zusammensetzung der Zellumgebung der Neuronen und beeinflussen ihr Wachstum.

Blut-Hirn-Schranke: Barriere zwischen dem Blutkreislauf und dem ZNS. Sie hat die Aufgabe, das Eindringen giftiger Substanzen in das ZNS zu verhindern.

Mikroglia: Bezeichnung für Gliazellen, die für die Beseitigung abgestorbener oder degenerierter Neuronen zuständig sind.

Myelinscheide: Lipidschicht um die Axone von Wirbeltieren, die sie elektrisch isoliert. Sie wird von spezifischen Gliazellen gebildet. Die Gliazellen umwickeln das Axon so, dass ihre Zellmembranen dicht aneinander liegen.

Schwann-Zellen: Gliazellen, die die Myelinscheide im PNS bilden.

Oligodendrozyten: Gliazellen, die die Myelinscheide im ZNS bilden.

Ranvier-Schnürringe: freiliegende Abschnitte der Axone zwischen den Myelinscheiden. Sie ermöglichen eine schnelle Erregungsleitung.

unipolare Zellen: Neuronen mit nur einem Zellfortsatz. Sie kommen bei den meisten wirbellosen Tieren vor.

bipolare Zellen: Neuronen mit zwei Fortsätzen, zum Beispiel in der Netzhaut des Auges von Wirbeltieren.

pseudo-unipolare Zellen: Bipolare Zellen, deren Fortsätze während der Embryonalentwicklung miteinander verschmelzen, werden als pseudo-unipolar bezeichnet. Beispiele hierfür sind die sensorischen Bahnen zum Rückenmark.

multipolare Zellen: Neuronen mit einer starken Verästelung der Dendriten. Hierzu gehören die Purkinje-Zellen im Kleinhirn.

Vesikel: runde, von einer Membran umgebene Bläschen in der Zelle. Sie speichern die Neurotransmitter im Synapsenendknöpfchen. Im Axon dienen sie dem Stofftransport.

Kinesin: Protein im Axon, das für den Transport der Vesikel zum Synapsenendknöpfchen zuständig ist.

anterograder Transport: Bezeichnung für die Transportrichtung vom Soma zum Synapsenendknöpfchen.

retrograder Transport: Bezeichnung für die Transportrichtung vom Synapsenendknöpfchen zum Soma.

Entstehung des Membranpotenzials

Mikromanipulator: Gerät, das es ermöglicht, mit sehr kleinen Elektroden oder Kapillaren im mikroskopischen Bereich zu arbeiten, beispielsweise an Neuronen.

Kation: positiv geladenes Ion, das sich nach Anlegen einer elektrischen Spannung zur negativ geladenen Kathode bewegt.

Anion: negativ geladenes Ion, das sich nach Anlegen einer elektrischen Spannung zur positiv geladenen Anode bewegt.

Ionenkanäle: Kanäle in der Zellmembran, die für bestimmte Ionen selektiv permeabel sind.

Konzentrationsgradient: Maß für das Gefälle des Konzentrationsunterschieds eines gelösten Stoffes, hier in einem biologischen System.

Potenzialdifferenz: gemessene Spannung zwischen der Zellinnenseite und der Zellaußenseite aufgrund der unterschiedlichen Verteilung von Ionen.

Gleichgewichtspotenzial: berechnetes Potenzial für eine Ionenart am Neuron. Es resultiert aus dem elektrischen Potenzial und den entgegengesetzt gerichteten Anziehungskräften aufgrund des Konzentrationsgradienten.

Membranpotenzial: gemessene Spannung am Neuron zwischen Zellaußenseite und Zellinnenseite.

Voltage-Clamp: Ende der 1940er-Jahre entwickelte Methode zur Messung von Membranpotenzialen, bei der eine Mikropipette aus Glas in das Neuron eingeführt wird.

Patch-Clamp-Technik: In den 1970er-Jahren entwickelte Methode zur Messung der Spannung an einzelnen Ionenkanälen.

Vom Ruhe- zum Aktionspotenzial

Ruhepotenzial: gemessene Spannung zwischen dem Axoninneren und der extrazellulären Umgebung im Ruhezustand eines Neurons.

Kaliumionenhintergrundkanäle: ständig geöffnete Kaliumionenkanäle, die das Ruhepotenzial eines Axons besonders bestimmen.

Natrium-Kalium-Pumpe: Pumpe in der Axonmembran, die Kaliumionen in das Neuron und Natriumionen aus dem Neuron unter ATP-Verbrauch herausbefördert.

Schwellenwert: Bezeichnung für die Spannung, die das Membranpotenzial mindestens erreichen muss, damit ein Aktionspotenzial ausgelöst wird.

Aktionspotenzial: schnelle Potenzialveränderung an der Membran eines Axons, die durch einen Reiz ausgelöst wird, nachdem der Schwellenwert erreicht oder überschritten wurde.

elektrostatische Anziehungskraft: Anziehungskraft unterschiedlich geladener Ionen aufeinander.

Depolarisation der Axonmembran: kurzfristige Umkehr der Spannungsverhältnisse an der Axonmembran aufgrund der Öffnung spannungsgesteuerter Natriumionenkanäle und dadurch einströmender Natriumionen im Verlauf eines Aktionspotenzials.

Repolarisation: Rückkehr zu den ursprünglichen Spannungsverhältnissen am Axon durch Ausströmen der Kaliumionen nach Öffnen der spannungsgesteuerten Kaliumionenkanäle während eines Aktionspotenzials.

Hyperpolarisation: kurzfristig erhöhte Spannung am Ende eines Aktionspotenzials über das Ruhepotenzial hinaus.

Refraktärzeit: Zeitraum verminderter Erregbarkeit eines bestimmten Bereichs der Axonmembran nach Durchlauf eines Aktionspotenzials.

absolute Refraktärzeit: Das Axon ist in einem bestimmten Bereich nicht erregbar.

relative Refraktärzeit: Das Axon ist in einem bestimmten Bereich nur durch einen stärkeren Reiz erregbar.

Erregungsleitung, Neurotransmitter und Synapsen

saltatorische Erregungsleitung: Aktionspotenziale springen an myelinisierten Neuronen von Ranvier-Schnürring zu Ranvier-Schnürring und werden deshalb erheblich schneller weitergeleitet als bei der kontinuierlichen Erregungsleitung an nicht myelinisierten Neuronen.

chemische Synapsen: Synapsen, bei denen die Informationsübertragung durch einen chemischen Botenstoff, einen Neurotransmitter, erfolgt.

transmittergesteuerte Ionenkanäle: Ionenkanäle, die sich nur öffnen, wenn bestimmte Neurotransmitter an ihre spezifischen Rezeptoren binden.

spannungsgesteuerte Ionenkanäle: Ionenkanäle, die sich öffnen, sobald an der Axonmembran eine bestimmte Spannung erreicht wird.

Acetylcholin-Rezeptor: spezifischer Rezeptor der Natriumionenkanäle an der postsynaptischen Membran cholinerger Synapsen.

Acetylcholin-Esterase: Enzym, das Acetylcholin durch Spaltung in Cholin und einen Acetatrest inaktiviert.

elektrische Synapsen: Synapsen, die über Proteinkanäle, die Gap junctions, gebildet werden.

elektrische Kopplung: passive Weiterleitung des elektrischen Signals aufgrund des Ionenstroms an einer elektrischen Synapse.

G-Protein: Protein mit dem Kosubstrat GDP. Es wird durch einen Neurotransmitter aktiviert und wirkt indirekt über Second-Messenger auf Ionenkanäle.

exzitatorisches postsynaptisches Potenzial, EPSP: entsteht durch Depolarisation der postsynaptischen Membran an einer erregenden Synapse.

inhibitorisches postsynaptisches Potenzial, IPSP: entsteht durch Hyperpolarisation der postsynaptischen Membran an einer hemmenden Synapse.

räumliche Summation: An mehreren erregenden Synapsen kommt es zeitgleich zu Depolarisationen, die miteinander verrechnet werden.

zeitliche Summation: Die an einer Synapse entstehenden postsynaptischen Potenziale werden miteinander verrechnet.

synaptische Integration: Verrechnung aller an einer Synapse erzeugten Potenziale.

digitale Codierung: Alles-oder-nichts-Prinzip bei Aktionspotenzialen. Die Stärke des Reizes wird durch die Frequenz codiert.

analoge Codierung: Die Stärke des Reizes wird durch die Menge des ausgeschütteten Neurotransmitters codiert.

Modulation: Beeinflussung der Erregbarkeit von Neuronen durch Second-Messenger-Übertragungswege.

Neurotoxine: Giftstoffe, die das Nervensystem angreifen und die Informationsübertragung an der Synapse stören, zum Beispiel das Pfeilgift Curare, das aus der Brechnuss gewonnen wird.

Vom Reiz zur Reaktion

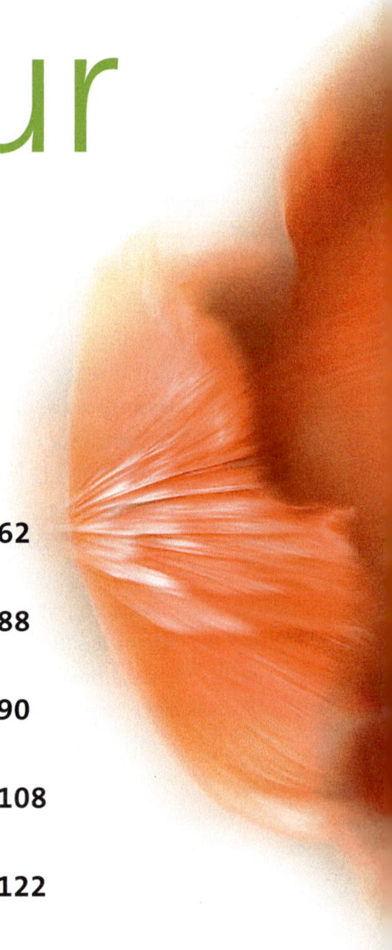

In diesem Kapitel beschäftigen Sie sich mit

- der Umwandlung von Reizen aus der Umwelt in körpereigene Signale durch die Sinnesorgane;
- dem Aufbau, der Funktion und der Steuerung eines Muskels;
- der regulatorischen Funktion von Hormonen;
- der Rolle verschiedener Gehirnregionen bei der Entstehung von Emotionen;
- der Wirkung von Drogen auf das Gehirn.

92 Prozent der Menschen öffnen ihren Mund weit, wenn sie überrascht sind.

01 Roboy, ein Roboter mit künstlichen Sinnesorganen

Aufnahme und Verarbeitung von Sinnesreizen

Forscher der Universität Zürich haben im Jahr 2012 den humanoiden Roboter Roboy entwickelt. Er sieht aus und bewegt sich ähnlich wie ein Mensch. Mithilfe von Sensoren und spezieller Kameratechnik nimmt er Informationen aus der Umwelt auf. Kabel ersetzen Nerven und Hochleistungsrechner verarbeiten schließlich die einlaufenden Informationen, sodass Roboy fühlen, hören und sehen kann. Damit verfügt Roboy über die Fähigkeit, Informationen aufzunehmen, zu verarbeiten und darauf zu reagieren. Doch wie funktioniert diese Informationsverarbeitung bei Lebewesen?

lat. recipere = aufnehmen

Die Bezeichnung Rezeptor wird für mehrere Strukturen verwendet:
- *als Kurzbezeichnung für Rezeptorzelle*
- *für Rezeptorproteine in der Zellmembran*

REIZAUFNAHME · Alle Lebewesen sind darauf angewiesen, Informationen aus der Umwelt aufzunehmen. Um diese Aufgabe zu erfüllen, verfügen sie über unterschiedliche Sinnesorgane wie das Auge oder das Ohr, die den Kontakt zwischen der Außenwelt und der Innenwelt ermöglichen. Reizaufnahme und Reizumwandlung sind Aufgaben der Sinneszellen oder *Rezeptorzellen* in den Sinnesorganen. Die Reize der Umwelt werden dort in die Sprache des Nervensystems, also in elektrische Erregung umgewandelt. Die Sinneszellen zeichnen sich durch spezifische Membranstrukturen aus, die der Reizaufnahme dienen. Sie sind auf unterschiedliche Reizarten oder *Reizmodalitäten* spezialisiert:

- **Chemorezeptoren** reagieren auf bestimmte chemische Stoffe. Sie sind Grundlage für den Geruchs- und Geschmackssinn.
- **Fotorezeptoren** werden durch Licht angeregt.
- **Thermorezeptoren** sind temperaturempfindliche Sinneszellen.
- **Mechanorezeptoren** reagieren auf mechanische Reize wie Berührung, Druck und Vibration. Sie sind für den Tastsinn, den Hörsinn und den Gleichgewichtssinn grundlegend.
- **Elektro- und Magnetorezeptoren** registrieren elektrische beziehungsweise magnetische Felder. Sie kommen zum Beispiel bei Haien und Zitteraalen vor, nicht jedoch bei Menschen.

REIZVERARBEITUNG · Obwohl die verschiedenen Sinneszellen auf unterschiedliche Reize ansprechen, besitzen sie Gemeinsamkeiten: Alle Sinneszellen sind hochselektiv. So reagieren Fotorezeptoren zum Beispiel nur auf Licht, nicht jedoch auf Schall oder auf Temperaturveränderungen. Die Reizmodalität, für die ein Rezeptor empfindlich ist, nennt man den *adäquaten Reiz*. Auf einen adäquaten Reiz reagieren die Sinneszellen mit einer dem postsynaptischen Potenzial vergleichbaren Veränderung des Rezeptorpotenzials. Nur wenige Moleküle reichen beispielsweise bei Chemorezeptoren für eine *Rezeptorantwort* aus. Sinneszellen können schwache Reize verstärken und ausschließlich in elektrische Signale umwandeln. Die Weitergabe einer Information aus der Umwelt ins Zellinnere über einen Verstärkungsmechanismus wird als **Signaltransduktion** bezeichnet.

Unabhängig von der Reizmodalität erfolgt die Signaltransduktion bei allen Sinneszellen ähnlich: Die Zellmembranen enthalten spezielle Rezeptorproteine. Diese reagieren auf den eintreffenden Reiz und verändern dadurch ihre räumliche Struktur. Daraufhin öffnen sich Natriumionenkanäle in der Zellmembran und Natriumionen strömen in die Zelle. Dadurch wird die Zellmembran depolarisiert, was zur Öffnung spannungsgesteuerter Kalziumionenkanäle führt. Die erhöhte Kalziumionenkonzentration im Inneren der Zelle bewirkt die Exozytose der transmittergefüllten Vesikel in den synaptischen Spalt. Über nachgeschaltete Neuronen gelangt das Signal schließlich ins Gehirn. Dort werden die einlaufenden sensorischen Informationen interpretiert und lösen geeignete Reaktionen wie Bewegung oder Sprechen aus. Im Fall von Roboy übernehmen spezielle technische Sensoren die Signaltransduktion, elektrische Kabel leiten die Informationen weiter und sehr leistungsstarke Computer im Kopf ermöglichen schließlich das Sehen, Hören oder Sprechen.

1 Erstellen Sie ein Flussdiagramm, das die Vorgänge der Signaltransduktion wiedergibt!

2 Vergleichen Sie die Signaltransduktion der verschiedenen Sinneszellen!

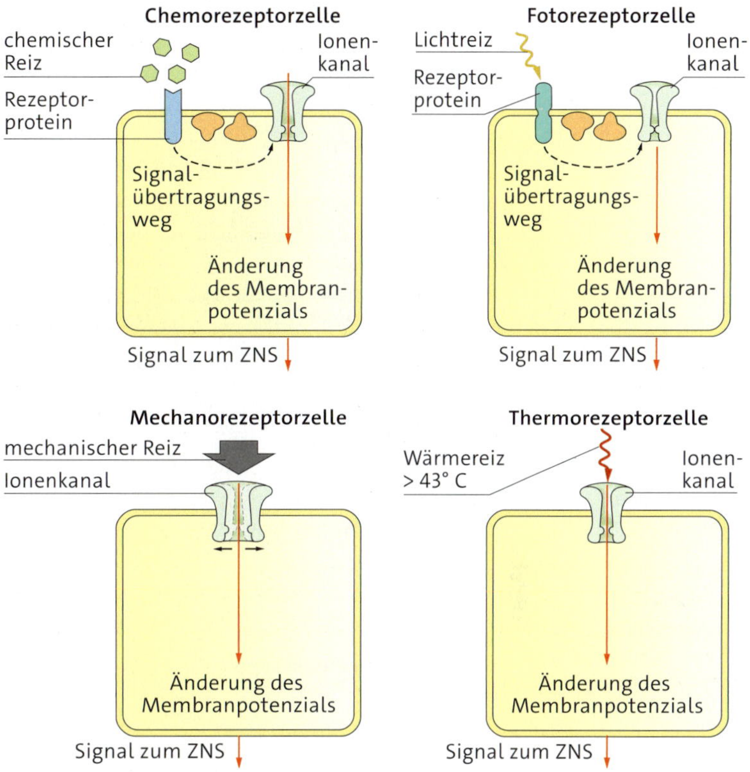

02 Reizverarbeitung in verschiedenen Sinneszellen (Schema)

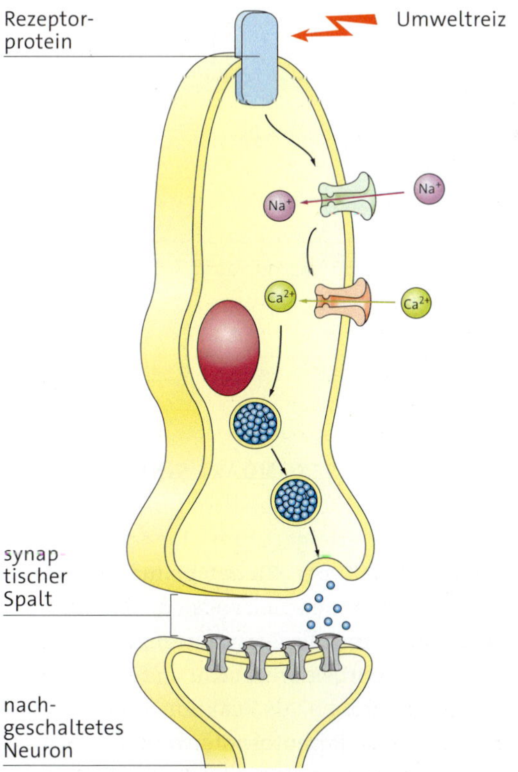

lat. transducere = übertragen

03 Allgemeiner Aufbau und Funktion einer Sinneszelle

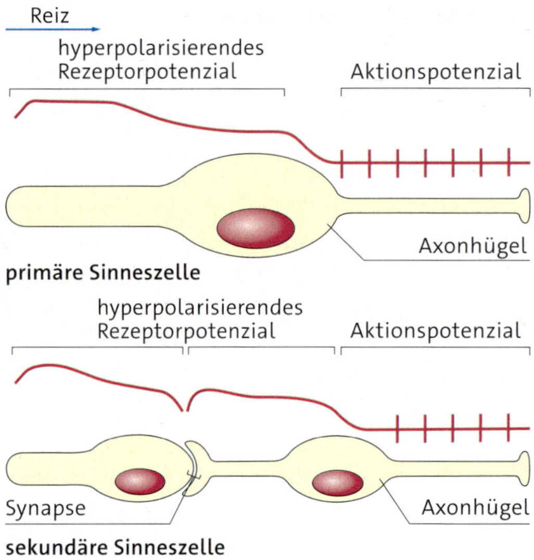

04 Primäre und sekundäre Sinneszellen

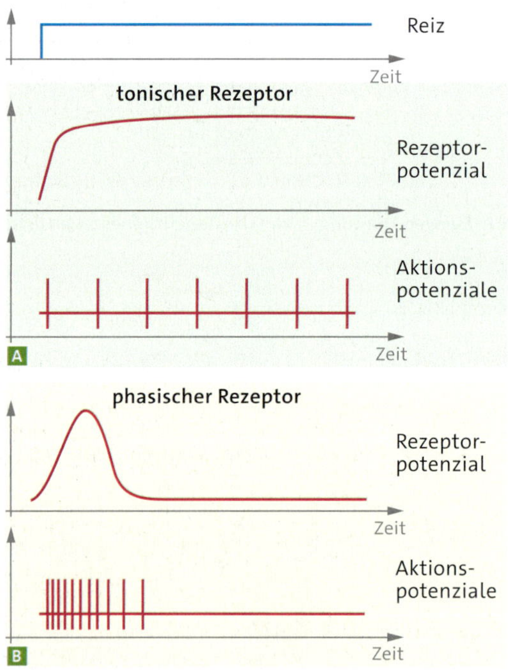

05 Rezeptorantworten:
A tonische Rezeptoren,
B phasische Rezeptoren

PRIMÄRE UND SEKUNDÄRE SINNESZELLEN · Je nachdem, wie die Signalweiterleitung in den Sinneszellen erfolgt, unterscheidet man verschiedene Zelltypen. Zu den **primären Sinneszellen** gehören beispielsweise die Tastborsten der Insekten und die Geruchsrezeptoren der Insekten und Wirbeltiere. In Bau und Funktion ähneln sie Neuronen. Als Reaktion auf einen Reiz bilden sie ein Rezeptorpotenzial, das sich bis zum Axonhügel ausbreitet und bei Überschreiten eines Schwellenwerts in Aktionspotenziale umgewandelt wird. Dabei bestimmt die Stärke des Rezeptorpotenzials die Frequenz der Aktionspotenziale, die *Rezeptorantwort*. Über nachgeschaltete afferente Neuronen wird die Information über den Reiz und die Reizstärke zum Gehirn weitergeleitet.
Haarzellen, die sich in den Dreh-, Schwere- und Hörsinnesorganen der Wirbeltiere befinden, sind ein Beispiel für **sekundäre Sinneszellen.** Sie besitzen kein Axon und bilden selbst keine Aktionspotenziale. Das Rezeptorpotenzial breitet sich bis zur Synapse aus und bewirkt dort die Ausschüttung eines Neurotransmitters. Erst in den nachgeschalteten Neuronen werden Aktionspotenziale erzeugt, die als Impulsfolgen die Information des ursprünglichen Reizes weiterleiten. Bei beiden Sinneszelltypen ist die Stärke des Rezeptorpotenzials von der eintreffenden Reizstärke abhängig.

REIZCODIERUNG · Beim Verweilen in einem muffig riechenden Raum bemerken wir, dass intensive Gerüche nach einer gewissen Zeit nicht mehr wahrgenommen werden. Dieses Phänomen wird als *Rezeptoradaptation* bezeichnet. Die Impulsfrequenz einer Sinneszelle sinkt, wenn die Reizintensität auf einem konstanten Niveau bleibt. **Phasische Rezeptoren** reagieren nur zu Beginn oder am Ende des Reizes. Diese Rezeptoren codieren Veränderungen in der Reizstärke, nicht jedoch die Reizdauer. Riechsinneszellen sind ein Beispiel für phasische Rezeptoren. **Tonische Rezeptoren** reagieren so lange, wie der Reiz anhält und übermitteln daher Informationen über die Reizdauer. Zu diesem Typ gehören Hörsinneszellen. Bei **phasisch-tonischen Rezeptoren** wie den Fotorezeptoren ist am Anfang die Impulsfrequenz hoch, bis sie schließlich auf einen niedrigen, konstanten Wert fällt.

3 Vergleichen Sie Bau und Funktion von primären und sekundären Sinneszellen!

4 Beschreiben und erläutern Sie die unterschiedlichen Rezeptorantworten im Hinblick auf den Zusammenhang zwischen Reiz und Rezeptorpotenzial!

5 Nennen Sie für das Phänomen der Rezeptoradaptation Beispiele aus dem Alltag!

Material A ▸ Der Infrarotsensor des Schwarzen Kiefernprachtkäfers

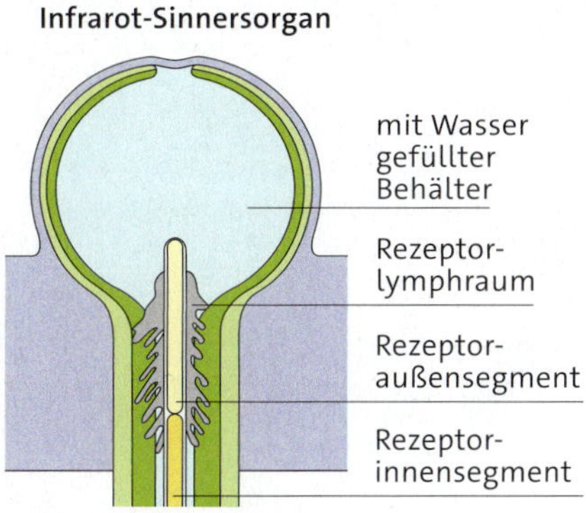

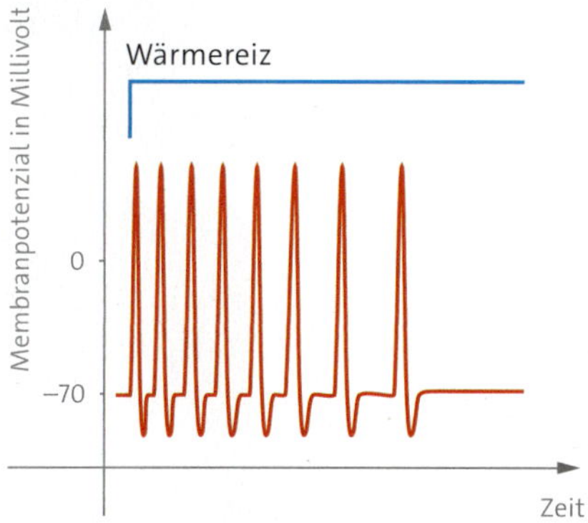

Der Schwarze Kiefernprachtkäfer legt seine Eier unter die Rinde gerade abgebrannter Bäume. Er verfügt über ein spezielles Sinnesorgan, den Infrarotsensor in den Hüftgruben der Mittelbeine. Mit diesem Sinnesorgan kann der Käfer die Wärme des Feuers wahrnehmen. Die im Sinnesorgan enthaltenen Sinneszellen sind sensorische Haare, die auf Druckerhöhung reagieren. Eingebettet sind die Sinneszellen in einen winzigen, mit kleinsten Mengen Wasser gefüllten Behälter. Bei einem Waldbrand wird die Flüssigkeit erhitzt, wodurch sie sich ausdehnt und gegen die Sinneszelle drückt. Diese Verformung löst den Einstrom von Ionen aus. Der Käfer registriert die Spannungsänderung und fliegt in Richtung Waldbrand. Bemerkenswert ist, dass der Infrarotsensor des Schwarzen Kiefernprachtkäfers fünfmal schneller reagiert als jedes käufliche Infrarotmessgerät.

A1 Beschreiben Sie den Infrarotsensor des Käfers und erläutern Sie dessen biologische Bedeutung!

A2 Ordnen Sie die Infrarotsinneszellen einem Rezeptortyp zu und begründen Sie Ihre Zuordnung!

A3 Beschreiben Sie das Antwortverhalten einer Infrarotsinneszelle und begründen Sie, um welche Art der Reizcodierung es sich hierbei handelt!

Material B ▸ Der sechste Sinn der Haie

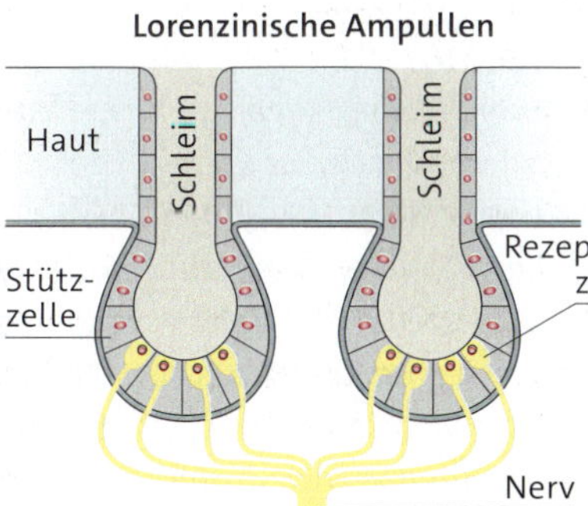

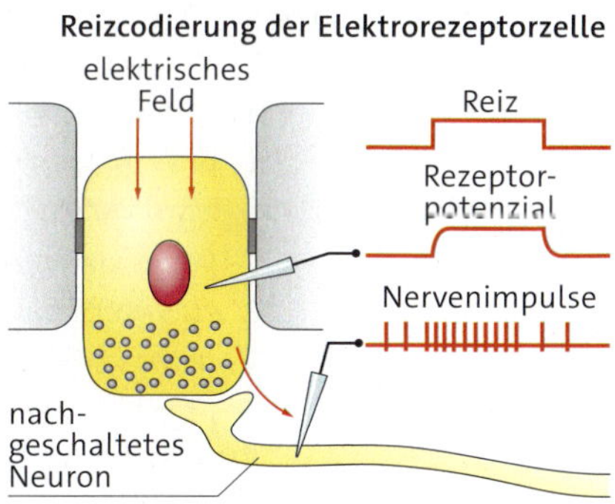

Durch Muskelaktivität werden bioelektrische Felder erzeugt. Haie erkennen diese schwachen elektrischen Felder mit einem speziellen Sinnesorgan, den Lorenzinischen Ampullen. Es ermöglicht Haien, ihre Beute auch bei schlechter Sicht zu finden und in der Schlussphase eines Angriffs gezielt zuzubeißen. Die Lorenzinischen Ampullen sind in die Unterhaut des Kopfes eingebettet. Sie bestehen aus winzigen, mit elektrisch leitfähigem Schleim gefüllten Kanälen, die mit dem Außenmedium über kleine Hautporen verbunden sind. Am Grunde der Ampullen befinden sich jeweils mehrere Elektrorezeptoren. Diese reagieren selbst auf kleinste Spannungsänderungen in der Umgebung.

B1 Beschreiben Sie den Aufbau der Lorenzinischen Ampullen und erläutern Sie an diesem Beispiel das Basiskonzept Struktur und Funktion!

B2 Erläutern Sie die Reizcodierung in Elektrorezeptoren!

B3 Erläutern Sie die biologische Bedeutung des sechsten Sinns von Haien!

01 Ein Parfümeur kreiert einen neuen Duft

Wahrnehmung von Gerüchen

Weltweit gibt es nur etwa 2000 Parfümeure. Ihr überdurchschnittlich ausgeprägter Geruchssinn versetzt sie in die Lage, mehr als eine Billion Düfte zu unterscheiden, sie zu kombinieren und einzigartige Parfüme zu kreieren. Wie ist es möglich, diese unfassbar große Anzahl von Gerüchen zu unterscheiden? Und wie erzeugt das Gehirn daraus einen für uns unverwechselbaren Duft?

RIECHEPITHEL · Der Riechvorgang wird durch Duftstoffe eingeleitet, die mit der eingeatmeten Luft über den Mund oder die Nase in die Nasenhöhle gelangen. Dort liegt im oberen Bereich das etwa fünf Quadratzentimeter große *Riechepithel*. Es besteht aus 10 bis 100 Millionen Geruchsrezeptorzellen sowie den Stützzellen und den Basalzellen. Die Stützzellen schützen die Rezeptorzellen, indem sie Schleim absondern. Die Basalzellen bilden ständig neue Rezeptorzellen. Das Riechepithel ist der einzige Ort des Körpers, wo Neuronen durch die Gewebeoberfläche hindurch Kontakt zur Außenwelt haben. Die Rezeptorzellen strecken dazu einen Schopf feiner Sinneshärchen, die *chemosensorischen Zilien*, aus der Oberfläche heraus. Eine einzelne Zilie hat einen Durchmesser von etwa 0,1 Mikrometer.
Ein kleiner Teil der eingeatmeten Luft streicht über die Zilien, die von Schleim bedeckt sind. Duftstoffmoleküle aus der Luft diffundieren in die Schleimschicht, sodass die Rezeptoren in der Zilienmembran in direkten Kontakt mit ihnen kommen und sie binden können. Da jede Rezeptorzelle jedoch nur einen einzigen Typ von Rezeptorproteinen ausbildet, reagiert auch die Rezeptorzelle nur auf bestimmte Duftstoffe, auf andere aber nicht. Menschen besitzen über 380 verschiedene Rezeptoren, Hunde über 900 und Nagetiere über 1200. Erst vor wenigen Jahren gelang es, die weitaus größte Genfamilie im Genom der Säugetiere zu entdecken, die die Informationen für den Bau der Rezeptorproteine codiert.

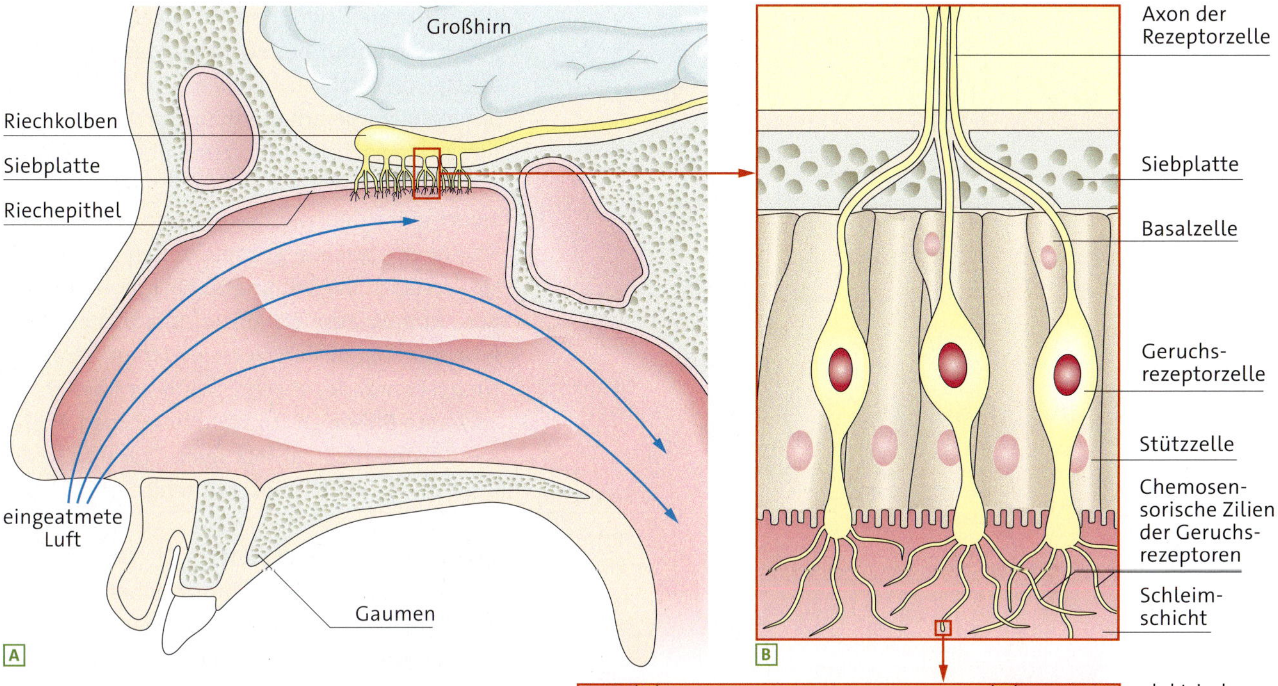

VOM DUFTSTOFFMOLEKÜL ZUM NERVENIMPULS · Bindet ein Duftstoffmolekül an das entsprechende Rezeptorprotein in der Membran, wird eine für Chemorezeptorzellen typische Signalkaskade ausgelöst, die letztendlich zu einem elektrischen Signal führt. Die Bindung des Duftstoffmoleküls führt zur Aktivierung eines G-Proteins, welches die Bildung von cAMP veranlasst. Das cAMP wiederum öffnet spezifische Kalzium- und Natriumionenkanäle, sodass Kalzium- und Natriumionen aus der Schleimschicht einströmen und dadurch ein depolarisierendes Rezeptorpotenzial erzeugen. Diese beginnende Depolarisation wird anschließend etwa zehnfach verstärkt, indem Kalziumionen an Chloridionenkanäle binden, woraufhin sich diese öffnen und Chloridionen aus der Rezeptorzelle strömen. Erst dieser Chloridionenausstrom führt zur elektrischen Erregung der Rezeptorzelle und zur Ausbildung von Aktionspotenzialen. Sie werden über das Axon der Rezeptorzelle an den **Riechkolben** oder *Bulbus olfactorius* gesendet. Dabei führen die Axone durch Öffnungen des über der Nasenhöhle liegenden Knochens, der Siebplatte, hindurch.

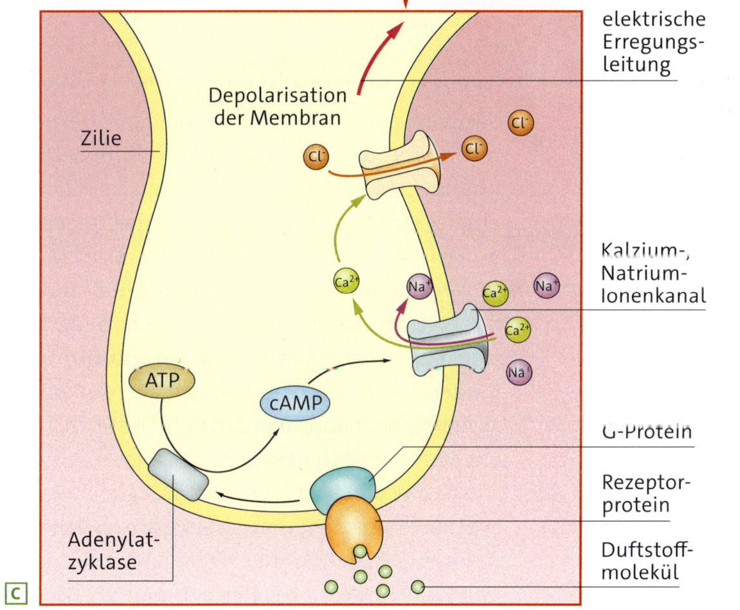

02 Riechsystem des Menschen: **A** Längsschnitt der Nase, **B** Aufbau des Riechepithels, **C** Transduktionsmechanismus in den Geruchsrezeptorzellen

Jede der beiden Nasenhöhlen ist mit einem Riechkolben verbunden. Er hat engen Kontakt mit dem *limbischen System*, einem Teil des Gehirns, der für die Verarbeitung von Emotionen, Bedürfnissen und Instinkten und für die Gedächtnisbildung zuständig ist. Gerüche können daher starke Gefühle und Erinnerungen auslösen. Nach erster Verarbeitung im Riechkolben gelangen die Informationen über die **Riechbahn,** den *Tractus olfactorius,* zur **Riechrinde,** dem *olfaktorischen Kortex*, wo sie weiterverarbeitet werden.

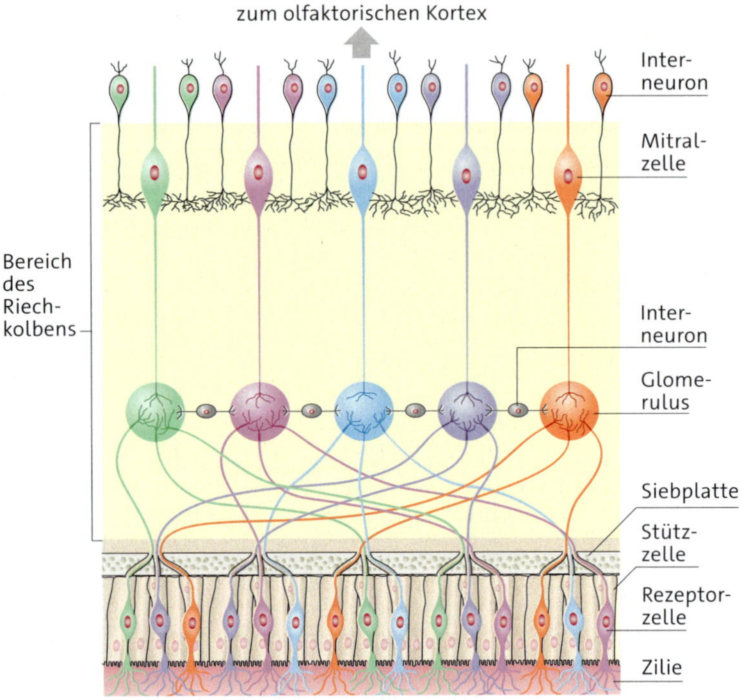

03 Prinzip der Verschaltung im Riechsystem (Rezeptorzellen derselben Farbe haben das gleiche Rezeptorprotein)

GERÜCHE ENTSTEHEN IM GEHIRN · Menschen besitzen nur etwa 380 verschiedene Geruchsrezeptoren, können jedoch eine Billion Düfte unterscheiden. Ein Rezeptor kann also nicht für einen Geruch zuständig sein. Jedes Rezeptorprotein weist mehrere Bereiche auf, an die unterschiedliche Duftstoffmoleküle binden können. Außerdem kann das gleiche Duftstoffmolekül an unterschiedliche Rezeptorproteine binden. Die Rezeptorzellen verarbeiten Duftreize demnach relativ unspezifisch. Doch wie kann ein Duft dennoch identifiziert werden?

Die Axone von Rezeptorzellen mit gleichem Rezeptorprotein ziehen zu gemeinsamen Kontaktpunkten im Riechkolben. Diese kleinen Knäuel von Nervenfasern bezeichnet man als **Glomeruli.** Die Geruchsinformation wird dadurch räumlich geordnet. Gelangen nun unterschiedliche Duftstoffe in die Nasenhöhle, entsteht ein charakteristisches Aktivitätsmuster im Riechkolben. Auch der zeitliche Verlauf der Aktivität eines Glomerulus spielt bei der Duftstoffwahrnehmung eine Rolle. Die Identität eines Duftstoffs wird also durch das räumliche und zeitliche Aktivitätsmuster der Glomeruli bestimmt. Jede der weiterführenden *Mitralzellen* erhält ihre Signale nur aus einem Glomerulus. Interneuronen zwischen Mitralzellen und zwischen Glomeruli helfen dabei, das Aktivitätsmuster deutlich zu machen. Die Mitralzellen leiten die vorverarbeitete Information schließlich an die nächste Station im Gehirn, den olfaktorischen Kortex. Der Gesamteindruck ist einzigartig: Im Gehirn entsteht aus der Aktivität Millionen einzelner Rezeptorzellen ein konkretes Geruchsbild. Die unglaublich hohe Anzahl von Kombinationen unterschiedlicher Aktivitätsmuster in den verschiedenen Verarbeitungsebenen des Riechsystems ermöglicht es uns, eine Billion Düfte wahrzunehmen. Parfümeure sind nach jahrelangem Training in der Lage, diese Geruchsbilder zu schärfen.

VOM SINN DES RIECHENS · Der Geruchssinn galt lange Zeit als einer der rätselhaftesten der fünf Sinne. Er ist jedoch, wie Forscher inzwischen belegen konnten, überlebenswichtig, da er zum Beispiel Tiere vor gefährlichen Substanzen in der Umwelt warnt oder die Partnersuche ermöglicht. Die vielfältigen Verbindungen mit dem limbischen System zeugen ebenfalls von der elementaren Bedeutung von Gerüchen. Sie können zum Beispiel direkt hormonelle Prozesse beeinflussen. Geruchssignale werden dabei sowohl bewusst als auch unbewusst verarbeitet. Denn für das Überleben ist es oft weniger wichtig, den Geruch eines gefährlichen Tieres auf seine chemischen Bestandteile hin zu analysieren, als so schnell wie möglich die Flucht zu ergreifen.

1 Beschreiben Sie den Weg eines Duftstoffmoleküls bis zu einer Geruchsrezeptorzelle und begründen Sie das Zustandekommen eines Rezeptorpotenzials!

2 Begründen Sie, warum Hunde oder Ratten über einen stark ausgeprägten Geruchssinn verfügen!

3 Erläutern Sie, wie es zur Wahrnehmung eines komplexen Geruchs kommt! Berücksichtigen Sie hierbei die verschiedenen Verarbeitungsebenen!

4 Fassen Sie die Bedeutung des Geruchssinns für den Menschen übersichtlich zusammen!

Material A ▸ Wie wir schmecken

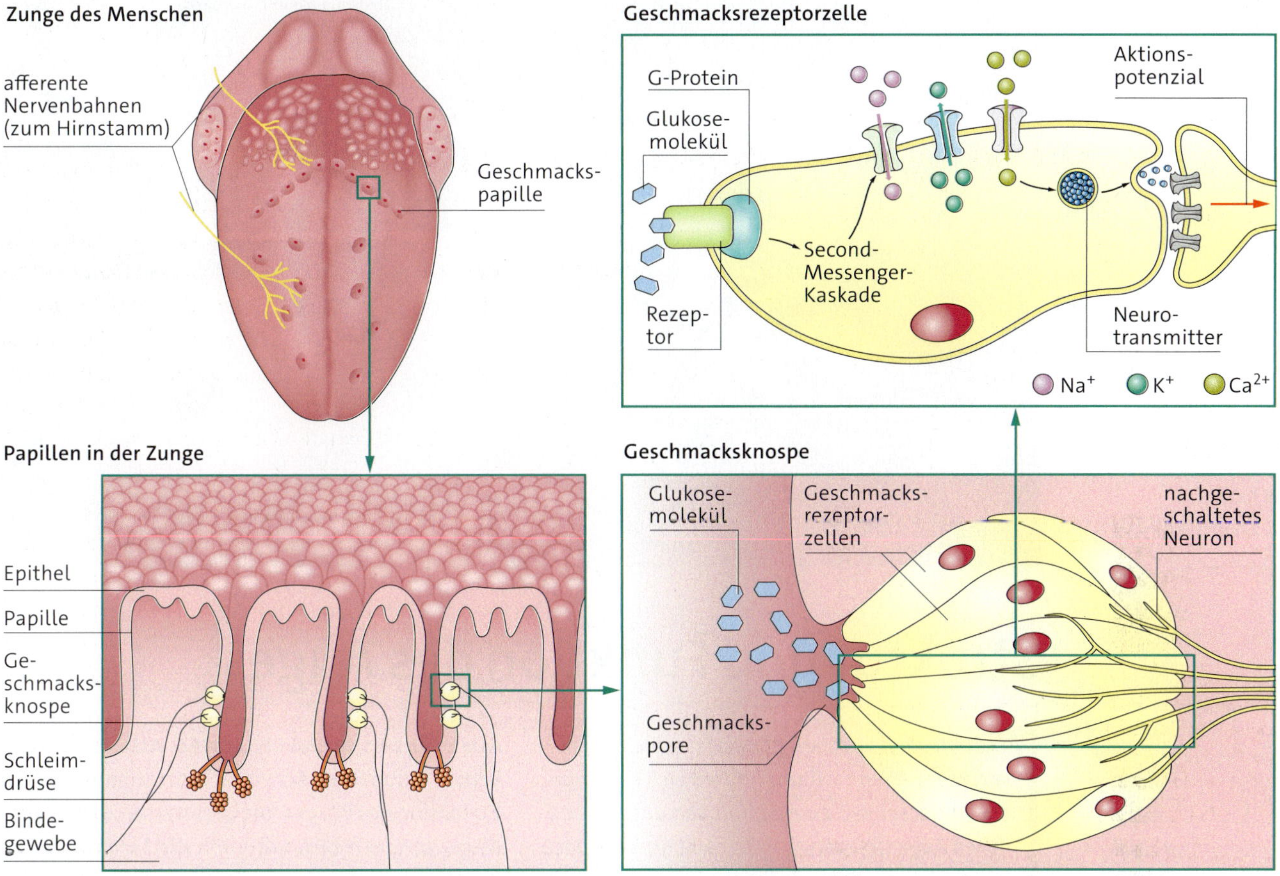

Der Geschmackssinn wird ebenso wie der Geruchssinn durch chemische Verbindungen angeregt. Derzeit geht man von fünf Geschmacksqualitäten aus: salzig, sauer, süß, bitter und umami. Das ist japanisch für fleischig, herzhaft, wohlschmeckend. Vermutlich gibt es beim Menschen auch noch die Geschmacksqualität fettig. Mithilfe des Geschmackssinns sind Tiere in der Lage, die Qualität der Nahrung zu prüfen. Denn giftige Substanzen oder unbekömmliche Pflanzeninhaltsstoffe schmecken oft bitter, genießbare oder energiereiche Nahrung dagegen angenehm, also süß oder herzhaft.
Das Hauptgeschmacksorgan ist die Zunge. Über die Zunge verstreut liegen beim Menschen rund 2000 bis 5000 Geschmacksknospen, die in Geschmackspapillen eingebettet sind.

In jeder Geschmacksknospe liegen jeweils 10 bis 50 Geschmacksrezeptorzellen dicht nebeneinander. Die Rezeptorzellen sind auf eine Geschmacksqualität spezialisiert, beispielsweise auf Süß. Über eine mit Flüssigkeit gefüllte Geschmackspore können Geschmacksmoleküle wie Glukosemoleküle die Rezeptorproteine in den Rezeptorzellen erreichen. Die Bindung eines Glukosemoleküls an das Rezeptorprotein führt über eine Second-Messenger-Kaskade zur Depolarisation der Rezeptorzellmembran. Dies löst in den postsynaptischen Axonen Aktionspotenziale aus, die dann in den Hirnstamm weitergeleitet und dort verarbeitet werden. In den auf andere Geschmacksqualitäten spezialisierten Rezeptorzellen kommen auch andere Mechanismen der Transduktion vor.

A1 Beschreiben Sie den Aufbau der Zunge und einer Geschmacksknospe!

A2 Erläutern Sie den Transduktionsmechanismus bei einer Geschmacksrezeptorzelle, die süß „registriert"!

A3 Obwohl wir auf der Zunge nur fünf Geschmacksqualitäten erkennen können, unterscheiden wir dennoch einen süßen Apfel von einer süßen Birne. Stellen Sie eine Vermutung auf, die dies erläutert!

A4 Bilden Sie Hypothesen über evolutionäre Vorteile, die mit dem Schmecken der fünf Geschmacksqualitäten verbunden sind!

01 Augen von Wirbeltieren:
A Mensch,
B Katze,
C Knoblauchkröte,
D Bartgeier

Struktur und Funktion des Auges

Die Fähigkeit zu sehen ist bei vielen Tiergruppen verbreitet. Wenn wir uns im Tierreich umschauen, entdecken wir eine Vielfalt von unterschiedlichen Augenformen, -größen und -farben. Doch wie sind diese unterschiedlichen Augen von Wirbeltieren grundsätzlich aufgebaut und wie funktionieren sie?

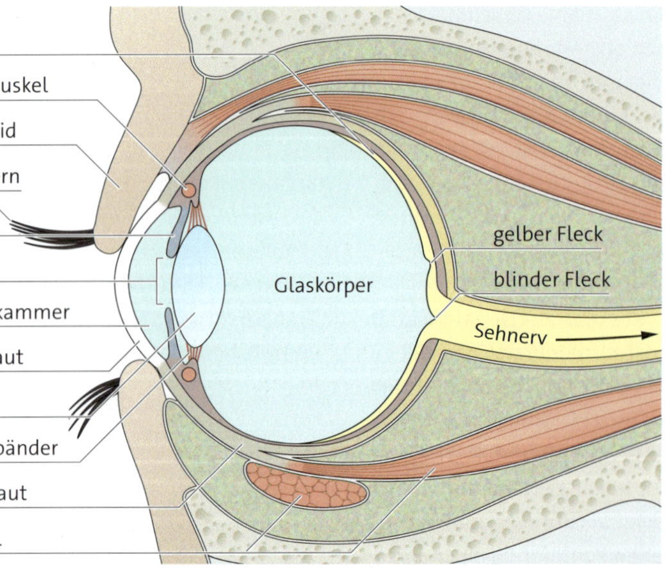

02 Längsschnitt durch das Auge

AUFBAU DES MENSCHLICHEN AUGES · Beim Sehen fallen zunächst Lichtstrahlen auf die *Hornhaut* des Auges. Sie schützt nicht nur das Auge, sondern bündelt auch die Lichtstrahlen. Die Hornhaut besitzt keine Blutgefäße und wird vom Kammerwasser der Augenkammer mit Nährstoffen versorgt. Der Lichteinfall ins Auge wird durch die *Iris* geregelt. Die dahinterliegende transparente *Linse* ist ebenso wie die Iris mit der Ziliarmuskulatur verbunden, durch deren Kontraktion der Lichteinfall und die Schärfe des Bildes reguliert werden. Nachdem die Lichtstrahlen die zentrale Lichtöffnung, die *Pupille*, durchdrungen haben, gelangen sie durch den Glaskörper auf die *Netzhaut* oder **Retina.** Nach außen wird das Auge schließlich durch die *Aderhaut* und die *Lederhaut* begrenzt. Tatsächlich ist die Retina ein vorgeschobener Teil des Gehirns, der sich schon früh in der Embryonalentwicklung absondert, durch die Faserbündel des Sehnervs aber mit ihm verbunden bleibt. Das Auge mit der Retina bildet also fast den einzigen unmittelbaren Kontakt mit der Umwelt. Vielleicht entstand so das Empfinden, dass man durch die Augen eines Menschen direkt in sein Inneres und seine Seele schauen könne.

ZELLULÄRER AUFBAU DER RETINA · Die Retina des Wirbeltierauges besteht aus mehreren Zellschichten, die scheinbar verkehrt herum, also *invers*, angeordnet sind. Das Licht muss vom Glaskörper erst durch mehrere Schichten von Nervenzellen gelangen – den Müllerzellen, den Ganglienzellen, den amakrinen Zellen, den Bipolarzellen und den Horizontalzellen – bevor es auf die lichtempfindlichen *Lichtsinneszellen* oder **Fotorezeptoren** fällt. Nur dort erfolgt schließlich die Umwandlung des Lichtreizes in elektrische Signale.

Die von den Fotorezeptoren umgewandelten elektrischen Signale werden an die vorgelagerten Zellschichten weitergeleitet. Die *Bipolarzellen* dienen als Vermittler zwischen den Fotorezeptoren und den *Ganglienzellen*. Diese vereinen sich zum **Sehnerv,** der das Auge verlässt und die Signale an das Gehirn weiterleitet. Da an der Austrittsstelle des Sehnervs lichtempfindliche Zellen fehlen, wird dieser Bereich als *blinder Fleck* bezeichnet. Dennoch ist das wahrgenommene Bild lückenlos, weil das Gehirn mit den Informationen des anderen Auges den fehlenden Bereich ergänzt.

Zwei weitere Zelltypen beeinflussen die Signalweiterleitung in der Retina. Die *Horizontalzellen* erhalten Informationen von den Fotorezeptoren und verändern über seitliche Fortsätze die Signale der Bipolarzellen und der Fotorezeptoren. Die *amakrinen Zellen* bekommen Informationen von Bipolarzellen und beeinflussen benachbarte Ganglienzellen, Bipolarzellen und andere amakrine Zellen durch seitliche Verbindungen. Durch diese Verschaltungen unterschiedlicher Nervenzellen erhält eine Ganglienzelle Signale von einer Vielzahl von Fotorezeptoren. *Müllerzellen*, die zu den Gliazellen gehören, durchziehen die Retina und stützen, ernähren und versorgen die übrigen Zellen.
In der Retina befinden sich Regionen mit unterschiedlicher Qualität in der Bildauflösung. So fällt das Zentrum des von der Linse erzeugten Bildes auf eine kleine, gelb erscheinende Fläche, die aus besonders dünnen und durchscheinenden Zellschichten besteht. Weil die Dichte der Zapfen dort sehr hoch ist, handelt sich um den Bereich des schärfsten Sehens, der als *gelber Fleck* oder **Fovea** bezeichnet wird.

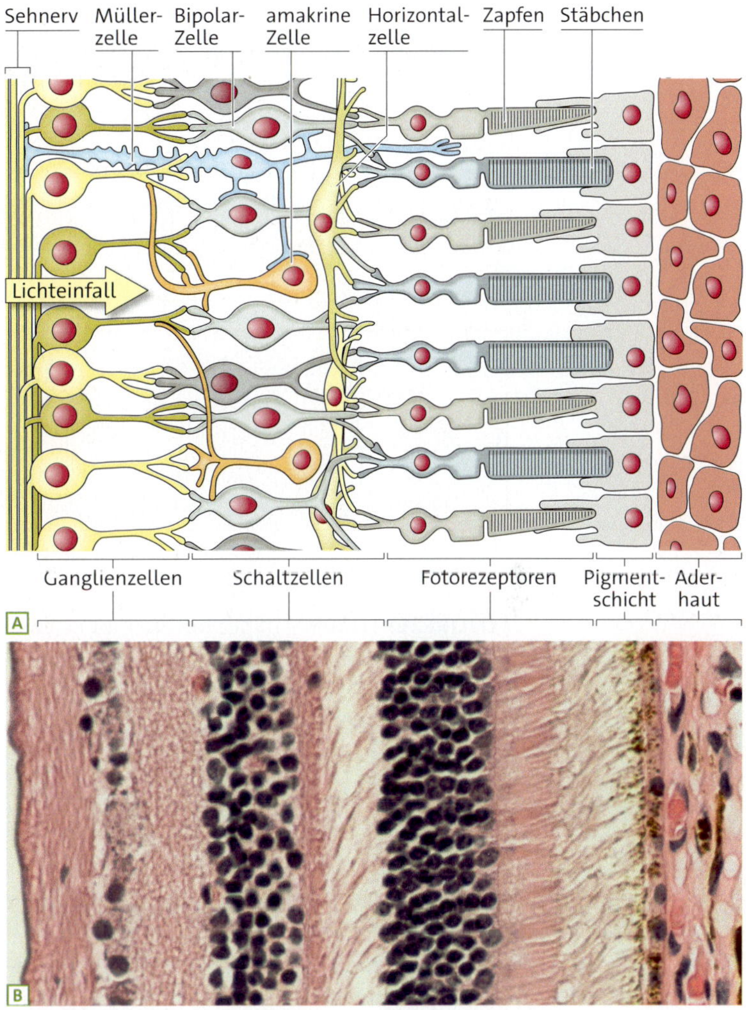

03 Aufbau der Retina: **A** schematisch, **B** lichtmikroskopische Aufnahme

Der Aufbau der Netzhaut mit den verschiedenen Zellschichten ermöglicht es, die von den Fotorezeptoren abgegebenen elektrischen Signale miteinander zu verrechnen, bevor die entstehenden Signalmuster in entsprechenden Hirnzentren zu einer visuellen Wahrnehmung verarbeitet werden.
Grundsätzlich unterscheiden sich alle Wirbeltieraugen nur in der Anzahl einzelner Zelltypen wie der Fotorezeptoren. Die Anordnung der jeweiligen Zelltypen jedoch ist bei allen Wirbeltieraugen gleich.

Rezeptives Feld siehe Seite 80 und 81

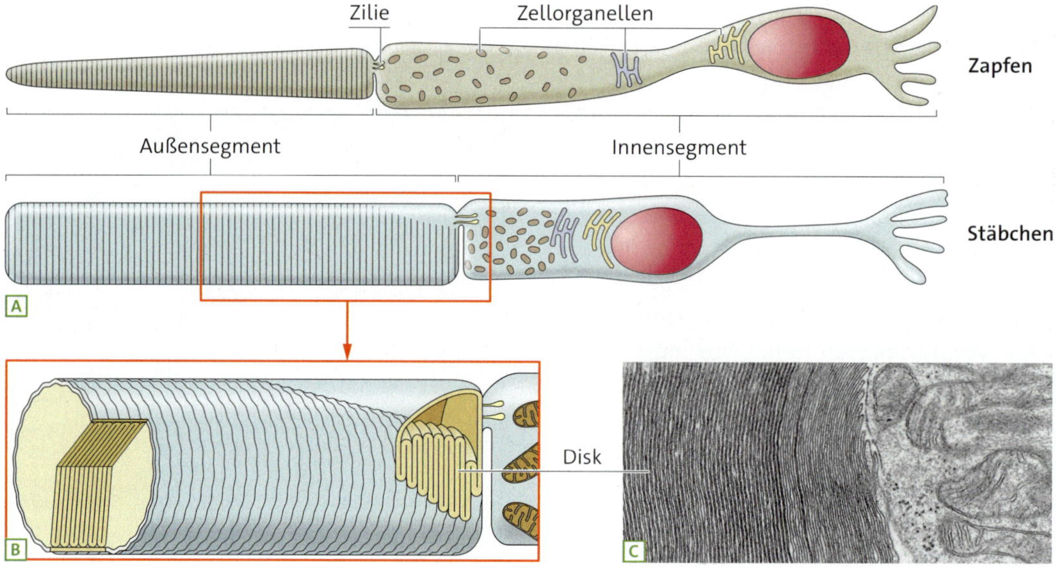

04 Aufbau der Fotorezeptoren:
A Schema,
B Stapel von Disks,
C EM-Aufnahme

FOTOREZEPTOREN · In der Retina gibt es zwei Arten von Fotorezeptoren, von denen der Mensch etwa 125 Millionen besitzt. Sie lassen sich leicht durch ihre Erscheinungsform unterscheiden: die *Stäbchen* und die *Zapfen*.

Jeder Fotorezeptor besteht aus einem Außensegment und einem Innensegment. Das Innensegment enthält den Zellkern und alle Zellorganellen, die für die Aufrechterhaltung des Zellstoffwechsels notwendig sind. Es besitzt außerdem eine synaptische Endigung, über die die nachgeschalteten Zellen aktiviert werden. Das Außensegment enthält einen Stapel aus membranförmigen Scheibchen, den **Disks.** In den Membranabschnitten dieser Disks befinden sich lichtempfindliche Farbstoffmoleküle, die **Fotopigmente,** die das Licht absorbieren und dabei eine Veränderung des Membranpotenzials auslösen.

Stäbchen haben ein langes zylindrisches Außensegment mit vielen Disks. Zapfen besitzen dagegen ein kürzeres, sich zuspitzendes Außensegment mit weniger Disks. Die strukturellen Unterschiede zwischen Stäbchen und Zapfen gehen mit ihrer Funktion einher. Die Stäbchen sind durch eine größere Anzahl der Disks und damit der Fotopigmente über 1000-mal lichtempfindlicher als die Zapfen. Sie ermöglichen das Sehen bei geringen Lichtintensitäten, beispielsweise in der Dämmerung und nachts. Die Zapfen sind dagegen für das Sehen bei Tageslicht zuständig. Während alle Stäbchen das gleiche Fotopigment enthalten, gibt es drei verschiedene Arten von Zapfen mit jeweils einem anderen Pigment. Die Zapfen können deshalb verschiedene Wellenlängen absorbieren und sind für die Farbwahrnehmung verantwortlich.

Die Ausbildung zweier Fotorezeptortypen im Laufe der Evolution ermöglicht das Sehen bei unterschiedlichen Umweltbedingungen. So können bei guten Lichtverhältnissen am Tag auch geringe Farbunterschiede, beispielsweise zwischen unreifen und reifen Früchten, wahrgenommen werden, was die Nahrungssuche erleichtert. Gleichzeitig ermöglicht das hochempfindliche Dämmerungssehen selbst bei äußerst schwachem Sternenlicht noch die Orientierung in der Umwelt.

Einige Arten von Fischen, Amphibien, Reptilien und Vögeln besitzen einen zusätzlichen Zapfentyp, der für ultraviolettes Licht empfindlich ist. So entdecken Falken die Spur ihrer Beute anhand deren Markierungen, da Urin und Kot ultraviolettes Licht reflektieren.

1 Geben Sie die Unterschiede zwischen Stäbchen und Zapfen tabellarisch an!

2 Erstellen Sie ein Flussdiagramm, das den Strahlengang im Auge wiedergibt!

3 Erklären Sie, weshalb die Sehschärfe im gelben Fleck am höchsten ist!

Material A ▸ Lichtsinnesorgane im Tierreich

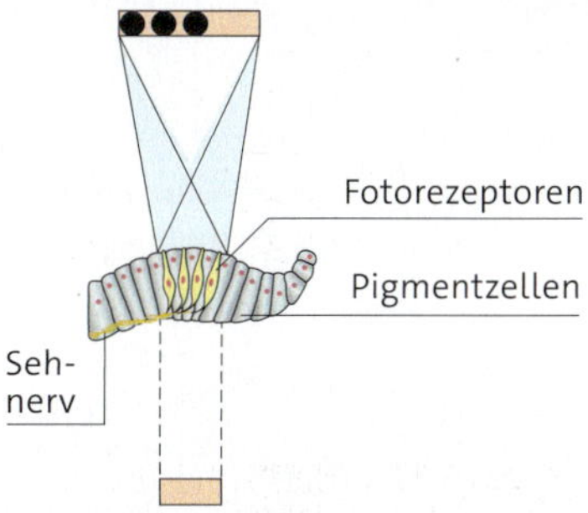

Flachauge

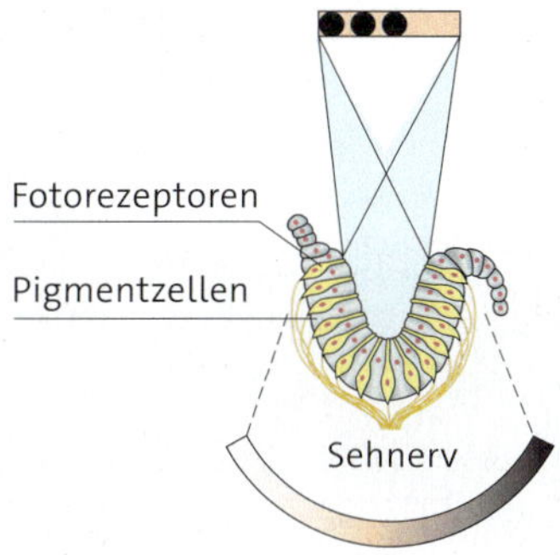

Grubenauge

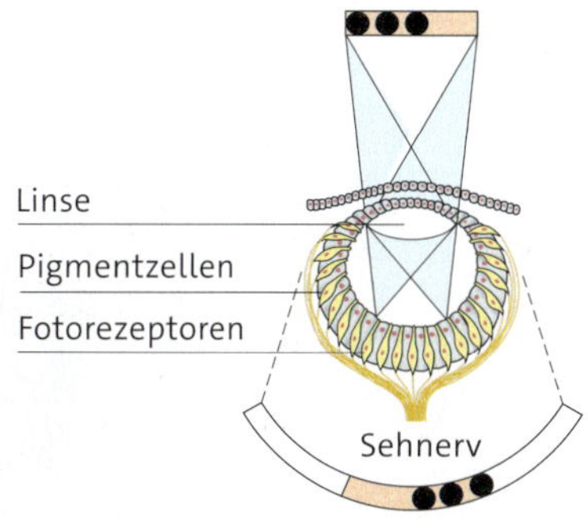

Linsenauge Tintenfisch

Viele Tiere reagieren auf Licht. Selbst einfach gebaute Lebewesen wie der Regenwurm besitzen Lichtsinneszellen, die über die Körperoberfläche verstreut sind. Bei den meisten Tieren treten Lichtsinneszellen jedoch nicht einzeln auf, sondern kommen in größerer Anzahl in den Lichtsinnesorganen, den Augen, vor.

Quallen besitzen beispielsweise Flachaugen, bei denen lichtundurchlässige Pigmentzellen die Lichtsinneszellen vor Streulicht abschirmen.
Bei Grubenaugen, die bei Schnecken vorkommen, sind die Lichtsinneszellen in die Körperoberfläche eingesenkt.
Das Linsenauge von Tintenfischen oder Wirbeltieren ist mit einer Linse ausgestattet, die sich in einer Sehöffnung befindet.

A1 Vergleichen Sie den Aufbau der verschiedenen Lichtsinnesorgane!

A2 Stellen Sie den Zusammenhang zwischen Aufbau und Funktion der verschiedenen Lichtsinnesorgane dar!

Material B ▸ Bedeutung der Müllerzellen

Linsenauge des Tintenfischs

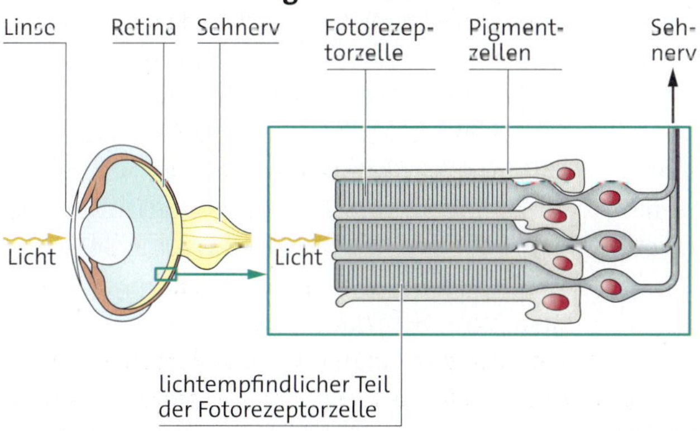

Retina des Menschen

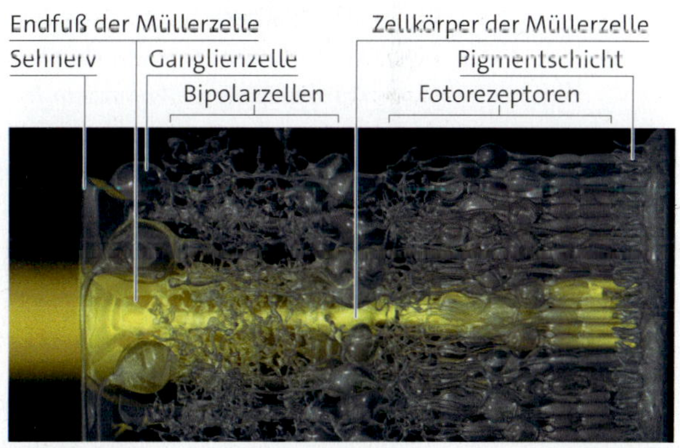

Die Retina des Menschen scheint falsch herum gebaut zu sein: Die Fotorezeptoren liegen hinter den signalverarbeitenden Nervenzellen. Dieser nicht everse, sondern inverse Aufbau müsste zu Brechung, Streuung und Reflexion der Lichtstrahlen auf ihrem Weg durch die Retina zu den Fotorezeptoren führen. Dadurch würden sich die räumliche Auflösung, Lichtausbeute und Bildqualität erheblich verschlechtern.

Trotz der inversen Netzhaut können die meisten Wirbeltiere erstaunlich gut sehen. Einen wesentlichen Anteil daran haben die Müllerzellen, die früher als reine Stütz- und Versorgungszellen verkannt waren. Seit einigen Jahren weiß man, dass sie als längliche Zylinder die gesamte Retina durchspannen.
Mit modernen neurobiologischen und optischen Methoden konnte man die Bedeutung der Müllerzellen aufklären.

B1 Vergleichen Sie den Aufbau der Retina des Menschen mit der eines Tintenfischs! Nehmen Sie dazu die Abbildung 03 auf Seite 71 zu Hilfe!

B2 Erläutern Sie die Funktion der Müllerzellen!

B3 Fassen Sie die Vorteile und die Nachteile beider Retinatypen zusammen!

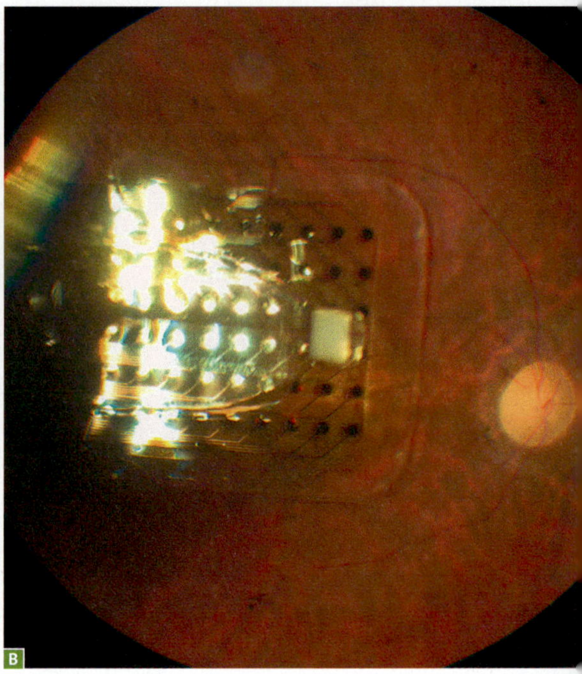

01 Bionisches Auge:
A Brille mit Kamera,
B in die Retina implantierter Chip

Fototransduktion und Farbensehen

Weltweit gibt es mehr als 30 Millionen Menschen, die infolge einer Augenerkrankung erblindet sind. Mithilfe eines künstlichen bionischen Auges können diese Blinden seit einigen Jahren wieder Seheindrücke verarbeiten. Als Kernstück dieser Apparatur fungiert eine Brille, die eine winzige Kamera enthält. Die Kamera sendet Bilder an einen in die Retina implantierten Chip. Dieser leitet dann Signale an die noch funktionsfähigen Sehnerven. Aber wie werden Lichtreize im gesunden Auge in elektrische Signale umgewandelt?

SEHFARBSTOFFE · Die lichtempfindlichen Disks der Stäbchen und Zapfen enthalten eine große Anzahl von Sehfarbstoffen, die aus einem lichtabsorbierenden Farbstoff, dem *Retinal*, und dem Membranprotein *Opsin* bestehen. Retinal und Opsin bilden zusammen das **Rhodopsin.**

Photon = Lichtteilchen

Bereits ein einziges Photon verändert die räumliche Struktur des Retinals: Aus dem 11-cis-Retinal entsteht das all-trans-Retinal. Innerhalb einer Millisekunde reagiert daraufhin das fotoangeregte Rhodopsin zum **Metarhodopsin II.** Dieser Vorgang wird auch als *Bleichung* bezeichnet, da das violette Rhodopsin seine Farbe zum gelben Metarhodopsin verändert. Das Metarhodopsin II wird in all-trans-Retinal und Opsin gespalten, welches dann im Dunkeln wieder zu Rhodopsin reagiert.

VOM LICHTREIZ ZUM NERVENIMPULS · Die Spannungsverhältnisse an den Membranen der Fotorezeptoren unterscheiden sich von denen anderer Rezeptorzellen. In einem Neuron liegt das Ruhepotenzial normalerweise bei etwa –65 Millivolt. Im Gegensatz dazu beträgt das Membranpotenzial der Disks von Stäbchen in völliger Dunkelheit etwa –40 Millivolt. Es wird durch den ständigen Einstrom von Natriumionen durch spezifische Kanäle in der Membran der Disks verursacht. Die Bewegung von Kationen in der Dunkelheit wird als *Dunkelstrom* bezeichnet. Die Natriumionenkanäle werden im unerregten Zustand durch zyklisches Guanosinmonoposphat, kurz cGMP, offen gehalten. Die Folge ist eine permanente Abgabe des Neurotransmitters Glutamat am Synapsenendknöpfchen des Stäbchens.
Die eigentliche Umwandlung des Lichtreizes in einen Nervenimpuls, die **Fototransduktion,** wird von der Reaktion des Metarhodopsins II

mit dem Membranprotein *Transducin* eingeleitet. Das Transducin aktiviert wiederum das Enzym *Phosphodiesterase*. Dieses katalysiert den Abbau von cGMP. Die Abnahme der Konzentration des cGMP durch einen Lichtreiz hat eine Schließung der Natriumionenkanäle und damit eine **Hyperpolarisation** der Stäbchenmembran auf etwa –70 Millivolt zur Folge. Das Rezeptorpotenzial ist also beim Sehvorgang von Wirbeltieren keine Depolarisation wie bei anderen Erregungsvorgängen, sondern eine Hyperpolarisation. Diese führt in den Zellen der Retina zu Nervenimpulsen, die letztlich ins Gehirn geleitet werden.

Der Vorgang der Fototransduktion hat den Vorteil, dass das Lichtsignal millionenfach verstärkt wird: Jedes Rhodopsinmolekül aktiviert eine Vielzahl von Transducinmolekülen und jede Phosphodiesterase baut mehr als ein cGMP ab. Dank dieses Mechanismus genügt ein einziges Photon, um den Fluss von mehr als einer Million Natriumionen zu blockieren.

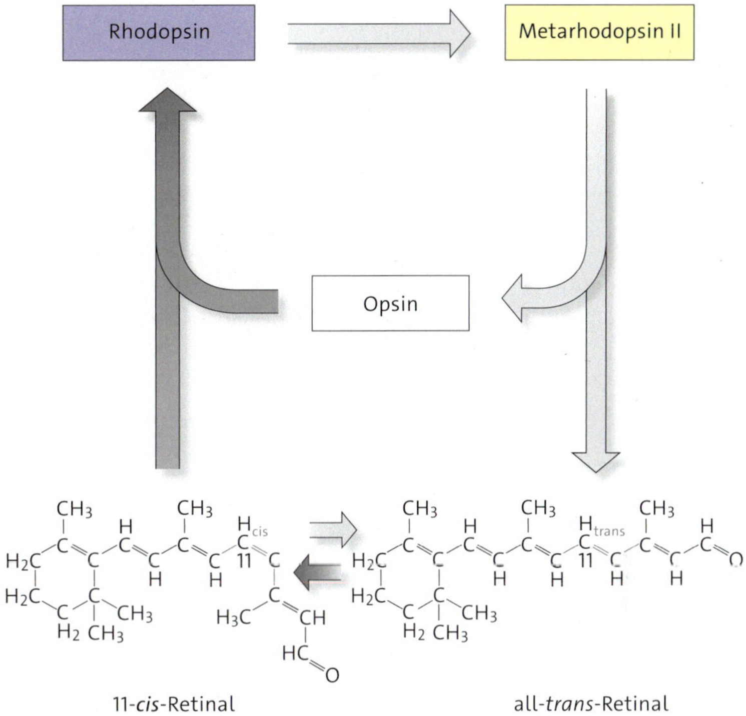

02 Schema des Retinalzyklus beim Sehvorgang

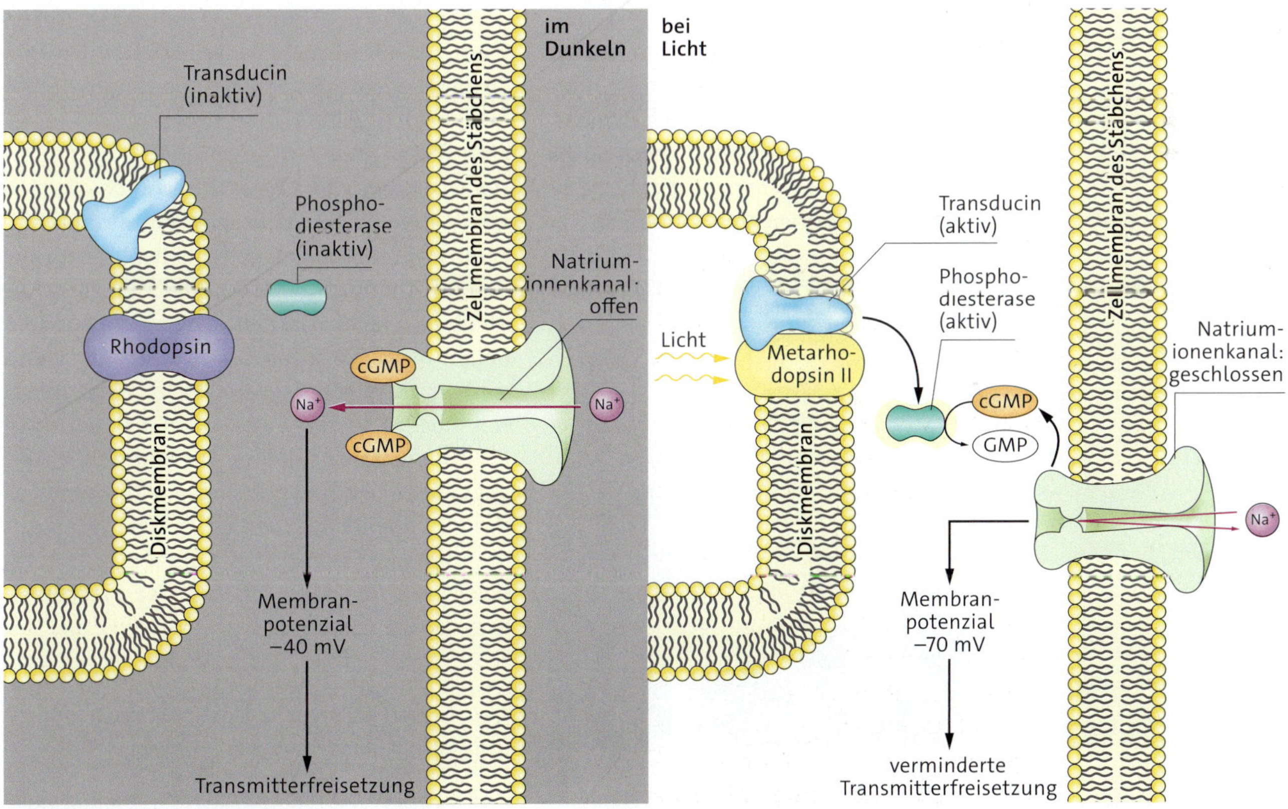

03 Schema der Fototransduktion

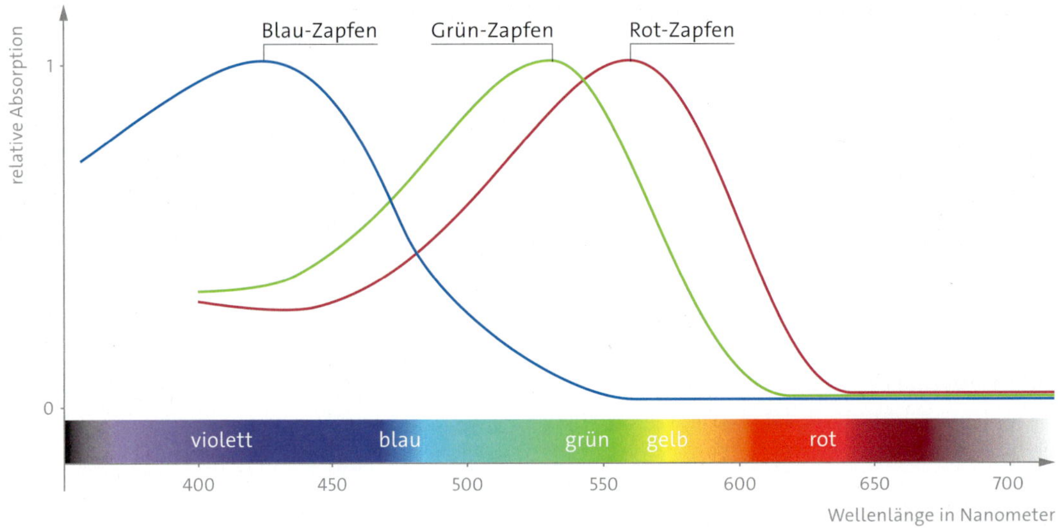

04 Absorptionsspektren der Opsine in den Zapfen

FARBENSEHEN · Der Prozess der Fototransduktion in den Zapfen ist nahezu der gleiche wie der in den Stäbchen. Der einzige Unterschied ist die Art des Opsins in den Disks der Zapfen. Sie enthalten einen von drei Opsintypen, die gegenüber unterschiedlichen Wellenlängen des Lichts empfindlich sind.

In Abhängigkeit vom Absorptionsspektrum des eingelagerten Opsins unterscheidet man zwischen Blau-Zapfen, Grün-Zapfen und Rot-Zapfen. Im Gegensatz zu den Zapfen können Stäbchen nur Licht eines Wellenlängenbereichs absorbieren. Das Farbensehen wird daher ausschließlich von den Zapfen ermöglicht.

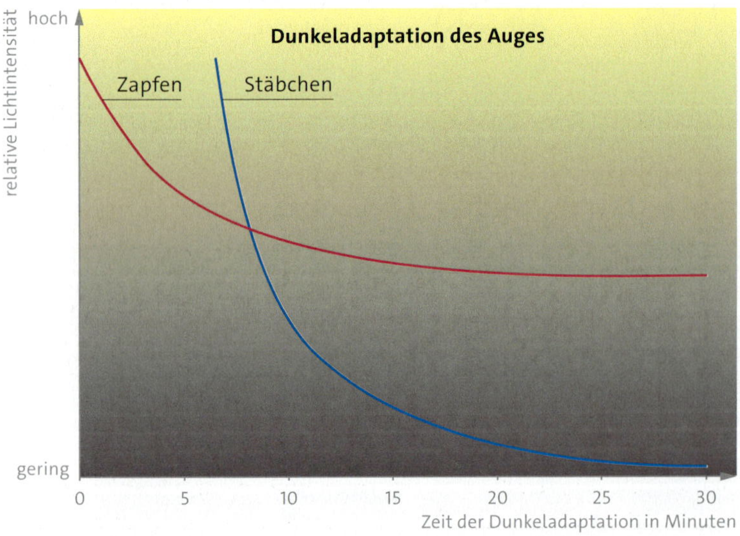

05 Zeitlicher Verlauf der Dunkeladaptation von Stäbchen und Zapfen

HELL-DUNKEL-SEHEN · Auch der Sehsinn während des Tages hängt vollständig von den Zapfen ab, deren Rhodopsin mehr Energie benötigt, um gebleicht zu werden. Auch hohe Lichtintensitäten führen in den Zapfen immer noch zu Nervenimpulsen. Die cGMP-Konzentration fällt in den Stäbchen dagegen auf einen Wert, bei dem keine weitere Hyperpolarisation entstehen kann. Bei geringer Lichtintensität ist die Rhodopsinkonzentration in den Zapfen und Stäbchen hoch und die Lichtempfindlichkeit höher als am Tag.

Der Übergang vom Tagessehen mit den Zapfen zum Sehen in der Dämmerung mit den Stäbchen erfolgt nicht augenblicklich. Es dauert einige Minuten, in denen das ungebleichte Rhodopsin regeneriert wird. Wenn wir aus dem hellen Tageslicht in einen abgedunkelten Raum treten, sind wir deshalb erst nach einigen Minuten wieder in der Lage, auch bei geringen Lichtintensitäten zu sehen. Die Empfindlichkeit gegenüber Licht steigt in diesem Zeitraum auf das Millionenfache. Die **Hell-Dunkel-Adaptation** ermöglicht es, dass das Sehen bei Lichtverhältnissen vom hellen Tag bis zu fast stockfinsterer Nacht funktioniert.

1 Fassen Sie die wichtigsten Schritte der Fototransduktion zusammen!

2 Erklären Sie das Sprichwort: „Nachts sind alle Katzen grau“!

Material A ▸ Potenzialverhältnisse bei Zellen der Retina

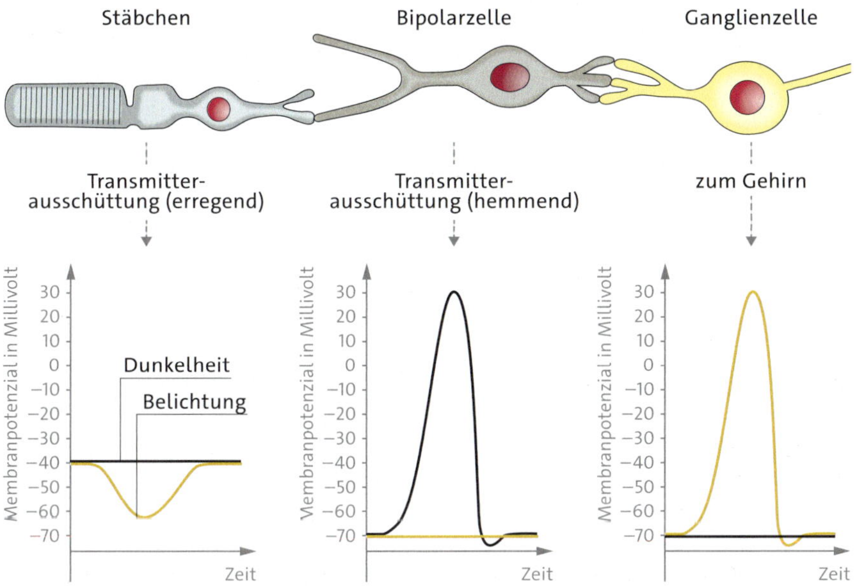

Die Abbildung zeigt die Membranpotenziale aufgrund der Transmitterausschüttung von Stäbchen und Bipolarzellen innerhalb der Retina bei Dunkelheit und bei Belichtung. Amakrine und Horizontalzellen wurden zur Vereinfachung weggelassen.

A1 Beschreiben Sie die Membranpotenziale in den einzelnen Zellen der Retina bei Dunkelheit und bei Belichtung!

A2 Erläutern Sie, wie es zu den dargestellten Membranpotenzialen bei Dunkelheit und bei Belichtung in den Zellen der Retina kommt!

Material B ▸ Retinitis pigmentosa

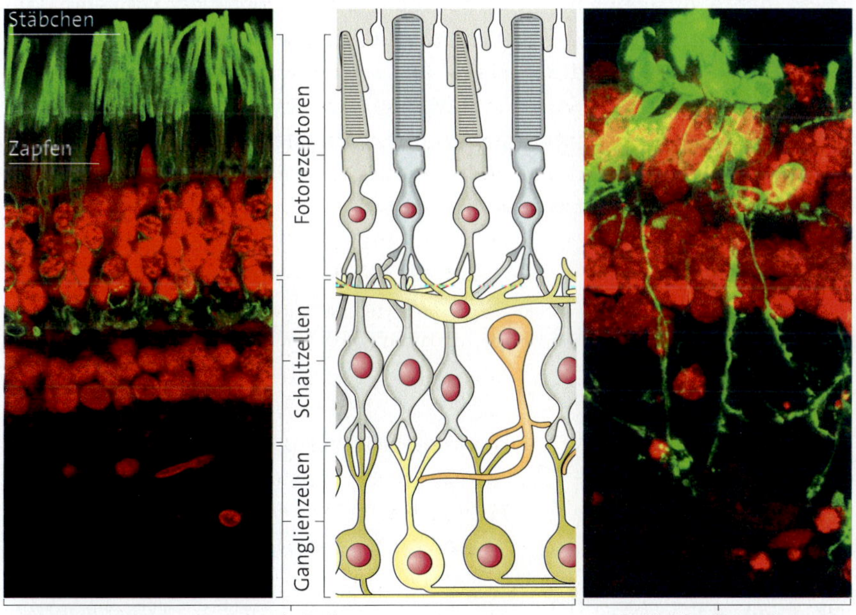

gesunde Retina

Retinitis pigmentosa

Eine der häufigsten Ursachen für eine Sehbehinderung ist die genetisch bedingte Erkrankung Retinitis pigmentosa. Weltweit wird die Anzahl der Erkrankten auf etwa drei Millionen geschätzt. Sie ist gekennzeichnet durch einen fortschreitenden Funktionsverlust der Retina. Das erste Anzeichen ist oft der Verlust des seitlichen Sehens, der Tunnelblick, und einsetzende Nachtblindheit. Retinitis pigmentosa kann zur vollständigen Erblindung führen. Ursache sind Mutationen in Genen, deren Genprodukte in den Fotorezeptoren exprimiert werden. Bisher konnten mehr als 30 Gene identifiziert werden, die betroffen sein können. So wurden zum Beispiel rezessive Mutationen in den Genen der cGMP spezifischen Phosphodiesterase gefunden. In der Regel liegt nur eine Mutation in einem Gen vor. Derzeit gibt es keine Heilungsmöglichkeit. Die Einnahme von Vitamin A kann den Krankheitsverlauf verlangsamen.

B1 Beschreiben Sie die anatomischen Veränderungen der Retina bei einer an Retinitis pigmentosa erkrankten Person!

B2 Stellen Sie eine Vermutung zur Reizantwort der Fotorezeptoren einer an Retinitis pigmentosa erkrankten Person im Vergleich zu einer gesunden Person auf!

B3 Begründen Sie, weshalb eine Mutation in den Genen für die cGMP-spezifische Phosphodiesterase eine Retinitis pigmentosa verursachen kann!

IM BLICKPUNKT FORSCHUNG

Biorhythmus und innere Uhr

engl. lag = Rückstand, Verzögerung, Zeitunterschied

JETLAG · Wer schon einmal mit dem Flugzeug mehrere Zeitzonen überflogen hat, kennt die damit verbundenen, zum Teil sehr unangenehmen Begleiterscheinungen des Jetlags. Man fühlt sich müde und erschöpft, kann schlecht einschlafen oder wacht zu früh auf. Zudem ist man weniger leistungsfähig und kann sich schlechter konzentrieren. Oft treten Magen-Darm-Beschwerden auf. Auch die seelische Verfassung wird in Mitleidenschaft gezogen: Stressempfinden bis hin zu Angstgefühlen sind möglich. Die Beeinträchtigungen können mehrere Tage anhalten. So dauert es normalerweise etwa sechs Tage, bis man sich von einem Flug zum Beispiel von Frankfurt/Main nach New York vollständig erholt hat. Die Ursache für den Jetlag ist das Ticken unserer inneren Uhr, die den Biorhythmus jedes Menschen beeinflusst. Aber wodurch wird diese innere Uhr gesteuert?

RETINALE GANGLIENZELLEN · Bei der Hälfte aller blinden Menschen bleibt trotz fehlender Sehfunktion ein Tagesrhythmus erhalten. Das heißt, sie nehmen einen Tag-Nacht-Wechsel wahr. Wissenschaftler nahmen daher an, dass die Retina von Säugetieren neben den Stäbchen und Zapfen noch über einen dritten Typ von Lichtsinneszellen verfügen muss.
Im Jahr 2002 wurde dann tatsächlich ein neuer Zelltyp in der Retina entdeckt: die *Retinalen Ganglienzellen*. Es handelt sich dabei um einen speziellen Typ der Ganglienzellen, von denen etwa 1000 bis 2000 in der Retina vorkommen. Sie sind lichtempfindlich, sprechen jedoch nur auf Helligkeitsunterschiede an. Retinale Ganglienzellen funktionieren völlig unabhängig von den zwei anderen Lichtsinneszelltypen und besitzen ein spezifisches Fotopigment, das **Melanopsin.** Mithilfe von Melanopsin werden Lichtreize in elektrische Signale umgewandelt und von den Retinalen Ganglienzellen zum Gehirn weitergeleitet. Während ein Lichtreiz in den Stäbchen und Zapfen zu einer Hemmung der elektrischen Aktivität führt, erhöht er die Aktivität der Retinalen Ganglienzellen. Die Weiterleitung erfolgt über eine eigene und direkte Nervenverbindung zu einem Verband aus etwa 10 000 Neuronen. Er liegt im Gehirn direkt über dem Chiasma opticum und wird deshalb Suprachiasmatischer Nukleus, kurz **SCN,** genannt.

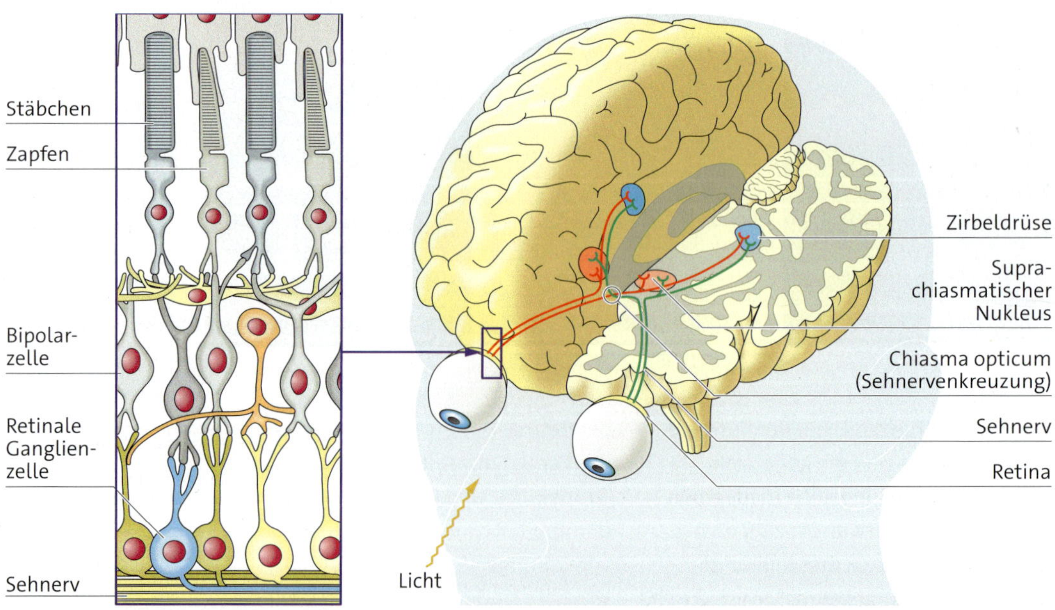

01 An der Entstehung und Beeinflussung des Biorhythmus beteiligte Hirnstrukturen

SUPRACHIASMATISCHER NUKLEUS · Der SCN gilt als innere Uhr, die tagesperiodische Körperfunktionen steuert, wie zum Beispiel die Tätigkeit von Nieren, Magen und Darm, den Wach- und Schlafrhythmus, die Körpertemperatur oder die Leistungs- und Konzentrationsfähigkeit. Wird der SCN im Tierexperiment entfernt, so zeigen die Tiere keine zusammenhängende Tagesrhythmik mehr.

Tagsüber erzeugt der SCN verstärkt Aktionspotenziale und hemmt dadurch indirekt – über mehrere Zwischenstationen – die Ausschüttung des körpereigenen Hormons **Melatonin** aus der Zirbeldrüse. Melatonin ist eine Art hormonelles, internes Dunkelsignal und wird auch als „Hormon der Nacht" bezeichnet. Es spielt beim Schlaf-Wach-Rhythmus vieler Tiere und bei lichtabhängigen Entwicklungsprozessen von Pflanzen eine zentrale Rolle.
An der Synthese von Melatonin ist das Enzym N-Acetyltransferase beteiligt, dessen Aktivität tagesperiodisch schwankt und das nachts sein Konzentrationsmaximum hat. Die tagesperiodische Melatoninproduktion der Zirbeldrüse wird durch den SCN gesteuert, Melatonin wirkt jedoch seinerseits auf den SCN zurück.

SYNCHRONISATION · Die Informationen, die mithilfe des Melanopsins aus der Umwelt aufgenommen werden, dienen unserer inneren Uhr zur Anpassung an die tatsächliche externe Zeit. Dies wird als *Synchronisation* oder Entrainment bezeichnet. Melanopsin dient somit als Außenantenne unserer inneren Uhr. Die Synchronisation wird hauptsächlich durch den Wechsel von Tag und Nacht bestimmt. Besonders deutlich spürt man dies bei einem Flug über mehrere Zeitzonen, beispielsweise von Frankfurt/Main nach New York: Der Rhythmus der äußeren Zeitgeber verändert sich, die innere Uhr ist aber noch auf den alten Zyklus programmiert. Insgesamt dauert es daher etwa sechs Tage, bis unsere innere Uhr wieder im Takt mit dem neuen Tag-Nacht-Zyklus läuft. Dies entspricht genau der Zeit, bis man sich von einem Jetlag über sechs Zeitzonen erholt hat.

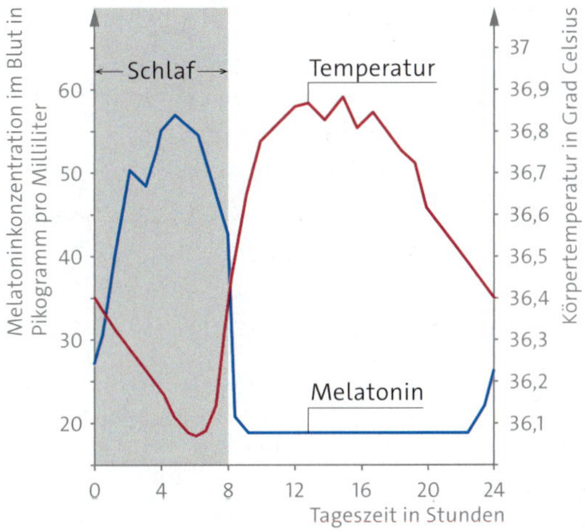

02 Tägliche Schwankungen der Melatoninkonzentration und der Körpertemperatur

UHRENGENE · Freiwillige Versuchspersonen, die sich über Wochen in einem fensterlosen Raum aufhielten, zeigten auch ohne regelmäßigen Wechsel von Helligkeit und Dunkelheit einen um etwa eine Stunde verschobenen Biorhythmus. Heute weiß man, dass neben den taktgebenden Lichtreizen auch Gene den Biorhythmus steuern. Sie werden als *Uhrengene* bezeichnet und tragen Namen wie *period, timeless* oder *clock*. Die Uhrengene und die von ihnen codierten Proteine wirken in einer negativen Rückkopplungsschleife zusammen und erzeugen molekulare Rhythmen in Zellen verschiedener Organe des Körpers wie des Herzens oder der Nieren.

1. Vergleichen Sie die Funktion der Retinalen Ganglienzellen mit der von Stäbchen und Zapfen!
2. Beschreiben Sie mithilfe der Abbildung 01 die Signalkette vom Auge zum Biorhythmus!
3. Erläutern Sie die Entstehung eines Jetlags!

01 Rotierende Scheiben

Vom Reiz zur Wahrnehmung

Bei Betrachtung der Abbildung hat man den Eindruck, dass sich die Scheiben drehen – tatsächlich bewegt sich aber nichts. Wie wir Dinge wahrnehmen, hängt davon ab, wie unser Gehirn die vom Auge weitergeleiteten Informationen verarbeitet. Dabei lassen sich unsere Sinne durch optische Täuschungen aber auch in die Irre führen. Wie gelangen die Informationen eines Seheindrucks von der Retina ins Gehirn? Wie werden sie dort verarbeitet? Und warum lassen sich unsere Sinne täuschen?

REZEPTIVE FELDER · Auf der Retina gibt es kreisförmige Funktionseinheiten, in denen mehrere bis viele Fotorezeptoren zusammengefasst sind. Eine solche Einheit bezeichnet man als *Rezeptives Feld*. Die Signale der Fotorezeptoren eines Rezeptiven Feldes werden über Bipolarzellen an eine gemeinsame Ganglienzelle gesendet. Die Erregung von knapp 130 Millionen Fotorezeptoren wird so von etwa einer Million Ganglienzellen verrechnet.

Ein Rezeptives Feld besitzt ein Zentrum und ein Umfeld. Trifft ein Lichtpunkt auf Fotorezeptoren im Zentrum, werden diese hyperpolarisiert. Diese Potenzialänderung wird dann an die Bipolarzellen weitergeleitet. Man unterscheidet zwei Typen: Erregende Bipolarzellen reagieren auf die Hyperpolarisation mit einer Depolarisation, was dazu führt, dass die Ganglienzelle viele Aktionspotenziale für die Dauer des Lichtreizes aussendet. Hemmende Bipolarzellen werden wie die Fotorezeptoren hyperpolarisiert, wodurch die Ganglienzelle keine Aktionspotenziale während des Lichtreizes erzeugt. Werden Fotorezeptoren im Umfeld des Rezeptiven Feldes beleuchtet, reagieren die Bipolarzellen genau umgekehrt. Die erregenden Bipolarzellen werden hyperpolarisiert, wodurch die Ganglienzelle keine Aktionspotenziale für die Dauer des Lichtreizes aussendet. Bei den hemmenden Bipolarzellen führt eine Depolarisation zur Erregung der Ganglienzelle, die während des Lichtreizes viele Aktionspotenziale erzeugt.

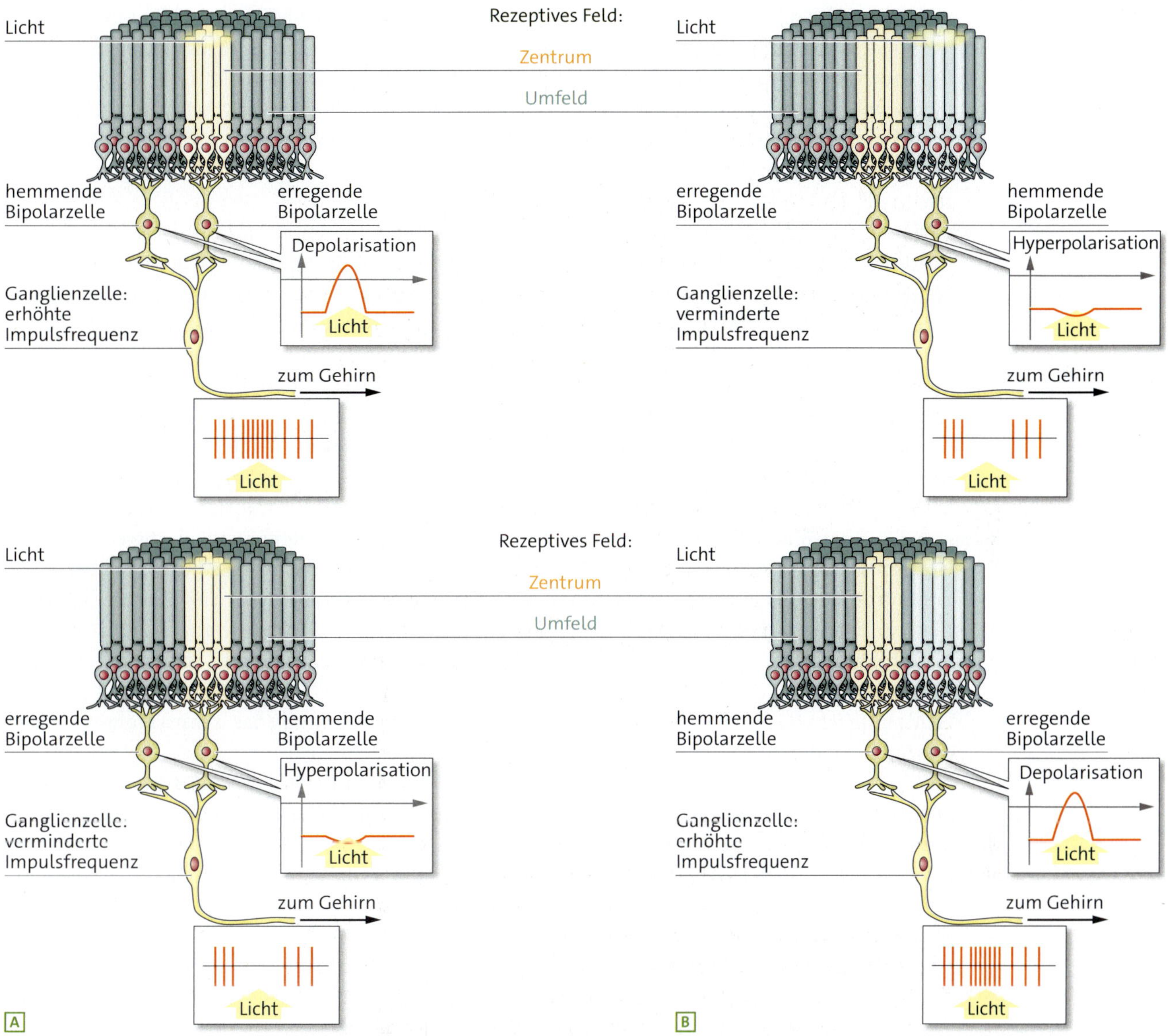

02 Rezeptive Felder: **A** Zentrum beleuchtet, **B** Umfeld beleuchtet

Solange die Helligkeit im Zentrum und im Umfeld gleich ist, reagiert die Ganglienzelle nicht, da sich die Aktivitäten der erregenden und hemmenden Bipolarzellen aufheben. Erst wenn Zentrum und Umfeld unterschiedlich hell beleuchtet werden, reagiert die Zelle, und zwar umso heftiger, je stärker der Unterschied ist: Die Ganglienzellen reagieren daher am stärksten auf helle Flecken vor dunklem Hintergrund.

Die Ganglienzellen liefern dem Gehirn also keine Informationen über die tatsächliche Helligkeit, sondern über Hell-Dunkel-Kontraste. Demnach erfolgen bereits in der Retina erste Schritte der Bildverarbeitung. Die aus der Umwelt aufgenommenen Informationen werden gewichtet, indem besonders bedeutsame Informationen verstärkt und unwichtige vernachlässigt werden. Dies ist eine der wichtigsten Aufgaben der Retina.

1 Erklären Sie mithilfe von Abbildung 02 die unterschiedlichen Reaktionen von Ganglienzellen auf Lichtreize in den Rezeptiven Feldern!

KONTRASTVERSTÄRKUNG · Die Ganglienzellen erhalten die Informationen von den Fotorezeptoren entweder auf direktem Weg über die Bipolarzellen oder über einen indirekten Weg: Die Horizontalzellen können Informationen von den Fotorezeptoren an benachbarte Fotorezeptoren weiterleiten, sodass deren Aktivität miteinander verrechnet wird. Ein Lichtreiz führt in den Fotorezeptoren zu einer Hyperpolarisation. Das Ausmaß der Hyperpolarisation hängt von der Reizstärke ab. Bei Fotorezeptoren, die von einem Lichtpunkt getroffen werden, hat die Hyperpolarisation eine Stärke von zum Beispiel 8. Bei benachbarten Fotorezeptoren beträgt sie zum Beispiel 4. Diese Aktivität wird auf die vorgeschalteten Bipolarzellen übertragen. Gleichzeitig hemmt jeder Fotorezeptor die Bipolarzellen der benachbarten Rezeptoren über die Horizontalzellen. Dabei ist die hemmende Wirkung umso größer, je stärker ein Fotorezeptor hyperpolarisiert wurde. Wenn die hemmende Wirkung zum Beispiel 25 Prozent beträgt, ergibt sich eine Erregungsstärke der Bipolarzellen im Lichtpunkt von $8-2-2=4$. Die Erregungsstärke der Bipolarzellen außerhalb des Lichtpunktes beträgt $4-1-1=2$. An der Grenzlinie zwischen Lichtpunkt und Dunkelheit beträgt die Erregungsstärke der Bipolarzellen $8-2-1=5$ beziehungsweise $4-1-2=1$. Diese hemmende Beeinflussung benachbarter Fotorezeptoren durch die Horizontalzellen wird als **laterale Inhibition** bezeichnet. Sie senkt zwar die Erregungsstärke, erhöht jedoch den Kontrast. Vor der lateralen Hemmung beträgt der Kontrast 8 : 4, also 2 : 1. Danach hat der Kontrast einen Wert von 5 : 1.

Die laterale Inhibition führt letztendlich dazu, dass an den Trennlinien von dunklen und hellen Flächen die dunkle Fläche noch dunkler und die helle Fläche noch heller wahrgenommen wird. Inzwischen weiß man, dass es neben den Rezeptiven Feldern für Hell-Dunkel-Kontraste auch Rezeptive Felder gibt, die richtungsspezifisch auf Bewegungen reagieren. Farbunterschiede werden wiederum von anderen Ganglienzellen verarbeitet. Man kann sich die Ganglienzellen als neuronale Filter vorstellen, die aus der visuellen Information einer Szene bereits bestimmte Aspekte herausfiltern, zum Beispiel Kontrast, Bewegung und Farbe. Informationen über dasselbe Objekt werden also schon in der Retina auf unterschiedlichen Wegen parallel verarbeitet und getrennt an das Gehirn weitergeleitet.

VON DER RETINA INS GEHIRN · Die Axone aller Ganglienzellen verlassen gemeinsam durch die Austrittsstelle am Augapfel, den blinden Fleck, das Auge und bilden Bündel von

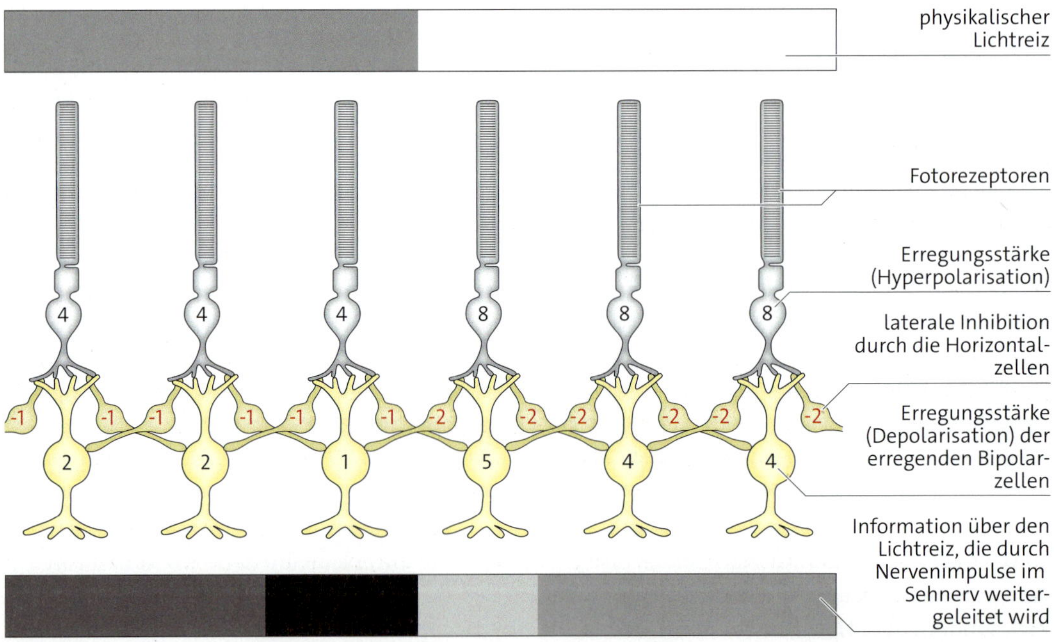

03 Laterale Inhibition

etwa einer Million Nervenfasern. Diese gebündelten Nervenfasern nennt man *Nervus opticus* oder **Sehnerv.** Er ist etwa 4,5 Zentimeter lang. Die Sehnerven beider Augen treten in einer Region in das Gehirn ein, die als Sehnervenkreuzung oder *Chiasma opticum* bezeichnet wird. Sobald die Nervenfasern aus den Sehnerven in das Gehirn eintreten, werden sie als **Sehbahn** bezeichnet.
Im Chiasma opticum kreuzen Teile der Nervenfasern zur gegenüberliegenden Seite des Gehirns. Die Aufteilung erfolgt so, dass alle Nervenfasern, deren Ursprung in den rechten Retinahälften beider Augen liegt, in die rechte Großhirnhälfte führen und umgekehrt. So gelangen die Informationen der linken Hälfte der Gesichtsfelder von beiden Augen in die rechte Hirnhälfte, die der rechten Hälfte der Gesichtsfelder in die linke Hirnhälfte. Jede Hirnhälfte erhält also Informationen von beiden Augen. Aufgrund der unterschiedlichen Blickwinkel erzeugt das Gehirn aus diesen Informationen ein räumliches, also ein dreidimensionales Bild.

Ausgehend vom Chiasma opticum führt die Sehbahn zum *Thalamus.* Ein Teil der Fasern zweigt jedoch schon vorher zu Reflexzentren im Mittelhirn ab. Diese lösen den Pupillenreflex und den Akkomodationsreflex aus. Die Sehbahn selbst verläuft zur **Sehrinde** im Hinterhauptlappen des Großhirns. Dieser Teil des Gehirns ist für die abschließende Verarbeitung der visuellen Information zuständig.
Bemerkenswert ist, dass benachbarte Orte der Retina im Thalamus und in der Sehrinde auch benachbart abgebildet werden. In den Hirnregionen, die an der Verarbeitung visueller Informationen beteiligt sind, entstehen auf diesem Wege neuronale Karten aus mehreren Zellschichten von bis zu 100 000 Neuronen. Das auf die Retina fallende Bild erfährt damit im Gehirn eine räumliche Rekonstruktion.

VERARBEITUNG VISUELLER INFORMATIONEN IM GEHIRN · Die besondere Bedeutung der visuellen Wahrnehmung für Menschen und andere Primaten kann man an der Größe und der Anzahl der an der Bildanalyse beteiligten Gehirnareale ablesen. Neben der Sehrinde, die etwa 15 Prozent der gesamten Großhirnrinde ausmacht, wurden bisher mehr als 30 weitere visuelle Areale beschrieben, die nicht alle im visuellen Kortex lokalisiert sind. Insgesamt sind etwa 60 Prozent der Großhirnrinde an der Wahrnehmung und Interpretation visueller Reize sowie an der Reaktion darauf beteiligt.

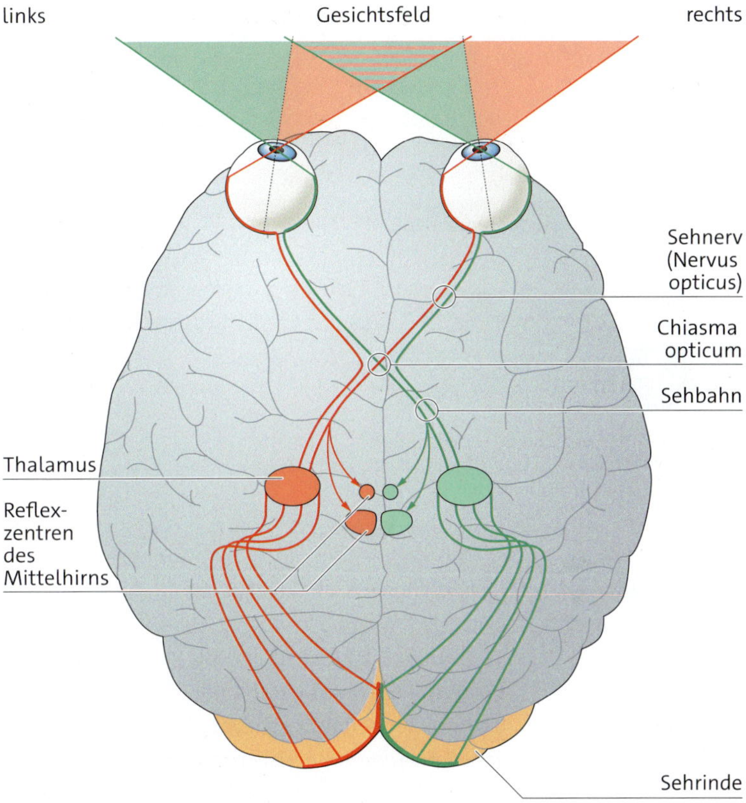

04 Übersicht über die Sehbahn

Analysiert man die Informationsverarbeitung des visuellen Systems auf der Ebene einzelner Neuronen, stellt man fest, dass die Zellen in der Retina die im visuellen Reiz enthaltene Information zerlegen, abstrahieren und in geordneter Form an die nächste Verarbeitungsstufe weiterleiten. Die Informationen vom Auge werden dann nochmals vom Thalamus gefiltert. Er besteht aus Nervenzellschichten, die jeweils nur auf Reize von einem Auge reagieren. Wie Versuche mit Affen ergeben haben, sind gewisse Zellen in jedem Areal nur dann aktiv, wenn sich das Tier eines visuellen Stimulus bewusst wird. Der Thalamus ist damit sozusagen das Tor zum Bewusstsein.

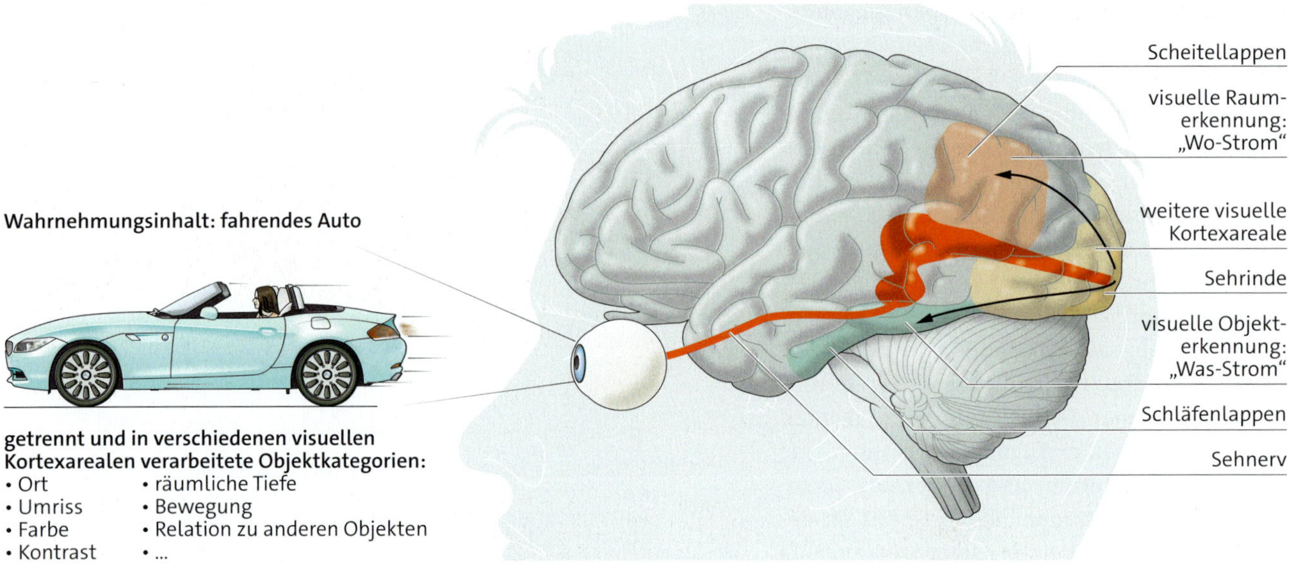

05 An der Verarbeitung visueller Informationen beteiligte Gehirnareale

KORTIKALE VERARBEITUNG · Vom primären visuellen Kortex, der Sehrinde, im Hinterhauptlappen ausgehend scheint die kortikale Verarbeitung visueller Informationen über zwei Hauptpfade zu verlaufen: Der eine führt zu einem Teil des Scheitellappens und der andere zu einem Teil des Schläfenlappens. Der Verarbeitungsstrom über den Scheitellappen dient der Steuerung von Handlungen beziehungsweise der Bewegungs- und Positionswahrnehmung. Er wird daher auch „Wo-Strom“ genannt. Der Strom über den Schläfenlappen ist für das Erkennen von Objekten, also für die Farb-, Muster- und Formwahrnehmung von besonderer Bedeutung. Er wird daher auch „Was-Strom“ genannt.

Eines der wesentlichen Prinzipien der visuellen Informationsverarbeitung, wenn nicht sogar der gesamten Informationsverarbeitung im Gehirn, ist dabei die **Modularität:** Neuronen, die für bestimmte Eigenschaften visueller Reize empfindlich sind, bilden funktionale Netzwerke, die als Module bezeichnet werden. Diese Module unterscheiden sich von anderen durch ihre Eingangssignale, ihr Antwortverhalten und ihre Verschaltungen. Die parallele Bildverarbeitung in den Modulen, ausgehend von der Retina über den Thalamus bis hin zur Sehrinde, bietet den Vorteil, dass sich große Informationsmengen gleichzeitig verarbeiten lassen. Diese Informationen sind, bevor sie in unser Bewusstsein dringen, bereits gefiltert, in Einzelteile zerlegt, analysiert und interpretiert worden. Erst im Großhirn erfolgt dann die Neukonstruktion der Informationen zu einem einheitlichen Bild, wie zum Beispiel die Wahrnehmung eines vorbeifahrenden Autos.
Die interpretierende Wahrnehmung kann allerdings auch zu Fehlleistungen führen, wie an optischen Täuschungen deutlich wird. Bei den rotierenden Scheiben entsteht der Effekt durch die vielen verschiedenfarbenen Elemente, aus denen sich das Bild zusammensetzt. Das Gehirn erfasst das Gesehene und versucht es einzuordnen, findet hier allerdings keinen Orientierungspunkt. Die räumliche Lage der Objekte kann nicht zugeordnet werden, sodass sie verschwimmen. Und obwohl wir die Sinnestäuschung durchschauen, können wir sie nicht verhindern.

2 Beschreiben Sie mithilfe eines Flussdiagramms, wie im Gehirn aus einem Seheindruck eine bewusste Wahrnehmung wird!

3 Diskutieren Sie, welche Vorteile und Nachteile die Modularität der visuellen Informationsverarbeitung im Gehirn hat!

Material A ▸ Das Halle-Berry-Neuron

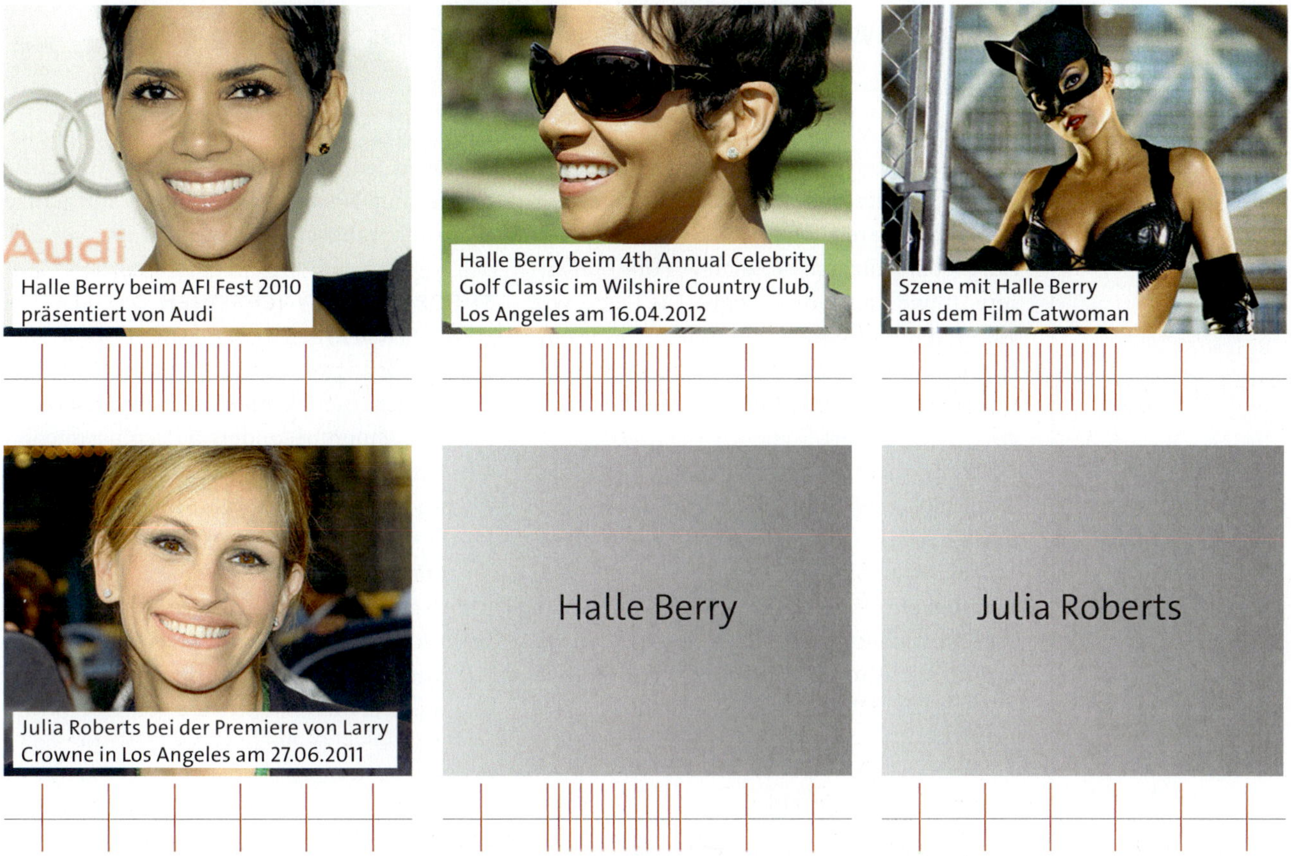

Halle Berry beim AFI Fest 2010 präsentiert von Audi

Halle Berry beim 4th Annual Celebrity Golf Classic im Wilshire Country Club, Los Angeles am 16.04.2012

Szene mit Halle Berry aus dem Film Catwoman

Julia Roberts bei der Premiere von Larry Crowne in Los Angeles am 27.06.2011

Jedes Bild, jeder Begriff oder jede Zahl wird im Gehirn durch Neuronen repräsentiert. Doch wie viele Zellen sind dafür nötig?

Ein umstrittenes Konzept ist die „Großmutterzellen"-Theorie. Sie besagt, dass eine einzige Nervenzelle ausreicht, um unsere Großmutter zu erkennen. Wissenschaftler untersuchten zur Überprüfung dieser Hypothese acht Epilepsiepatienten, denen im Verlauf ihrer Behandlung Tiefenelektroden ins Gehirn implantiert worden waren. Von besonderem Interesse für die Forscher waren dabei die Nervenströme in vier Regionen des limbischen Systems, das der Verarbeitung von Emotionen und der Entstehung von Triebverhalten dient. Die Wissenschaftler zeigten den Patienten verschiedene Bilder von berühmten Personen, Tieren, Objekten und Gebäuden. Bei einem Patienten reagierte ein bestimmtes Neuron auf alle Bilder der Schauspielerin Jennifer Aniston – aber nur, wenn diese allein abgebildet war. Wurde dem Patienten ein Bild von Jennifer Aniston zusammen mit dem Schauspieler Brad Pitt gezeigt, konnten die Forscher keine Reaktion dieser Nervenzelle feststellen. Zudem wurde das Neuron auch nicht durch Bilder anderer Persönlichkeiten, Gebäude, Tiere oder Objekte angeregt.

In einem anderen Experiment wurden einem Patienten Bilder der Schauspielerin Halle Berry gezeigt, woraufhin ebenfalls ein bestimmtes Neuron reagierte. Dieses wurde auch dann erregt, wenn Halle Berry als Catwoman verkleidet war – eine Rolle, die sie in einem Film verkörperte. Bilder von anderen Personen wie der Schauspielerin Julia Roberts aktivierten das Neuron jedoch nicht. Zusätzlich zeigte man den Patienten nur den Namen der Schauspielerinnen als Schriftzug.

Von 132 untersuchten Neuronen zeigten 51 eine Beständigkeit gegenüber einer bestimmten Person beziehungsweise einem bestimmten Tier, Gebäude oder Objekt.

A1 Erläutern Sie die Methode der elektrophysiologischen Ableitung an Epilepsiepatienten!

A2 Beschreiben und erklären Sie das Ergebnis der Ableitungen!

A3 Diskutieren Sie, inwiefern die entdeckten „Großmutterzellen" von Vorteil für unsere Wahrnehmung sein könnten!

IM BLICKPUNKT FORSCHUNG

Bewusste Wahrnehmung durch synchrone Oszillationen

DAS BINDUNGSPROBLEM · In unserem Gehirn arbeiten Milliarden von Nervenzellen ohne koordinierende Oberaufsicht in jeweils getrennten Bereichen an jeweils gesonderten Aufgaben. Trotzdem nehmen wir uns und unsere Umwelt als Einheit wahr. Die Frage, wie aus verteilten Aktivitäten im Gehirn eine einheitliche Wahrnehmung werden kann, wird seit einiger Zeit unter dem Namen *Bindungsproblem* diskutiert.
Eine Idee, dieses Problem zu lösen, das in der Neurobiologie schon in den 1950er-Jahren auftauchte, war die Theorie der "Großmutterzellen": Man nahm an, dass alle verteilten Aktivitäten einzelner Neuronen noch einmal zu hochspezialisierten Neuronenverbänden zusammengeführt werden: weiblicher Mensch + Mutter der Mutter + alt = Großmutter. Heute weiß man, dass nur in ganz vereinzelten Fällen, zum Beispiel bei der Gesichtserkennung, Nervenzellen selektiv auf ganze Wahrnehmungsobjekte ansprechen.

THEORIE DER SYNCHRONEN OSZILLATIONEN · Schon in den 1990er-Jahren wurde eine andere Lösung für das Bindungsproblem vorgeschlagen: die *Theorie der synchronen Oszillationen*. Einen besonders aufschlussreichen Versuch, der diese Theorie stützt, führte die Arbeitsgruppe von Wolf Singer am Max-Planck-Institut für Hirnforschung in Frankfurt am Main durch. Dabei werden einer Katze unterschiedliche Balkenmuster präsentiert, während die Aktivität ihrer Neuronen in unterschiedlichen Bereichen des visuellen Kortex mit zwei Mikroelektroden gemessen wird.

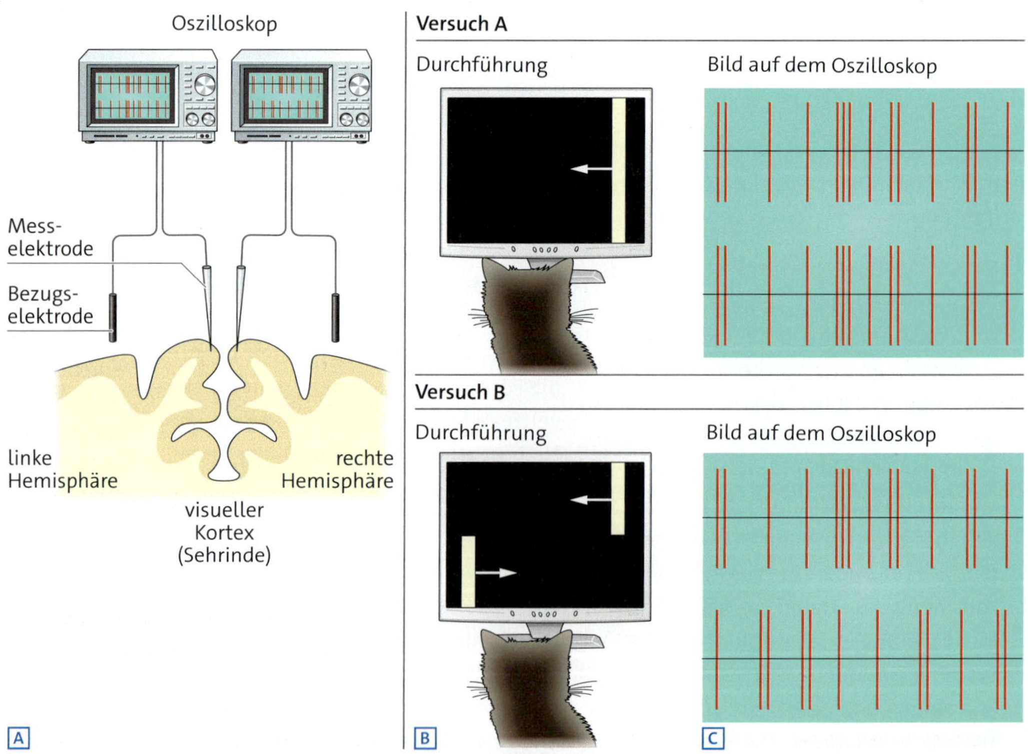

01 Versuch zur Theorie der synchronen Oszillationen: **A** Ableitung der Neuronen, **B** Durchführung, **C** Ergebnis

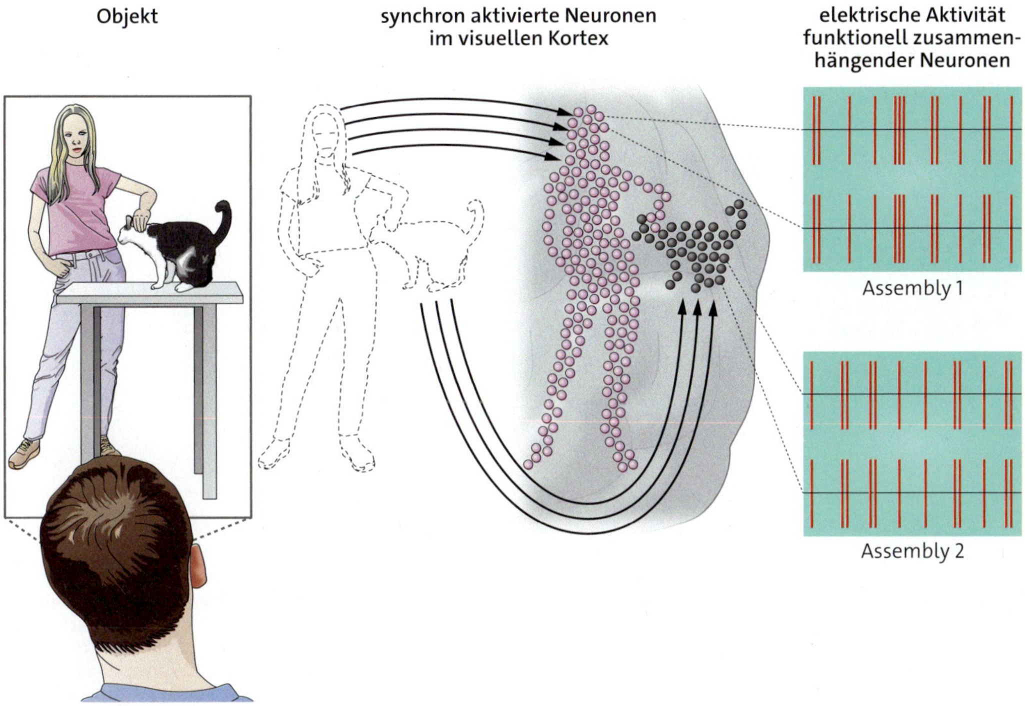

02 Objekterkennung durch synchrone Oszillationen

Zunächst wird dem Tier ein einzelner Lichtbalken, der sich in eine Richtung bewegt, dargeboten. Die Forscher stellten fest, dass die Aktivitätsmuster der Neuronen übereinstimmen, sie schwingen im Gleichtakt. Dieser Gleichtakt wird als **Synchronisation** bezeichnet. Werden der Katze hingegen zwei Lichtbalken dargeboten, die sich in verschiedene Richtungen bewegen, so bricht die Synchronisation zusammen. Die Neuronen zeigen unterschiedliche Aktivitätsmuster.

Die Synchronisation schlägt sich in schnellen oszillierenden Potenzialschwankungen mit charakteristischen Frequenzen zwischen 30 und 100 Hertz nieder. Diesen Frequenzbereich bezeichnen Hirnforscher als Gamma-Band.

Es besteht also ein enger Zusammenhang zwischen dem Synchronisationsverhalten räumlich verteilter Neuronen und der jeweiligen Wahrnehmung.

Neuronen, die auf verschiedene Eigenschaften wie Farbe oder Form ansprechen, synchronisieren ihre Antworten nur dann, wenn diese Eigenschaften als Teilelemente eines zusammengehörenden Objekts wahrgenommen werden. Wenn wir beispielsweise eine Frau wahrnehmen, schwingen andere Neuronenverbände im Gleichtakt als bei der Wahrnehmung einer Katze.

Die Zusammengehörigkeit der Merkmale wird demnach durch den gemeinsamen Rhythmus der elektrischen Aktivität der funktionell zusammengehörenden Neuronen, der *Assemblys*, repräsentiert.

1 Beschreiben Sie, was man unter dem Bindungsproblem versteht!

2 Erläutern Sie die Grundzüge der Theorie der synchronen Oszillationen mithilfe der Abbildungen 01 und 02!

Signaltransduktion und Rezeptorklassen

Der Empfang eines äußeren Signals löst in den Zellen eine Kette unterschiedlicher Reaktionen aus, welche die Information ins Zellinnere leiten und dabei verstärken. Ein Ligand aktiviert hierbei ein Rezeptorprotein in der Zellmembran. Dadurch wird eine Signalkette in Gang gesetzt, die zu einer x-fachen Verstärkung des ursprünglichen Signals führt. Diesen Vorgang nennt man **Signaltransduktion.**

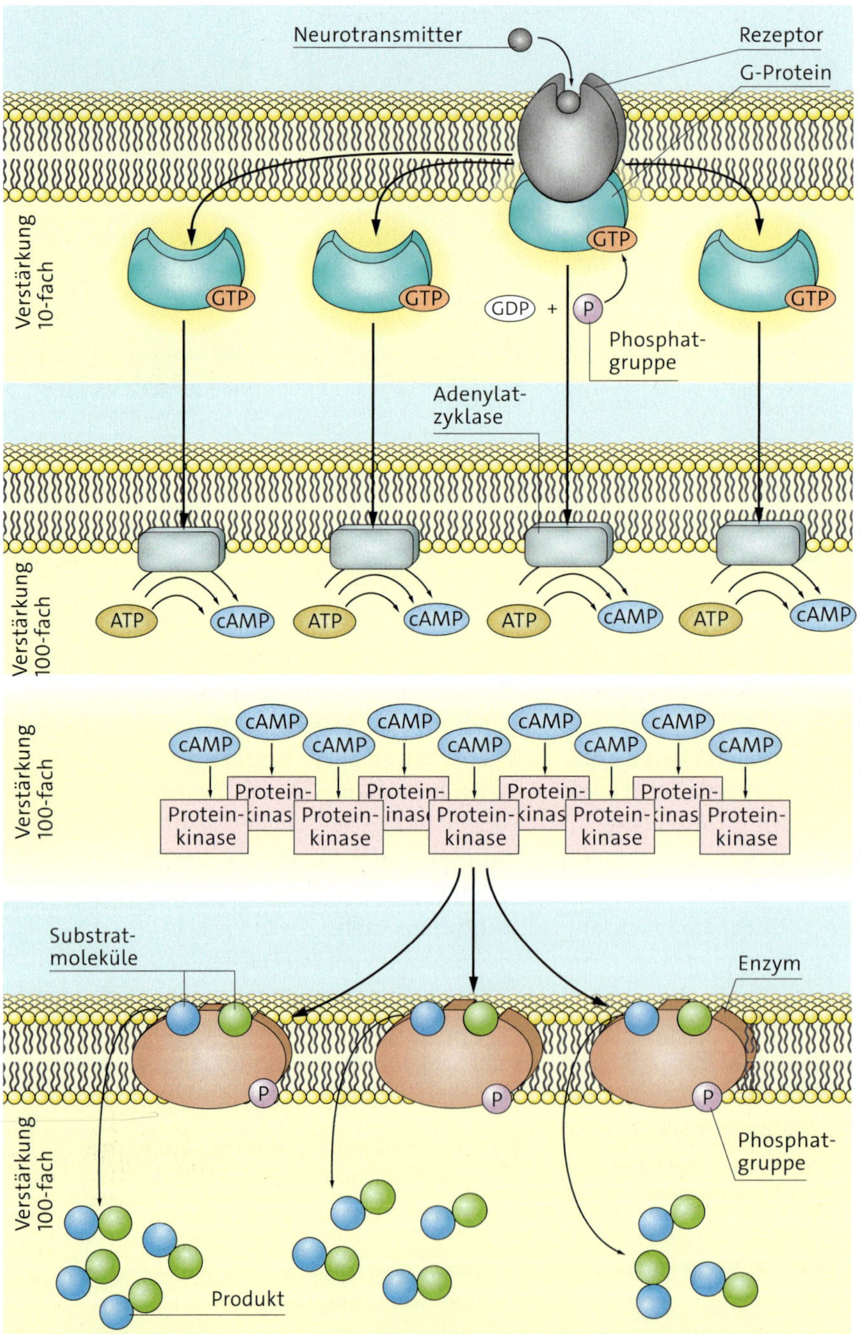

Jeder aktivierte Rezeptor aktiviert etwa 10 G-Proteine, die daraufhin GTP binden.

Jedes aktivierte G-Protein aktiviert eine Adenylatzyklase. Jede Adenylatzyklase bildet etwa 100 cAMP-Moleküle.

Jedes cAMP-Molekül aktiviert eine Proteinkinase. Jede aktivierte Proteinkinase aktiviert etwa 100 Enzyme durch Phosphorylierung.

Jedes aktivierte Enzym katalysiert die Reaktion von Substratmolekülen zu etwa 100 Produkten.

Es gibt drei Klassen von Rezeptoren auf der Zelloberfläche, die die Signale von außen ins Zellinnere transportieren:

1. Ionenkanal-gekoppelte Rezeptoren. Zu dieser Klasse gehören beispielsweise der Acetylcholin-Rezeptor oder der NMDA-Rezeptor.
2. G-Protein-gekoppelte Rezeptoren. Hierzu zählen unter anderem die Rezeptoren, die durch Adrenalin aktiviert werden, oder die Rezeptoren, die für die Verarbeitung von Licht-, Geruchs- und Geschmacksreizen verantwortlich sind.
3. Enzym-gekoppelte Rezeptoren. Diesen Rezeptortyp findet man zum Beispiel bei Wachstumsfaktoren, die in der Entwicklung eines Lebewesens oder bei der Reparatur von Geweben eine zentrale Rolle spielen. Auch der Insulin-Rezeptor gehört zu dieser Klasse.

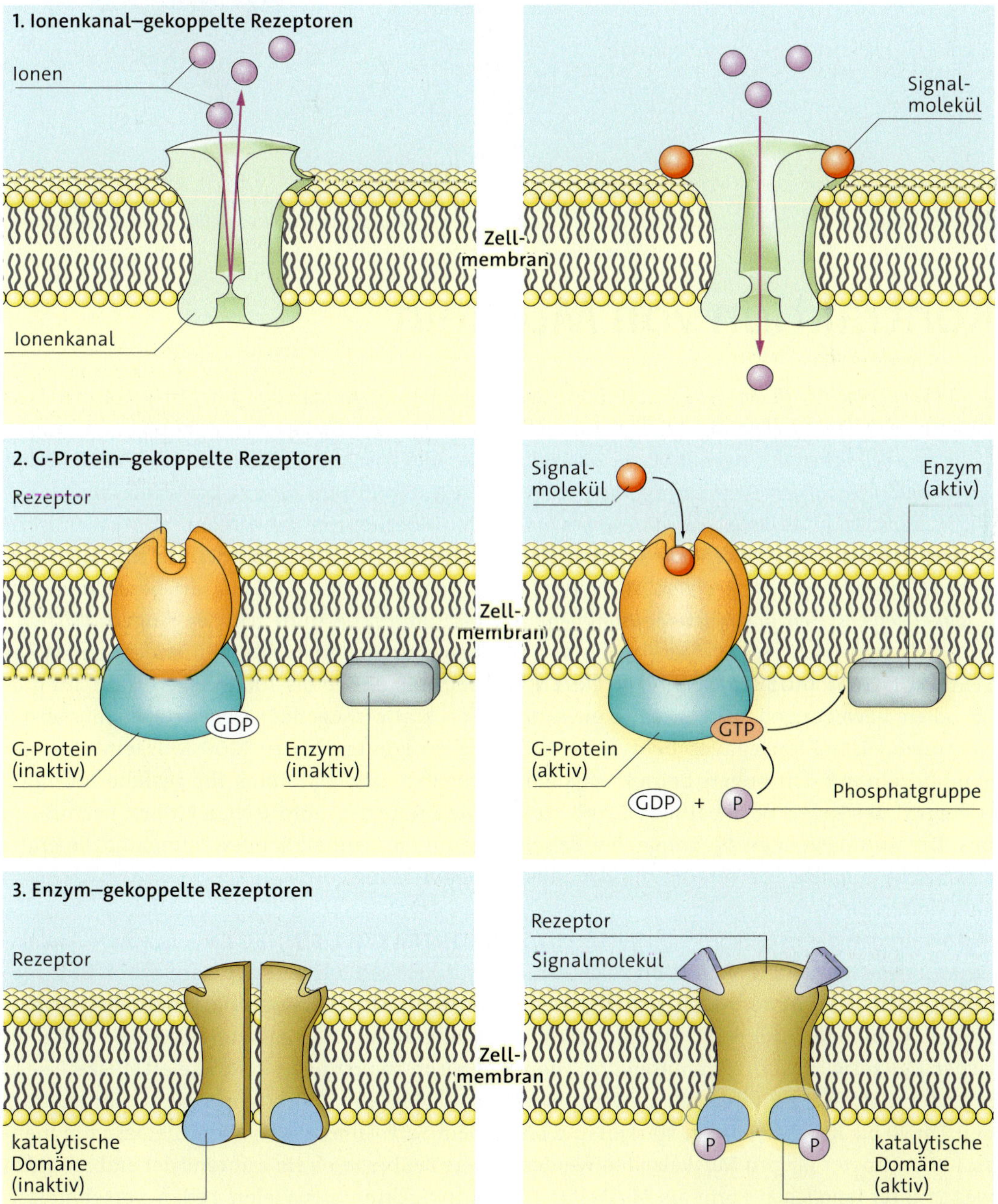

01 Windsurfer

Kontraktion von Muskeln

Mit voller Wucht trifft die Welle das Surfbrett. Der Surfer reißt das Segel herum und steigt in die Höhe. Kein Seil sichert ihn, nur mit Muskelkraft hält sich der Surfer auf dem Brett. Das erfordert höchste Konzentration, Ausdauer und jahrelanges Training. Jeder Windstoß, jede Welle verlangt eine neue, sekundenschnelle Reaktion. Wie arbeiten dabei Nervensystem und Muskeln zusammen?

lat. contrahere = zusammenziehen

innervieren = ein Organ mit Nerven ausstatten

STEUERUNG DER MUSKELN DURCH NERVEN · Bei allen Bewegungen wirken Muskeln und Neuronen zusammen, egal ob beim vorsichtigen Blinzeln mit den Augen, beim kraftvollen Haltegriff des Segels oder beim Sprinten zum Bus. Die grundlegenden Vorgänge, bei denen elektrische Impulse zur Verkürzung der Muskeln führen, sind immer gleich.
Motoneuronen, deren Zellkörper im Rückenmark liegen, reichen mit ihren Axonen bis zu den Skelettmuskeln. Jedes Motoneuron verzweigt sich an den Axonenden und besitzt Kontaktstellen zu den Muskelzellen, die *neuromuskuläre Synapsen* oder motorische Endplatten genannt werden. Die 10 bis 100 Mikrometer starken und bis zu 10 Zentimeter langen Muskelzellen werden wegen ihrer länglichen Form als *Muskelfasern* bezeichnet. An den auf den Muskelfasern flach aufliegenden Synapsenendknöpfchen kommen die elektrischen Impulse an und veranlassen die Muskelfasern, sich zu kontrahieren.
Ein Motoneuron kann mehrere Muskelfasern kontrollieren. Das Motoneuron mit allen von ihm innervierten Muskelfasern bezeichnet man als motorische Einheit. In den Fingern, die feine Bewegungen ausführen, innerviert ein Motoneuron wenige bis 100 Muskelfasern. Im großen, krafterzeugenden Oberschenkelmuskel dagegen können bis zu 1000 Muskelfasern von einem einzigen Motoneuron gesteuert werden. Die Größe der motorischen Einheit beeinflusst somit die Feinheit der Bewegung und die Kraftentwicklung.

griech. sarcos = Fleisch

KONTRAKTILE EINHEITEN · In einem Skelettmuskel sind die Muskelfasern durch Bindegewebshüllen zu Muskelfaserbündeln zusammengefasst, die auch mit bloßem Auge im Fleisch zu erkennen sind. Skelettmuskelfasern sind wie alle Zellen von einer Zellmembran, dem *Sarkolemma*, umgeben. Sie besitzen mehrere Zellkerne, da sie während der embryonalen Entwicklung aus vielen Zellen verschmolzen

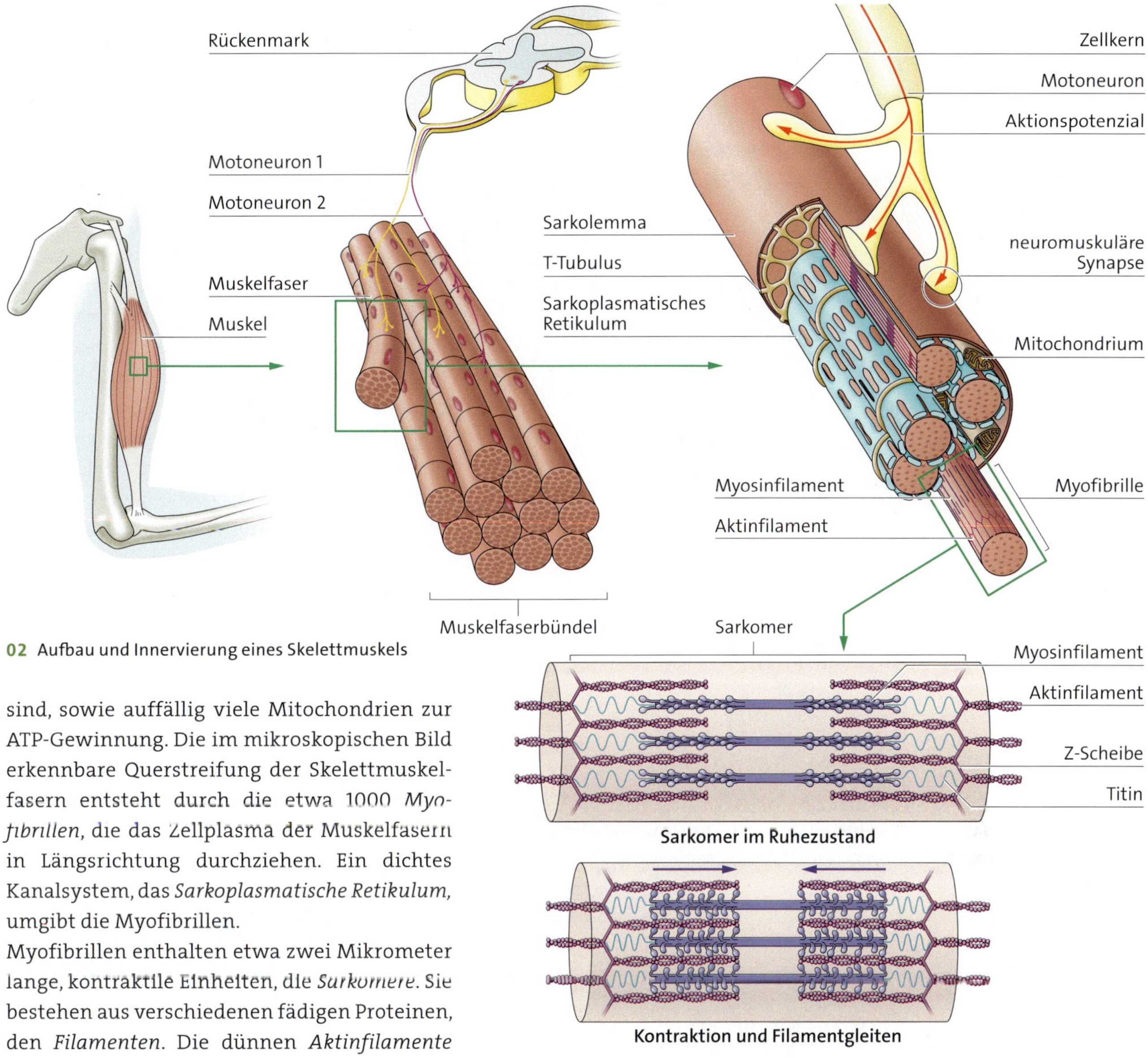

02 Aufbau und Innervierung eines Skelettmuskels

sind, sowie auffällig viele Mitochondrien zur ATP-Gewinnung. Die im mikroskopischen Bild erkennbare Querstreifung der Skelettmuskelfasern entsteht durch die etwa 1000 *Myofibrillen*, die das Zellplasma der Muskelfasern in Längsrichtung durchziehen. Ein dichtes Kanalsystem, das *Sarkoplasmatische Retikulum*, umgibt die Myofibrillen.

Myofibrillen enthalten etwa zwei Mikrometer lange, kontraktile Einheiten, die *Sarkomere*. Sie bestehen aus verschiedenen fädigen Proteinen, den *Filamenten*. Die dünnen *Aktinfilamente* sind an plattenartigen Proteinscheiben, den Z-Scheiben, befestigt und parallel zu den dickeren *Myosinfilamenten* angeordnet. Die Myosinfilamente werden durch ein weiteres Protein, das Titin, in ihrer zentrierten Lage gehalten.

Im entspannten Muskel überlappen sich die parallel liegenden Myosin- und Aktinfilamente nur zu einem kleinen Teil. Wenn ein Aktionspotenzial an der neuromuskulären Synapse eintrifft, gleiten kurz darauf die Aktin- und Myosinfilamente aneinander vorbei. Dadurch verkürzen sich die Sarkomere und die gesamte Muskelfaser kontrahiert. Es kommt zu einer Einzelzuckung.

Treffen die Aktionspotenziale in rascher Folge ein, sodass die Sarkomere nicht mehr in den Ruhezustand zurückkehren, summieren sich die Einzelzuckungen zu einer dauerhaften Kontraktion, dem *Tetanus*. Dabei verkürzt sich die Länge aller innervierten Muskelfasern um fast 50 Prozent. Die Spannung im Muskel kann dadurch so zunehmen, dass es einem geübten Surfer möglich ist, bei einer plötzlichen Windböe kurzzeitig starke Kräfte aufzubringen, um das Segel zu halten. Verringert sich die Frequenz der Aktionspotenziale oder ermüden die Muskelfasern, so entspannt der Muskel wieder.

Das Sarkoplasmatische Retikulum ist ein spezialisiertes Endoplasmatisches Retikulum der Muskelzellen.

griech. tetanos = Spannung

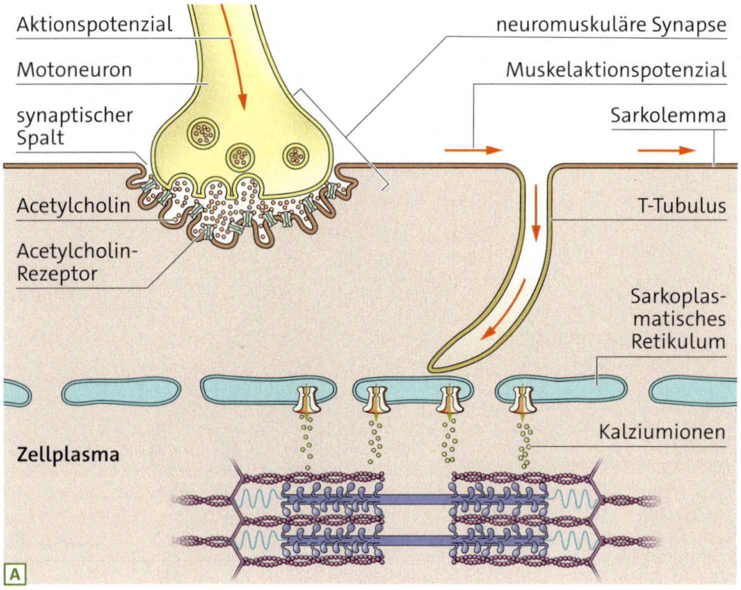

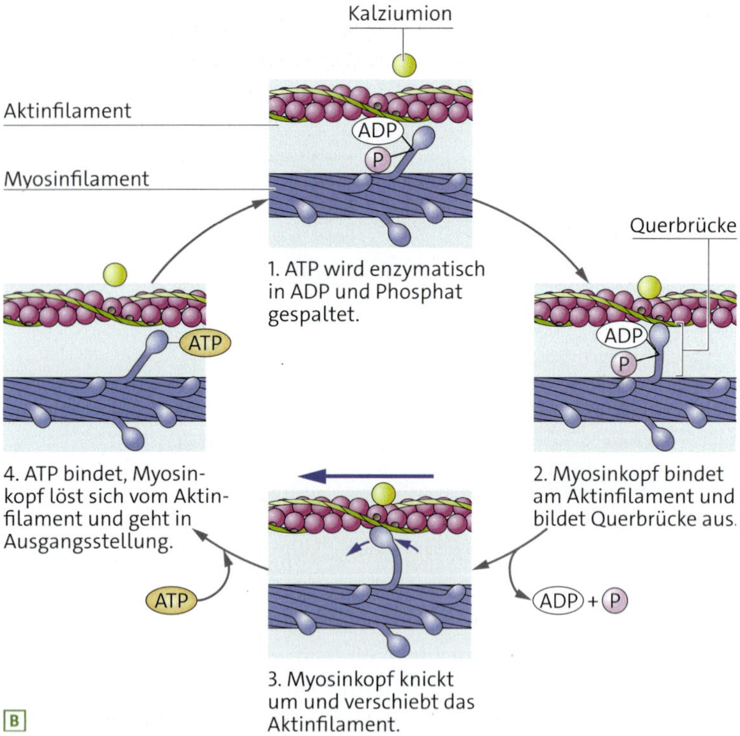

03 Wirkung eines elektrischen Impulses auf die Muskelzelle: **A** Aktivierung des Querbrückenzyklus, **B** Wechselwirkung von Aktin und Myosin

1 Erläutern Sie, wie ein Nervenimpuls die Kontraktion eines Sarkomers bewirkt!

2 Erläutern Sie, wie das Nervensystem einen Skelettmuskel zu einer möglichst starken Kontraktion veranlassen kann!

ELEKTROMECHANISCHE KOPPLUNG · Wie löst ein elektrischer Impuls des Motoneurons die Kontraktion des Sarkomers aus?
Erreicht ein Aktionspotenzial die neuromuskuläre Synapse, so bewirkt der freigesetzte Transmitter Acetylcholin an der postsynaptischen Membran eine Depolarisation, die zu einem Muskelaktionspotenzial an der Membran der Muskelfaser führt. Über kanalartige Einfaltungen der Membran, die *T-Tubuli*, breitet sich das Muskelaktionspotenzial bis tief in die Muskelfaser aus. Dort bewirkt es, dass Kalziumionen, die im Sarkoplasmatischen Retikulum gespeichert sind, in das Zellplasma einströmen. Durch die stark erhöhte Kalziumionenkonzentration im Zellplasma werden die Bindungsstellen am Aktinfilament freigelegt.
Noch im entspannten Zustand des Muskels werden die Myosinköpfe, die aus den Myosinfilamenten herausragen, in eine 90-Grad-Stellung gebracht. Dazu ist ATP nötig, das an den Myosinköpfen enzymatisch zu ADP und Phosphat hydrolisiert wird. Die so aktivierten Myosinköpfe lagern sich an die freigelegten Bindungsstellen am Aktinfilament an und bilden *Querbrücken* aus. Den Vorgang der Aktivierung des Querbrückenzyklus durch elektrische Impulse nennt man *elektromechanische Kopplung*. Bleiben weitere Impulse aus, werden die Kalziumionen aktiv ins Sarkoplasmatische Retikulum zurückgepumpt.

VERKÜRZUNG DER SARKOMERE · Die mit dem Aktinfilament verbundenen, aktivierten Myosinköpfe ändern nun ihre Stellung. Sie knicken um etwa 45 Grad um und verschieben dadurch das Aktinfilament um zehn Nanometer. Die beiden Proteinfilamente gleiten auf diese Weise aneinander vorbei und die Sarkomere verkürzen sich. Dies führt zur Kontraktion des Muskels.
Unter Verbrauch von ATP lösen sich die Myosinköpfe wieder vom Aktinfilament, richten sich auf und sind bereit für den nächsten Querbrückenzyklus. Sind genügend Kalziumionen und ATP vorhanden, können sich Anlagerung und Verschieben sofort wiederholen. Dabei kann jeder Myosinkopf ungefähr fünf Querbrücken pro Sekunde bilden und lösen.
Diese Modellvorstellung zur Verkürzung der Sarkomere nennt man **Gleitfilamenttheorie**.

Material A ▸ Maligne Hyperthermie

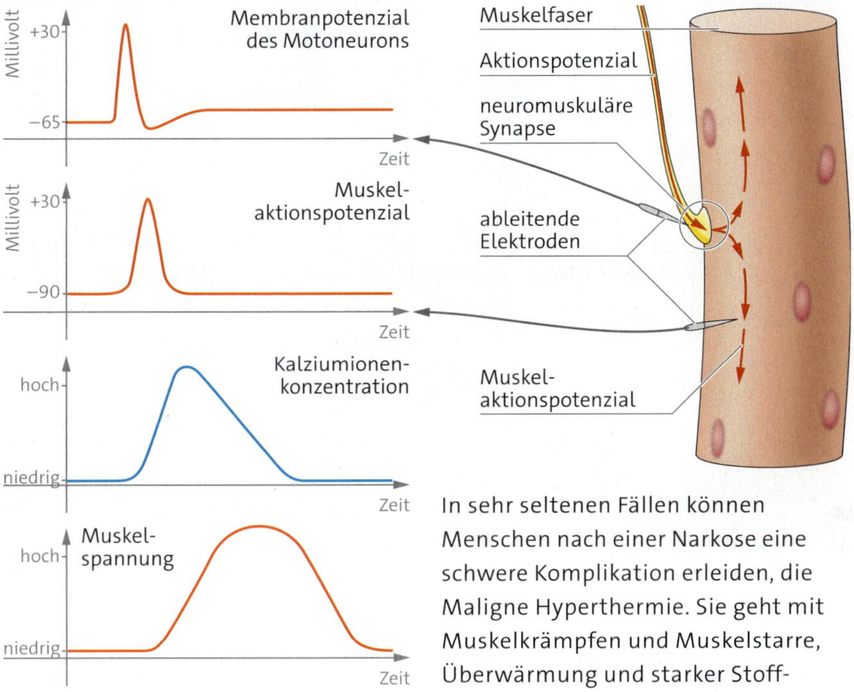

In sehr seltenen Fällen können Menschen nach einer Narkose eine schwere Komplikation erleiden, die Maligne Hyperthermie. Sie geht mit Muskelkrämpfen und Muskelstarre, Überwärmung und starker Stoffwechselaktivität einher. Ein lebensbedrohlicher Sauerstoff- und ATP-Mangel im gesamten Körper kann die Folge sein.

Die Ursache ist eine genetisch bedingte Veränderung der Kalziumionenkanäle des Sarkoplasmatischen Retikulums. Sie schließen sich nach dem Einwirken des Narkotikums nicht mehr und Kalziumionen strömen dauerhaft in das Zytoplasma ein.

A1 Beschreiben Sie die dargestellten Messergebnisse bei Gesunden und erläutern Sie die zeitliche Abfolge!

A2 Erläutern Sie, welche Folgen die genetische Veränderung bei den Erkrankten für die Abläufe in den Muskeln hat!

Material B ▸ Behandlung der Muskelschwäche Myasthenia gravis

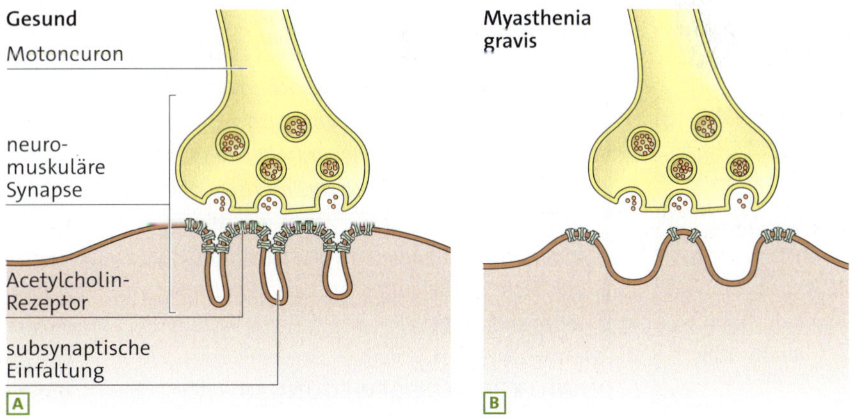

Myasthenia gravis ist eine Erkrankung, die sich durch Muskelschwäche bemerkbar macht. Die Betroffenen leiden zunächst an Doppelbildern oder einem herabhängenden Augenlid. Beim Fortschreiten der Krankheit sind immer mehr Muskeln geschwächt. Ist die Atemmuskulatur betroffen, so ist die Erkrankung lebensbedrohlich. Als Ursache wird eine Autoimmunerkrankung angenommen. Das fehlgesteuerte Immunsystem der Erkrankten bildet Antikörper gegen die Acetylcholin-Rezeptoren an den postsynaptischen Membranen der neuromuskulären Synapsen.

B1 Vergleichen Sie die neuromuskuläre Synapse eines Gesunden mit der eines Kranken!

B2 Leiten Sie aus der veränderten Struktur der neuromuskulären Synapse Auswirkungen auf die Muskelkontraktion ab!

B3 Begründen Sie, wie Medikamente, die den Acetylcholin-Esterase-Hemmstoff Neostigmin enthalten, Einfluss auf die Muskelkontraktion nehmen können!

01 Klammergriff eines Gorillajungtiers

Bewegungskontrolle durch das Rückenmark

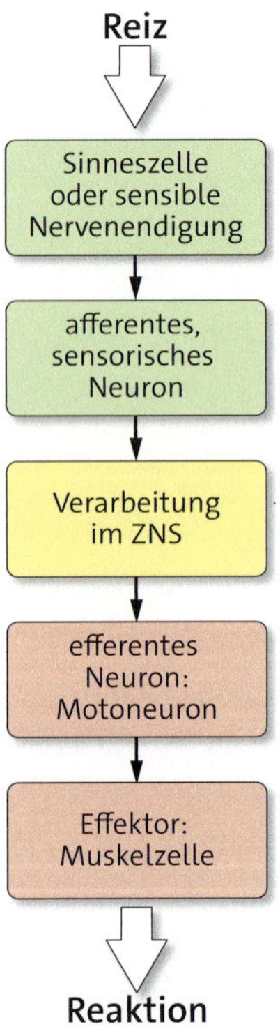

02 Reflexweg

Der neugeborene Gorilla ist erst wenige Stunden alt und doch klammert er sich – obwohl er noch ganz unerfahren ist – am Fell der Mutter fest. So kann das Gorillaweibchen das Jungtier gefahrlos durch das unwegsame Gelände tragen. Die kleinen Finger ergreifen alles, was sie umfassen können. Auch das menschliche Neugeborene greift fest zu, wenn wir seine Handinnenfläche mit einem Finger berühren. Wie lassen sich solche angeborenen Reaktionen auf Reize erklären?

UNWILLKÜRLICHE BEWEGUNGEN · Alle Lebewesen besitzen eine Fülle von Bewegungsmöglichkeiten, die häufig angeboren sind und sich in der Stammesgeschichte herausgebildet haben. Dazu gehört die Fähigkeit, auf Reize ohne Nachdenken sofort zu reagieren. Blitzschnell ziehen wir den Fuß zurück, wenn wir auf etwas Spitzes treten. Solche raschen Bewegungen, die als gleichförmige und nicht willentlich gesteuerte Antwort auf einen spezifischen Reiz folgen, heißen **Reflexe.** Reflexbewegungen sind Reaktionen des Körpers auf sensorische Reize, die unter Beteiligung weniger Neuronen ablaufen. Sie können bei Tieren und Menschen auch in gelernte Bewegungen integriert werden, wenn wir zum Beispiel beim Tragen eines Tabletts Gewichtsveränderungen blitzschnell ausgleichen.

VOM REIZ ZUR REFLEXBEWEGUNG · Damit nach einem Reiz eine Reaktion erfolgen kann, werden Aktionspotenziale über zwei oder mehr miteinander verbundene Neuronen von einer sensorischen Zelle zu einem Motoneuron geleitet. Diese neuronale Verbindung von Neuronen, die die raschen Reaktionen auf Reize ohne willentliche Steuerung durch das Gehirn ermöglichen, bezeichnet man auch als Reflexbogen oder **Reflexweg.** Zu einem Reflexweg gehören fünf typische Bereiche:
Sinneszellen oder sensible Endigungen, die man überall in der Haut, den Muskeln oder Sehnen findet, dienen als Rezeptoren. Sie erzeugen bei Reizung Aktionspotenziale, die über ein afferentes Neuron zur Verarbeitungszentrale im ZNS, zum Beispiel dem Rückenmark, gelangen. Dort aktiviert das afferente Neuron ein Motoneuron

entweder direkt oder über zwischengeschaltete Neuronen. Solche *Interneuronen* können die Aktivität der Motoneuronen durch erregende oder hemmende Synapsen beeinflussen. Interneuronen bilden neben den Zellkörpern der Motoneuronen einen großen Teil der grauen Substanz des Rückenmarks. Wird ein Motoneuron aktiviert, so leitet es als efferentes Neuron Aktionspotenziale an als *Effektoren* bezeichnete Muskeln weiter, die die Reflexbewegung ausführen.

FREMDREFLEXE · Kommt unsere Hand mit einer Flamme in Berührung, so ziehen wir die Hand unwillkürlich, ohne nachzudenken, zurück, noch bevor uns der Schmerz bewusst wird. Diese schnelle Reaktion bezeichnet man als *Schutzreflex*. Bei dem Kontakt der Hand mit dem heißen Gegenstand werden zunächst die Nervenendigungen der Schmerzrezeptoren in der Haut aktiviert. Die ausgelösten Aktionspotenziale werden über sensorische Neuronen in das Vorderhorn des Rückenmarks geleitet und treten dort über ein erregendes Interneuron mit Motoneuronen des Oberarmbeugers in Kontakt. Die folgende Kontraktion des Oberarmbeugers oder Bizeps bewirkt das Zurückziehen der Hand aus der Gefahrenzone.

Die rasche Beugereaktion beruht also auf der Aktivierung von mindestens drei über Synapsen verbundene Neuronen. Deshalb heißen solche Reflexe auch **polysynaptische Reflexe.** Da der Ort der Reizaufnahme, hier die Haut, und der Ort der Reaktion, in diesem Beispiel der Bizeps, in verschiedenen Organen liegen, spricht man von einem *Fremdreflex*.

Fremdreflexe laufen nicht immer gleich ab. Sie können der jeweiligen Gefahrensituation angepasst und sogar durch Lernen verändert werden. Bei Wirbeltieren treten verschiedene Gehirnareale über efferente Neuronen, deren Axone durch das Rückenmark ziehen, in Kontakt mit den hemmenden und aktivierenden Interneuronen des Rückenmarks. Dort beeinflussen sie die Intensität der Muskelkontraktionen oder hemmen sie ganz. So ist auch zu erklären, dass der Greifreflex des Neugeborenen nur in den ersten Lebensmonaten auslösbar ist. In dieser Zeit reifen die durch das Rückenmark zum Gehirn führenden afferenten und die vom Gehirn zum Rückenmark führenden efferenten Neuronen. Sie hemmen das reflexhafte Zugreifen, wenn wir mit etwas Greifbarem in Berührung kommen. Erst dadurch ist es möglich, dass wir willentliche, genau dosierte und zielgerichtete Greifbewegungen ausführen können wie das Gorillaweibchen, wenn es den Kopf des Jungtiers vorsichtig in der Hand hält.

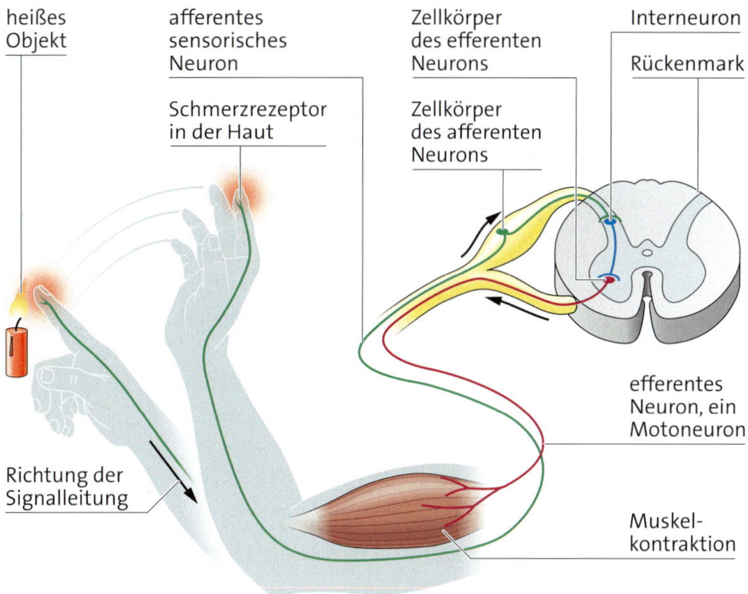

03 Schutzreflex, ein Fremdreflex

efferent, afferent siehe Seite 11

EIGENREFLEXE · Wenn wir über einen Stein stolpern, können wir durch eine schnelle Streckbewegung des Beins einen Sturz manchmal noch verhindern. Solche unbewussten, aber keineswegs unbedeutenden Ausgleichsbewegungen unseres Körpers erfolgen auf Reizinformationen aus dem Inneren des Körpers. Afferente sensorische Neuronen mit sensorischen Endigungen in den Muskeln oder Sehnen können direkt efferente Motoneuronen im Rückenmark aktivieren. An dieser Reflexbewegung sind nur zwei Neuronen beteiligt, die im Rückenmark über Synapsen in Kontakt stehen. Es handelt sich um einen **monosynaptischen Reflex.** Hier liegen der Ort der Reizaufnahme, zum Beispiel die Registrierung der Dehnung des Oberschenkelmuskels beim Stolpern, und die Reaktion, die Muskelkontraktion, im selben Muskel. Ein solcher Vorgang wird deshalb als *Eigenreflex* bezeichnet.

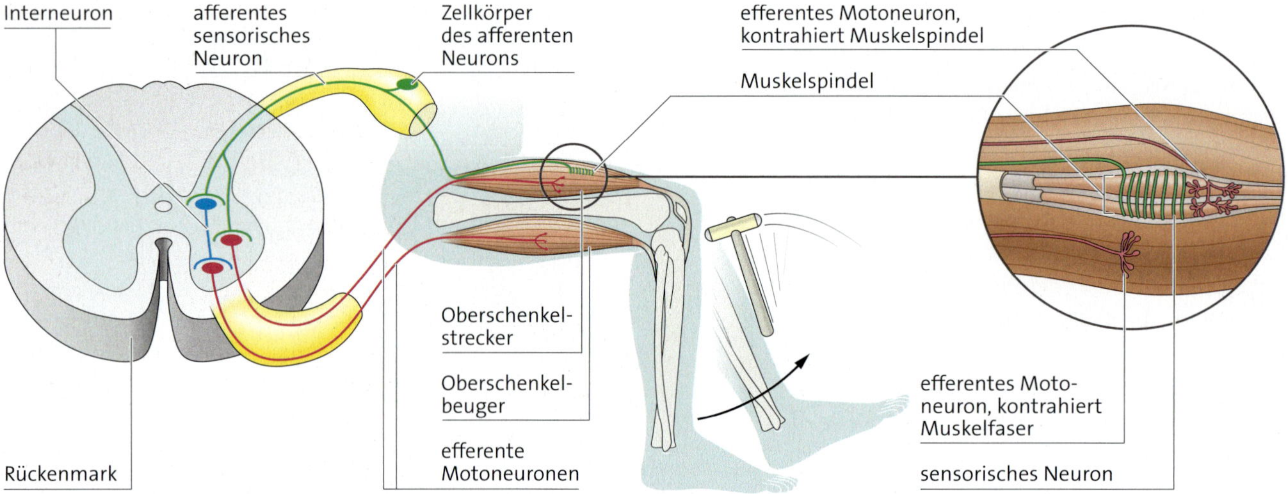

04 Kniesehnenreflex

griech. agonistís = der Tätige, Handelnde, Führende

griech. ant = gegen

VERARBEITUNG VON INFORMATIONEN IM RÜCKENMARK · Bereits eine scheinbar einfache Bewegung, wie zum Beispiel das plötzliche Strecken des Beins bei einem Reflextest oder das rhythmische Heben und Senken der Füße beim Gehen, macht die Abstimmung der Aktivität verschiedener Muskeln nötig. Diese Koordination wird durch miteinander verbundene Neuronen, die **neuronalen Netze,** im Rückenmark geleistet. Die Zusammenarbeit von Neuronen in einem neuronalen Netz lässt sich am bekannten Kniesehnenreflex nachvollziehen.
Wird ein rascher Schlag auf die Kniesehne einer entspannten Versuchsperson ausgeübt, so schnellt wenige Millisekunden später der Unterschenkel hoch und das Bein wird gestreckt. Diese nicht willentliche Streckung erfolgt, weil durch den Schlag auf die Kniesehne der Muskel, der Oberschenkelstrecker oder Quadrizeps, kurzzeitig gedehnt wird. Dehnungsrezeptoren im Muskel, die aufgrund ihrer Form *Muskelspindeln* heißen, registrieren diese Längenveränderung. Die Muskelspindeln enthalten sensible Nervenendigungen, die bei Dehnung der Muskelfasern und der Muskelspindeln depolarisiert werden. Die im afferenten Neuron ausgelösten Aktionspotenziale werden über eine schnell leitende afferente Nervenfaser im Rückenmark zum Motoneuron des Oberschenkelstreckers geleitet. Dadurch wird das Motoneuron depolarisiert, was zur Kontraktion des Oberschenkelstreckers führt. Als Folge dieses Reflexweges schnellt der Unterschenkel bei gesunden Versuchspersonen nach vorne.
Die Streckung des Beins ist jedoch nur möglich, wenn zeitgleich der Gegenspieler, der **Antagonist,** entspannt ist. Diese Entspannung beruht darauf, dass die afferente Nervenfaser des sensorischen Neurons nicht nur Kontakt zum Motoneuron des Oberschenkelstreckers, sondern auch zu einem hemmenden Interneuron im Rückenmark hat. Die Aktivierung des hemmenden Interneurons durch das afferente Neuron bewirkt die Inaktivierung des Motoneurons des Antagonisten, des Oberschenkelbeugers. Er entspannt und das Bein kann gestreckt werden. Man spricht von einer **antagonistischen Hemmung.** Beim Gehen wird auf diese Weise ein gleichmäßiger Bewegungsablauf ermöglicht. Die Koordination der Aktivierung und Entspannung von Muskeln durch die Wirkung von erregenden und hemmenden Einflüssen auf Neuronen ist ein Beispiel für die Verrechnung oder Verarbeitung von Informationen.

1 Vergleichen Sie Eigenreflex und Fremdreflex!

2 Ordnen Sie den Kniesehnenreflex begründet den Eigen- oder Fremdreflexen zu und diskutieren Sie die Bezeichnung „Kniesehnenreflex“!

3 Erklären Sie, welche Schlussfolgerung ein Arzt aus der Prüfung verschiedener Reflexe an Arm und Bein ziehen kann!

Material A ‣ Regulation der Muskellänge

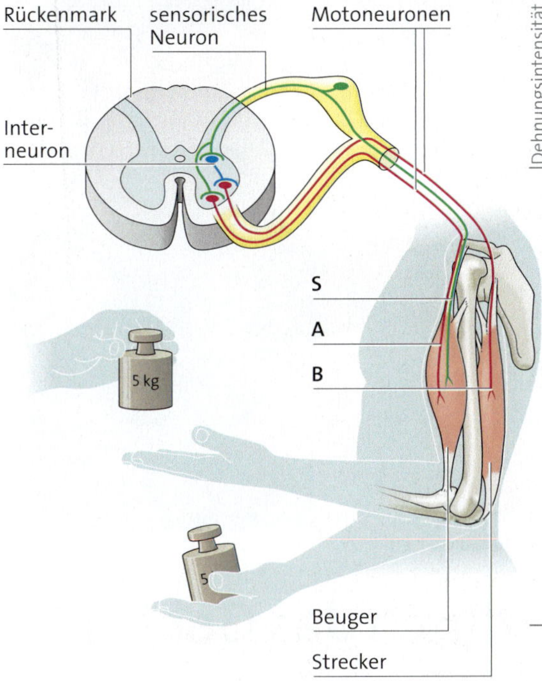

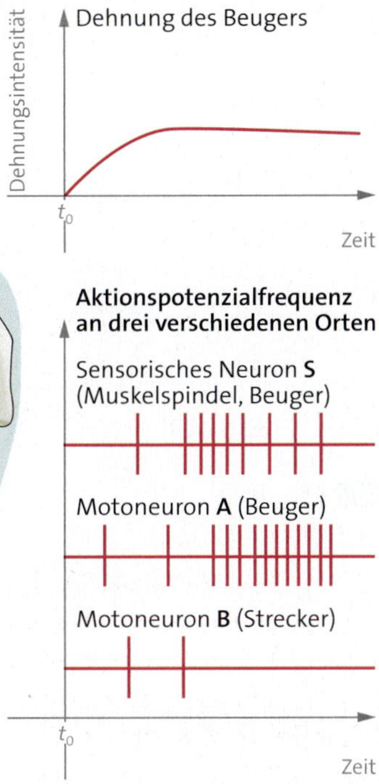

Zum Zeitpunkt t_0 wird der angewinkelte Unterarm mit einem zusätzlichen Gewicht belastet, ähnlich wie beim Tragen oder Fangen eines Gegenstandes. An den mit S, A und B benannten Stellen wurde über den dargestellten Zeitraum die Aktionspotenzialfrequenz gemessen.

A1 Beschreiben Sie anhand der Abbildung den Ablauf eines monosynaptischen Reflexes!

A2 Erklären Sie die Messergebnisse am sensorischen Neuron S und dem Motoneuron A nach der Dehnung durch das zusätzliche Gewicht!

A3 Erläutern Sie die Messergebnisse am Motoneuron B mithilfe der Wirkung eines hemmenden Interneurons!

Material B ‣ Tetanus – Wundstarrkrampf

Tetanusinfektion

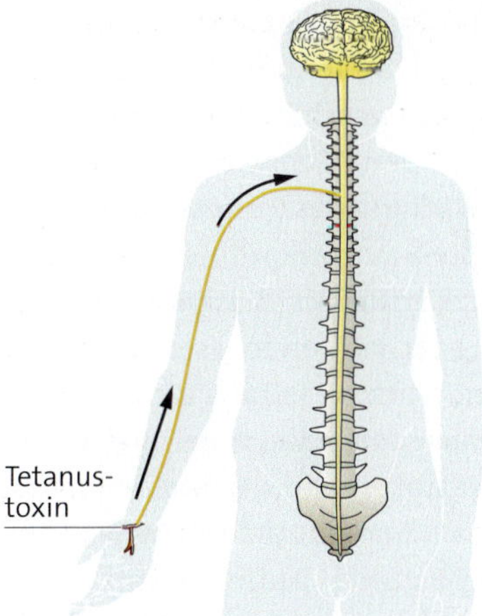

Wirkort des Tetanustoxins im Rückenmark

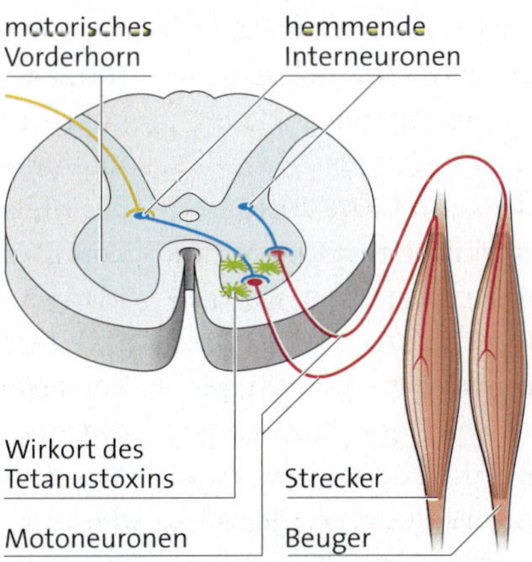

Wirkort von Tetanustoxin an einer hemmenden Synapse

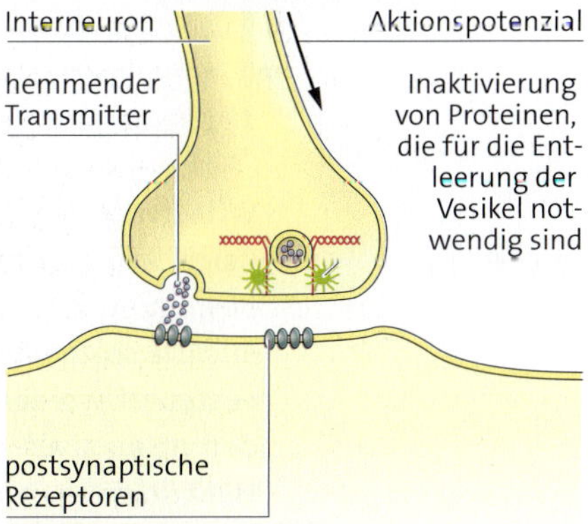

Der Erreger des Wundstarrkrampfs, *Clostridium tetani*, kann bei einer Verletzung in die Wunde eindringen und sich dort vermehren. Er erzeugt dabei das Nervengift Tetanustoxin. Dieses wird über Nervenbahnen ins ZNS transportiert und gelangt vor allem in die Vorderhörner des Rückenmarks. Dort reichert es sich insbesondere an hemmenden Synapsen an. Typische Symptome des Wundstarrkrampfs sind die sehr schmerzhaften, gleichzeitigen Kontraktionen von Beugern und Streckern, die Spasmen genannt werden. Sie führen zu spastischen Lähmungen, die auch die Kehlkopf- und Atemmuskulatur betreffen und sogar zum Tod führen können.

B1 Erklären Sie mithilfe der Abbildung die Wirkung des Tetanustoxins an einer hemmenden Synapse!

B2 Erklären Sie die gleichzeitige reflektorische Kontraktion von Streckern und Beugern bei Berührung eines an Tetanus Erkrankten!

01 Präzisionsgriff eines Kindes beim Spielen

Bewegungskontrolle durch das Gehirn

Hoch konzentriert greift das Kind die Holzkugel und lässt sie vorsichtig auf den Startpunkt der Kugelbahn fallen. Es freut sich daran, wie die Murmel die Bahn herunterläuft, und greift sie sofort wieder mit hoher Aufmerksamkeit, um das Spiel zu wiederholen. Wie aber initiiert und koordiniert das Gehirn solche von uns gewollten, zielgerichteten Bewegungsabläufe?

WILLENTLICHE STEUERUNG VON BEWEGUNGEN · Beim Greifen der Kugel geht die Initiative zur Bewegung von der *Großhirnrinde,* dem **Kortex,** aus. Da solche Bewegungen aktiv vom Willen gesteuert werden und uns bewusst sind, werden sie auch als willentliche Handlungen oder *Willkürbewegungen* bezeichnet.

Bei der Ausführung von Willkürbewegungen arbeiten verschiedene Teile unseres Gehirns eng zusammen. Mehrere Areale der Großhirnrinde sowie das **Kleinhirn** und die unter dem Großhirn liegenden **Basalganglien** sind an der Entscheidung, Planung, Initiierung und Ausführung von Willkürbewegungen beteiligt. Wenn zum Beispiel ein Basketballspieler mit dem Ball auf den Korb zielt, erhalten der **Präfrontalkortex** und der **Parietalkortex** von den *Sinnesorganen* über die *sensorischen Kortexareale* laufend Informationen über die Entfernung zum Korb oder das Verhalten der Gegner. So hat der Spieler eine genaue Vorstellung von der eigenen Position im Raum, um die beste Taktik auszuwählen. Im Präfrontalkortex werden Bewegungsziele und Strategien festgelegt, die Handlungsfolgen abgeschätzt, gelernte Bewegungsmuster aus dem Gedächtnis abgerufen und unter Mitwirkung des Parietalkortex und des Kleinhirns im Raum koordiniert und reguliert. Deshalb lassen sich in diesen Arealen erhöhte Neuronenaktivitäten messen, wenn der Spieler sich zum Wurf in Stellung bringt.

Einige Willkürbewegungen zum Beispiel die Bedienung der Tastatur beim Schreiben einer Kurznachricht, sind so gut gelernt und geübt, dass sie kaum bewusste Aufmerksamkeit benötigen. Trotzdem sind auch diese automatisierten Bewegungen vom Gehirn initiiert und koordiniert – und keineswegs Reflexe.

STEUERUNG DER BEWEGUNGSAUSFÜHRUNG · Hat sich der Spieler für eine Taktik entschieden, so findet man Millisekunden später erhöhte Aktivität in weiteren Kortexarealen, die als **Motorkortex** zusammengefasst werden. Diese Areale bestimmen zusammen mit dem Kleinhirn die

Ausführung der Bewegung. Der Motorkortex lässt sich in zwei Bereiche mit unterschiedlicher Funktion unterteilen, den *primären* und den *sekundären Motorkortex*.

Viele Neuronen des primären Motorkortex haben über lange, efferente Axone, die **Pyramidenbahnen,** direkten Kontakt zu den Motoneuronen im Rückenmark. Sie aktivieren gezielt die Muskulatur. Auf diese Weise gibt der primäre Motorkortex die notwendigen Kommandos an die Muskeln der Arme und Beine des Basketballspielers. Durch die Anzahl der aktivierten motorischen Einheiten kann der Motorkortex bestimmen, mit welcher Kraft und Schnelligkeit die Bewegung ausgeführt wird. Die gleichzeitig im Motorkortex eingehenden sensorischen Informationen über die Ausführung der Bewegung, das **sensorische Feedback,** ermöglichen es dem Spieler, den Wurf der Situation anzupassen und eine Feinkontrolle vorzunehmen. Spielt der Sportler den Ball mit der rechten Hand, so findet man vermehrt Aktivität im primären Motorkortex seiner linken Großhirnhälfte, der linken **Hemisphäre.** Sie steuert bis auf wenige Ausnahmen im Bereich des Kopfes die Muskeln der rechten Körperhälfte und umgekehrt. Die Pyramidenbahnen überkreuzen sich nämlich im verlängerten Mark und ziehen zur jeweils gegenüberliegenden Körperhälfte.

Im primären Motorkortex lassen sich Areale nachweisen, die die Skelettmuskeln verschiedener Körperregionen steuern. Diese *somatotope Gliederung* wird häufig als **motorischer Homunkulus** dargestellt. Er bildet die Körperproportionen verzerrt ab: Für Hände, Zunge und Lippen ist ein viel größeres kortikales Gebiet zuständig als zum Beispiel für die Beine. Durch Übung ändert sich die Größe der Areale im primären Motorkortex, sodass besonders häufig genutzte Bereiche einen größeren Anteil des Kortex ausmachen. Trainiert der Basketballspieler zum Beispiel das Dribbeln mit der linken und rechten Hand, so vergrößern sich die entsprechenden Areale und koordinieren die Ausführung der Bewegung immer präziser.

1 Erklären Sie die Handbewegung des Kindes beim Greifen der Kugel im Vergleich zu dem Wurf des Basketballspielers!

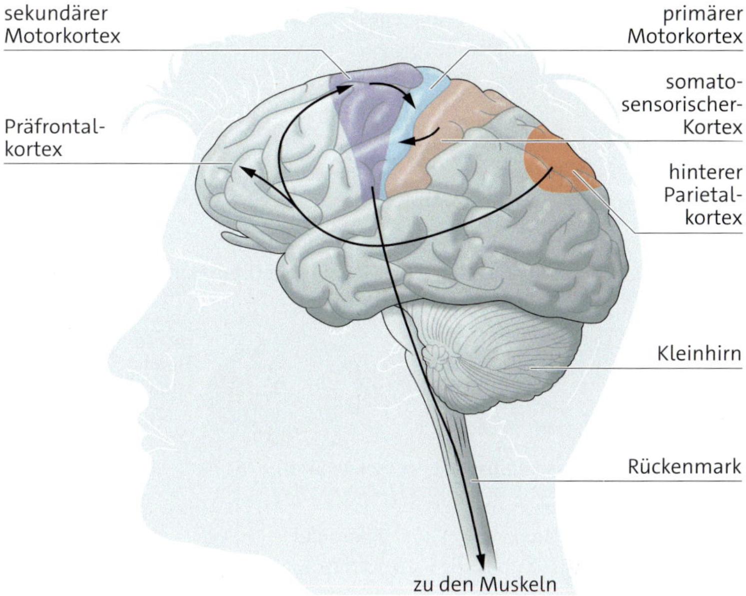

02 Steuerung von Willkürbewegungen

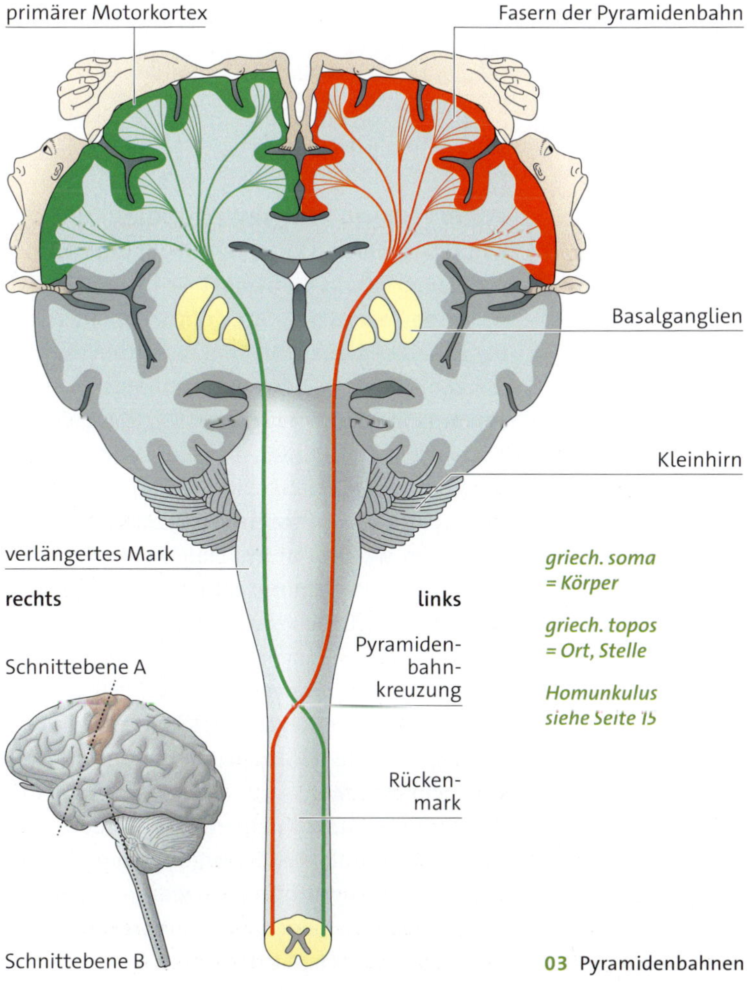

griech. soma = Körper

griech. topos = Ort, Stelle

Homunkulus *siehe Seite 15*

03 Pyramidenbahnen

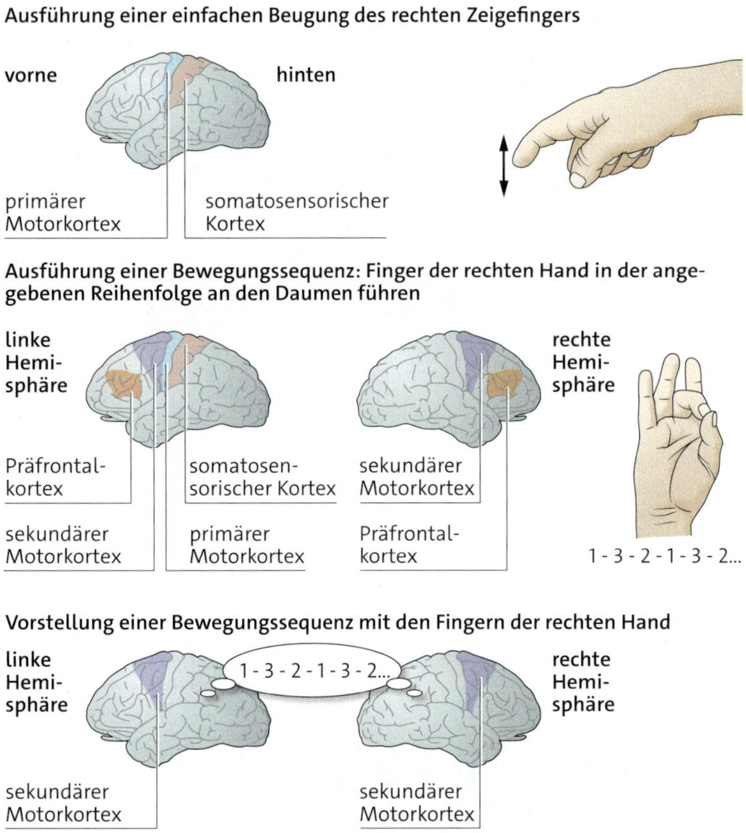

04 Steuerung von Fingerbewegungen der rechten Hand

mental = gedanklich

VORBEREITUNG VON BEWEGUNGEN · Wir stehen mit dem Auto an einer Ampel und warten auf Grün. Sobald die Ampel Grün zeigt, legen wir ohne Zögern den Gang ein, treten das Gaspedal und bedienen das Lenkrad. Offenbar sind die koordinierten Bewegungsabfolgen bereits so vorgeplant und programmiert, dass sie nur noch abgerufen werden müssen – Wir sind vorbereitet und in Bereitschaft.

Im Experiment konnten Wissenschaftler herausfinden, welche Gehirnareale an der Vorbereitung solcher Bewegungsabfolgen beteiligt sind. Dazu ließen sie die Versuchspersonen einfache und komplexere Fingerbewegungen durchführen. Bei einfachen Bewegungen wie dem Beugen und Strecken des Zeigefingers konnte eine Steigerung der Aktivität im **primären Motorkortex** verzeichnet werden.

neuronale Plastizität siehe Seite 166

Wenn die Versuchspersonen aufgefordert wurden, eine komplexere Bewegungssequenz mit den Fingern auszuführen, so waren außerdem Rindenfelder in beiden Hemisphären aktiv, die vor dem primären Motorkortex liegen und deshalb auch *prämotorischer* oder **sekundärer Motorkortex** genannt werden.

Auch bei der rein gedanklichen Vorstellung der Bewegung sind Neuronennetze im sekundären Motorkortex aktiv, ohne dass die Bewegung ausgeführt wird. Hier werden offenbar Bewegungsmöglichkeiten entworfen und gespeichert, sodass sie schnell abgerufen werden können. Das nutzen Sportler beim mentalen Training, wenn sie sich den Ablauf der Übung vor dem Wettkampf genau vorstellen.

Einige Neuronen des sekundären Motorkortex reagieren sogar dann mit Aktivität, wenn wir anderen Personen lediglich bei Bewegungen zusehen. Diese Neuronen nennt man *Spiegelneuronen*. Sie ermöglichen, dass wir uns in andere hineinversetzen können, und unterstützen das Lernen von neuen komplexen Bewegungen, wenn diese vorgemacht werden.

ÜBUNG VON BEWEGUNGEN · Führen wir eine komplizierte Bewegung zum ersten Mal aus, dann benötigen wir Zeit und Konzentration für jeden Einzelschritt. Alle an der Bewegungskontrolle beteiligten Gehirnbereiche zeigen eine deutliche Steigerung der Aktivität. Haben wir die Bewegung häufig geübt, nimmt die Aktivität in Teilen des Kortex wieder ab. Dann übernehmen Gehirnbereiche, die nicht zur Großhirnrinde gehören, einen Teil der Vorbereitung, Koordinierung und Kontrolle der Bewegung. Dazu gehören vor allem die *Basalganglien*. Außerdem speichert das *Kleinhirn* Bewegungsabfolgen und entlastet den Kortex von der Koordination automatisierter Bewegungen.

Deshalb können wir dieselbe motorische Aufgabe, die vom Kind noch die volle Aufmerksamkeit verlangt, koordinierter und exakter lösen, und dies sogar mit weniger Aktivität in manchen Bereichen der Großhirnrinde. Die Veränderungen des Gehirns durch Gebrauch und Übung zeigt seine **Plastizität.**

2 Stellen Sie die an der Steuerung willkürlicher Bewegungen beteiligten Gehirnareale mit ihren Funktionen übersichtlich dar!

Material A ▸ Verändert Üben das Gehirn?

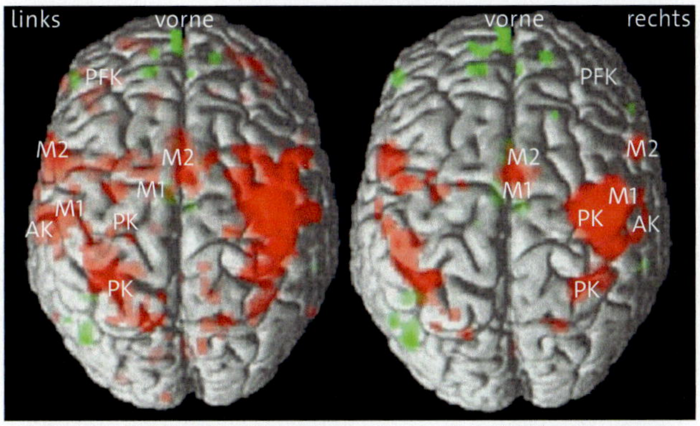

Hobbygeiger **Berufsgeiger**

PFK = Präfrontalkortex
M1 = primärer Motorkortex
M2 = sekundärer Motorkortex
AK = auditorischer Kortex (Hörrinde)
PK = Parietalkortex

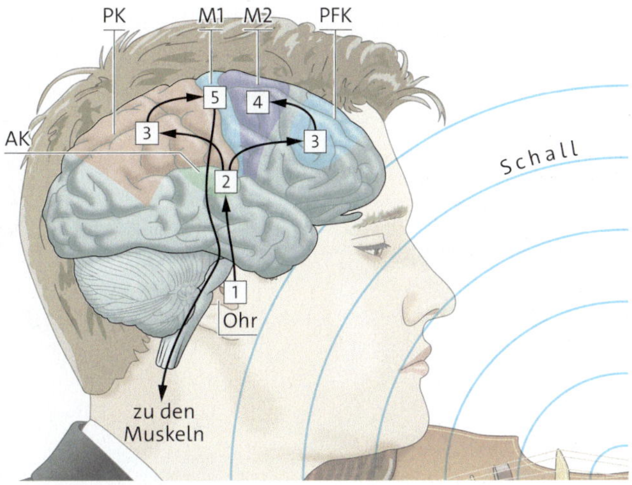

In einer Untersuchung wurden die Gehirnaktivitäten von Berufsgeigern mit viel Übung mit denen von Hobbygeigern verglichen. Vor und während des Geigenspiels wurde die Durchblutung in verschiedenen Kortexarealen in einer fMRT-Untersuchung gemessen, um so Aktivitätsunterschiede festzustellen. Die Aktivitätsveränderungen in den Kortexarealen wurden in der Darstellung farblich hervorgehoben: Rot zeigt Aktivitätssteigerungen, Grün den Rückgang von Aktivität in den jeweiligen Kortexarealen.

A1 Vergleichen Sie die Aktivität des Kortex in den fMRT-Bildern von Berufs- und Hobbygeigern!

A2 Stellen Sie das Zusammenwirken verschiedener Gehirnareale am Beispiel des Geigenspiels dar!

A3 Erläutern Sie die Untersuchungsergebnisse im Hinblick auf die Wirkung von häufigem Üben auf das Gehirn!

Material B ▸ Motorischer Kortex in Aktion

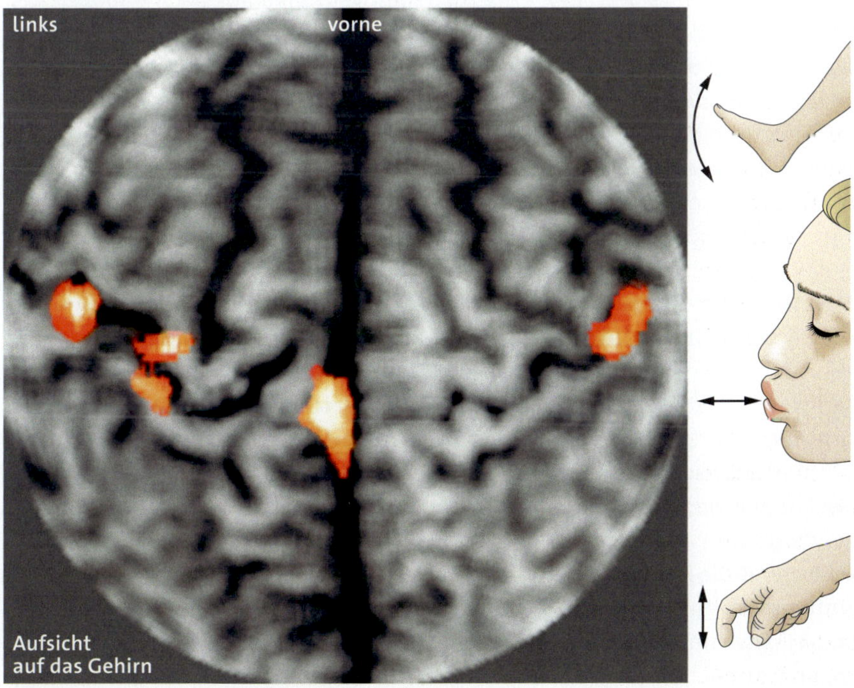

Während Versuchspersonen drei verschiedene Bewegungen ausführten, wurden die Aktivitätsveränderungen im primären Motorkortex untersucht. Die fMRT-Aufnahmen wurden auf eine zweidimensionale Scheibe, eine Flatmap, projiziert.

B1 Ordnen Sie die aktivierten Motorkortexareale den durchgeführten Bewegungen zu und begründen Sie Ihre Zuordnung! Nehmen Sie die Abbildung 03 auf Seite 15 zu Hilfe!

B2 Erläutern Sie die Funktion des primären Motorkortex an den gezeigten Beispielen!

B3 Diskutieren Sie mögliche Bedeutungen der gewonnenen Untersuchungsergebnisse für Medizin und Forschung!

01 Die legendären Fäuste des Boxweltmeisters Muhammad Ali

Verlust der Bewegungsfähigkeit

Nur gestützt konnte Muhammad Ali, die größte Boxlegende des 20. Jahrhunderts, an der Eröffnungsfeier der Olympischen Spiele 2012 teilnehmen. Sein Gang war nach vorne gebeugt, das Gesicht eine starre Maske. Kaum konnte er die Hand zum Grüßen des Publikums heben. Die Zuschauer waren tief bewegt und bestürzt. Der einstige Olympiasieger von 1960, der unter dem Namen Cassius Clay boxte und dessen Kämpfe von Millionen von Menschen in der ganzen Welt verfolgt wurden, ist schwer von seiner 1984 diagnostizierten Parkinson-Krankheit gezeichnet. Was sind die Ursachen solch schwerer Bewegungsstörungen?

DEGNERATION VON NEURONEN · Im Jahr 1817 beschrieb der englische Arzt James PARKINSON erstmals sowohl die auffälligen Bewegungseinschränkungen als auch das Zittern der Hände in Ruhe und nannte diese Erkrankung Schüttellähmung. Heute wird sie als **Parkinson-Krankheit** bezeichnet. Die Bewegungen der Betroffenen wirken starr und verlangsamt, der Gang ist kleinschrittig und schlurfend, die Hände zittern unwillkürlich. Den Patienten fällt es schwer, Bewegungen zu starten. Sie leiden unter ungewollter, lähmender Bewegungsarmut.

Szintigrafie siehe Seite 114

Untersucht man das Gehirn verstorbener Parkinson-Patienten, kann man auffällige Veränderungen in einem umgrenzten Bereich des Mittelhirns finden, der aufgrund seiner dunklen Färbung als schwarze Substanz oder *Substantia nigra* bezeichnet wird. Bei Parkinson-Erkrankten sterben hier Neuronen aus noch unbekannten Gründen ab, sie *degenerieren*. Da diese Neuronen den Neurotransmitter Dopamin synthetisieren und abgeben, kommt es durch die Degeneration zu einem folgenschweren Dopaminmangel in Neuronennetzen, die an der Bewegungsaktivierung beteiligt sind. Der Dopaminmangel kann mit einem Diagnoseverfahren sichtbar gemacht werden, das durch Anreicherung radioaktiv markierter Stoffe Aufschluss über die Gewebeaktivität gibt. Dieses Verfahren bezeichnet man als *Szintigrafie*. Wenn die ersten Symptome auftreten, sind bereits mehr als 50 Prozent der dopaminergen Neuronen abgestorben.

DOPMINMANGEL · Die Vorbereitung und das Starten von Bewegungen durch den Motorkortex werden unbewusst durch die **Basalganglien** und den **Thalamus** beeinflusst. Diese subkortikalen Gehirnareale üben aktivierende oder hemmende Wirkungen auf den Motorkortex

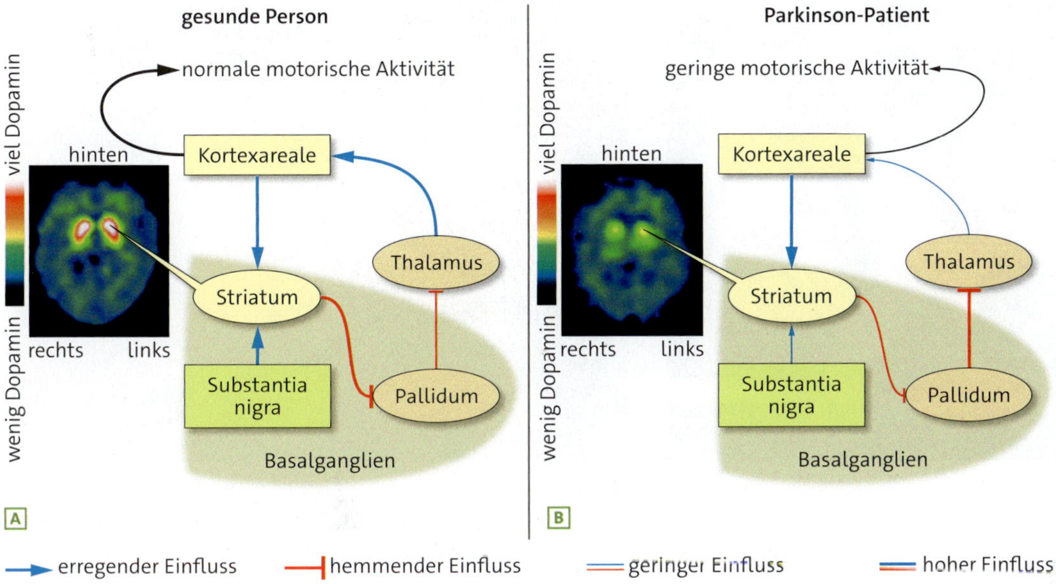

02 Regulation der Bewegungsaktivierung durch die Basalganglien:
A Gesunder,
B Parkinson-Erkrankter

aus, indem sich die beteiligten Gehirnregionen gegenseitig durch die Ausschüttung von Neurotransmittern beeinflussen. Das Gleichgewicht von Hemmung und Erregung ist Voraussetzung für den Start situationsangemessener und zielgerichteter Bewegungen und die Vermeidung unkontrollierter Zitterbewegungen.

Während die neuronalen Ursachen für das Zittern noch nicht genügend geklärt sind, weiß man viel über die Hintergründe der Bewegungsverarmung. Vereinfacht lässt sich die Feinabstimmung der Aktivität in Form einer Vernetzung von Neuronen darstellen: Das **Striatum,** das zu den Basalganglien gehört, erhält bei der Bewegungsplanung über Acetylcholin-Rezeptoren aktivierende Impulse von Teilen des Kortex. Gleichzeitig erhöht Dopamin, das von den Neuronen der Substantia nigra ausgeschüttet wird, die Aktivität des Striatums. Dadurch verringert sich die hemmende Wirkung des Striatums auf den Thalamus indirekt über ein weiteres Ganglion, das **Pallidum.** Der Thalamus wird also letztlich durch eine höhere Dopaminmenge an den Basalganglien aktiviert und sendet mehr Signale an den primären Motorkortex. Der Start günstiger Bewegungen wird gefördert, ungünstige Bewegungen werden gehemmt. Diese Verschaltung von Neuronen wirkt als Rückkopplungs- oder Feedbackschleife. Verringert sich die Dopaminmenge im Striatum wie bei Parkinson-Erkrankten, so ist der Thalamus und damit der Motorkortex weniger aktiv und alltägliche Fähigkeiten wie das Heben der Hand können nur noch verlangsamt und wie gebremst ausgeführt werden.

BEHANDLUNGSANSÄTZE · Um die Symptome in der Frühphase der Krankheit zu lindern, versucht man mithilfe verschiedener Medikamente den Dopaminmangel auszugleichen.

Durch Elektrostimulation der Basalganglien können die störenden Zitterbewegungen wirkungsvoll unterbrochen werden. Die dazu implantierten Elektroden arbeiten ähnlich wie ein Herzschrittmacher, der künstlich rhythmische Signale erzeugt.

Große Erwartungen setzen die Forscher auch in den Ersatz der abgestorbenen Zellen durch die Transplantation von Stammzellen. Da aus ethischen Gründen die Gewinnung von embryonalen Stammzellen in Deutschland verboten ist, hoffen die Forscher nun auf die Herstellung von umprogrammierten Hautzellen, die dadurch ihre Fähigkeit zur Differenzierung wiedergewinnen. Solche reprogrammierten Zellen konnten im Tierversuch vielversprechende Ergebnisse erzielen.

1 Erläutern Sie die Folgen des Dopaminmangels bei Parkinson-Erkrankten mithilfe der Abbildung 02!

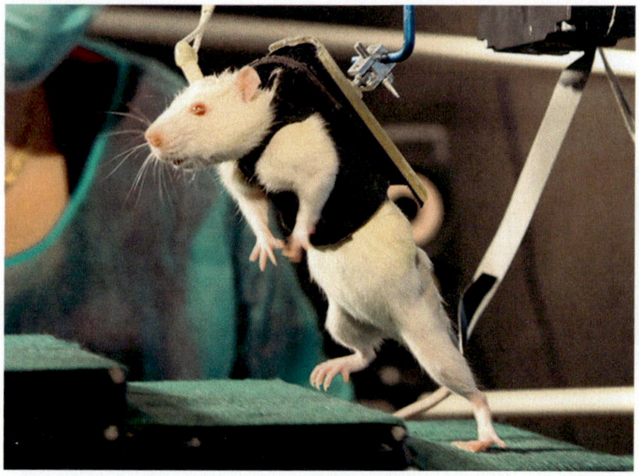

03 Lauftraining einer gelähmten Ratte

04 Spiegeltherapie

WIEDERGEWINNEN VON BEWEGUNGSFÄHIGKEIT · Wissenschaftler arbeiten intensiv an Möglichkeiten, die Bewegungsfähigkeit von Gelähmten, zum Beispiel nach einer Verletzung des Rückenmarks oder nach einem Schlaganfall, zu verbessern. Bei Wunden am Körper und auch bei Verletzungen von peripheren Nerven werden die Zellen normalerweise wiederhergestellt, sie *regenerieren*. Im verletzten Gehirn und Rückenmark dagegen sterben Neuronen und die vom Zellkörper abgetrennten Axone ab.

Noch vor nicht allzu langer Zeit wurde eine Neubildung von Nervenzellen, die **Neurogenese,** und eine Wiederherstellung von Nervenzellen, die **Regeneration,** im ZNS als völlig unwahrscheinlich angesehen. Proteine, die in der umschließenden Myelinschicht vorkommen, verhindern offenbar, dass Zellkörper und Axon wieder zusammenwachsen. Übertrugen Forscher jedoch Myelin aus dem PNS in das verletzte Rückenmark, wuchsen die durchtrennten Axone wieder zusammen, die Nervenzellen regenerierten.
Eine Aktivierung von inaktiven Neuronen im ZNS konnte im Tierversuch auch durch eine Kombinationsbehandlung aus speziellem Lauftraining in einem robotergesteuerten Haltegestell sowie der elektrischen und biochemischen Anregung der verbleibenden Neuronen bewirkt werden. Die Ratten konnten ihre Beine wieder bewusst steuern.
Erste Ansätze werden beim Menschen erprobt. Mediziner machen sich auch die Veränderbarkeit von Neuronennetzen im Gehirn, die **Neuroplastizität,** zunutze. Vorhandene Neuronennetze und Areale im Gehirn können durch Training aktiviert oder umorganisiert werden und neue Aufgaben übernehmen. Bei einem Schlaganfall beispielsweise sterben durch Mangeldurchblutung Neuronen ab. Je nach betroffener Gehirnhälfte kann es zu Lähmungen der linken oder rechten Körperhälfte kommen. Trainieren die Patienten das Greifen mit der betroffenen Hand, so gelingt dies häufig nach intensivem Üben wieder. Mit bildgebenden Verfahren kann gezeigt werden, dass die Steuerung der Handbewegung von Gehirnarealen übernommen wurde, die zuvor andere Aufgaben besaßen. Eine Therapie mit der gesunden Hand vor einem Spiegel, der die gelähmte Hand verbirgt, beschleunigt den Heilungsprozess bei Patienten mit intakten Spiegelneuronen. Dem Gehirn wird durch die Spiegelung vorgetäuscht, die gelähmte Hand könne sich willentlich bewegen. Das beschleunigt die neuronale Umorganisation des Gehirns.

2 Recherchieren Sie Ursachen und Behandlungsmöglichkeiten zu einer der folgenden neurodegenerativen Erkrankungen, die zu Bewegungsbeeinträchtigungen führen: Amyotrophe Lateralsklerose, kurz ALS, Multiple Sklerose, kurz MS, oder Chorea Huntington!

Material A ▸ Medikamentöse Behandlung der Parkinson-Krankheit

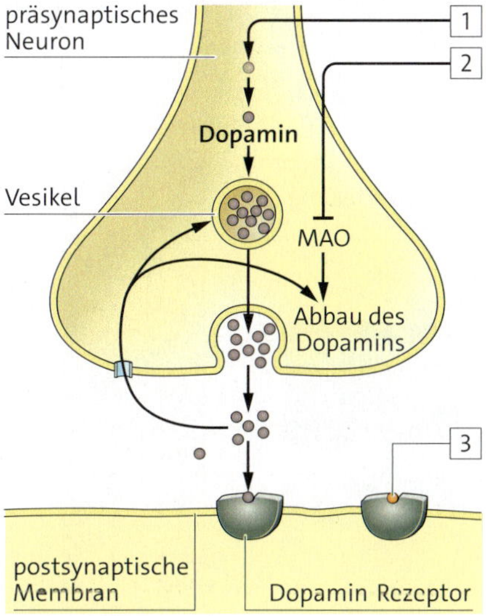

Bei der Behandlung der Bewegungsstörungen bei einer Parkinson-Erkrankung kommen verschiedene Medikamente zum Einsatz. Im Wesentlichen lassen sich drei Medikamententypen unterscheiden:

1. Vorstufen des Dopamins, zum Beispiel L-Dopa.
2. Monoaminoxidase-Hemmer. Das Enzym Monoaminoxidase, kurz MAO, befindet sich in der äußeren Mitochondrienmembran und bewirkt den Abbau von Dopamin.
3. Dopamin-Agonisten. Sie haben eine dem Dopamin vergleichbare Wirkung an bestimmten Dopamin-Rezeptoren der postsynaptischen Membran der Basalganglien.

A1 Erläutern Sie die Wirkung von Dopamin an einer dopaminergen Synapse auf die Erregungsweiterleitung im Striatum!

A2 Erläutern Sie Wirkungsort und Wirkungsprinzip der verschiedenen Parkinson-Medikamente an einer dopaminergen Synapse!

A3 Stellen Sie Vermutungen über das Nachlassen der Wirkung von L-Dopa nach einigen Behandlungsjahren an!

Material B ▸ Können Nervenzellen im ZNS regenerieren?

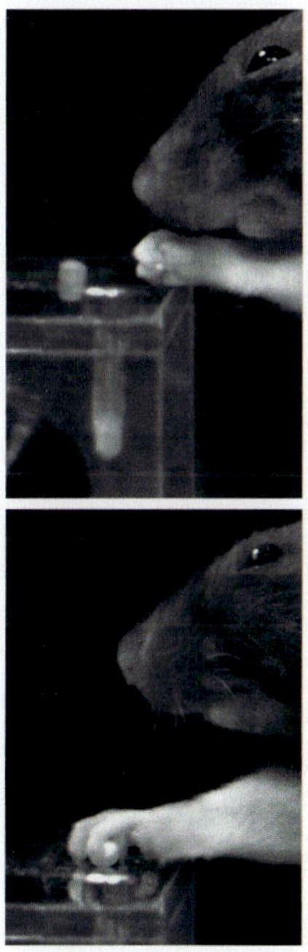

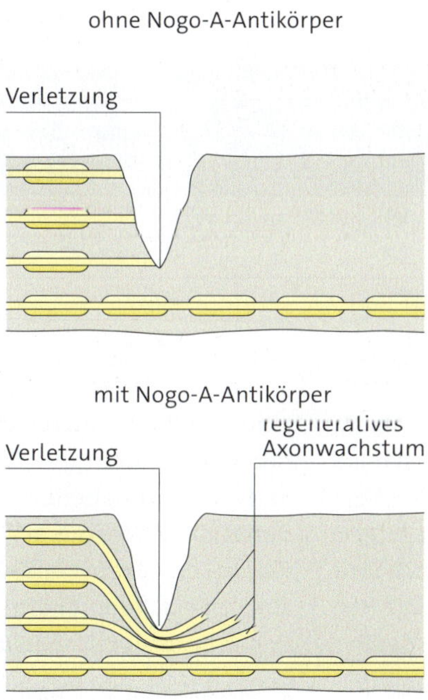

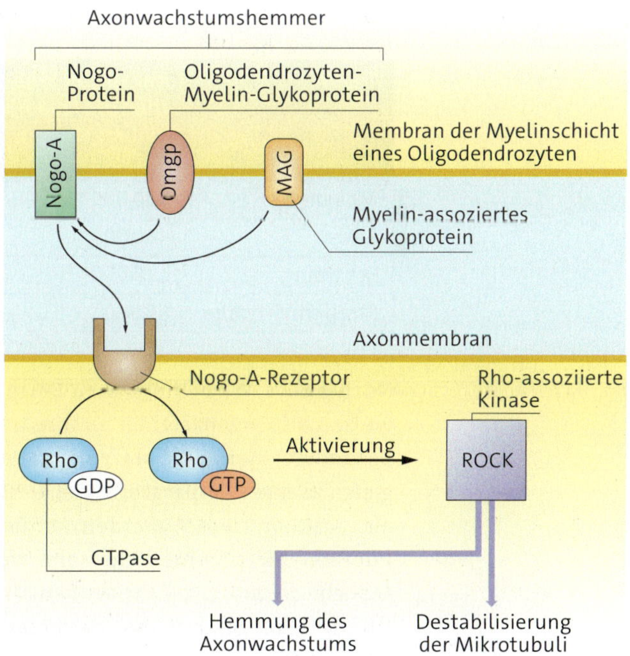

Während zum Beispiel verletzte Hautzellen wiederhergestellt werden, regenerieren die Nervenzellen im ZNS von Säugetieren nicht. Forscher konnten feststellen, dass die wachstumshemmende Wirkung besonders von Proteinen in der Myelinschicht der Gliazellen im ZNS ausgeht.

In Tierversuchen gelang es, die Wachstumshemmung durch spezifische Antikörper aufzuheben, die an die Membranrezeptoren binden. Das anschließende Wachstum der Axone war so wirksam, dass vorher gelähmte Ratten die betroffene Pfote wieder völlig normal bewegen konnten.

B1 Beschreiben Sie, wie Proteinbestandteile der Myelinschicht die Regeneration von Neuronen im ZNS unterbinden!

B2 Erklären Sie die Wirkung der Nogo-A-Antikörper auf die Regenerationsfähigkeit der Axone im ZNS!

Training A ▸ Nachtaktive Säugetiere

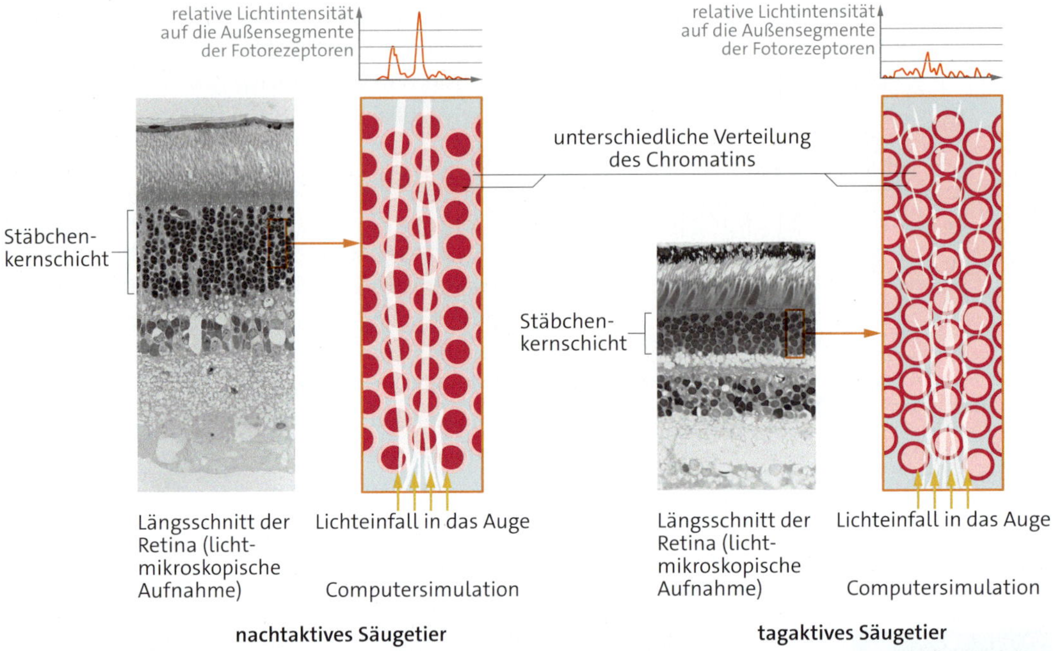

Tierart	Anzahl der Stäbchen pro Quadratmillimeter	Anzahl der Fotorezeptorzellschichten	Anteil der Zapfen an der Anzahl der Fotorezeptoren in Prozent	Lebensweise der Tierart
Mausmaki	850 000	14	1	nachtaktiv
Katze	460 000	12	9	nachtaktiv
Schwein	115 000	7	16	tagaktiv
Streifenhörnchen	65 000	3	80	tagaktiv

Nachtaktive Wirbeltiere, zum Beispiel Katzen, weisen als Angepasstheit an ihre Lebensweise besondere Merkmale auf: Sie haben im Vergleich zu ihrer Körpergröße viel größere Augen als tagaktive Tiere. Außerdem können sich ihre Pupillen im Dämmerlicht sehr weit öffnen. Manche nachtaktive Tiere weisen hinter der Retina eine spiegelähnliche Schicht auf, das *Tapetum lucidum*, durch die die Lichtstrahlen reflektiert werden und die Retina ein zweites Mal passieren. Das ist auch der Grund, warum Katzenaugen im Dunkeln leuchten.
Zudem unterscheidet sich die Organisation der Zellkerne in den Stäbchen zwischen tag- und nachtaktiven Tieren. Durch die veränderte Verteilung des Chromatins in den Zellkernen der Stäbchen nachtaktiver Säugetiere besitzt es einen anderen Brechungsindex für die einfallenden Lichtstrahlen als das Chromatin tagaktiver Tiere. Hierdurch wird der Lichtweg durch die Zellkerne der Stäbchen beeinflusst, die in der Stäbchenkernschicht angeordnet sind. Diese Eigenschaft lässt sich mithilfe von Computersimulationen untersuchen.

a Fassen Sie die visuellen Angepasstheiten nachtaktiver Tiere zusammen!

b Erläutern Sie den Lichtweg durch die Stäbchenkernschicht nachtaktiver Tiere im Vergleich zu tagaktiven Tieren!

c Begründen Sie, inwiefern die anatomischen Angepasstheiten eine Lebensweise in der Dunkelheit begünstigen!

Training B ▸ Verzögerte Reaktion

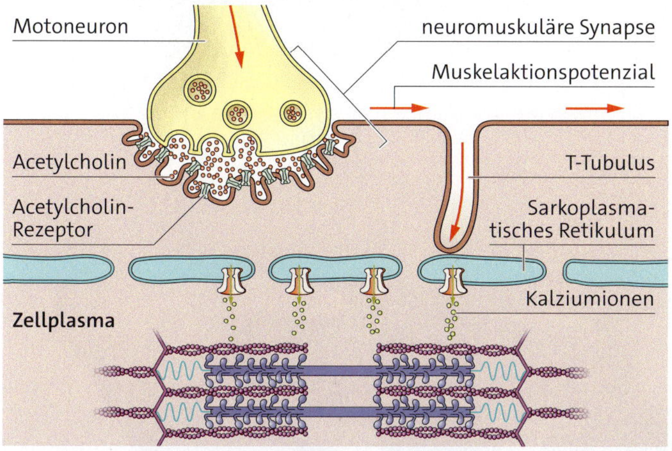

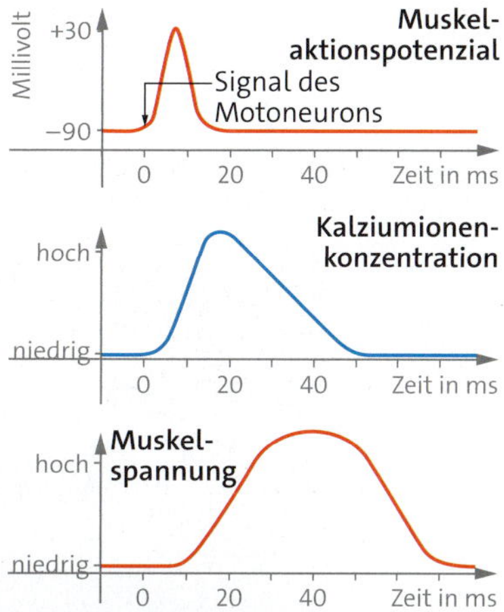

Phasen der Informationsverarbeitung	Dauer in Millisekunden
Reizeinwirkung bis zur Erregung des Rezeptors (Transduktion)	10 bis 50
Erregungsleitung (afferentes Neuron)	30 bis 100
Verarbeitung im ZNS	50 bis 120
Erregungsleitung (efferentes Neuron)	2 bis 20
synaptische Übertragung an der motorischen Endplatte	4 bis 10
Erregung der postsynaptischen Membran bis zur Kontraktion der Muskelfaser	10 bis 25

Versuchsperson	1 (♂)	2 (♀)	3 (♂)	4 (♀)	5 (♂)	6 (♀)
Fallstrecke in cm (1. Durchgang)	17,5	16,0	21,0	21,5	18,5	11,5
Fallstrecke in cm (10. Durchgang)	19,0	19,5	11,0	15,0	8,5	11,0
Fallstrecke in cm (20. Durchgang)	21,0	19,0	16,5	17,5	9,0	17,5

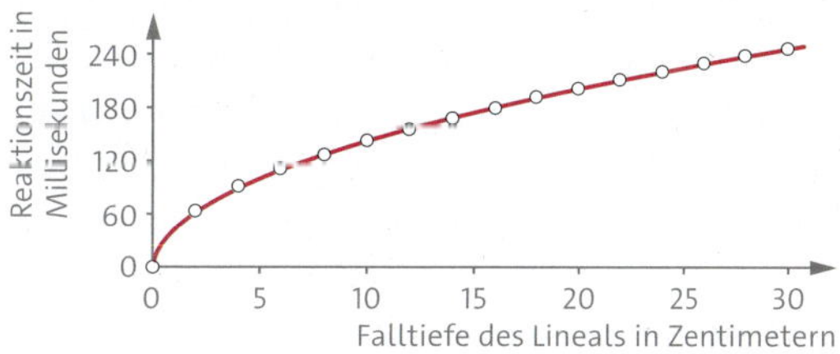

Besonders im Straßenverkehr spielt die Fähigkeit, schnell auf Reize zu reagieren, eine entscheidende Rolle. Die Reaktionsgeschwindigkeit ist die Zeit von der Aufnahme eines Reizes bis zum Beginn der motorischen Reaktion. Mithilfe verschiedener Methoden lässt sich die Dauer der einzelnen Phasen der Informationsverarbeitung messen. Mit einem einfach durchzuführenden Reaktionstest, dem Fallstabtest, lässt sich die Reaktionsgeschwindigkeit ermitteln. Aus der Fallstrecke eines Lineals, das eine Versuchsperson aufzufangen versucht, nachdem der Versuchsleiter es ohne Vorankündigung losgelassen hat, kann man über die Fallstrecke die Reaktionsgeschwindigkeit indirekt ableiten. Jede Versuchsperson führt den Versuch 20-mal durch.

a Stellen Sie anhand der Informationsverarbeitungsphasen die neurobiologischen Ursachen einer Reaktionsverzögerung dar!

b Erläutern Sie die Abläufe bei der Übertragung der Erregung auf eine Muskelfaser und erklären Sie die Ursachen der verzögerten Kontraktion!

c Ermitteln Sie die durchschnittlichen Reaktionszeiten der sechs Versuchspersonen und erörtern Sie die Daten in Bezug auf mögliches Lernverhalten und die Reaktionszeit von Mädchen und Jungen!

d Führen Sie den Versuch durch und bewerten Sie die Aussagekraft dieses Reaktionstests!

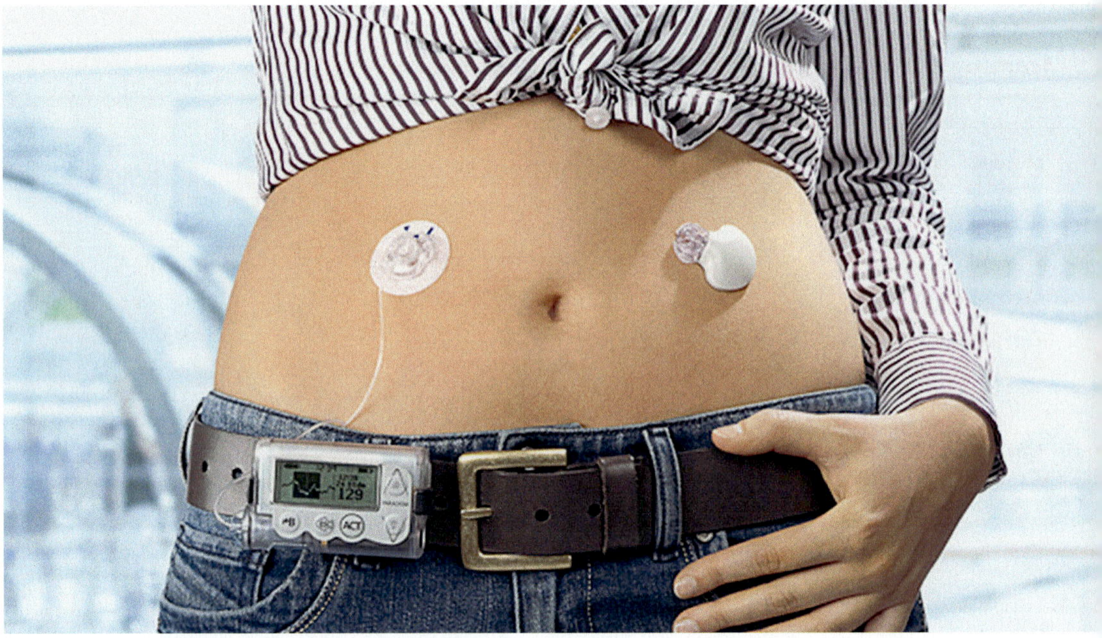

01 Insulinpumpe

Hormone regeln Lebensfunktionen

Der Blutglukosespiegel wird umgangssprachlich als Blutzucker bezeichnet.

lat. secernere = absondern

Eine junge Frau trägt an ihrem Gürtel ein kleines elektronisches Gerät, das mit einem Infusionsset und einem Sensor in Verbindung steht. Der Sensor misst den aktuellen Glukosegehalt des Blutes und über das Infusionsset wird Insulin bei Bedarf mit der Pumpe injiziert. Die junge Frau ist Diabetikerin und auf die Insulingabe angewiesen. Was ist Insulin und welche Rolle spielt es in unserem Organismus?

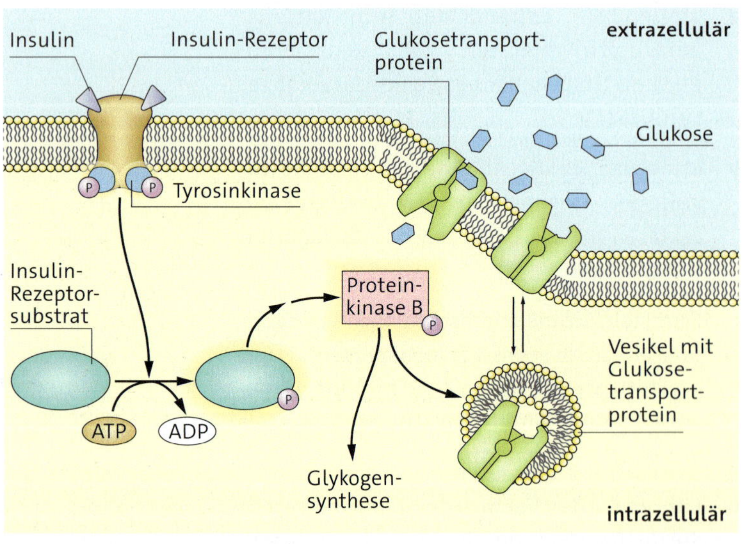

02 Schema der Insulinwirkung

PROTEOHORMONE · Diabetes mellitus ist eine der häufigsten Zivilisationskrankheiten. Es handelt sich um eine Stoffwechselerkrankung, bei welcher der Blutglukosespiegel ständig zu hoch ist, weil die Menge der nach Nahrungsaufnahme im Blut zirkulierenden Glukose nicht reduziert werden kann. Ursache für den Diabetes Typ I ist ein Mangel an Insulin. Als Behandlung hat sich die Injektion von Insulin etabliert, die manuell vor den Mahlzeiten erfolgt oder automatisch von Insulinpumpen gesteuert wird.

Bei Insulin handelt es sich um ein Protein aus 51 Aminosäuren, welches in den ß-Zellen der *Langerhans'schen Inseln* der Bauchspeicheldrüse sezerniert wird. Da es von spezialisierten Zellen produziert und abgegeben wird und eine spezifische Wirkung oder regulatorische Funktion erfüllt, gehört es zur Gruppe der chemischen Botenstoffe oder **Hormone.** Aufgrund der Zugehörigkeit zur Stoffklasse der Proteine oder Peptide bezeichnet man Insulin als *Proteohormon* oder **Peptidhormon.**

Wird Insulin über die Bauchspeicheldrüse abgegeben, gelangt es ins Blut und wird darüber leicht weitertransportiert, da es wasserlöslich ist. Zellmembranen stellen aber eine unüberwindliche Barriere dar. Daher entfalten alle Peptidhormone ihre Wirkungen indirekt, indem das Hormon zunächst extrazellulär an einen Rezeptor bindet. Durch die Bindung des Insulins an den spezifischen Rezeptor zum Beispiel einer Leber- oder Muskelzelle wird intrazellulär eine Tyrosinkinase aktiviert, die wiederum Insulin-Rezeptorsubstratproteine phosphoryliert. Darüber werden weitere kaskadenartige Reaktionswege eingeleitet und das Hormonsignal wird verstärkt. Die Aktivierung der Proteinkinase B bewirkt schließlich, dass Vesikel mit Glukosetransportproteinen mit der Zellmembran verschmelzen, Glukose in die Zelle gelangt und dort zu dem Speicherkohlenhydrat Glykogen synthetisiert wird. So sinkt schließlich durch die regulatorische Wirkung des Insulins der Glukosespiegel im Blut.

BLUTGLUKOSEREGULATION · Registrieren Glukoserezeptoren im Hypothalamus und in der Bauchspeicheldrüse, dass der Blutglukosewert unterhalb des Sollwerts von etwa 90 Milligramm pro Deziliter liegt, wird aus den α-Zellen der Langerhans'schen Inseln das Peptidhormon *Glukagon* ausgeschüttet. Es wirkt als Gegenspieler oder **Antagonist** zum Insulin. Bindet Glukagon an spezifische Rezeptoren der Leberzellen, wird der Kohlenhydratspeicher Glykogen zu Glukose abgebaut. Diese wird ins Blut abgegeben, sodass der Blutglukosespiegel steigt. Unterstützt wird dieser Prozess durch *Adrenalin*, ein Hormon, das vom Nebennierenmark produziert wird. Es gehört zur zweiten Stoffklasse der Hormone, den *Aminosäurederivaten*, weil es sich von der Aminosäure Tyrosin ableitet. Die Ausschüttung wird vom Hypothalamus über den Sympathikus des vegetativen Nervensystems gesteuert, der gleichzeitig auch die Insulinsynthese hemmt. Außerdem regt der Hypothalamus die Hypophyse zur Abgabe eines Hormons an, das in der Nebennierenrinde die Ausschüttung des Hormons *Cortisol* bewirkt. Es gehört zur dritten Stoffklasse der Hormone, den *Steroidhormonen*, und fördert die Glukosesynthese aus Aminosäuren.
Die Blutglukoseregulation erfolgt also über zwei Regelkreise, die einerseits von den Zellen der Langerhans'schen Inseln und andererseits vom Hypothalamus als Regler gesteuert werden.

STECKBRIEF

Frederick Grant BANTING (1891–1941)

Dem im kanadischen Alliston geborenen Arzt Sir Frederick G. BANTING gelang es 1921 erstmals zusammen mit seinem Assistenten, dem Studenten Charles BEST, Insulin zu isolieren. Zu den ersten Diabetes-Patienten, die mit einem Extrakt aus tierischen Bauchspeicheldrüsenzellen behandelt wurden, gehörte der damals fünfjährige Theodore Ryder, der nach jahrzehntelanger Behandlung im Alter von 76 Jahren starb. Für die Entdeckung des Insulins erhielt BANTING 1923 als erster Kanadier und bis heute jüngster Preisträger den Nobelpreis für Medizin. Aus Solidarität teilte er das Preisgeld mit Charles BEST, der nicht geehrt wurde. BANTING starb als Offizier im 2. Weltkrieg. Ihm zu Ehren wurde sein Geburtstag, der 14. November, zum Weltdiabetestag.

Während die Erhöhung des Blutglukosespiegels über zwei Systeme geregelt wird, ist dessen Senkung allein vom Insulin abhängig. Daher ist ein Insulinmangel durch eine Fehlfunktion der ß-Zellen wie beim Diabetes Typ I oder ein Mangel an Insulin-Rezeptoren in den Zielzellen wie beim Diabetes Typ II mit schwerwiegenden Folgen für den Organismus wie Arteriosklerose, Infarktrisiko und Nervenschädigungen verbunden und war bis 1923 eine tödliche Krankheit.

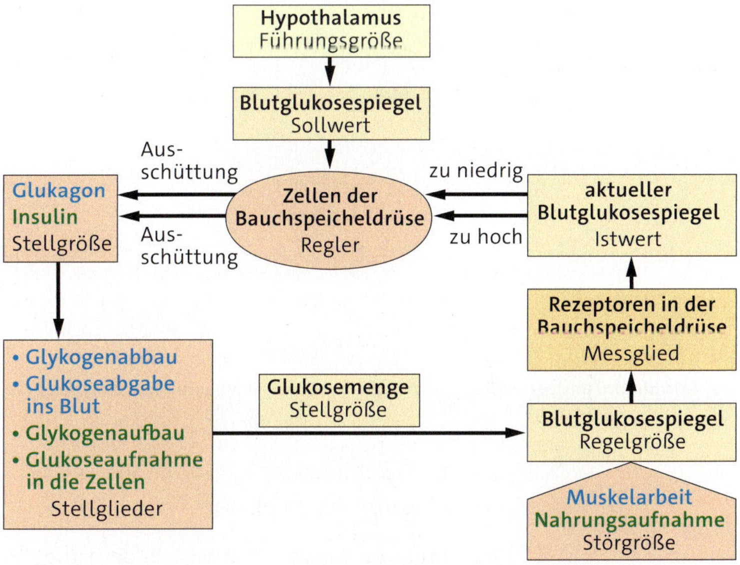

03 Regelung des Blutglukosespiegels durch Insulin und Glukagon

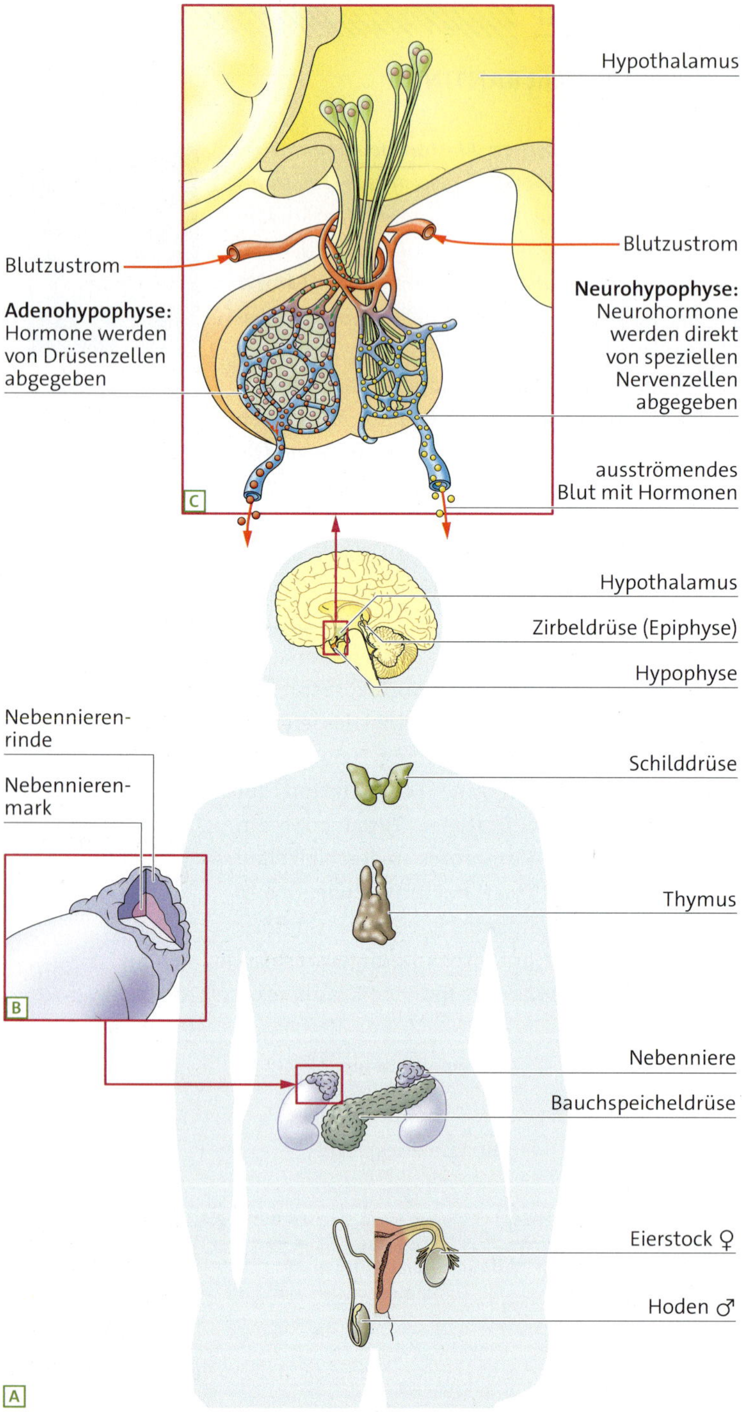

04 Hormondrüsen des Menschen: **A** Lage im Körper, **B** Nebenniere, **C** Hypophyse

1 Recherchieren Sie die Funktion des Thymus und der Epiphyse!

2 Erklären Sie die besondere Bedeutung der Hypophyse!

ENDOKRINE DRÜSEN · Nur wenige Hormone werden von einzelnen Zellen sezerniert. Sie gelangen häufig über Diffusion zu ihren Zielzellen in der näheren Umgebung und werden nur selten im Blut transportiert. Man bezeichnet sie als Gewebehormone.

Die meisten Hormone werden von komplexen Drüsen gebildet und über das Blutgefäßsystem im Körper verbreitet. Da die Drüsen ihr Sekret nicht wie beispielsweise Schweißdrüsen nach außen, sondern ins Körperinnere abgeben, werden sie *endokrine Drüsen* genannt. Der Mensch verfügt über neun Hormondrüsen, von denen die nur kirschkerngroße Hypophyse aufgrund ihrer Funktion als Kontrollinstanz für viele Regelkreise eine besondere Rolle einnimmt.

HYPOPHYSE · Die Hypophyse ist durch einen Stiel mit einem Teil des Gehirns, dem Hypothalamus, verbunden und stellt die Verknüpfung zwischen Nerven- und Hormonsystem dar. Sie besteht aus zwei Teilen: Der Hinterlappen wird als *Neurohypophyse* bezeichnet. Dort enden Axone von Neuronen aus dem Hypothalamus, die an den Synapsenendknöpfchen an einem Blutkapillarsystem Adiuretin zur Regulation der Nierentätigkeit und Oxytocin zur Auslösung von Wehen abgeben. Da diese Hormone von Neuronen produziert werden, bezeichnet man sie als **Neurohormone.** Sie gelangen über die feinen Kapillaren in die Blutbahn. Der Vorderlappen ist die *Adenohypophyse*. Die in ihr enthaltenen Drüsenzellen werden über winzige Mengen von Freisetzungshormonen oder hemmenden Hormonen reguliert, die von neurosekretorischen Zellen des Hypothalamus an ein feines netzartiges Blutgefäßsystem abgegeben werden. Jeder Hypophysenzelltyp sezerniert ein anderes Hormon. Einige, wie das Follikelstimulierende Hormon, kontrollieren die Aktivität anderer Hormondrüsen, wie in diesem Falle die der Geschlechtsdrüsen. Solche Hormone werden als **glandotrope Hormone** bezeichnet. Andere in der Adenohypophyse produzierte Hormone beeinflussen direkt Zellen oder Gewebe wie die Endorphine oder das Wachstumshormon Somatotropin.

Material A ▸ Glukosetoleranztest

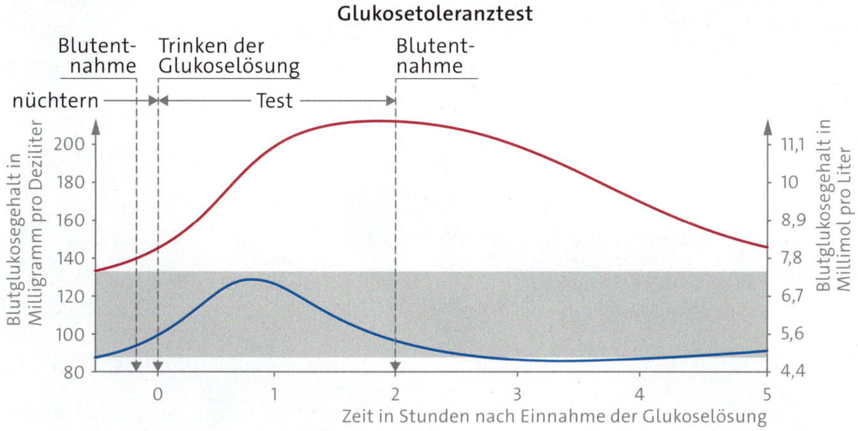

Vor einem Glukosetoleranztest darf ein Patient ungefähr zehn Stunden lang keine Nahrung aufnehmen. Der Test dient dazu, einen Diabetes Typ II, beispielsweise bei stark Übergewichtigen oder bei Schwangeren, zu erkennen.

A1 Beschreiben Sie, wie der Test durchgeführt wird!

A2 Deuten Sie die Kurvenverläufe und ordnen Sie die Kurven einer gesunden Person und einem Diabetiker zu!

Material B ▸ Blutglukoseregulation

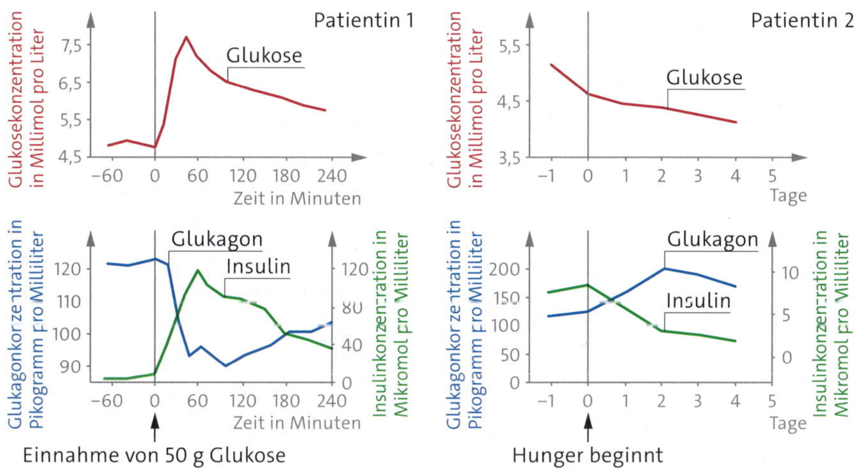

Bei Patientin 1 wurden vor und nach der oralen Aufnahme von 50 Gramm Glukose, bei Patientin 2 vor und während eines viertägigen Fastens die grafisch dargestellten Werte bestimmt.

B1 Werten Sie die Ergebnisse der Glukose- und Insulinkonzentration im Blut nach oraler Aufnahme von Glukose aus!

B2 Erklären Sie den Verlauf der Glukagonkonzentration nach Glukoseaufnahme und während der Fastenzeit!

Material C ▸ Adrenalin

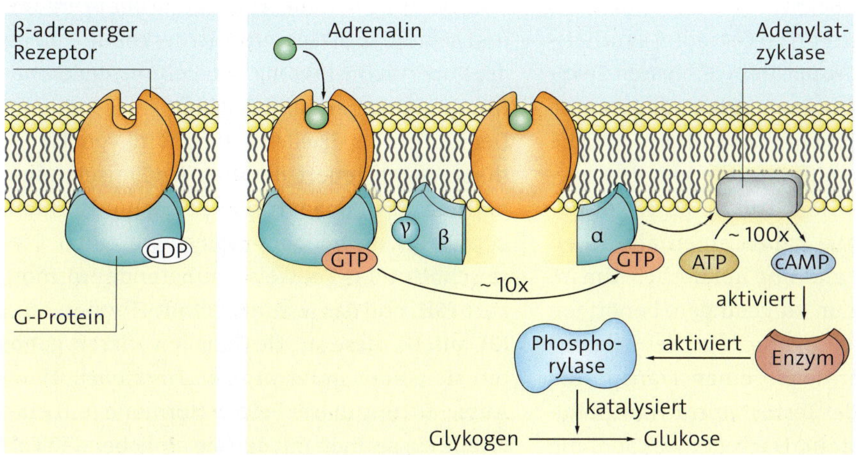

Adrenalin bewirkt in Leberzellen einen Abbau des Glykogens zu Glukose.

C1 Beschreiben Sie den Prozess von der Bindung des Adrenalins an den Rezeptor bis zum Glykogenabbau!

C2 Erläutern Sie die Funktion des Second-Messenger-Systems mit G-Protein und cAMP!

01 Bodybuilder

Steroidhormone

Muskelaufbau durch Training und gesunde Ernährung nötigt Sportlern viel Disziplin und Geduld ab. Deutlich schneller geht das Muskelwachstum vonstatten, wenn man illegale Substanzen einnimmt, die den Aufbaustoffwechsel fördern. Sie werden anabole Steroide oder Anabolika genannt. Es handelt sich dabei um synthetische Abkömmlinge des männlichen Sexualhormons Testosteron. Wie wirkt Testosteron?

WIRKUNG DES TESTOSTERONS · Testosteron gehört zu den männlichen Sexualhormonen, den *Androgenen*, kommt aber in geringerer Menge auch beim weiblichen Geschlecht vor. Denn über ein nur bei Frauen vorkommendes Enzym wird Testosteron zu Östradiol synthetisiert, das zu einer Gruppe der weiblichen Sexualhormone, den *Östrogenen*, gehört. Es gibt eine zweite Gruppe weiblicher Sexualhormone, die *Gestagene*. Alle Sexualhormone gehören aufgrund ihrer chemischen Struktur zu den **Steroidhormonen.** Sie alle haben einen ähnlichen Wirkmechanismus und sind lipidlöslich. Um im Blut zu den Zielzellen zu gelangen, benötigen Steroidhormone im Gegensatz zu den wasserlöslichen Peptidhormonen einen Transporter. Beispielsweise bindet Testosteron an ein globuläres Transportprotein. Nach der Abkopplung vom Transporter gelangt es leicht durch die Lipiddoppelschicht in die Zielzelle und aktiviert dort einen Transkriptionsfaktor. Nur zusammen mit Testosteron bindet der Transkriptionsfaktor an die DNA und initiiert die Synthese eines bestimmten Proteins. Wenn auch in verschiedenen Geweben unterschiedliche Wirkungen erzielt werden, wirkt Testosteron grundsätzlich männliche Merkmale ausprägend, also *androgen*, und induziert den Aufbau körpereigener Substanz, es wirkt also *anabol*.

WEIBLICHER ZYKLUS · Sexualhormone werden vor allem in den *Gonaden*, den Hoden und Eierstöcken, produziert. Im Laufe der Entwicklung bewirken sie die Ausbildung der primären und sekundären Geschlechtsmerkmale und ab der Pubertät die Bildung und Reifung der *Gameten*, der Spermien- und Eizellen.
Der Prozess der Eizellenreifung wird vom Hypothalamus gesteuert, der über ein Freisetzungshormon, das Gonadotropin-Releasing-Hormon, kurz **GnRH,** die Adenohypophyse stimuliert. Diese schüttet das Follikelstimulierende Hormon, kurz **FSH,** und das Luteinisierende Hormon, kurz **LH,** aus. Da diese auf die Gonaden wirken, gehören sie zu den *gonadotropen Hormonen*. Nach Ausschüttung dieser beiden Hormone reift eine Eizelle zusammen mit den sie umgebenden Fol-

likelzellen heran, die daraufhin beginnen, Östradiol zu produzieren. Dies stimuliert die weitere Reifung der Eizelle und den Aufbau, die *Proliferation,* der Uterusschleimhaut. Das Ende dieser Follikelphase wird erreicht, wenn die Konzentration an Östradiol im Blut so hoch ist, dass über eine nur unter diesen Bedingungen vorkommende positive Rückkopplung die FSH- und LH-Ausschüttung über die Adenohypophyse gefördert wird. Der hohe LH-Spiegel löst den Eisprung, die **Ovulation,** aus und bewirkt, dass sich der Follikelrest zum Gelbkörper entwickelt. Er fungiert in der Lutealphase als endokrine Drüse und gibt Östradiol und **Progesteron** ab. Diese Hormone stimulieren während der Sekretionsphase die weitere Verdickung der Uterusschleimhaut und die Einlagerung von Nährstoffen als Vorbereitung auf die Einnistung eines Embryos. Zugleich hemmen sie die Freisetzung der gonadotropen Hormone, sodass sich kein weiterer Follikel entwickeln kann.
Nach 14 Tagen degeneriert der Gelbkörper, wenn sich kein Embryo in die verdickte Uterusschleimhaut eingenistet hat. Daher löst sich die Schleimhaut ab, und es kommt zur Menstruationsblutung. Die hemmende Wirkung des Gelbkörpers auf den Hypothalamus und die Hypophyse entfällt, sodass ein neuer Zyklus eingeleitet wird.
Für die hormonelle **Empfängnisverhütung** macht man sich diese negativ rückkoppelnde Wirkung der Östrogene und des Progesterons zunutze und verhindert mit der dosierten Hormongabe die Follikelentwicklung und den Eisprung.

RISIKEN DER ANABOLIKA · Die Einnahme anaboler Steroide ist gefährlich, weil die Hoden sich verkleinern und ihre Hormonproduktion einstellen und Männer ihre Zeugungsfähigkeit verlieren können. Außerdem ist das Muskelwachstum nicht nur auf die Skelettmuskulatur beschränkt. Eine Verdickung des Herzmuskels kann zu lebensgefährlichen Herzrhythmusstörungen bis hin zum Herztod führen. Auch Probleme mit der Nierenfunktion und der Psyche, zum Beispiel durch Depressionen, sind häufige Folgen des Missbrauchs. Bei Frauen können sich die sekundären Geschlechtsmerkmale verändern und der Menstruationszyklus kann gestört werden, sodass auch sie steril werden können.

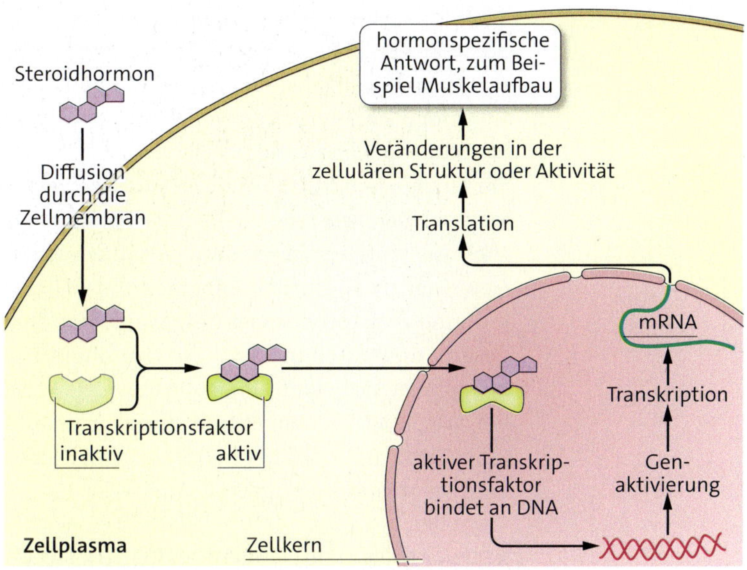

02 Wirkung eines Steroidhormons

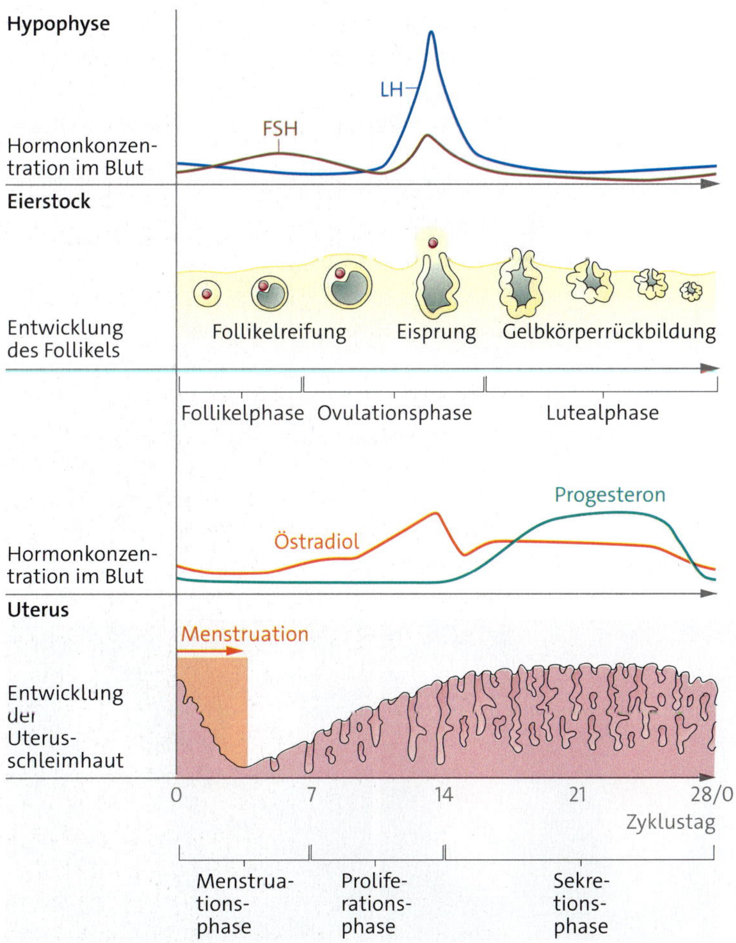

03 Weiblicher Zyklus

WIRKUNG DES THYROXINS · Die menschliche Schilddrüse besteht aus zwei Lappen, die unterhalb des Kehlkopfs vor der Luftröhre liegen. In ihren Epithelzellen werden die Hormone Triiodthyronin und Thyroxin produziert. Sie werden ins Blut abgegeben und beeinflussen an vielen Stellen im menschlichen Organismus den Stoffwechsel. Denn sie regen die Transkription einer Vielzahl von Genen in den verschiedensten Geweben an. So werden Enzyme für den Energie- und Baustoffwechsel hergestellt und insgesamt die Proteinbiosynthese stimuliert. Daher spielen die beiden Hormone beispielsweise bei Wachstums- und Entwicklungsprozessen eines Fetus und eines heranwachsenden Kindes eine besonders wichtige Rolle.

REGULATION DER THYROXINPRODUKTION · Durch äußere Einflüsse wie Temperatur oder Tageslänge wird im Hypothalamus die Bildung des *Thyreotropin-Releasing-Hormons,* kurz *TRH,* angeregt. Nach der Ausschüttung wird es über ein feines netzartiges Blutgefäßsystem zu den Drüsenzellen der Adenohypophyse transportiert. Dort regt es die Produktion von *Thyreotropin,* kurz *TSH,* an. Dieses Hormon gelangt über das Blut zur Schilddrüse und aktiviert die Schilddrüsenzellen, die Thyroxin herstellen. Wenn die Thyroxinkonzentration im Blut hoch ist, wird die Wirkung des TRH auf die Hypophysenzellen gehemmt und auch die Herstellung und Abgabe des TRH im Hypothalamus etwas reduziert. Zirkuliert also viel Thyroxin im Blut, wird weniger TSH hergestellt, sodass die Thyroxinproduktion verringert wird. Thyroxin hat somit eine **negativ rückkoppelnde Wirkung.** Ebenso inhibiert TSH die eigene Freisetzung in der Hypophyse und in geringem Maße die TRH-Herstellung und -Freisetzung im Hypothalamus.

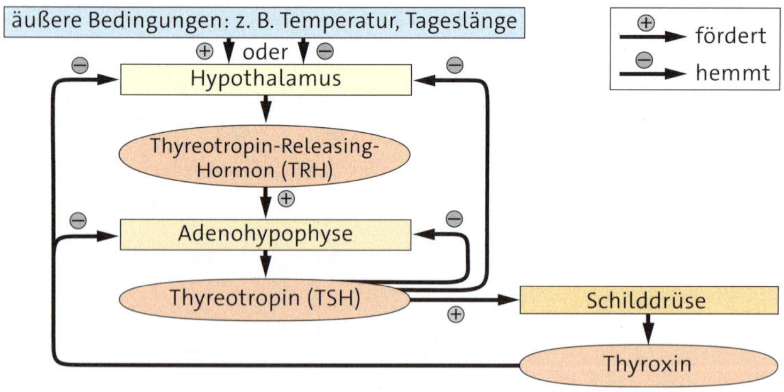

04 Regulation der Thyroxinproduktion

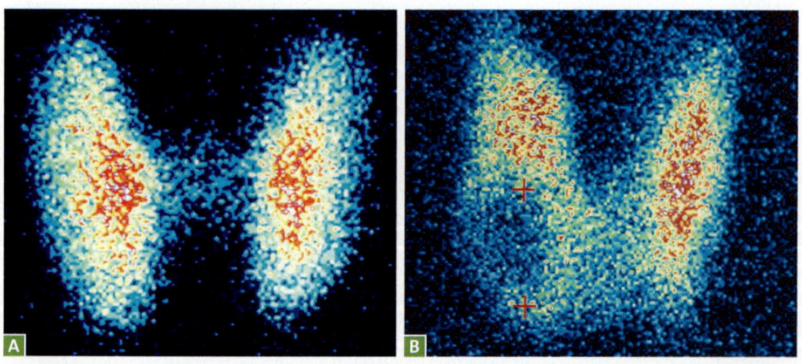

05 Szintigramm einer Schilddrüse: **A** gesund, **B** mit kaltem Knoten

SZINTIGRAFIE · Thyroxin wird aus zwei Tyrosinmolekülen gebildet, an die jeweils zwei Iodatome gebunden sind. Daher kann ohne Iod kein Thyroxin produziert werden, sodass die TSH-Konzentration hoch bleibt und immer mehr Schilddrüsenzellen produziert werden, um den Thyroxinmangel auszugleichen. Iodmangel in der Nahrung führt zu einer Schilddrüsenunterfunktion und durch das Zellwachstum zu einer Knoten- und Kropfbildung in der Schilddrüse. Um zwischen einem bösartigen Tumor und den häufiger vorkommenden gutartigen Schilddrüsenknoten zu unterscheiden, wird radioaktives Iod ins Blut injiziert, das sich im Körper ausbreitet und im Bereich der Schilddrüse vermehrt anreichert. Über eine spezielle Kamera werden diese Bereiche sichtbar gemacht. Man nennt dieses Verfahren *Szintigrafie.* Bei der Schilddrüse sind besonders solche Gebiete verdächtig, in denen wenig Strahlung zu erkennen ist: Bösartige Tumore verstoffwechseln das radioaktive Iod vergleichsweise schlecht. Diese Gebiete nennt man *kalte Knoten.* Dahinter kann sich eine Krebserkrankung verbergen. *Heiße Knoten* sind Gebiete, in denen das radioaktive Iod vermehrt angereichert wird. Sie deuten eher auf eine gutartige Schilddrüsenveränderung hin.

1 Beschreiben Sie die Wirkung des Testosterons!

2 Beschreiben Sie das Regulationsprinzip bei der Thyroxinherstellung!

Material A ▸ Regulation des Wasserhaushalts

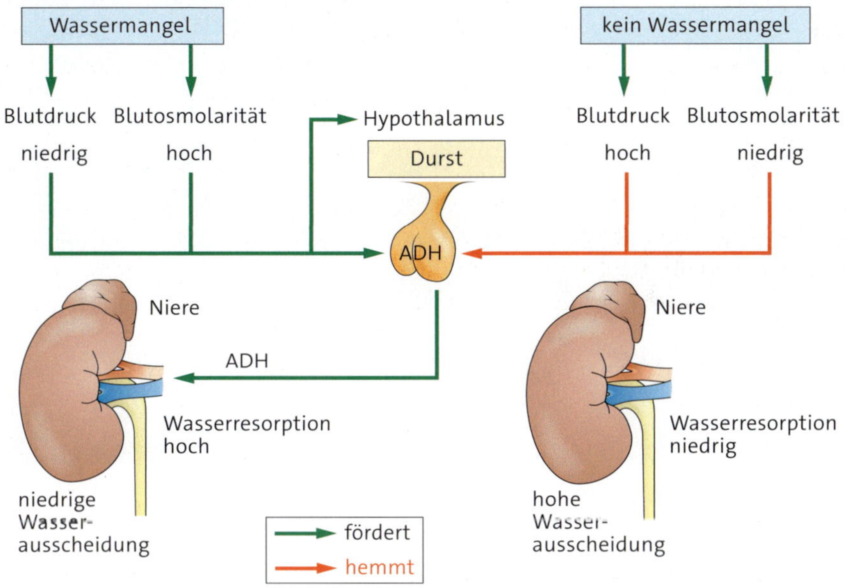

Die Regulation des Wasserhaushalts wird vom Hypothalamus gesteuert. Dieser reagiert auf Signale von Dehnungsrezeptoren der Aorta und der Halsschlagader, die bei starker Gefäßdehnung eine hohe Aktivität zeigen. Außerdem verfügt der Hypothalamus über sensorische Zellen, welche die Konzentration osmotisch wirksamer Substanzen messen.

A1 Beschreiben Sie die Mechanismen zur Regulation des Wasserhaushalts!

Material B ▸ Männliches Fortpflanzungssystem

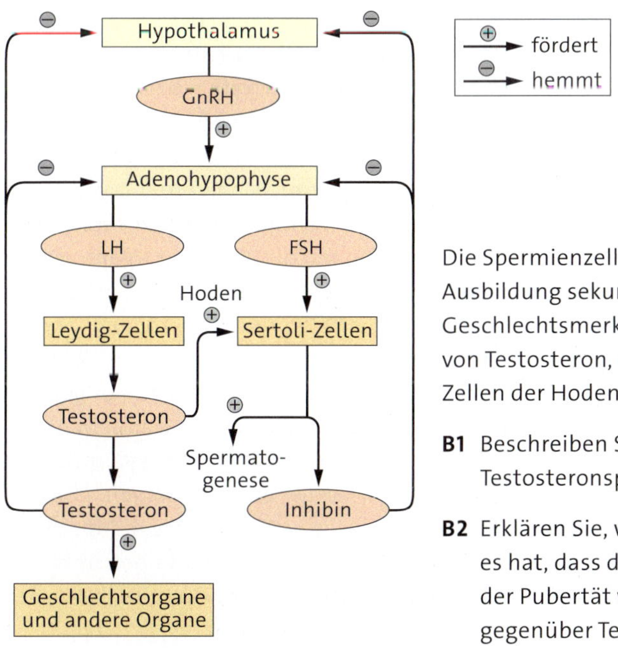

Die Spermienzellbildung und die Ausbildung sekundärer männlicher Geschlechtsmerkmale sind abhängig von Testosteron, das in den Leydig-Zellen der Hoden produziert wird.

B1 Beschreiben Sie die Regulation des Testosteronspiegels!

B2 Erklären Sie, welche Auswirkungen es hat, dass der Hypothalamus in der Pubertät weniger empfindlich gegenüber Testosteron ist!

Material C ▸ Rennechsen

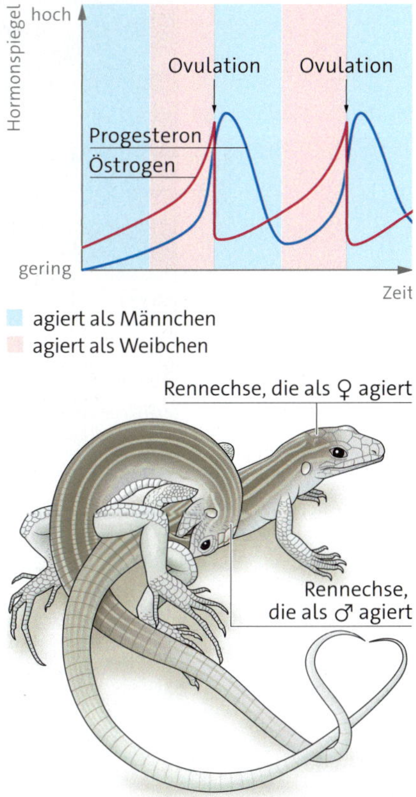

Innerhalb der Wirbeltiergruppen gibt es einige Vögel und Reptilien, die sich asexuell fortpflanzen können. Ein Beispiel ist die Sechsstreifen-Rennechse, *Cnemidophorus uniparens*, bei der die Population nur aus Weibchen besteht. Die Nachkommen entwickeln sich aus unbefruchteten diploiden Eizellen. Man nennt dies Parthenogenese.

Obwohl Spermienzellen weder produziert, noch übertragen werden, vollziehen die Echsen bei der Fortpflanzung ein Verhalten mit Werbung und Paarung, wie es bei zweigeschlechtlichen Echsen bekannt ist.

C1 Erklären Sie den Einfluss des Hormonspiegels auf das Sexualverhalten!

C2 Stellen Sie eine Hypothese auf, wie das Verhalten evolutionsbiologisch zu erklären ist!

01 Sprint zum Bus

Steuerung der Organe

autonomes Nervensystem siehe Seite 11

Der Bus steht schon an der Haltestelle. Trotz schwerer Tasche und müder Beine laufen die Schüler so schnell sie können. Als sie den Bus in letzter Sekunde erreichen, lassen sie sich keuchend und erhitzt auf die noch freien Plätze fallen. Es fühlt sich so an, als würde das Herz bis zum Hals schlagen, die Beine zittern. Kurze Zeit später wirken die Schüler wieder völlig erholt: Sie lachen und rangeln, als ob nichts gewesen sei. Wie stellt sich der Körper auf besondere Belastungen ein und wie erholt er sich wieder?

VEGETATIVES NERVENSYSTEM · Alle lebenswichtigen Funktionen des Körpers werden ohne unsere bewusste Kontrolle automatisch aufrechterhalten und ständig den jeweiligen Erfordernissen angepasst. So schwitzen wir, wenn der Körper durch Bewegung oder Sonneneinstrahlung erhitzt ist, oder atmen schneller, wenn wir uns anstrengen. Tag und Nacht werden zum Beispiel die Drüsen der Haut und des Verdauungstrakts, die glatte Muskulatur der inneren Organe und des Blutkreislaufs sowie das Herz mit Informationen versorgt und gesteuert. Diese Steuerung der inneren Organe wird von einem speziellen Teil des PNS geleistet. Es wird *vegetatives Nervensystem* genannt, da es für die grundlegenden Lebensfunktionen notwendig ist.

lat. vegetare = beleben

Es hält die Funktion der Organe auch ohne unseren Willen, im Schlaf und sogar bei Bewusstlosigkeit selbstständig aufrecht. Deshalb heißt es auch autonomes Nervensystem. Durch seinen Einfluss werden die Körperfunktionen den unterschiedlichen Anforderungen von Ruhe und Belastung angepasst. Das vegetative Nervensystem ist somit entscheidend für die Regelung der Konstanthaltung innerer Zustände trotz äußerer Veränderungen, der **Homöostase.**

BAU DES VEGETATIVEN NERVENSYSTEMS · Das vegetative Nervensystem besteht aus dem *Sympathikus*, dem *Parasympathikus* und dem *Darmnervensystem*, das in der Darmwand liegt und die Aktivität von Magen und Darm völlig autonom steuert. Sympathikus und Parasympathikus innervieren die meisten Organe mit jeweils zwei synaptisch verknüpften, efferenten Neuronen. Die Zellkörper der *präganglionären Neuronen* liegen im Hirnstamm und Rückenmark. Ihre Axone ziehen zu Ansammlungen von Nervenzellkörpern, den *Ganglien*, außerhalb des Rückenmarks. Dort haben sie synaptischen Kontakt zu jeweils einem *postganglionären Neuron*, das das jeweilige Zielorgan innerviert. Die Ganglien des Sympathikus bilden links und rechts der Wirbelsäule eine Ganglienkette, den *Grenzstrang*.

SYMPATHIKUS UND PARASYMPATHIKUS · Alle Organe, mit Ausnahme der Schweißdrüsen, der Blutgefäße und des Nebennierenmarks, werden sowohl vom Parasympathikus als auch vom Sympathikus innerviert. Die meisten postganglionären Axone des Sympathikus setzen den Transmitter *Noradrenalin* frei, die Neuronen des Parasympathikus dagegen *Acetylcholin*. An den Zielorganen haben die beiden neuronalen Systeme deshalb entgegengesetzte Effekte. Zum Beispiel reagiert das Herz auf Noradrenalin mit einer Steigerung der Schlagfrequenz, auf Acetylcholin mit einer Absenkung. Im Verdauungstrakt hyperpolarisiert Noradrenalin die Muskelzellen der Darmwand, woraufhin die Darmtätigkeit gehemmt wird. Acetylcholin dagegen steigert die Aktivität dieser Muskeln.

Die Aktivierung des Sympathikus führt somit zur Mobilisierung von Energie und ermöglicht eine rasche Anpassung an Leistungssituationen. Die Versorgung der Muskeln wird verbessert, indem der Herzschlag beschleunigt und die Atmung vertieft wird. Gleichzeitig wird der Glykogen- und Fettabbau in der Leber gesteigert, sodass genügend Energiereserven zur Verfügung stehen. Da diese leistungssteigernde Reaktion den Organismus auf Flucht oder Angriff vorbereitet, wird sie als *Flight-or-fight-Reaktion* bezeichnet.

Kommt der Körper nach der Belastung zur Ruhe, so unterstützt der Parasympathikus alle Veränderungen, die zur Erholung und zur Regenerierung der Energiereserven führen: Die Magen- und Darmtätigkeit wird gefördert, Herzschlag und Atmung verlangsamt. Da die Wirkung der beiden Teile des vegetativen Nervensystems an den meisten Organen gegenläufig ist, bezeichnet man sie als **Antagonisten.** In ihrer Gesamtwirkung für die Anpassung des Organismus an die jeweiligen Bedingungen ergänzen sich die Wirkungen von Sympathikus und Parasympathikus. Sie wirken im Gesamtorganismus als **Synergisten.**

1 Fassen Sie tabellarisch die leistungs- und erholungsfördernden Wirkungen des Sympathikus und des Parasympathikus zusammen!

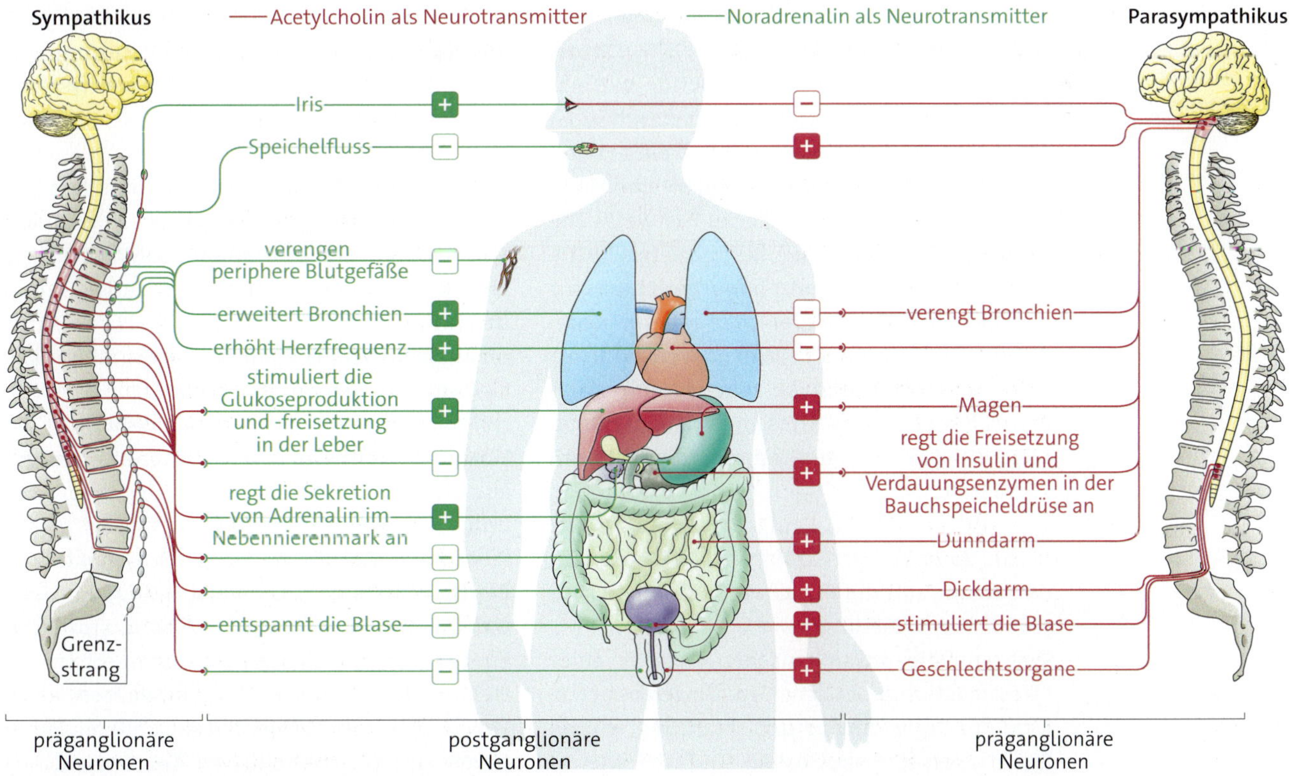

02 Wirkung von Sympathikus und Parasympathikus auf verschiedene Organe

03 Stresssituation im Straßenverkehr

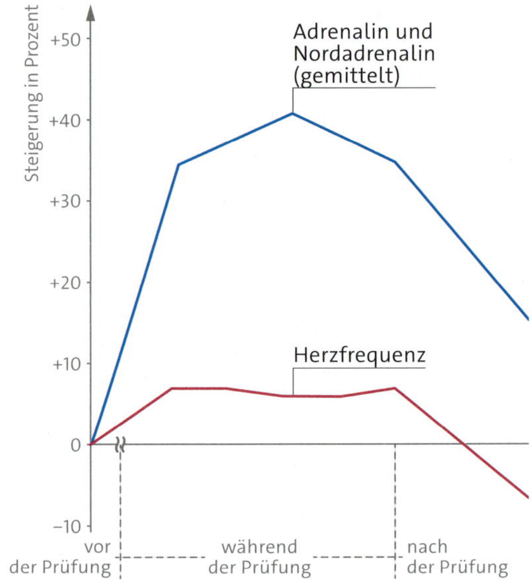

04 Körperliche Reaktionen während einer Prüfungssituation

engl. stress = Druck, Anspannung, Beanspruchung

STRESSREAKTION · Eine plötzlich auftauchende Gefahr wie ein schnell herannahendes Auto, psychischer Stress zum Beispiel während einer Prüfungssituation, aber auch ein Bungee-Jump lösen eine typische, immer wieder ähnliche physiologische Reaktion aus, die erstmals vom österreichischen Mediziner Hans SEYLE **Stress** genannt wurde. Diese Stressreaktion versetzt den Körper in einen aktivierten Zustand, einen Alarmzustand. Typische Anzeichen sind erweiterte Pupillen, Blutdruckanstieg, bleiche Haut, Muskelanspannung und kalter Schweiß. Die Aufmerksamkeit ist ganz auf die tatsächliche oder vermeintliche Bedrohung gerichtet, wir sind hellwach. Die inneren oder äußeren Reize, die die Stressreaktion bewirken, werden **Stressoren** genannt. Durch die sehr rasche physiologische Reaktion auf Stressoren wird der Organismus auf Flucht oder Kampf vorbereitet, um die Gefahr zu bewältigen. Die Stressreaktion entwickelte sich im Laufe der Evolution als rasche Anpassungsreaktion in der Auseinandersetzung mit gefährlichen Situationen und plötzlichen Belastungen.

Während die physiologischen Abläufe einer Stressreaktion genetische Grundlagen besitzen, lernt der Organismus durch Erfahrung, welche Situationen stressauslösend sind und wie intensiv sie wirken. Bewertet das Gehirn einen Reiz als Stressor, so lässt sich eine Aktivierung des Hypothalamus, der zum limbischen System gehört, nachweisen. Der Hypothalamus hat neuronale Verbindungen zum vegetativen Nervensystem und über die Hypophyse hormonellen Kontakt zum Hormonsystem des Körpers. Der Hypothalamus steuert so die Zusammenarbeit des ZNS, des vegetativen Nervensystems und des Hormonsystems.

STRESSSYSTEM · Der Hypothalamus bewirkt die Stressreaktion über zwei Wege, die beiden Stressachsen. Die **neuronale Stressachse** verläuft über Nervenverbindungen zu Neuronen im Hirnstamm, die Noradrenalin als Transmitter ausschütten. Dadurch wird der Sympathikus aktiviert. Die Nerven des Sympathikus innervieren das Nebennierenmark, das daraufhin die Hormone **Adrenalin und Noradrenalin** ins Blut ausschüttet. Durch die Zunahme des Adrenalin- und Noradrenalinspiegels im Blut wird die leistungsfördernde Wirkung des Sympathikus deutlich gesteigert. Die Versorgung von Herz, Gehirn und Muskulatur mit Sauerstoff und energiereicher Glukose wird verbessert, indem Herzfrequenz, Blutdruck und Blutglukosespiegel steigen. Gleichzeitig werden alle anderen Funktionen des Körpers reduziert. Der Organismus befindet sich in der *Alarmphase*.

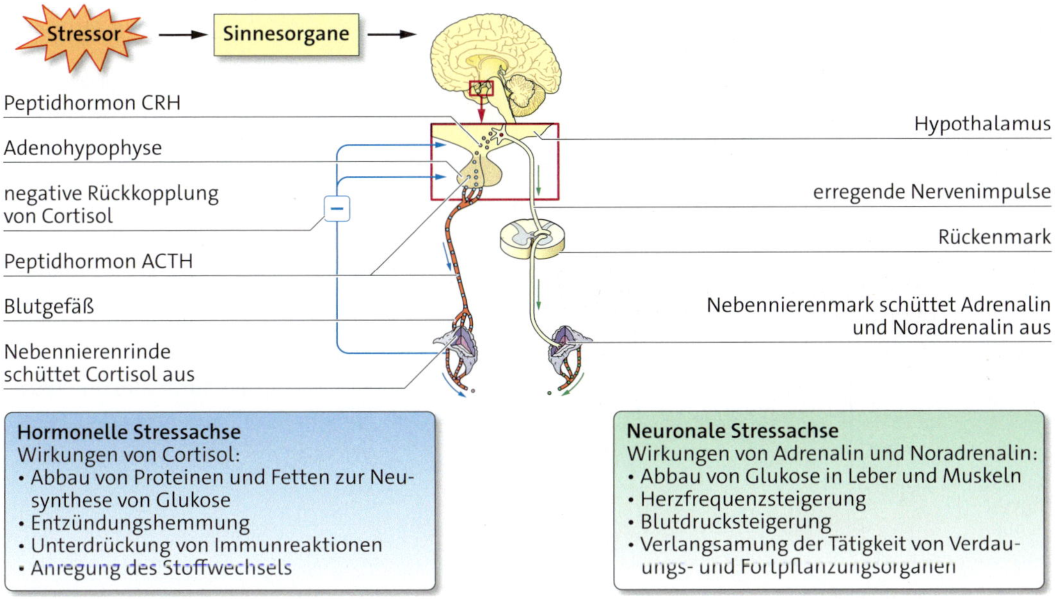

05 Neuronale und hormonelle Steuerung der Stressreaktion

Über die **hormonelle Stressachse** bewirkt der Hypothalamus durch die Freisetzung des Peptidhormons CRH die Ausschüttung des Peptidhormons ACTH aus der Hypophyse. ACTH gelangt in den Blutkreislauf und regt die Nebennierenrinde an, das Steroidhormon **Cortisol** ins Blut abzugeben. Cortisol beeinflusst nahezu alle Organe unseres Körpers. Es unterstützt die Energiebereitstellung, indem es durch den Abbau von Proteinen auch längerfristig das Vorhandensein von Glukose im Blut sichert. Gleichzeitig werden Entzündungsprozesse und die spezifische Immunabwehr unterdrückt. Durch die hormonelle Stressachse werden die Widerstandskraft und Leistungsfähigkeit des Körpers in belastenden Situationen über eine etwas längere Zeit aufrechterhalten. Der Organismus befindet sich in der *Widerstandsphase*.

Da Adrenalin, Noradrenalin und Cortisol typischerweise in einer Stresssituation ausgeschüttet werden, bezeichnet man sie als *Stresshormone*. Cortisol wirkt hemmend auf die Hormonfreisetzung im Gehirn. Gleichzeitig werden Stresshormone abgebaut. Dadurch sinkt die Stresshormonmenge im Blut und die Stressreaktion lässt nach. Wird die stressauslösende Situation bewältigt, zeigt das Belohnungszentrum eine höhere Aktivität und Dopamin wird ausgeschüttet. Die Anspannung sinkt, ein Zufriedenheitsgefühl entsteht.

LANGZEITSTRESS · Werden Menschen und Tiere dauerhaft Stressoren ausgesetzt, so bleibt die Aktivierung der Stressachsen erhalten und die Menge an Stresshormonen im Blut hoch. Dies führt zu einer *Erschöpfungsphase*, in der die hormonelle Regulation der Stressreaktion zusammenbricht.

Die Funktion der Nebennierenrinde kann im Laufe der Zeit beeinträchtigt werden. Dies hat auf Dauer schwerwiegende gesundheitliche Folgen, wie zum Beispiel Bluthochdruck oder eine erhöhte Anfälligkeit für Infektionskrankheiten. Auch verschiedene Krebserkrankungen werden mit Langzeitstress in Zusammenhang gebracht.

CRH = Corticotropin-Releasing-Hormon

ACTH = adrenocorticotropes Hormon; Synonym Corticotropin

2 Beschreiben Sie am Beispiel des Sprints zum Bus, wie das vegetative Nervensystem Phasen der Leistung und der Erholung steuert!

3 Erklären Sie die Zusammenarbeit von Nervensystem und Hormonsystem an einem selbst gewählten Beispiel einer Stresssituation!

4 Erläutern Sie, weshalb das Stresshormon Cortisol bei Gesunden auch als Stressbremse bezeichnet werden kann!

Material A ‣ Adrenalin

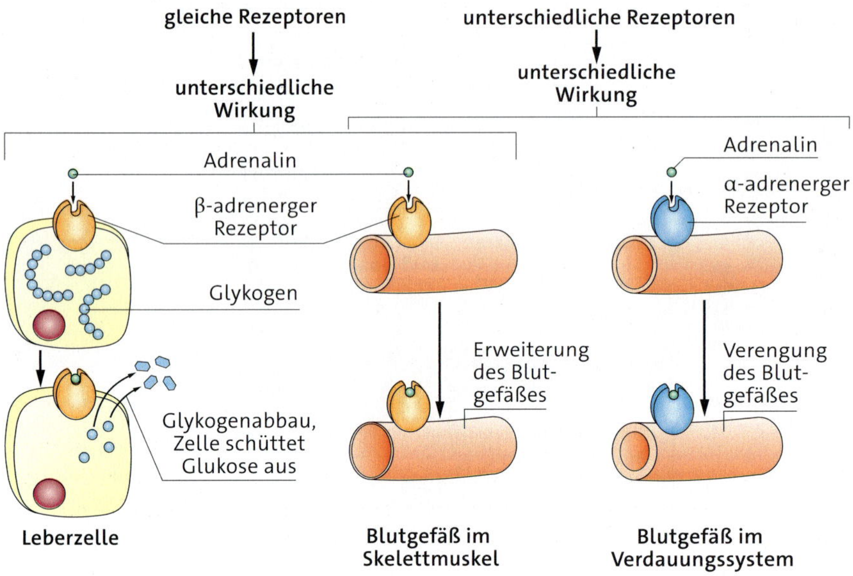

Die Zellen verschiedener Organe des menschlichen Körpers weisen unterschiedliche Typen von Adrenalin-Rezeptoren auf.

A1 Beschreiben Sie die Wirkung von Adrenalin an den verschiedenen Zielorganen!

A2 Erläutern Sie, weshalb die Ausschüttung von Adrenalin durch das Nebennierenmark bei Stress die Wirkung des Sympathikus unterstützt!

Material B ‣ Blutdruck- und Pulsregulation

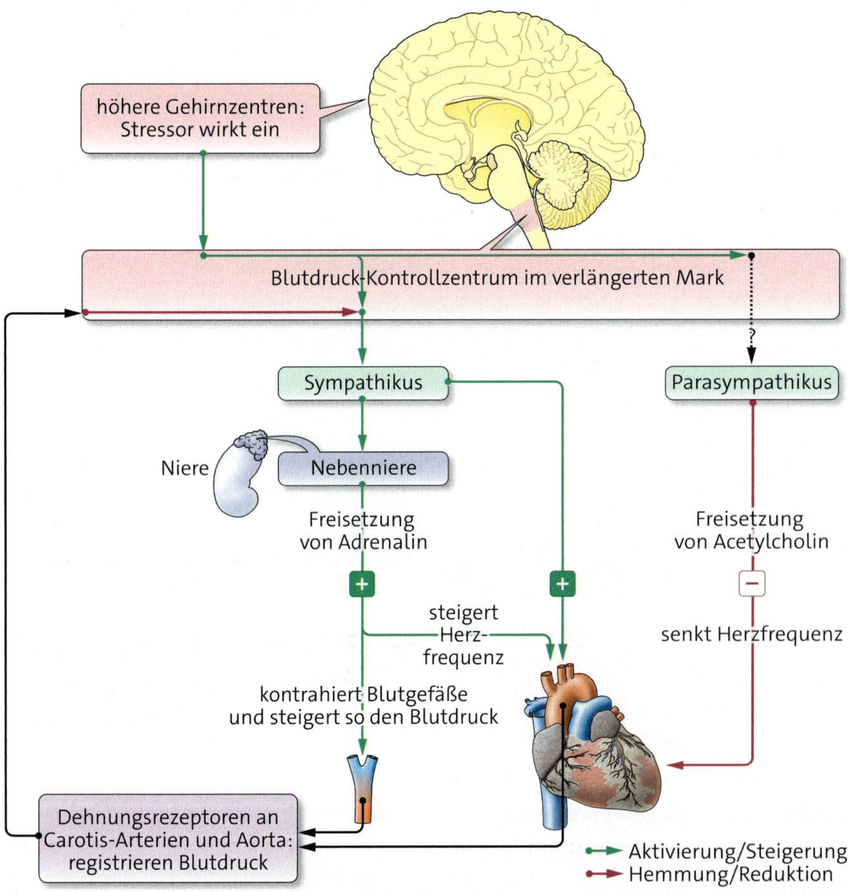

Bei jeder körperlichen und psychischen Belastung wird die Durchblutung von Gehirn und Muskeln durch Herzfrequenz- und Blutdruckveränderungen angepasst. Ein Fahranfänger zum Beispiel sieht im Rückspiegel ein Auto heranrasen, hört lautes Hupen und quietschende Reifen hinter sich. Sofort verändern sich seine Herzfrequenz und sein Blutdruck.

B1 Beschreiben Sie die Wirkung des Stressors auf Blutdruck und Herzfrequenz anhand der Abbildung!

B2 Erläutern Sie die Selbstregulation des Blutdrucks und der Herzfrequenz nach einer kurzen Belastung als ein Beispiel der Zusammenarbeit von Hormonsystem und Nervensystem!

B3 Stellen Sie Hypothesen über die Wirkung von Stressoren auf den Parasympathikus auf!

Material C ‣ Stressreaktion

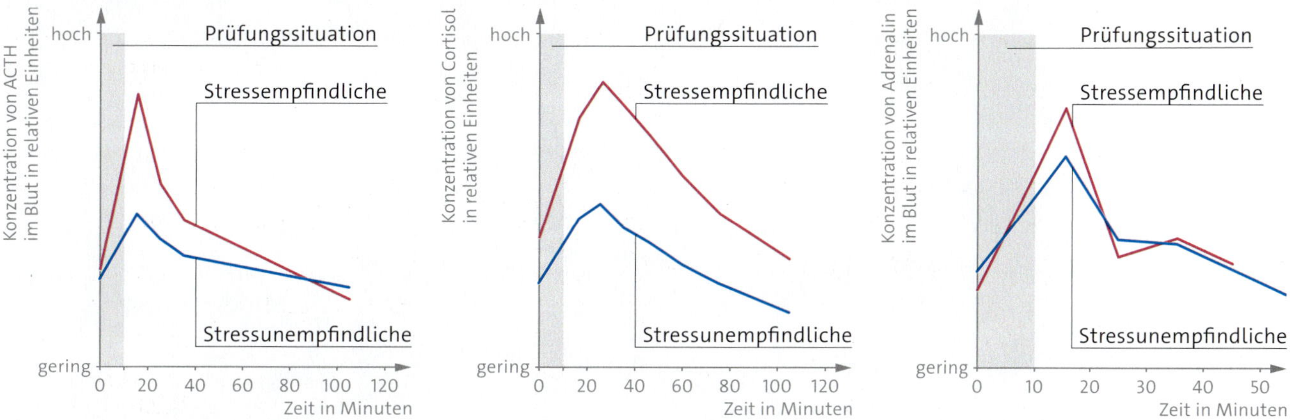

Forscher setzten Versuchsteilnehmer einer Prüfungssituation aus und bestimmten die Konzentrationen von ACTH, Cortisol und Adrenalin im Blut zu verschiedenen Zeitpunkten.

In der Untersuchung konnten die Forscher zwei Reaktionstypen auf Stress im Verhältnis von etwa 1:1 identifizieren: Stressempfindliche, die starke Reaktionen auf Stress zeigen, und Stressunempfindliche, deren körperliche Reaktionen auf Stress deutlich geringer waren.

C1 Vergleichen Sie die Kurvenverläufe von Stressempfindlichen und Stressunempfindlichen!

C2 Erklären Sie die Konzentrationsveränderungen von ACTH, Cortisol und Adrenalin im Blut während des Versuchs mithilfe der Wirkung der beiden Stressachsen!

C3 Stellen Sie Vermutungen zu möglichen Ursachen unterschiedlicher Stressempfindlichkeit an!

Material D ‣ Chronischer Stress

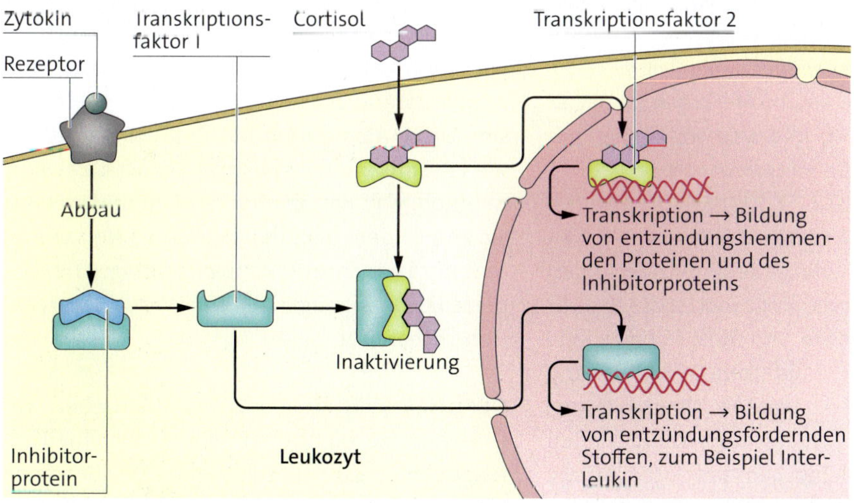

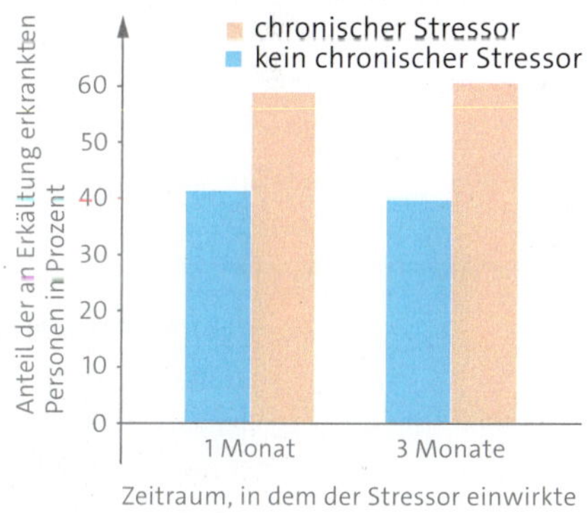

In verschiedenen Studien hat man versucht, Zusammenhänge zwischen der Stressbelastung und der Häufigkeit von Infektionskrankheiten herzustellen.

Die Schemazeichnung zeigt ein Modell der zellulären Wirkung von Zytokinen und Cortisol. Zytokine sind Proteine, die zum einen das Zellwachstum regulieren. Zum anderen haben sie eine immunstimulierende Wirkung, indem sie die Transkription von Genen bewirken, die für entzündungsfördernde Proteine codieren.

D1 Beschreiben Sie die Wirkung von Zytokinen und Cortisol!

D2 Stellen Sie Hypothesen über den Zusammenhang zwischen Stress, Cortisol und Infektionskrankheiten auf!

D3 Diskutieren Sie die Aussage, dass chronischer Stress Infektionskrankheiten verursacht!

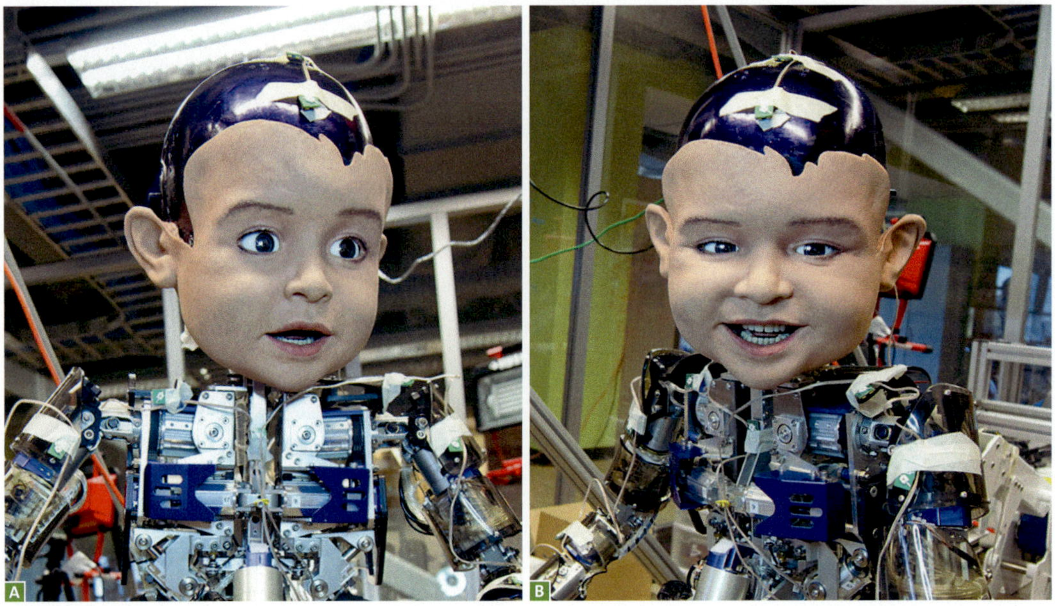

01 Roboterkind Diego-San:
A erstaunt,
B lächelnd

Biologische Grundlagen von Emotionen

limbisches System siehe Seite 15, 124 und 147

Diego-San guckt erstaunt und scheint zu lächeln, als ob er überrascht wäre oder sich über etwas freute. Allerdings ist Diego-San ein Roboter und sein Gesicht besteht aus einer Kunststoffhaut. Ausgestattet mit einer Kamera und einem lernfähigen Computer kann Diego-San nicht nur vorprogrammierte Gefühle zeigen, sondern auch lernen, auf sein Gegenüber zu reagieren.
Was geschieht in einem Menschen, wenn er emotional reagiert, und weshalb können wir sogar künstliche Gesichtsausdrücke deuten?

ENTSTEHUNG EMOTIONALER ERREGUNG · Bereits Säuglinge zeigen Änderungen ihres Gefühlszustands, also emotionale Reaktionen, die durch innere und äußere Reize, wie zum Beispiel Hunger, Müdigkeit, Geräusche und Berührungen, bewirkt werden. Überraschung, Ekel, Furcht, Ärger, Interesse und Wohlbefinden zeigen alle menschlichen Babys in Gestik, Mimik und Lauten unabhängig von ihrer Herkunft. Sie werden deshalb häufig als Basisemotionen oder **primäre Emotionen** bezeichnet. Mit ihnen gehen messbare physiologische und biochemische Veränderungen einher, die die emotionale Erregung oder das Wohlbefinden anzeigen. Da auch alle anderen Säugetiere Emotionen körperlich erleben und ihnen körpersprachlich Ausdruck verleihen können, liegen offenbar angeborene neuronale Verknüpfungen zugrunde. Die Fähigkeit, primäre Emotionen zu erzeugen, findet sich in den stammesgeschichtlich älteren, subkortikalen Gehirnbereichen, besonders im limbischen System. Diese Gehirnregionen können über neuronale Vernetzung und die Ausschüttung von Neurotransmittern im Gehirn den Erregungszustand des gesamten Kortex beeinflussen. Diese *Modulation* hat Einfluss darauf, ob wir eine Situation als positiv oder negativ wahrnehmen, was wir über sie denken und wie wir sie empfinden. Über das vegetative Nervensystem wird gleichzeitig eine physiologische Körperreaktion erzeugt und eine Verhaltensreaktion vorbereitet.

GEFÜHLE · Auffällig ist, dass Menschen auf Umweltreize emotional sehr unterschiedlich reagieren. So kann dieselbe Spinne bei der einen Person Angst, bei der anderen Faszination und Neugier auslösen. Die Wahrnehmung der Umwelt wird offensichtlich auch davon beeinflusst, welche Erfahrungen wir bereits mit der Situation gemacht haben. Sind die Erfahrungen positiv oder fühlt sich der Mensch der Herausforderung gewachsen, so bewertet er die Situation anders, als wenn negative Erfahrungen mit dem Reiz

verbunden werden oder Bewältigungsstrategien fehlen. Gedächtnisinhalte und kognitive Bewertungsprozesse sind somit wesentlich dafür, welche Emotion wir letztlich in einer Situation empfinden und ausdrücken.
Wenn die primären Emotionen, die angeboren sind, sich unter sozialen und kulturellen Einflüssen differenzieren, werden sie auch als erworbene emotionale Reaktionen oder **sekundäre Emotionen** bezeichnet. An ihrer Entstehung sind sowohl der Hippocampus als auch weite Teile der Großhirnrinde beteiligt. Dort liegen auch die Bereiche, die es ermöglichen, Emotionen zu zügeln, also ihre Intensität sowie ihren Ausdruck zu kontrollieren.

Das Zusammenwirken verschiedener Faktoren bei der Entstehung von emotionalen Reaktionen kann in einem vereinfachten Erklärungsmodell zusammengefasst werden. Danach werden menschliche Emotionen als Folge eines Informationsverarbeitungsprozesses betrachtet. Ein wahrgenommener Reiz löst subkortikal emotionale Erregung und Körperreaktionen aus, die wiederum mit Informationen aus dem Kortex verknüpft werden. Diese Bewertung wirkt auf die Handlungsimpulse, den Emotionsausdruck und auch die Reizwahrnehmung ein. Die meisten dieser Verarbeitungsprozesse bleiben unbewusst. Wird uns ein emotionaler Zustand bewusst, bezeichnen Wissenschaftler ihn als subjektives Erleben oder *Gefühl*.

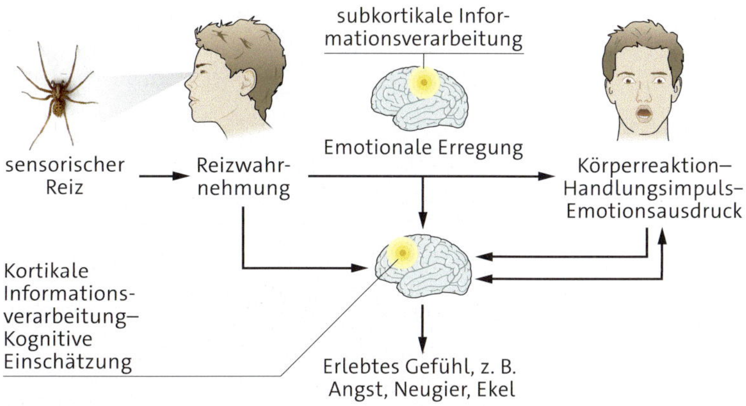

02 Modell zur Entstehung emotionaler Reaktionen

03 Unbewusste Verarbeitung von Gesichtsausdrücken bei Babys: **A** Versuchsperson, **B** Schwarz-Weiß-Schablonen

EMOTIONSERKENNUNG · Nehmen wir Emotionen bei anderen wahr, erhalten wir wichtige Informationen über den inneren Zustand der Person und ihre Einschätzung der jeweiligen Situation. Gesichter spielen hierbei eine große Rolle. Untersuchungen an sieben Monate alten Babys zeigen, dass bereits Säuglinge die Fähigkeit entwickeln, Emotionen anhand von Gesichtsausdrücken zu unterscheiden. Den Babys wurden für wenige Millisekunden einfache Schwarz-Weiß-Schablonen eines Augenpaars gezeigt, während ihre Gehirnaktivität mittels EEG als Maß für die emotionale Erregung aufgezeichnet wurde. Sie reagierten bei einem Augenpaar mit viel sichtbarem Augenweiß mit deutlich erhöhter Gehirnaktivität. So werden einfache Hinweisreize in der Mimik des Gegenübers mit dem eigenen emotionalen Erregungszustand verknüpft. Durch das Benennen der Emotionen und das Spiegeln des Gesichtsausdrucks in der Interaktion mit den Eltern lernt das Kind, die eigene emotionale Erregung auf einen Reiz zu spüren, später zu benennen und den Gefühlsausdruck anderer zu erkennen. Dies ist eine wichtige Voraussetzung für das soziale Miteinander. Dieser Prozess läuft unbewusst und so schnell ab, dass wir auch im Gesicht des Roboters oder sogar in einer einfachen Strichzeichnung, einem Emoticon, Gefühlsausdrücke zu erkennen glauben.

1 Erläutern Sie mithilfe des Modells in Abbildung 02, weshalb Menschen in derselben Situation unterschiedliche Gefühle empfinden können!

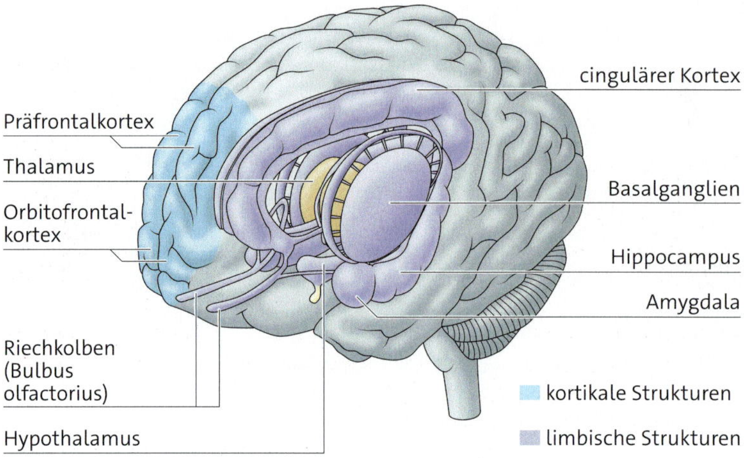

04 Lage des kortiko-limbischen Systems

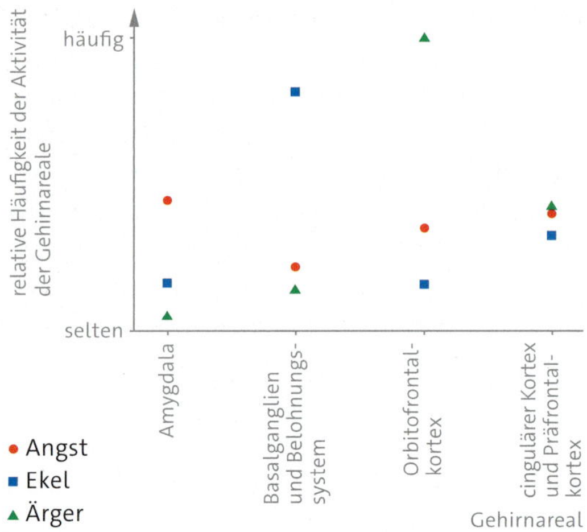

05 In fMRT-Studien nachgewiesene Aktivität verschiedener Gehirnareale bei der Entstehung von Emotionen

lat. limbus = Saum

mesolimbisches Belohnungssystem siehe Seite 135

KORTIKO-LIMBISCHES SYSTEM · Neurobiologisch lässt sich eine emotionale Reaktion durch das Zusammenwirken verschiedener Gehirnareale erklären. Untersuchungen mit bildgebenden Verfahren zeigten, dass bei Versuchspersonen, die von einem Reiz emotional angesprochen wurden, das *limbische System* aktiviert war. Als limbisches System werden Gehirnregionen zusammengefasst, die zum großen Teil wie ein Saum den Thalamus umschließen. Unter anderem zählen die Amygdala, der cinguläre Kortex, der Hippocampus und der Hypothalamus, aber auch die Basalganglien und das Belohnungssystem im Mittelhirn dazu. Diese Gehirnareale haben ganz unterschiedliche Funktionen: Sie sind an der Aufmerksamkeitssteuerung, der Bewertung von einlaufenden Informationen, der Gedächtnisbildung, dem Lernen und der Wiedererkennung von emotionalen Situationen und Objekten beteiligt. Sie sind stark miteinander vernetzt und bilden dadurch eine *Funktionseinheit*. Wird ein Reiz von den Sinnesorganen empfangen und vom Thalamus verarbeitet, so bewirken diese Areale zusammen die emotionale Reaktion. In fMRT-Studien konnte deshalb auch keine Emotion einem bestimmten Areal des limbischen Systems zugeordnet werden. Vielmehr sind zum Beispiel Angst, Ekel und Ärger durch die Veränderung von Aktivitätsmustern im gesamten neuronalen Netz des limbischen Systems gekennzeichnet. Das limbische System ist über viele Neuronen mit dem *Präfrontalkortex* verbunden. Dort wird die unbewusste emotionale Erregung mit gespeicherten Erfahrungen verknüpft und Entscheidungen, Verhalten und Gedanken werden emotional beeinflusst. Da der *Hippocampus* als zentrale Struktur für die Gedächtnisbildung in das limbische System eingebunden ist, nehmen positive und negative Empfindungen auch Einfluss auf Lernen und Gedächtnis.

EMOTIONSREGULATION · Durch die neuronale Verbindung des Präfrontalkortex zum limbischen System werden Ausdruck und Intensität der Gefühle beeinflusst. Die Fähigkeit, auf die emotionale Erregung einzuwirken, bezeichnet man als *Emotionsregulation*. Sie entwickelt sich im Laufe des Lebens vor allem im sozialen Kontakt. So lernen Menschen den Ausdruck von Emotionen wie Wut, Ärger und Trauer zu kontrollieren. Bei Verletzungen des Präfrontalkortex, vor allem in einem Bereich direkt über den Augen, dem *Orbitofrontalkortex,* verlieren die Betroffenen die Fähigkeit, situationsangemessene Gefühle zu empfinden und intuitiv richtig zu entscheiden.

2 Beschreiben Sie die Besonderheit in Aufbau und Funktion des limbischen Systems!

3 Erläutern Sie anhand der Abbildung 05 die Entstehung von Ekel, Furcht und Ärger!

Material A ▸ Emotionen als Gedächtnisstütze?

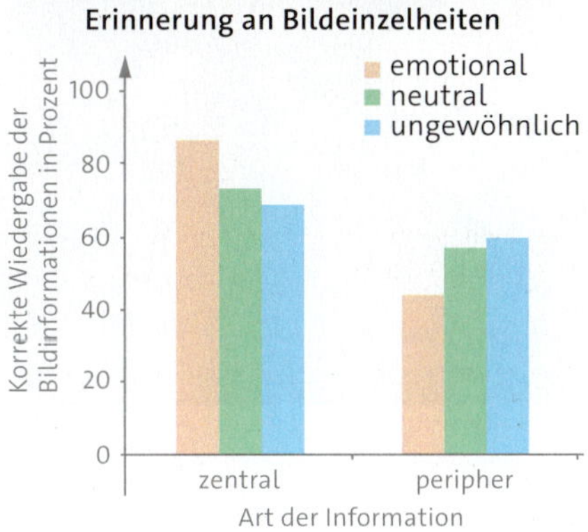

Versuchspersonen wurden verschiedene Fotos für eine kurze Dauer von jeweils 180 Millisekunden dargeboten. Die Fotos zeigten eine emotionale, eine neutrale oder eine ungewöhnliche Szene.

Nachfolgend wurde untersucht, wie häufig es den Versuchspersonen gelang, sich an zentrale oder am Rand, also peripher liegende Einzelheiten der Bilder korrekt zu erinnern.

A1 Beschreiben Sie die Versuchsergebnisse im Hinblick auf die Versuchsfrage!

A2 Erläutern Sie, welche Rückschlüsse das Experiment auf die Bedeutung von Emotionen bei der Erinnerung ermöglicht!

A3 Deuten Sie die Ergebnisse mithilfe der neurobiologischen Grundlagen der Emotionen!

Material B ▸ Emotionsregulation durch Gedanken

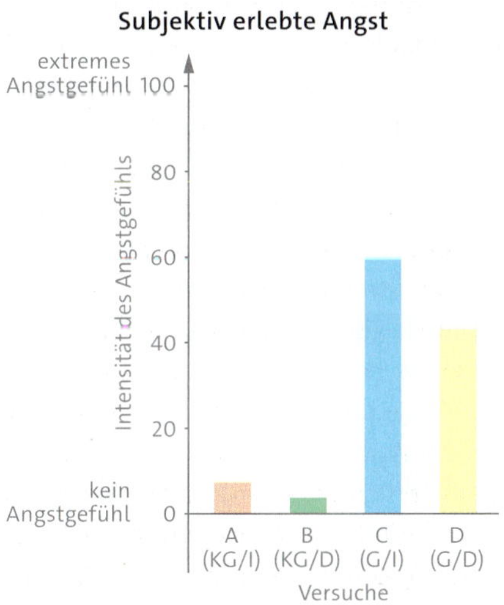

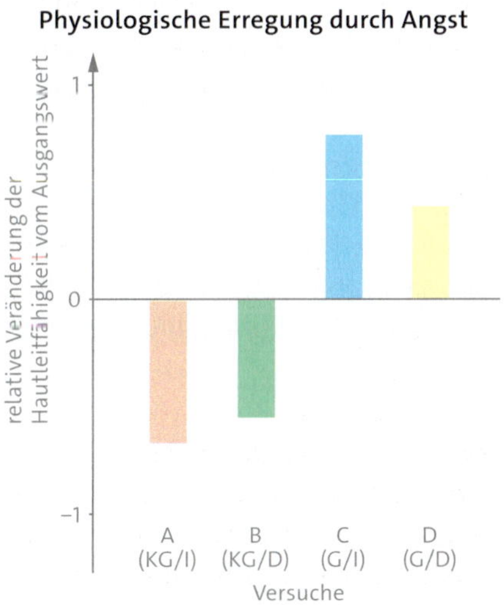

Versuch	Versuchsbedingungen
A	tiefer Ton: keine Gefahr; Identifizieren (KG/I)
B	tiefer Ton: keine Gefahr; Distanzieren (KG/D)
C	hoher Ton: Gefahr; Identifizieren (G/I)
D	hoher Ton: Gefahr; Distanzieren (G/D)

In einem Experiment wurde Versuchspersonen angekündigt, dass sie innerhalb der nächsten 25 Sekunden einen kleinen Stromschlag erhalten. Diese Gefahr wurde durch einen hohen Ton angekündigt (G). Bei einem tiefen Ton drohte keine Gefahr (KG). Die Hälfte der Versuchspersonen sollte sich nach Ertönen des Signals in Gedanken mit der Situation identifizieren, indem sie sich ganz hineinversetzte (I). Die andere Hälfte sollte sich von der Situation durch die Vorstellung distanzieren, sie würde die Situation von weit entfernt beobachten (D). Nach Ablauf dieser Phase schätzen die Versuchspersonen ihre subjektiv erlebte Angst auf einer Skala von 0 bis 100 ein. Gleichzeitig wurde die Veränderung der Hautleitfähigkeit als Maß für die physiologische Erregung durch Angst gemessen. Die Hautleitfähigkeit ist umso höher, je angespannter eine Person ist.

B1 Beschreiben Sie die Versuchsanordnung!

B2 Erläutern Sie die Versuchsergebnisse!

B3 Deuten Sie die Wirkung von Gedanken auf Emotionen! Nennen Sie Beispiele aus dem Alltag, die den Nutzen der Ergebnisse verdeutlichen!

01 Tempelotter, *Tropidolaemus wagleri*

Neurobiologie der Angst

Eine Zeitung auf Madagaskar berichtete, dass Diebe die Fahrgäste eines Busses mit einer Schlange bedrohten, woraufhin diese in Panik aus dem Bus flüchteten. Die Räuber nutzten die Flucht der Reisenden, um das Gepäck zu plündern. Interessanterweise gibt es auf Madagaskar keinerlei gefährliche Giftschlangen. Trotzdem reagieren die Inselbewohner generell ängstlich auf jede Art von Reptilien. Sind solche Ängste angeboren? Wie lässt sich Angst neurobiologisch erklären?

griech. amygdale = Mandel

ANGSTENTSTEHUNG · Angst und Furcht sind zwei unterschiedliche emotionale Reaktionen: Während Furcht entsteht, wenn ein bedrohlicher Reiz tatsächlich vorhanden ist, wird Angst als ein Gefühl von Bedrohung, Beklommenheit und Vorsicht auch ohne Anwesenheit eines konkreten Bedrohungsreizes bezeichnet. Da beide negativ erlebten emotionalen Zustände aber auch physiologische und neurobiologische Gemeinsamkeiten haben, wird häufig Angst als allgemeiner Oberbegriff verwendet.
Die Entstehung von Angst erforschen Wissenschaftler unter anderem anhand von Fallbeispielen. In der medizinischen Literatur wird eine Patientin beschrieben, die keine Angst empfindet. Obwohl die Forscher mit allen Mitteln versuchten, diese ansonsten gesunde Patientin in Angst und Panik zu versetzen, reagierte sie bei allen bedrohlichen Reizen lediglich mit Interesse und Neugier. Sie musste sogar von vielen objektiv gefährlichen Situationen abgehalten werden, damit sie sich nicht selbst gefährdete. Sie litt seit ihrer Kindheit unter einer sehr seltenen genetisch bedingten Krankheit, die zur Zerstörung eines Teils des limbischen Systems, nämlich der **Amygdala** führt.

Dieser Befund unterstützte Ergebnisse aus Tierversuchen, in denen festgestellt wurde, dass besonders die Amygdala an der Entstehung und dem Lernen einer Angstreaktion beteiligt ist. Bestätigt wird die Bedeutung der Amygdala auch in fMRT-Studien. Konfrontierte man Spinnenphobiker mit den Objekten ihrer Angst, so zeigten sie die typischen Merkmale einer Angstreaktion: geweitete Augen und Muskelanspannung, physiologische Veränderungen wie erhöhte Herzfrequenz und kalten Schweiß sowie Abwehr oder Erstarren. Gleichzeitig wies die Amygdala eine erhöhte Aktivität auf.

ZWEI-WEGE-MODELL DER ANGST · Angstauslösende Reize werden nach einem Modell des Neurowissenschaftlers Joseph LEDOUX auf zwei Wegen verarbeitet. Bereits früh in der Evolution hat sich ein unbewusst arbeitendes Angstsystem entwickelt. Sensorische Informationen werden über einen direkten Weg vom Thalamus an die Amygdala weitergeleitet. Dort wird die Information sofort als gefährlich oder ungefährlich bewertet und löst über direkte Verbindungen mit dem Hirnstamm im Falle einer Gefahr eine rasche vegetativ gesteuerte *Alarmreaktion* aus. Wird der Reiz dagegen als ungefährlich bewertet, so kann die Amygdala über den Nucleus accumbens ein Erkundungsverhalten auslösen. Die subkortikale Verknüpfung von sensorischem Input und Amygdala ermöglicht zwar nur eine ungenaue Einordnung eines Reizes, sodass auch eine harmlose Plastikschlange eine kurzfristige Schreckreaktion bewirkt, kann aber als Frühwarnsystem lebensrettend sein.
Parallel zu diesem unbewussten Verarbeitungsweg werden sensorische Informationen vom Thalamus zum visuellen Kortex weitergeleitet. Dort werden die Informationen analysiert, mit Erfahrungen verglichen, kategorisiert und bewertet. Die Ergebnisse dieser genaueren Einschätzung werden dann wieder über neuronale Verbindungen an die Amygdala weitergeleitet. Dieser zweite Verarbeitungsweg dauert etwas länger, ist aber genauer. Die schnelle Bewertung durch die Amygdala wird im Hippocampus mit neuronalen Informationen über Kontext und Erfahrungen aus dem Gedächtnis verglichen. Liegen Hinweise auf Sicherheit vor, weicht der Schrecken der Erleichterung. Das Angsterleben wird gedämpft. Wird Bedrohung signalisiert, dann bewirkt die Amygdala über ihre Verbindungen zu weiteren limbischen Strukturen, zum Präfrontalkortex sowie zum Hirnstamm das emotionale Angsterleben und die körperlichen Reaktionen. Die Amygdala wirkt somit als eine Art Detektor für bedrohliche oder überraschende Reize und koordiniert die Reaktionen nach der kognitiven Verarbeitung.

1 Erläutern Sie am Beispiel einer selbst gewählten angstauslösenden Situation das Zwei-Wege-Modell der Angstentstehung!

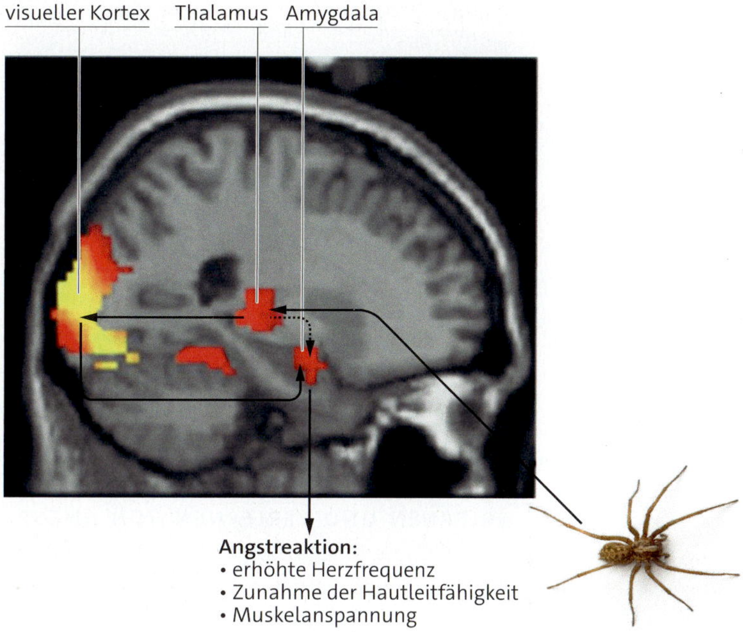

02 Neuronale Aktivierung bei einer Angstreaktion eines Spinnenphobikers (fMRT-Aufnahme)

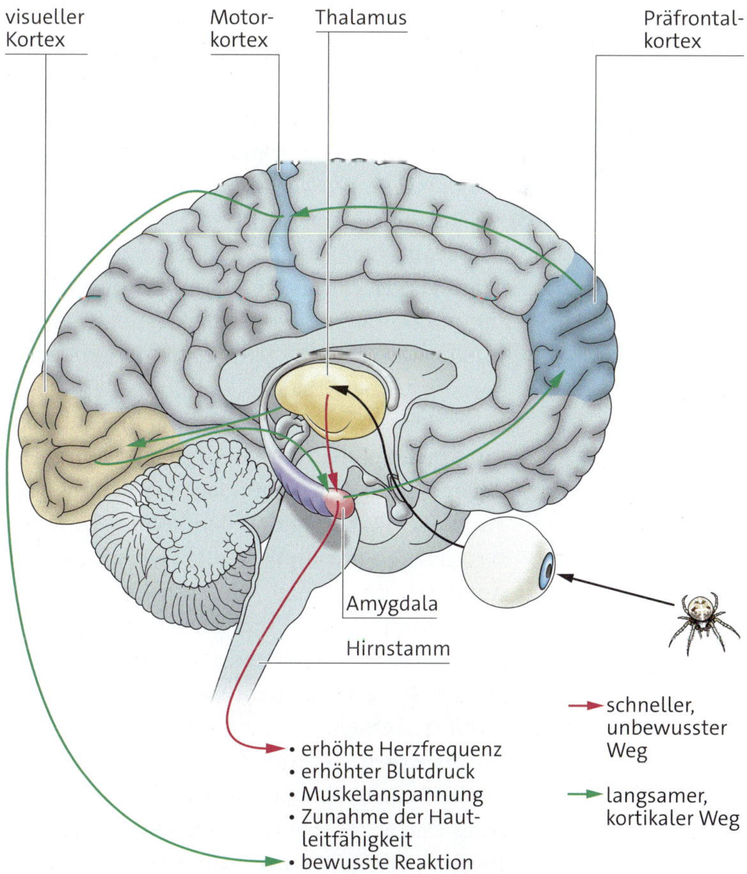

03 Zwei-Wege-Modell der neuronalen Verarbeitung bedrohlicher Reize

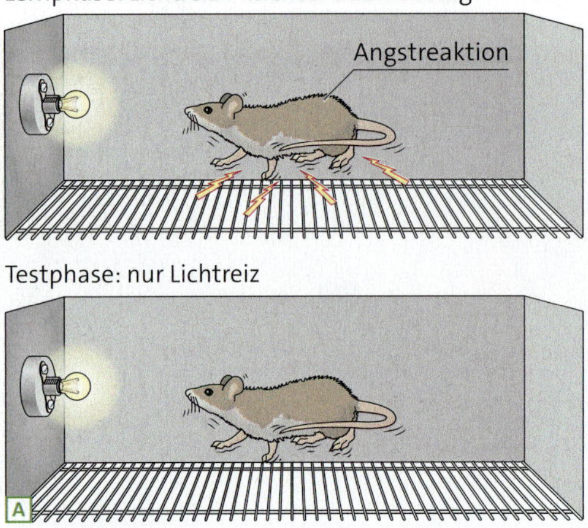

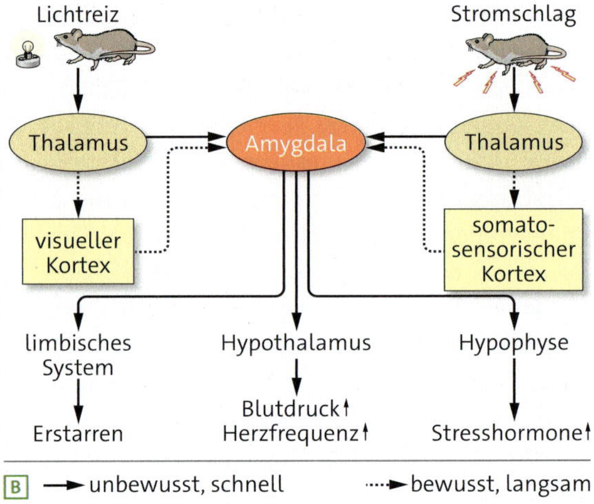

04 Angstkonditionierung:
A Versuch mit Ratten,
B neuronale Verknüpfungen (Schema)

ERLERNEN UND VERLERNEN VON ANGST · Wer sich als Kind an einer heißen Herdplatte verbrannt hat, vergisst das meist nicht mehr und meidet Situationen, in denen Verbrennungen drohen. Die Ursache dieser Verknüpfung von bedrohlichem Reiz, der Empfindung und dem Angstgefühl liegt in der Stärkung der neuronalen Erregungsleitung in der Amygdala. Wird ein ursprünglich harmloser Reiz, zum Beispiel ein Lichtreiz, mit einem bedrohlichen Reiz, zum Beispiel einem leichten Stromschlag, kombiniert, so reagieren Ratten nach wenigen Lerndurchgängen bereits auf das Licht als Hinweisreiz mit einer Angstreaktion, auch wenn kein Stromschlag folgt. Diese Lernform bezeichnet man als **klassisches Konditionieren** oder *Signalkonditionierung*. Während der Lichtreiz vor dem Lernen keine Aktivität in der Amygdala hervorruft, bewirkt die Kopplung des harmlosen Reizes mit einer unangenehmen Erfahrung molekulare Veränderungen an Synapsen in der Amygdala. Dadurch werden synaptische Verbindungen zwischen den beiden Verarbeitungswegen geknüpft und stabilisiert. Ist die Amygdala geschädigt oder wird sie medikamentös in ihrer Funktion unterdrückt, so können Menschen und Tiere solche Hinweisreize aus der Umgebung nicht mehr als Signale für Gefahren lernen.

Langzeitpotenzierung siehe Seite 166

Normalerweise lässt die Angstreaktion im Laufe der Zeit nach, wenn der Organismus die Erfahrung macht, dass auf den Hinweisreiz keine tatsächliche Gefahr droht. Dieses Verschwinden einer Angstreaktion, die *Löschung*, wird durch positive Erfahrungen gefördert. Hippocampus und Präfrontalkortex hemmen die Aktivität der Amygdala und reduzieren die Angst.

Nicht immer entwickelt sich eine Angstreaktion durch eine persönliche Erfahrung mit dem bedrohlichen Objekt. Wild lebende Rhesusaffen reagieren panisch beim Anblick von Schlangen. Da in Indien die giftigsten Schlangen der Welt vorkommen, könnte man annehmen, dass die Furcht der Rhesusaffen angeboren ist. Im Zoo aufgewachsene Tiere ohne Kontakt zu Schlangen zeigen die Angst jedoch nicht. Erst wenn sie wild lebende Rhesusaffen im Video beobachten konnten, entwickelten sie dieselbe Angstreaktion. Diese Form des Lernens, das *Beobachtungslernen*, setzt keine direkte Erfahrung mit dem bedrohlichen Objekt voraus. Sie spielt für die Angstentstehung bei Menschen eine wichtige Rolle.

Forscher untersuchten, ob durch Beobachtungslernen jedes beliebige Objekt Angst erzeugen kann. Das ist allerdings nicht so. Rhesusaffen, denen manipulierte Videos gezeigt wurden, änderten ihr Verhalten gegenüber Blumen nicht, wohl aber gegenüber Schlangen und Spinnen, wenn sie entsprechende Angstreaktionen beobachtet hatten. Das spricht für eine genetische Disposition für das Lernen von Angstreizen.

2 Erklären Sie die Lernmechanismen beim Erwerb von Angst vor Objekten!

3 Erläutern Sie wichtige Funktionen von Angst!

Material A ▸ Entstehung und Therapie der Spinnenphobie

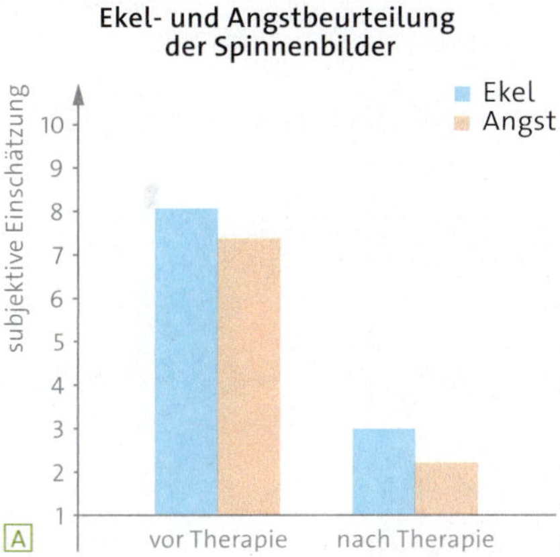

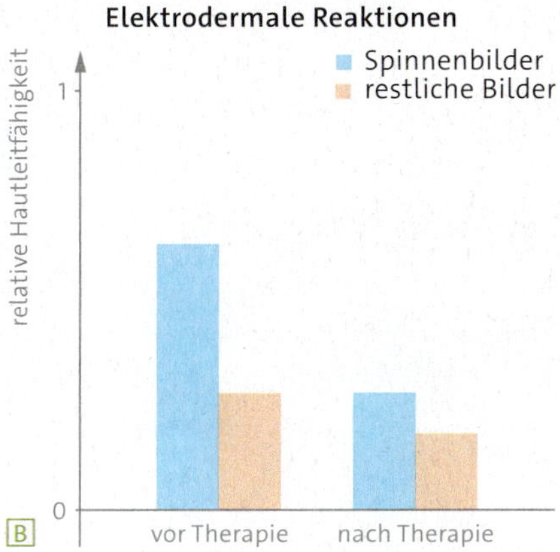

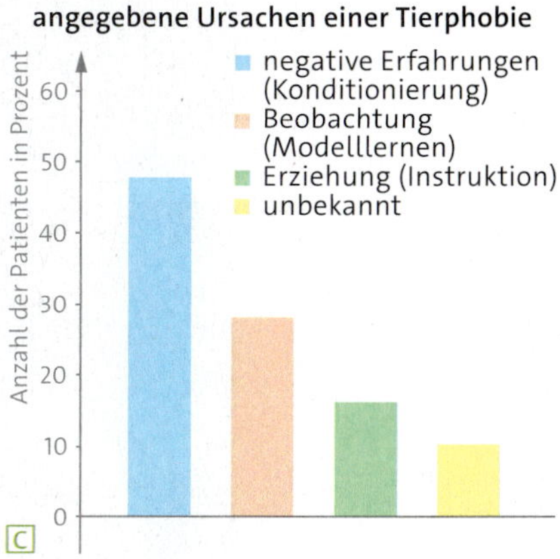

In der Therapie der Spinnenphobie werden Patienten unter therapeutischer Anleitung mit Bildern von Spinnen und später mit lebenden Tieren konfrontiert. Während dieser Desensibilisierungstherapie schätzen sie regelmäßig die Stärke der Angst und des Ekels auf einer Skala von 1 bis 10 ein. In einer Studie wurde zusätzlich die Hautleitfähigkeit als Maß für die physiologische Angstreaktion bestimmt. In einer anderen Studie wurden die Patienten nach der Entstehungsgeschichte ihrer Phobie befragt.

A1 Werten Sie das Ergebnis der Befragung zur Entstehung der Spinnenphobie in Abbildung C aus!

A2 Erklären Sie, wie eine Angstkonditionierung beim Menschen erfolgen könnte!

A3 Beschreiben Sie die Befunde in den Abbildungen A und B und erklären Sie die Wirkung der Desensibilisierungstherapie!

Material B ▸ Verarbeitung emotionaler Reize

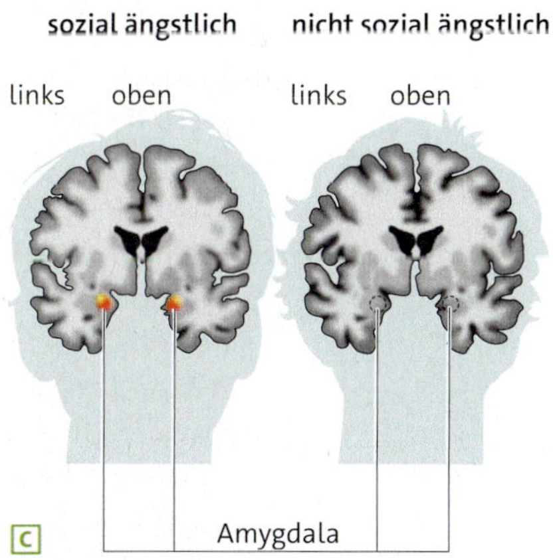

In einer Untersuchung wurde sozial ängstlichen und sozial nicht ängstlichen Versuchspersonen das Foto eines ärgerlich-bedrohlichen Gesichts in einem Feld von neutralen Gesichtern gezeigt. Die Betrachtungszeit war sehr kurz. Die Probanden sollten in dieser „Face-in-the-crowd"-Situation schnellstmöglich das ärgerlich-bedrohliche Gesicht entdecken. Die Zeit bis zur Entdeckung wurde gemessen. Außerdem wurde mithilfe einer fMRT-Untersuchung die Aktivität der Amygdala bei der Betrachtung von bedrohlichen Gesichtern gemessen.

B1 Werten Sie die Untersuchungsergebnisse in Abbildung B aus!

B2 Beschreiben Sie die Durchführung einer fMRT-Untersuchung und erläutern Sie die Untersuchungsergebnisse in Abbildung C!

B3 Formulieren Sie Hypothesen, welche Folgen eine unterschiedliche Verarbeitung gleicher emotionaler Reize im Alltag hat!

01 Süßigkeitenstand auf einer Kirmes

Biologische Grundlagen der Motivation

Schon von Weitem fällt das verführerische Angebot an Süßigkeiten auf. Vor dem Jahrmarktsstand bleiben viele Kinder und Erwachsene stehen, um sich aus der farbenfrohen Vielfalt etwas Leckeres auszusuchen. Was treibt sie an? Welche äußeren Anreize und inneren Antriebe motivieren Verhalten?

HUNGER- UND SÄTTIGUNGSSIGNALE · Für die *kurzfristige Regulation* von Hunger und Sättigung erhält das Gehirn Hinweise über den augenblicklichen Versorgungszustand anhand des Glukosespiegels im Blut. Steigende Blutglukose- und Insulinspiegel reduzieren bei Gesunden den Appetit, fallende Blutglukose- und Insulinspiegel steigern den Appetit. Außerdem gelangen Informationen über den Füllungsgrad des Magens von Dehnungsrezeptoren in der Magenwand über den Vagusnerv zum Gehirn. Magen und Darm produzieren zudem Peptidhormone. Bei leerem Magen oder angesichts köstlicher Nahrung wird von Zellen in der Magenwand das Hormon Ghrelin gebildet. Steigt die Konzentration an Ghrelin im Blut an, so fördert es den Appetit und das Suchverhalten nach Nahrung nimmt zu. Das Peptidhormon YY, kurz PYY, das von endokrinen Zellen im Darm vor allem nach energiereichen Mahlzeiten gebildet wird, wirkt appetithemmend. Ghrelin und PYY beeinflussen Neuronen im Hypothalamus, der bei der Regulation von Hunger und Sättigung eine entscheidende Rolle spielt.

engl. obesity = Fettleibigkeit

griech. leptós = schmal, dünn, klein

Ghrelin = Growth hormone release-inducing

Die Bedeutung des Fettgewebes für eine *langfristigere, hormonelle Regulation* der Nahrungsaufnahme wurde an Mäusen untersucht. Ist bei Mäusen das Gen *ob* durch eine Mutation deaktiviert, so leiden sie unter sehr starkem Übergewicht. Dieses Gen bewirkt, dass im Fettgewebe das Hormon Leptin synthetisiert wird. Es bindet an spezifische Rezeptoren im Hypothalamus. Binden viele Leptinmoleküle, wird dem Hypothalamus signalisiert, dass ausreichend Fettreserven zur Verfügung stehen. Daraufhin nimmt das Sättigungsgefühl zu und der Appetit ab. Gleichzeitig werden Hypophysenhormone ausgeschüttet, welche die Stoffwechselrate und die Körpertemperatur erhöhen. Bindet wenig oder kein Leptin an die Rezeptoren im Hypothalamus, nimmt das Hungergefühl zu. Der Hypothalamus bewirkt die Absenkung der Stoffwechselrate, der Körper spart Energie. Über spezialisierte Neuronen, die das Neuropeptid Y im Gehirn freisetzen, aktiviert der Hypothalamus Areale im Gehirn, die Orexin als Transmitter nutzen. Orexin fördert die Dopaminfreisetzung, wodurch die Erwartung von Belohnung durch Nahrungsaufnahme entsteht. Außerdem bewirkt Orexin im Kortex eine erhöhte Wachheit und fördert das Suchverhalten nach Nahrung. Der Appetit wird gesteigert. Fehlt Leptin aufgrund des Gendefekts völlig, so entwickeln diese Mäuse trotz Übergewicht einen ungebremsten Appetit und nehmen noch mehr zu. Wird der Leptinmangel durch die Gabe von Leptin ausgeglichen, nehmen die Mäuse wieder ab. Leptin hemmt somit den Appetit längerfristig. Die Hoffnung, Menschen mit starkem Übergewicht durch Leptin helfen zu können, hat sich allerdings nicht erfüllt. Nur Patienten mit dem sehr seltenen Gendefekt profitierten von der Therapie.

ANREIZE ZUM ESSEN · Physiologische Veränderungen im Körper können nicht die einzige Ursache für die Motivation zum Essen sein. Denn das Verlangen nach Nahrung müsste wieder abnehmen, wenn der Hunger gestillt und das Energie- oder Nährstoffdefizit ausgeglichen ist.

Aus dem Alltag wissen wir, dass diese Vorstellung zu einfach ist, denn wir essen auch, wenn wir keinen Hunger haben. Die Anregung zum Essen hängt somit nicht nur vom Sättigungsgrad ab, sondern auch von Merkmalen der Situation und ihrer subjektiven Bewertung, den *situativen Anreizen*. Dazu gehören auch Geschmack, Aussehen und Zusammensetzung der Nahrung. Bekamen Laborratten eine abwechslungsreiche Kost aus sehr vielen verschiedenen schmackhaften Angeboten zur Auswahl – wie an einem Kiosk oder auf einer Kirmes – so erhöhte sich die durchschnittliche Kalorienaufnahme um mehr als 80 Prozent und die durchschnittliche Körpermasse der Ratten nahm um fast 50 Prozent zu.

Nicht zuletzt beeinflussen soziale Aspekte und Lernvorgänge, wann, wie gerne und wie viel wir essen. Diese Einflüsse werden vor allem im limbischen System, im Belohnungssystem des Mittelhirns und im Kortex verarbeitet.

02 Labormäuse mit und ohne *ob*-Gendefekt

griech. orexis = Appetit

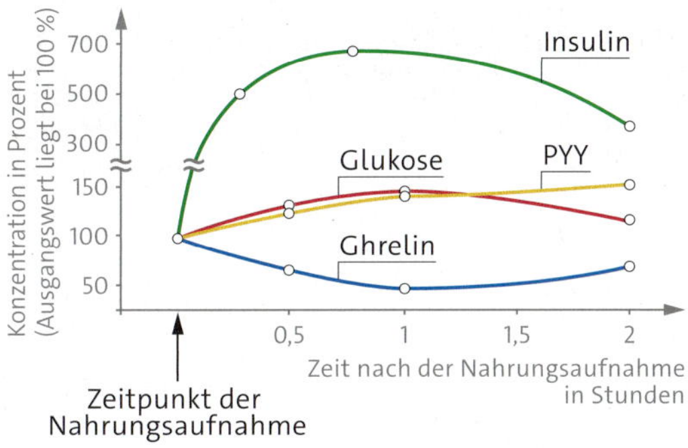

03 Glukose- und Hormonkonzentrationen im Blut nach einer Mahlzeit

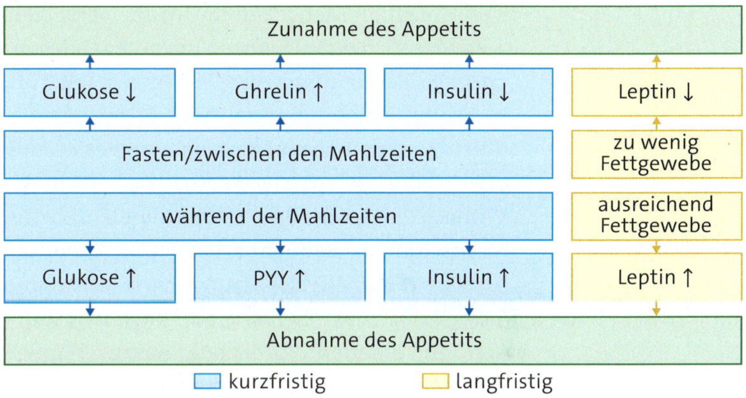

04 Hormonelle Regulation von Appetit (Schema)

Da Hunger und Appetit, also persönliche Bedürfnisse und situative Anreize, Lebewesen zu Handlungen bewegen, bezeichnet man sie als *Motive*. Die Gesamtheit der Motive, die Lebewesen in einer konkreten Situatuion zu einem bestimmten Verhalten und dem Verfolgen von Zielen veranlassen, nennt man Handlungsbereitschaft oder **Motivation.** Die Stärke der Motivation wird von der neuronalen Verarbeitung innerer und äußerer Faktoren bestimmt.

lat. motivum = Beweggrund, Antrieb

1 Erläutern Sie die hormonelle Regulation von Appetit!

2 Fassen Sie innere und äußere Faktoren zur Steigerung der Motivation, Süßigkeiten zu kaufen und zu essen, zusammen!

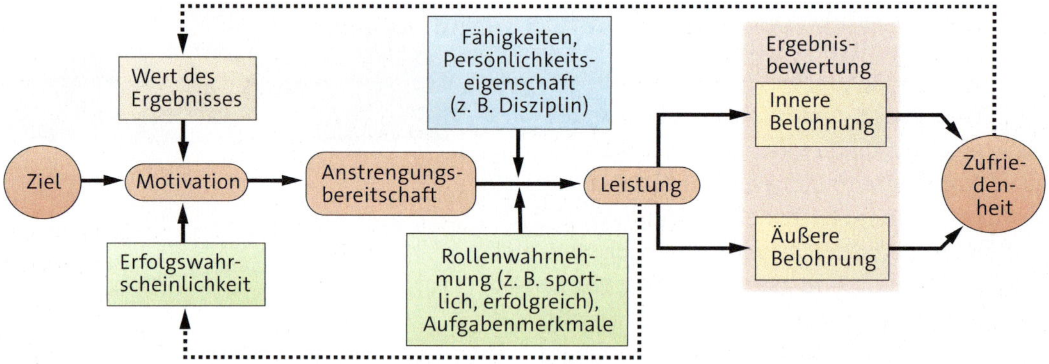

05 Modell der Leistungsmotivation

Abraham MASLOW 1907 – 1970

VIELFALT DER MOTIVE · Warum nehmen Menschen Anstrengungen oder sogar Risiken in Kauf, um etwas zu erreichen? Der amerikanische Psychologe Abraham MASLOW identifizierte verschiedene verhaltensbestimmende Motive. Demnach gibt es fünf Bedürfniskategorien, die einen Menschen in Unruhe versetzen, wenn sie nicht erfüllt sind: 1. grundlegende körperliche Bedürfnisse, zum Beispiel nach Luft, Nahrung, Schlafen, Sexualität; 2. Sicherheitsbedürfnis, zum Beispiel Schutz vor Verletzung oder Kälte; 3. soziale Bedürfnisse, also der Wunsch nach sozialen Beziehungen und Gemeinschaft; 4. Bedürfnis nach Individualität, Anerkennung, Wertschätzung sowie Macht und 5. Bedürfnis nach Selbstverwirklichung, nämlich die eigenen Potenziale auszuschöpfen. MASLOW nahm an, dass manche Bedürfnisse von vornherein eine höhere Priorität haben und deshalb vorrangig beeinflussen, welche Aktivitäten wir in Angriff nehmen oder vermeiden.

LEISTUNGSMOTIVATION · Das Motiv, eine Aufgabe mit Energie und Ausdauer zu einem erfolgreichen Ergebnis zu führen, bezeichnet man als Leistungsmotiv. Der vermutete Zusammenhang zwischen Motivation und Leistung kann modellhaft dargestellt werden. Das Modell geht davon aus, dass Bewertungsprozesse für die Intensität der Motivation wichtig sind. Wenn zum Beispiel das angestrebte Ergebnis von hohem Wert für die Person ist und sie sich hohe Erfolgschancen erhofft, da sie über genügend Fähigkeiten verfügt und auch die Aufgabenschwierigkeit passend ist, so sagt das Modell eine hohe Motivation vorher. Hat die Person dann Erfolg, führt die Selbst- oder Fremdverstärkung zu einem Gefühl der Zufriedenheit. Dies stärkt wiederum die Motivation und Anstrengungsbereitschaft.

Häufig kann die Anstrengungsbereitschaft trotz sinkender Motivation gesteigert werden. Wird die Hoffnung eines Marathonläufers auf Erfolg geringer und das Bedürfnis nach Schmerzvermeidung und Ruhe größer, so steigt der Impuls, die Anstrengung abzubrechen. Ungefähr bei 30 Kilometern erleben auch erfahrene Marathonläufer ein solches Motivationsdefizit. Läufer, die in einer solchen Handlungskrise Selbstinstruktionen wie „Du wirst stolz sein, wenn du das Ziel erreichst" nutzten, erreichten mit höherer Wahrscheinlichkeit und durchschnittlich 15 Minuten schneller das Ziel. Die motivationale und willentliche Steuerung können sich somit bei der Verfolgung eines Ziels abwechseln und unterstützen.

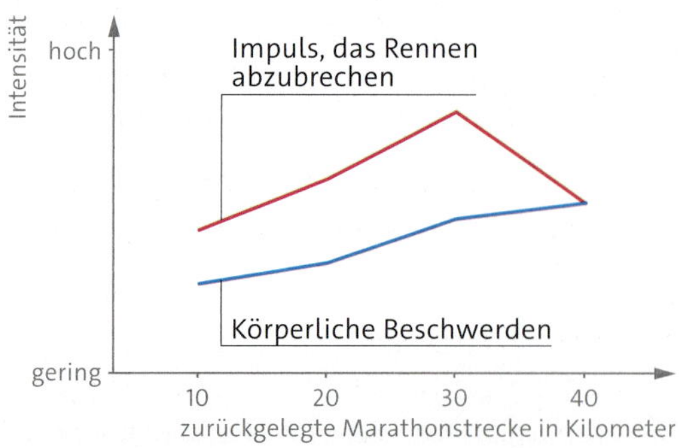

06 Körperliche Beschwerden und Motivation während eines Marathons

3 Erläutern Sie mithilfe des Modells in Abbildung 05, wovon es abhängt, ob Sie sich bei einer Klausurvorbereitung anstrengen oder Handlungsalternativen wählen!

Material A ▸ Leptin – Hoffnung für Menschen mit Adipositas?

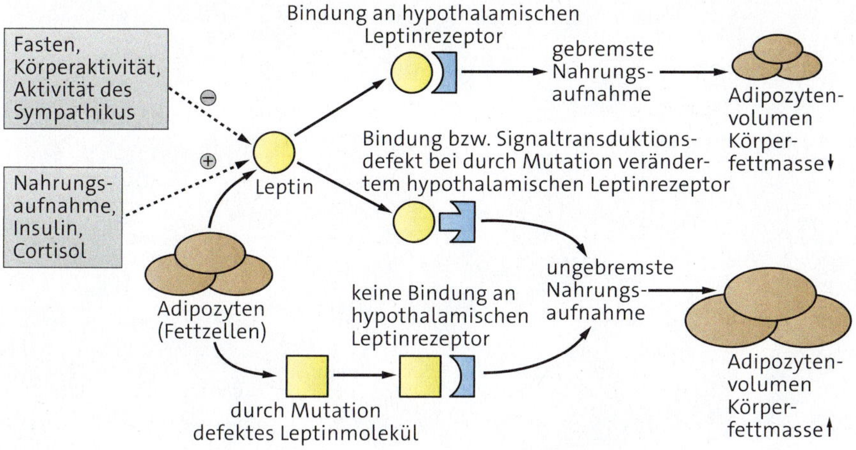

Im Jahr 1995 wurde stark übergewichtigen, adipösen, Mäusen das Hormon Leptin injiziert. Die Tiere verloren an Gewicht und nahmen weniger Nahrung auf. Leptin erschien damit auf den ersten Blick als einfache Möglichkeit, auch fettleibigen Menschen zu helfen. Bei Studien an Patienten zeigte sich jedoch, dass sie nur kurze Zeit ihr Gewicht reduzieren konnten, dann jedoch aßen die Patienten wieder deutlich mehr und nahmen stark zu. Diese unerwünschte Gewichtszunahme nach einer Diät bezeichnet man als Jo-Jo-Effekt.

A1 Erklären Sie die physiologische Regulation des Körperfettvolumens durch Leptin!

A2 Erklären Sie die Folgen der in der Abbildung genannten Mutationen bei Mäusen auf die Regulation der Körpermasse und erläutern Sie mögliche Wirkungen einer Behandlung mit Leptin!

A3 Stellen Sie Hypothesen auf, weshalb Leptin längerfristig nicht die erwünschte Wirkung hat, sondern den Jo-Jo-Effekt verstärkt!

Material B ▸ Werbung und Motivation

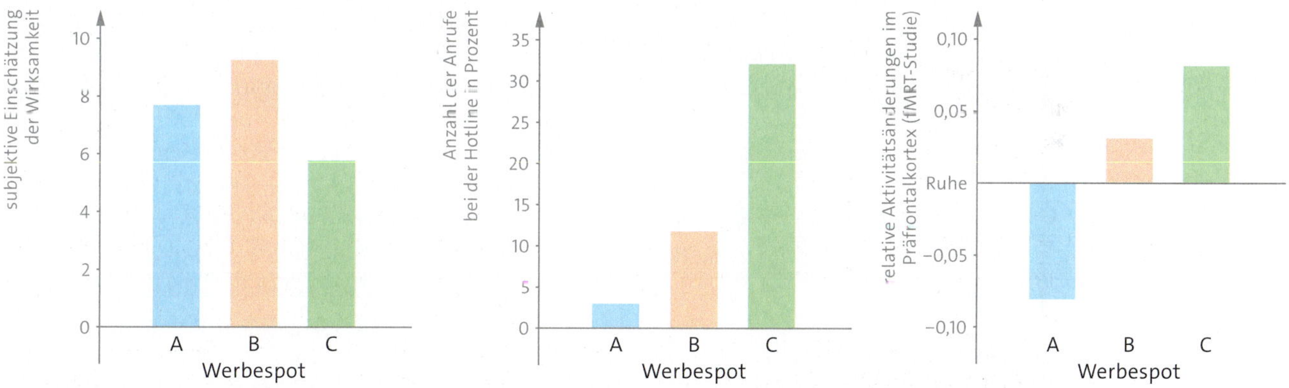

Versuchspersonen sahen im Rahmen einer Nichtraucherkampagne drei verschiedene Werbespots A, B und C, die sie zum Anrufen einer Nichtraucher-Hotline aufforderten. In einer Befragung schätzten die Teilnehmer den Einfluss des Werbespots auf ihr Verhalten auf einer Skala von 0 bis 10 ein. Anschließend wurde die Anzahl der Anrufe bei der Hotline bestimmt.
In einer fMRT-Studie wurde untersucht, wie sich die Aktivität des Präfrontalkortex der Versuchspersonen beim Betrachten der Werbespots veränderte. Die Forscher zogen aus den Ergebnissen die Schlussfolgerung, dass die Gehirnaktivität das Verhalten besser vorhersagen kann als die bewussten Einschätzungen der Versuchsteilnehmer. Sie deuteten dies als Hinweis auf eine unbewusste Verarbeitung von Werbung.

B1 Befragen Sie aktuelle und ehemalige Raucher für die Gründe des Beginns und des Beendens des Rauchens! Ordnen Sie die Antworten den Bedürfniskategorien von MASLOW zu!

B2 Werten Sie die Ergebnisse der Studie aus!

B3 Bescheiben Sie die Vorgehensweise bei einer fMRT-Untersuchung!

B4 Diskutieren Sie die Schlussfolgerung der Forscher vor dem Hintergrund der Motivation von Verhalten kritisch!

01 Langstrecken-läuferinnen Janet und Melanie Bunke nach dem Zieleinlauf beim ING Hartford Marathon, Connecticut/USA am 12.10.2013

Endorphine

Langstreckenläufer haben sich während der letzten Kilometer eines Marathonlaufs sichtlich gequält und waren kurz davor aufzugeben. Doch aufgetretene Schmerzen in den Gelenken und Muskeln gingen plötzlich vorüber und ein gutes Gefühl stellte sich ein, das bis zum Zieleinlauf trotz der enormen Belastungen in einen euphorischen Zustand überging. Wie ist dies zu erklären?

RUNNER'S HIGH · Unter Langstreckenläufern ist das Phänomen schon lange bekannt, dass sich beim Laufen nach einer gewissen Zeit ein euphorisches Gefühl einstellt. Man spricht vom *Runner's High*. Erklärungsversuche waren lange Zeit umstritten, da sie nicht belegt werden konnten. Man vermutete, dass der Körper in eine Art Rausch versetzt wird, der das Hochgefühl herbeiführt und die Schmerzwahrnehmung reduziert. Möglich wäre dies durch bestimmte Peptide, die eine Rolle bei der neuronalen Signalübertragung spielen und daher **Neuropeptide** genannt werden. Sie aktivieren sowohl Systeme, über die euphorische Gefühle ausgelöst werden, als auch solche, die schmerzlindernde Substanzen produzieren. Es handelt sich also um körpereigene, endogene, Substanzen, die wie Morphin wirken. Daher werden sie als **Endorphine** bezeichnet. Erst nachdem entdeckt wurde, dass Opioide wie Opium, Morphin und Heroin an bestimmte Rezeptoren im Gehirn binden können, wurde die Existenz unterschiedlicher Endorphine nachgewiesen.

PET siehe Seite 19

Um die Frage beantworten zu können, ob Endorphine für das Runner's High verantwortlich sind, injizierten im Jahr 2008 Forscher der Technischen Universität München und der Universität Bonn trainierten Langstreckenläufern vor einem zweistündigen Lauf eine schwach radioaktive Substanz, die sich im Gehirn an Endorphin-Rezeptoren anlagert. Mithilfe der *Positronen-Emissions-Tomografie*, kurz PET, wurden vor und nach dem Lauf Schichtaufnahmen des Gehirns erstellt und verglichen. Es zeigte sich, dass vor dem Lauf viel mehr von der radioaktiven Substanz im Gehirn angelagert war als danach. Daraus wurde geschlussfolgert, dass während des Runner's High so viele Endorphinmoleküle ausgeschüttet werden, dass sie in Konkurrenz mit den radioaktiven Molekülen die

Rezeptoren mit größerer Wahrscheinlichkeit besetzen und die Konkurrenten verdrängen.
So konnte man indirekt nachweisen, dass Endorphine für das Runner's High verantwortlich sind. Dies deckte sich auch mit den Angaben der Athleten, welche die Euphorie umso intensiver beschrieben, je weniger von der radioaktiven Substanz gebunden war.

KÖRPEREIGENES BELOHNUNGSSYSTEM · Diese Wirkung der Endorphine beruht auf der Beeinflussung eines Systems bestimmter Neuronen, das vor allem zwischen dem Mittelhirn und dem Großhirn ausgebildet ist und auch das limbische System umfasst. Es wird daher **mesolimbisches System** genannt. Ein Teil der Neuronen entspringt der *Area tegmentalis ventralis* und führt zum *Nucleus accumbens*, einer gesonderten Zellgruppe an der Basis der Großhirnhälften.
Die Area tegmentalis ventralis ist eine im Mittelhirn gelegene Zellgruppe, deren Neuronen den Transmitter Dopamin produzieren. Diese dopaminergen Neuronen können in ihrer Dopaminproduktion durch vorgeschaltete Neuronen gehemmt werden, welche γ-Aminobuttersäure, kurz GABA, als Transmitter nutzen. Diese GABAergen Neuronen wiederum verfügen über Rezeptoren für Endorphine. Wenn diese von der Hypophyse freigesetzt werden, binden sie an die spezifischen Rezeptoren der GABAergen Neuronen. Dadurch werden diese Neuronen hyperpolarisiert. Durch die Hyperpolarisation wird die Freisetzung des inhibitorischen Transmitters GABA verringert, sodass die Erregungsweiterleitung der dopaminergen Neuronen weniger gehemmt wird. Dies führt zu einer vermehrten Freisetzung von Dopamin im Nucleus accumbens, wo es die Aufmerksamkeit erhöht und am Ende einer Signalkette für ein Glücksgefühl sorgt. Daher wird Dopamin umgangssprachlich als Glückshormon bezeichnet.
Mit der Dopaminausschüttung wird ein bestimmtes Verhalten positiv verstärkt, weil es an der Entstehung von Lustgefühlen beteiligt ist. Funktioniert dieses System krankheitsbedingt, beispielsweise bei Parkinson-Patienten, nicht, kann dies zu Lust- und Antriebslosigkeit führen.

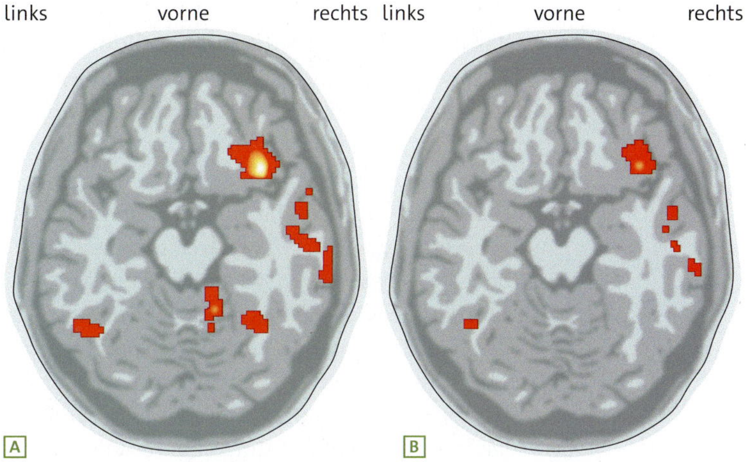

02 Menge der radioaktiven Substanz im Gehirn: **A** vor dem Lauf, **B** nach dem Lauf

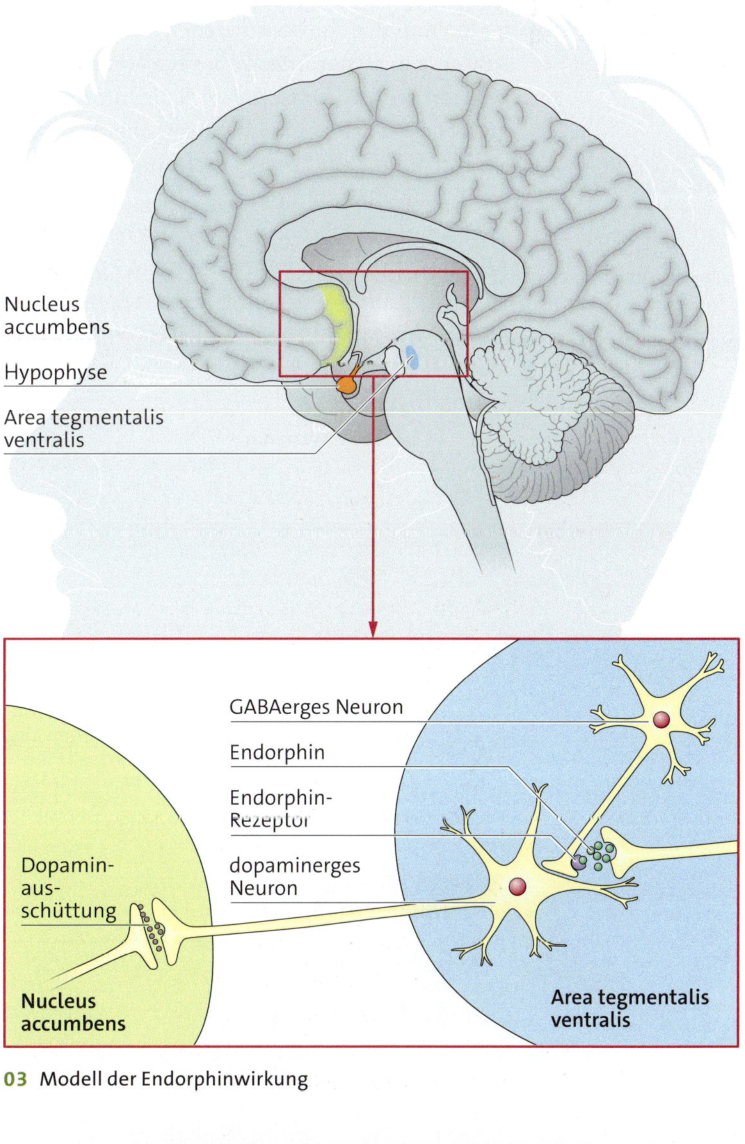

03 Modell der Endorphinwirkung

ENDOGENE UND EXOGENE STOFFE

lat. noxa = Schaden

NOZIZEPTION · Schmerz ist ein Warnsignal, das den Menschen auf schädliche Prozesse im Körper oder Gefahren durch externe Reize aufmerksam macht. Für die Reizwahrnehmung sind Schmerzsensoren zuständig, die sich als freie Nervenendigungen zum überwiegenden Teil in der Haut und zum geringeren Teil in Muskeln, Knochen und anderen Organen befinden. Diese *Nozizeptoren* nehmen mechanische, thermische oder chemische Reize auf und leiten die Erregungen schnell ins Rückenmark weiter. Dort treten die sensorischen Neuronen über die Hinterwurzel ein. Die Erregungen werden auf aufsteigende Nervenbahnen übertragen und direkt zum Thalamus weitergeleitet, über den der weitere Informationsfluss gesteuert wird. Schließlich erreichen die vom Schmerz ausgelösten Impulse den sensorischen Kortex, wo der Schmerz in seiner Intensität registriert und lokalisiert wird. Gleichzeitig wird die Information an andere Kortexbereiche gesendet, in denen sie mit unangenehmen Emotionen verknüpft wird. Dies wird an die Amygdala gemeldet, die auch an der Entstehung von Angst beteiligt ist. Alle diese Informationen werden im Präfrontalkortex kognitiv verarbeitet. Im Kortex findet also die Schmerzwahrnehmung oder *Nozizeption* statt.

Wenn die Schmerzinformation bewertet und mit Vorerfahrungen abgeglichen worden ist, wird eine Reaktion eingeleitet. Bei sehr starken Schmerzen kann sie beispielsweise darin bestehen, das Schmerzsignal zu hemmen. Vom Präfrontalkortex gelangen Impulse zum Mittelhirn. Hier liegt die wichtigste Station der körpereigenen Schmerzhemmung, denn hier befinden sich Neuronen mit einer besonders hohen Dichte von Endorphin-Rezeptoren. Nach der Wahrnehmung eines Schmerzes initiiert der Präfrontalkortex die Ausschüttung von Endorphinen. Dadurch werden inhibitorische Neuronen im Mittelhirn gehemmt. Daraus folgt eine erhöhte Aktivität der vom Mittelhirn absteigenden Nervenbahnen, die Serotonin ausschütten und somit Interneuronen im Rückenmark aktivieren. Diese schütten als Transmitter das Endorphin *Enkephalin* aus, welches präsynaptisch an Rezeptoren der sensorischen Neuronen bindet. So kann durch präsynaptische Hemmung eine Weiterleitung der Erregung über die im Rückenmark aufsteigende Schmerzbahn verhindert werden. Daher empfindet der Marathonläufer bei großer Belastung weniger Schmerz und kann weiterlaufen.

1 Erläutern Sie, an welchen Stellen im ZNS Endorphine wie wirken!

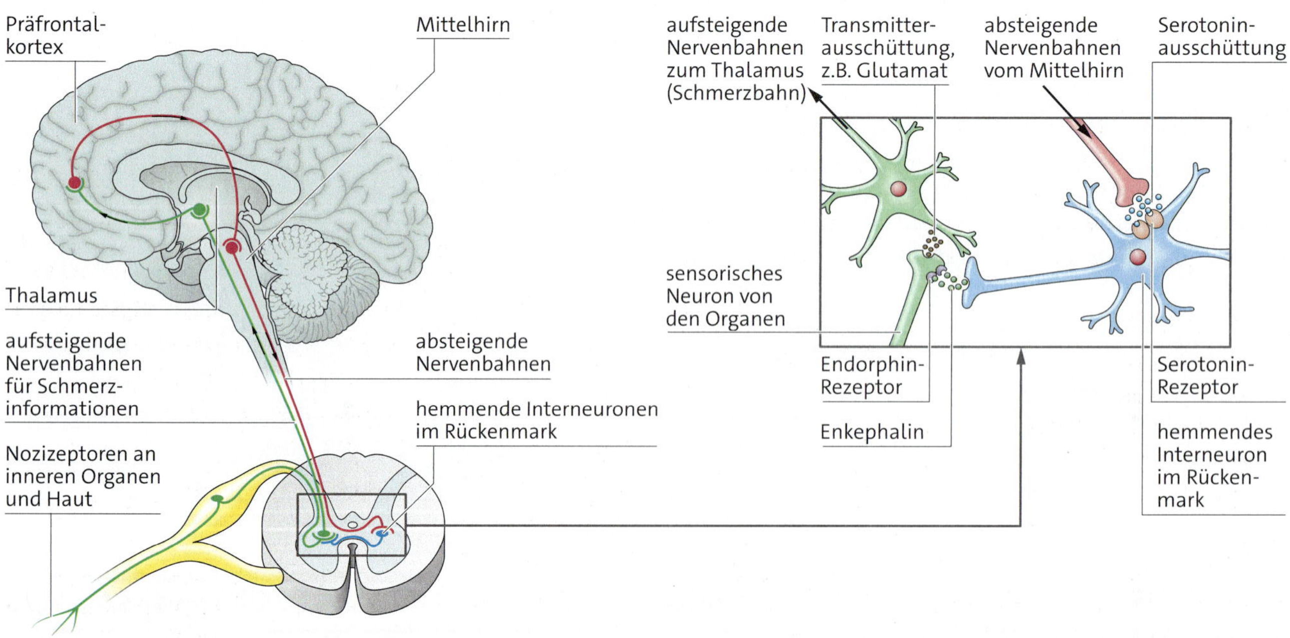

04 Schema der Nozizeption und Schmerzhemmung

Material A ▸ Sport macht glücklich

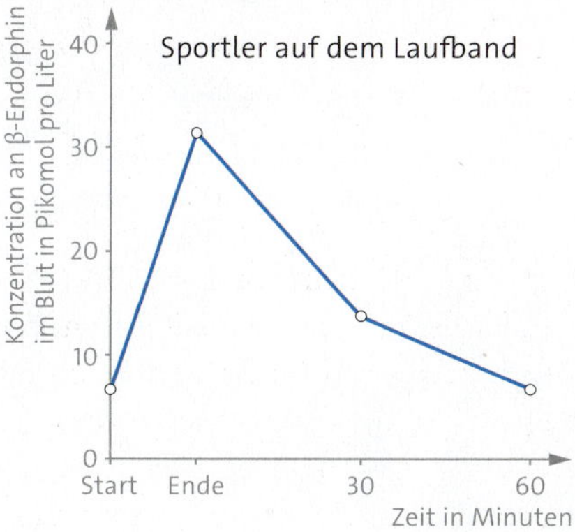

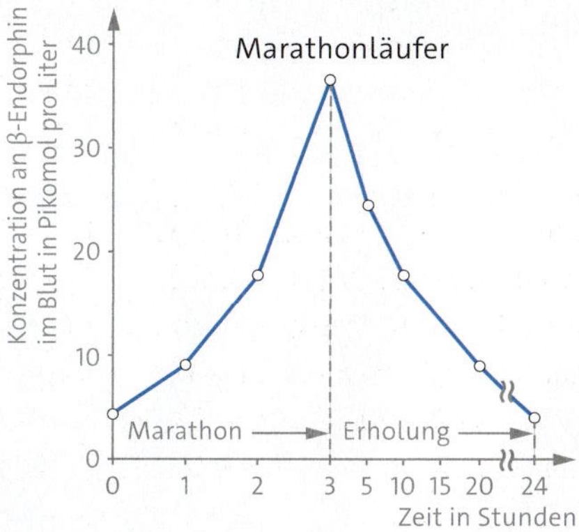

Sportler berichten von einem euphorischen Gefühl nicht nur während der sportlichen Aktivität, sondern auch noch Minuten oder Stunden später. Manche geben sogar an, dass sie geradezu besessen davon sind, sich sportlich auszupowern.

A1 Werten Sie die beiden Diagramme aus und vergleichen Sie die Ergebnisse mit den Aussagen der Sportler!

Material B ▸ Schmerz ist nicht gleich Schmerz

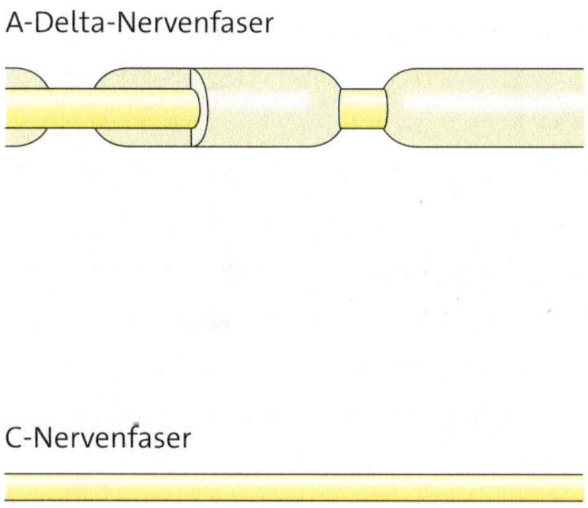

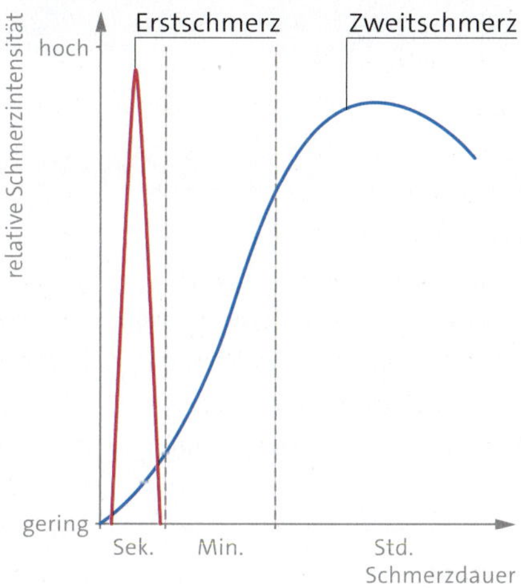

Die Weiterleitung von durch Schmerz ausgelösten Impulsen, beispielsweise aus der Haut, erfolgt über verschiedene Nervenfasern.

B1 Vergleichen Sie die beiden Nervenfasertypen und erläutern Sie, in welcher Beziehung sie zum Erst- und Zweitschmerz stehen!

B2 Stellen Sie eine Hypothese auf, welche Reaktion die beiden Schmerztypen jeweils hervorrufen!

Material C ▸ Schmerzmittel

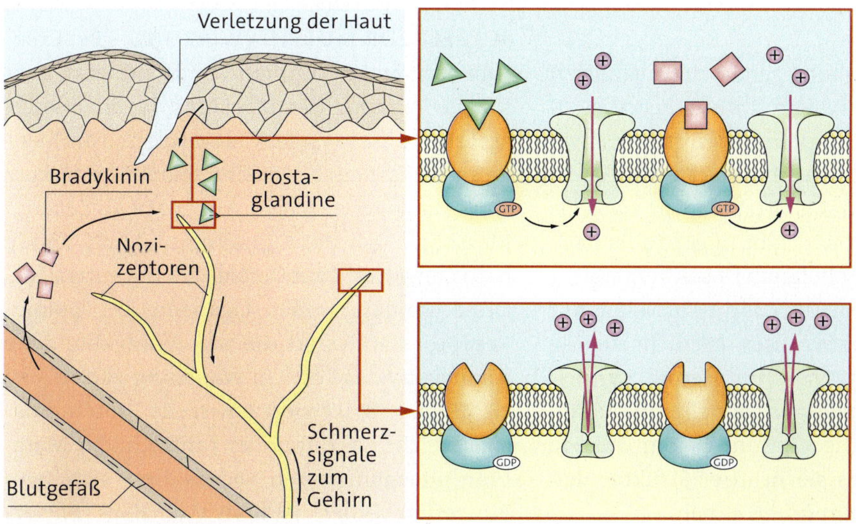

Tritt in einem Gewebe eine Verletzung oder Entzündung auf, reagieren die Zellen mit der Synthese und Ausschüttung verschiedener Signalstoffe wie Prostaglandine. Das wichtigste Enzym zur Prostaglandinsynthese ist Cyclooxygenase, deren Funktion durch Schmerzmittel wie Acetylsalicylsäure gehemmt wird.

C1 Erklären Sie die Wirkung der Prostaglandine!

C2 Stellen Sie eine Hypothese zur Wirkung der Acetylsalicylsäure auf!

01 Schlafmohn, *Papaver somniferum*

Schmerz- und Rauschmittel

Aus den noch unreifen Kapseln des Schlafmohns wird eine milchige Flüssigkeit gewonnen, die man Opium nennt. Dieses enthält das Alkaloid Morphin, aus dem synthetisch Heroin hergestellt wird. Morphin ist das stärkste medizinisch verwendete Schmerzmittel, welches beispielsweise bei Krebspatienten im Endstadium eingesetzt wird. Heroin zählt zu den gefährlichsten Rauschdrogen mit einem hohen Abhängigkeitspotenzial. Wie kommt es zu diesen Wirkungen eines pflanzlichen Alkaloids im menschlichen Körper?

MORPHIN · Schlafmohn gehört zu den ältesten Kulturpflanzen der Welt und wurde schon 4000 Jahre vor Christus zu pharmazeutischen Zwecken genutzt. Im 19. Jahrhundert wurde Morphin zum ersten Mal isoliert. Es war zwar als Schmerzmittel sehr wirksam, musste aber nach kurzer Zeit in immer höheren Dosen verabreicht werden, um dieselbe Wirkung zu erzielen. Auf der Suche nach einem Mittel, das nicht süchtig macht, wurde aus Morphin Heroin synthetisiert, das jedoch weitaus schneller in die Abhängigkeit führt. Die Wirkung beider Opioide beruht darauf, dass sie in ihrer Struktur den körpereigenen Endorphinen ähneln. Daher können sie an die spezifischen Rezeptoren in der Membran von Neuronen im mesolimbischen System und im Rückenmark binden. Da diese Rezeptoren erstmals bei der Suche nach den Ursachen des hohen Suchtpotenzials der Opioide entdeckt worden sind, nennt man sie **Opioid-Rezeptoren,** auch wenn sie natürlicherweise für Endorphine bestimmt sind. Dennoch erzielen Opioide denselben Effekt, indem sie die Schmerzweiterleitung hemmen und euphorisierende Wirkung haben.

MODELL ZUR MORPHINWIRKUNG · Bei Experimenten an Zellkulturen wurde entdeckt, dass für die Wirkung des Morphins das membranassoziierte Enzym Adenylatzyklase und die Menge an zyklischem Adenosinmonophosphat, kurz cAMP, eine Rolle spielen. Mit cAMP als Second-Messenger bei der Signaltransduktion wurde daher ein Modell zur Opioidwirkung entwickelt. Ohne Bindung eines Liganden am Opioid-Rezeptor katalysiert die membrangebundene Adenylatzyklase die Umwandlung von ATP zu cAMP. Dieses aktiviert einerseits Proteinkinasen, welche Kalziumionenkanäle in der Membran phosphorylieren, sodass diese sich beim Eintreffen eines Aktionspotenzials öffnen.

Dadurch kommt es zu einem Kalziumioneneinstrom, woraufhin die synaptischen Vesikel mit der präsynaptischen Membran verschmelzen und den Transmitter freisetzen. Andererseits aktiviert cAMP einen Transkriptionsfaktor, der im Zellkern die Transkription des Adenylatzyklase-Gens hemmt.

Wenn Endorphine oder Opioide an einen Opioid-Rezeptor binden, wird das Enzym Adenylatzyklase deaktiviert und damit die Umwandlung von ATP zu cAMP unterbunden. Daher sinkt der cAMP-Spiegel nach einer Morphingabe. Dies führt dazu, dass die Kalziumionenkanäle sich beim Eintreffen eines Aktionspotenzials nicht öffnen. Dadurch wird die Transmitterfreisetzung und damit die Aktivität der Nervenzelle gehemmt. Außerdem bewirkt der cAMP-Mangel, dass der Transkriptionsfaktor deaktiviert wird und sich von der DNA löst. Dies führt dazu, dass das Adenylatzyklase-Gen abgelesen und die Proteinbiosynthese des Enzyms eingeleitet wird. Damit erhöht sich die Enzymmenge in der Membran. Der cAMP-Mangel kann kompensiert werden. Da nun mehr Enzyme zur cAMP-Synthese vorhanden sind, muss eine erhöhte Morphindosis gegeben werden, um eine ähnliche Wirkung zu erzeugen. Denn bei der gleichen Dosis blieben noch Adenylatzyklasen aktiv und würden dazu beitragen, den cAMP-Spiegel nicht so stark sinken zu lassen. Hier zeigt sich also eine Ursache der physiologischen Abhängigkeit.

Fällt nun aber die Morphinwirkung weg, wird ein cAMP-Überschuss produziert, der einerseits zur Repression der Transkription des Adenylatzyklase-Gens und damit nach einer gewissen Zeit zur Wiederherstellung des Gleichgewichts führt. Andererseits kommt es beispielsweise zu einer erhöhten Schmerzempfindlichkeit, weil durch den hohen cAMP-Spiegel die Hemmung der Weiterleitung der Schmerzinformation erschwert wird. Gekoppelt mit depressionsähnlichen Zuständen führt dies zum Opioidentzugssyndrom.

1 Erklären Sie die schmerzhemmende Wirkung des Morphins!

2 Erläutern Sie, weshalb eine Erhöhung der Morphindosis nicht zu einer gesteigerten Wirkung führt!

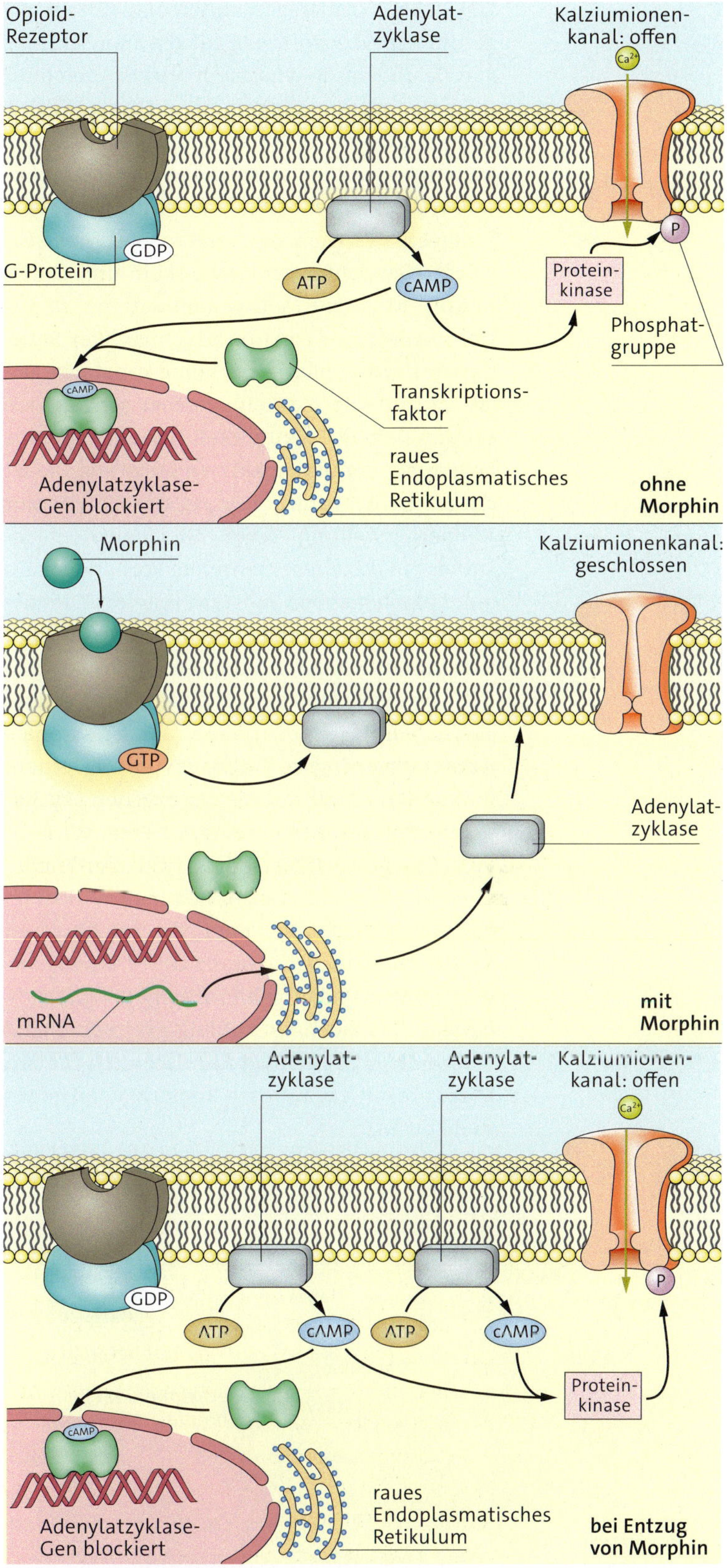

02 Modell der Opioidwirkung

TOLERANZ · Jeden von außen dem Körper zugeführten Wirkstoff, der auf die menschliche Psyche und das Bewusstsein wirkt, bezeichnet man als *psychoaktive Substanz*. Hierzu zählen sowohl Inhaltsstoffe von Genussmitteln wie Koffein als auch Rauschmittel oder Medikamente. Darunter gibt es Stoffe, welche die Leistungsfähigkeit des Gehirns steigern. Beispiele für solche *Neuroenhancer* sind Kokain und das in Ritalin enthaltene Methylphenidat.

Der wiederholte Konsum psychoaktiver Substanzen bewirkt häufig, dass eine konstante Dosis im Laufe der Zeit eine immer schwächere Wirkung erzielt. Es entwickelt sich eine *Toleranz* gegenüber der psychoaktiven Substanz. Sie ist darauf zurückzuführen, dass der Körper zur Wiederherstellung eines Gleichgewichtszustands auf das wiederkehrende Vorhandensein einer psychoaktiven Substanz reagiert. Dies geschieht beispielsweise, indem die Anzahl der Rezeptoren verändert oder die Stärke der Bindung an die Rezeptoren moduliert wird, sodass sich der Einfluss der Substanz auf die neuronale Aktivität verringert. Daher treten bei einem Entzug Symptome auf, die den von den psychoaktiven Substanzen hervorgerufenen Wirkungen entgegengesetzt sind. So führt der Entzug eines in Schlaftabletten enthaltenen Wirkstoffs zu Schlaflosigkeit. Personen, die bei Absetzen der psychoaktiven Substanz unter Entzugserscheinungen leiden, gelten als *physiologisch abhängig*. Das höchste Abhängigkeitspotenzial verbunden mit einem großen Schaden für den Körper resultiert aus dem Konsum von Heroin und Kokain.

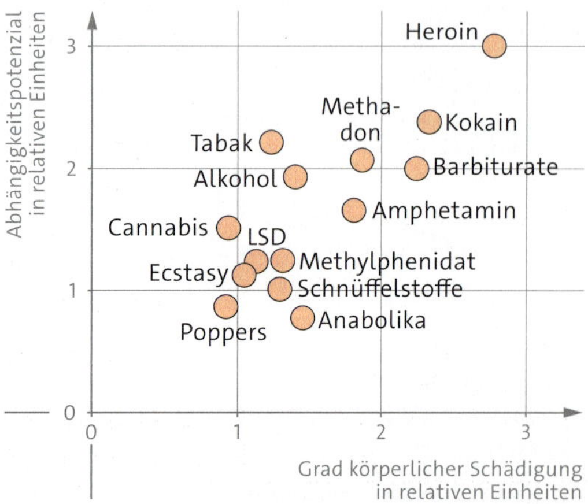

03 Wirkung verschiedener psychoaktiver Substanzen

PSYCHISCHE ABHÄNGIGKEIT · Die meisten Abhängigen fangen bald nach dem Entzug wieder mit dem Konsum an. Ein wesentlicher Grund dafür ist das Verlangen nach der angenehme Gefühle weckenden Wirkung der psychoaktiven Substanz. Das hervorgerufene Wohlbefinden wird zunehmend zum ersehnten Normalzustand und beim Ausbleiben der Wirkung bleiben negative Stimmungen und Ängste zurück. Dem nächsten Konsum wird in Erwartung des sich einstellenden Wohlbefindens entgegengefiebert. Anfangs ist diese positive Verstärkung eng mit dem tatsächlichen Befinden verknüpft, doch auch wenn sich eine Toleranz entwickelt und somit der Effekt der Droge nachlässt, bleibt die erlernte positive Verstärkung bestehen. Schon das erste Konsumerlebnis hat zu Veränderungen in bestimmten Gehirnregionen geführt. Es hat sich ein *Suchtgedächtnis* ausgebildet.

Dies erklärt, weshalb Abhängige trotz nachlassender Rauschzustände und der Verschlechterung ihrer Lebensverhältnisse weiter nach der psychoaktiven Substanz verlangen. Dieses Verlangen nach einem wiederkehrenden Konsum zur Erlangung eines Lustgefühls oder zur Vermeidung von Unwohlsein bezeichnet man als *psychische Abhängigkeit*. Als abhängig gilt, bei wem drei der folgenden Faktoren in den letzten zwölf Monaten zutreffen:

- Es besteht ein gefühlter Zwang, psychoaktive Substanzen zu konsumieren.
- Es entwickelt sich ein Kontrollverlust über das Ausmaß des Konsums.
- Entzugserscheinungen entstehen bei verringertem oder ausbleibendem Konsum.
- Es entwickelt sich eine Toleranz verbunden mit dem Wunsch nach höherer Dosierung.
- Andere Interessen werden wegen eines erhöhten Zeitaufwands zur Ermöglichung des Konsums vernachlässigt.
- Der Konsum wird trotz schädlicher Folgen fortgeführt.

Der Einstieg in die Abhängigkeit erfolgt häufig durch gruppendynamische Prozesse. Wenn soziale Kontakte immer wieder mit der Einnahme psychoaktiver Substanzen verbunden sind, entwickelt sich eine soziale Abhängigkeit, die nur durch die Vermeidung dieser Kontakte vermindert werden kann.

Material A ‣ Heroin

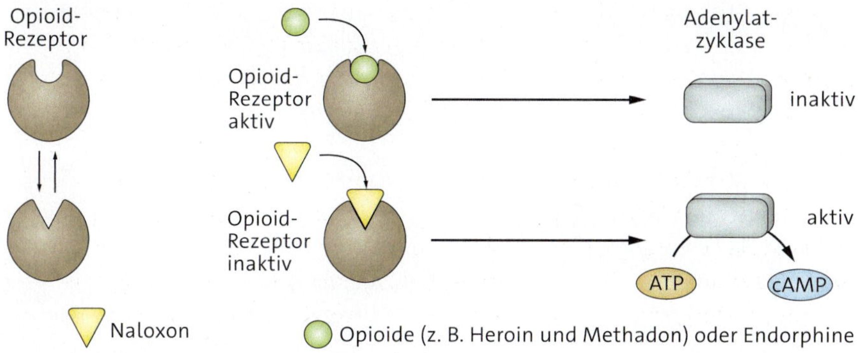

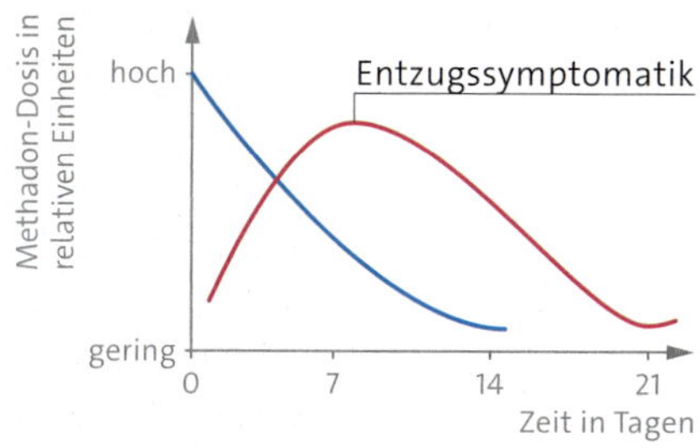

Naloxon wird bei einer Heroinvergiftung verabreicht. Methadon ist ein künstlich hergestelltes Opioid mit stark schmerzmindernder Wirkung und hohem Abhängigkeitspotenzial. Da es deutlich langsamer als Heroin in das Gehirn übergeht, erzeugt es aber keinen Rauschzustand. Methadon wird unter ärztlicher Aufsicht täglich einmal verabreicht.

A1 Erläutern Sie anhand des Modells die Wirkung von Naloxon und dessen Einsatzmöglichkeit bei einer Heroinvergiftung!

A2 Erläutern Sie die Wirkung des Methadons und dessen Einsatz bei einer Heroinentzugstherapie!

Material B ‣ Kokain

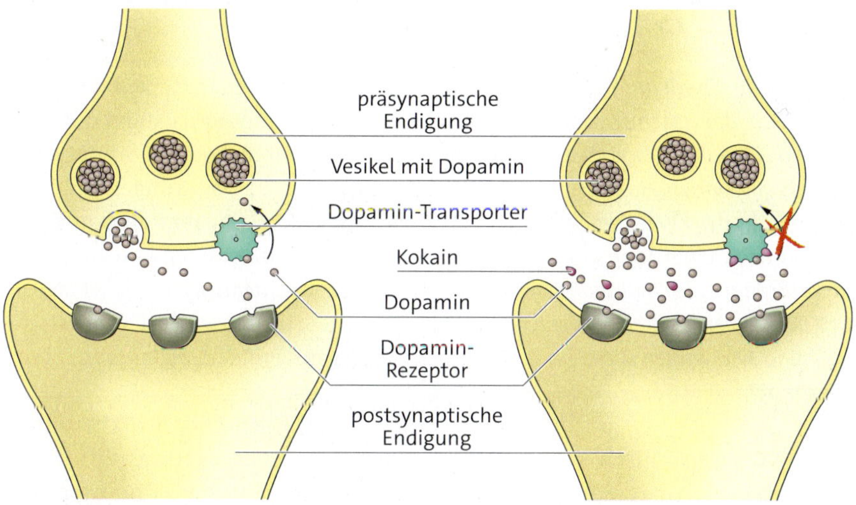

Kokain wird aus den Laubblättern des Kokastrauches gewonnen. Es wirkt stimulierend. Konsumenten berichten von einer Welle des Wohlbefindens und einem Gefühl der Selbstsicherheit bei einem geringen Schlaf- oder Nahrungsbedürfnis.

B1 Erläutern Sie die molekulare Wirkung des Kokains!

B2 Erklären Sie die stimulierende Wirkung des Kokains!

Material C ‣ Koffein

	Gruppe A	Gruppe B
Beobachtung des Verhaltens	anfangs rastloses Umherrennen, nach wenigen Tagen legte sich dieses Verhalten	kein außergewöhnliches Verhalten
Anzahl der Adenosin-Rezeptoren im Gehirn	deutlich erhöht	unverändert

In einem Versuch wurden Ratten über mehrere Wochen täglich Koffeinmengen verabreicht, die der von zwei bis drei Tassen Kaffee entsprachen. Ratten der Gruppe B erhielten kein Koffein.

C1 Deuten Sie die Versuchsergebnisse!

C2 Recherchieren Sie die Wirkung von Adenosin auf das Gehirn!

01 Joint

Drogenwirkung

Ein junger Mann raucht in Erwartung eines Rauschzustands einen Joint, der Haschisch oder Marihuana enthält. Beide illegalen Drogen werden aus Teilen des Hanfs gewonnen. Hanf zählt zu den ältesten Kulturpflanzen der Welt, wächst in den gemäßigten und tropischen Zonen und ist damit weltweit verbreitet. Welche Inhaltsstoffe des Hanfs sind für die berauschende Wirkung verantwortlich und wie wirken diese im Gehirn des Konsumenten?

lat. sedere = sich setzen, sich senken

TETRAHYDROCANNABINOL · Haschisch besteht aus dem getrockneten, harzigen Sekret weiblicher Blüten und Marihuana aus getrockneten Laubblättern und Blüten der Hanfpflanze, *Cannabis sativa*. Die wichtigste psychoaktive Substanz ist das *Tetrahydrocannabinol*, kurz **THC**, welches in höchster Konzentration im Blütenharz zu finden ist. Der THC-Gehalt im Haschisch liegt daher mit 7 bis 14 Prozent höher als im Marihuana, welches zwischen 1 und 5 Prozent THC enthält.
THC entfaltet eine sedierende Wirkung gekoppelt mit hypnotischen Zuständen. Im Gegensatz zu anderen Beruhigungsmitteln führt es auch in sehr hohen Dosen nicht zu Koma oder Tod.

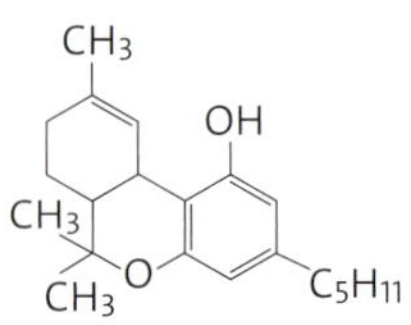

02 Strukturformel des THC

Geringe Dosierungen haben Heiterkeit und einen unbeschwerten Entspannungszustand mit einer veränderten, meist intensivierten Sinneswahrnehmung zur Folge. Hohe Dosierungen bewirken euphorische Zustände, Halluzinationen und psychologische Funktionsstörungen wie ein beeinträchtigtes Kurzzeitgedächtnis, motorische und sprachmotorische Störungen und eine starke Beeinträchtigung des Problemlösungsverhaltens.

Hinsichtlich seiner chemischen Struktur ähnelt THC keinem bekannten Neurotransmitter, sondern ist eher mit einem Steroidhormon vergleichbar. Daher waren Ort und Art der Wirkung lange unklar. Erst zu Beginn der 1990er-Jahre wurden der Rezeptor für THC und der körpereigene Ligand *Anandamid* entdeckt, der vergleichbare Effekte wie THC erzielt. Anandamid-Rezeptoren befinden sich im Hippocampus und in der Großhirnrinde, wodurch die euphorischen Wirkungen ebenso zu erklären sind wie die Störungen der Wahrnehmung, Konzentration und Gedächtnisleistung. Es gibt sie auch im Kleinhirn und in den Basalganglien, wo Bewegungsabläufe und die Feinkoordination gesteuert werden.

Bindet ein Ligand an den Anandamid-Rezeptor, wird über ein G-Protein die Aktivität der Adenylatzyklase verändert. Anandamid-Rezeptoren finden sich vor allem an der Präsynapse. Eine Ligandenbindung bewirkt dort die Hemmung der Signalweiterleitung. Wahrscheinlich werden die meisten Effekte des THC-Konsums über diese präsynaptische Hemmung erzeugt.

WIRKUNG DES THC AUF GLIAZELLEN · Die wohl verheerendste Folge des THC-Konsums besteht in der schädigenden Wirkung auf das Gedächtnis. Experimente mit Mäusen, die einen bereits erlernten Weg durch ein Labyrinth durchlaufen sollten, haben gezeigt, dass THC nicht nur auf Neuronen wirkt. Man hat im Hippocampus, der entscheidend dazu beiträgt, dass Informationen vom Arbeits- ins Langzeitgedächtnis übertragen werden, auch an Astrozyten Rezeptoren entdeckt, an die THC binden kann. Gentechnisch veränderte Mäuse, denen diese Rezeptoren an Neuronen, aber nicht an Astrozyten fehlten, fanden nach dem Einfluss von THC den Weg durch das Labyrinth nicht. Andere Mäuse, die an den Astrozyten nicht über solche Rezeptoren verfügten, konnten sich trotz THC an den Weg erinnern. Bindet THC an Rezeptoren der Astrozyten, wird Glutamat freigesetzt, welches an postsynaptische Rezeptoren bestimmter Neuronen im Hippocampus bindet. Daraufhin werden andere Rezeptoren der postsynaptischen Membran zurückgebildet, sodass eine dauerhafte Abschwächung der Signalübertragung an der Synapse eintritt. Diese *Langzeitdepression*, kurz LTD, ist ein grundlegender Prozess der Gedächtnisfunktion, wird aber durch den Einfluss des THC verstärkt. THC führt demnach dazu, dass Teile des Hippocampus und damit der Gedächtnisleistung über längere Zeit nur eingeschränkt funktionieren. Daher finden die Mäuse den Weg nicht mehr.

FOLGEN DES THC-KONSUMS · Die verschiedenen Gehirnareale lernen während der Entwicklung des jugendlichen Gehirns, miteinander zu kommunizieren. Dabei spielen die Anandamid-Rezeptoren eine bedeutende Rolle. Auch schon unter dem gelegentlichen Einfluss von THC werden die zu bildenden Kommunikationsmuster aus dem Takt gebracht, sodass Störungen in der kognitiven Verarbeitung, der Konzentrationsfähigkeit und der Leistung des Gedächtnisses auftreten, welche frühestens nach einem Jahr Abstinenz wieder abklingen. Bei täglichem und chronischem Konsum, der auch zur Abhängigkeit führen kann, reichen diese kognitiven Einschränkungen bis ins Erwachsenenalter und gehen mit weiteren gravierenden Folgen wie psychischen Störungen einher.

Astrozyten siehe Seite 21

1 Erläutern Sie das Experiment zur Klärung der Wirkung des THC auf den Hippocampus!

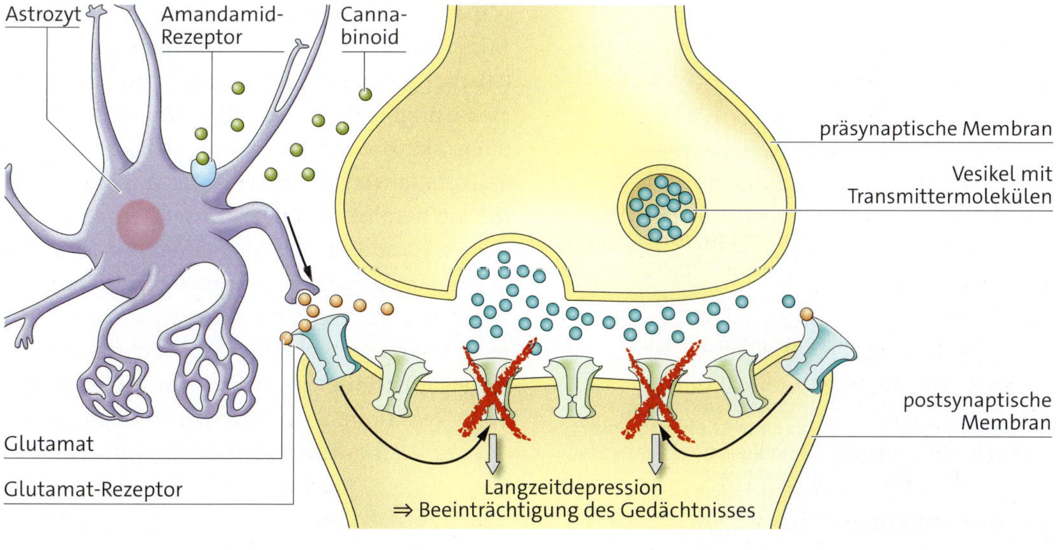

03 Wirkung des THC auf Astrozyten

Langzeitpotenzierung siehe Seite 166

ALKOHOL · Ein Blackout nach exzessivem Konsum der legalen Droge Alkohol zeigt deutlich, dass auch Alkohol die Funktion des Gedächtnisses beeinträchtigt. Denn der Transfer der Ereignisse während des Konsums in das Langzeitgedächtnis unterbleibt. Ist der Hippocampus in seiner Funktion beeinträchtigt, wird soeben Gelerntes schnell wieder vergessen. Intensiver Alkoholkonsum führt bei Jugendlichen dazu, dass der Hippocampus in seiner Entwicklung zurückbleibt und signifikant kleiner ist als bei abstinenten Jugendlichen. Zudem ist die Gehirnentwicklung insgesamt betroffen, da im Jugendalter die Verschaltung zwischen den Hirnarealen ausgebaut und verfeinert wird. Sichtbar wird dies an der Myelinisierung der Nervenfasern und dem damit verbundenen Aufbau der weißen Substanz. Je häufiger Jugendliche zwischen 16 und 19 Jahren einen Rausch hatten, desto mehr Veränderungen in der weißen Substanz sind nachweisbar.

Hyperpolarisation siehe Seite 31

WIRKUNG IM GEHIRN · Ethanol öffnet indirekt bestimmte Kaliumionenkanäle, sodass Kaliumionen aus dem Neuron strömen und durch Hyperpolarisation dessen Aktivität verringern. Außerdem blockiert Ethanol postsynaptische Glycin-Rezeptoren, die Teil des wichtigsten exzitatorischen Systems im Gehirn sind und aufgrund ihrer speziellen Funktion eine wesentliche molekulare Grundlage für Lernen und Gedächtnis darstellen. Eine Langzeitpotenzierung wird daher nicht mehr möglich und es kommt zu nachteiligen Lerneffekten. Gleichzeitig aktiviert Ethanol GABA-Rezeptoren, sodass die hemmende Wirkung des Transmitters verstärkt wird. In der Amygdala bewirkt dies beispielsweise ein vermindertes Angstempfinden, im Hippocampus und Kortex eine verminderte Gedächtnisleistung und im Kleinhirn eine reduzierte Koordinationsleistung. Außerdem bindet Ethanol an präsynaptische Rezeptoren von Synapsen, die Acetylcholin als Transmitter ausschütten. Dies führt zu einer verringerten Konzentration dieses Transmitters, beispielsweise in der Muskulatur, und damit zu unkoordinierten Bewegungsabläufen.

RISIKEN DES ALKOHOLKONSUMS · Alkohol wirkt genau wie alle anderen Drogen auf das mesolimbische System. In der Area tegmentalis ventralis beeinflusst Ethanol dopaminerge Neuronen, die zu Teilen des Präfrontalkortex ziehen. So kommt es zu einer erhöhten Ausschüttung des Neurotransmitters Dopamin und dem subjektiven Glücksgefühl, das auch durch die Freisetzung von Endorphinen und die Bindung des Ethanols an Endorphin-Rezeptoren verstärkt wird. Provoziert man die positiven Gefühle häufig und immer wieder, prägt sich das Gehirn die Verknüpfung von gutem Gefühl und dafür eingesetzter Substanz ein: Es bildet sich ein **Suchtgedächtnis** aus und man entwickelt ein Verlangen nach wiederkehrendem Alkoholkonsum.

Neben den Langzeitfolgen, die ein ständiger Missbrauch der leicht verfügbaren Droge Alkohol besonders für Gehirn und Leber mit sich bringt, ergeben sich ab etwa ein Promille auch akute Gefahren. Denn bei gesteigerter Risikobereitschaft wird zugleich das Urteilsvermögen herabgesetzt. Die Konsequenzen des eigenen Handelns werden daher nur unzureichend abgewogen. Daraus resultiert häufig ein leichtsinniges Verhalten mit schwerwiegenden Folgen: Es kommt beispielsweise zu gefährlichen Situationen im Straßenverkehr, aggressiven Reaktionen in Auseinandersetzungen oder zur Vernachlässigung der Verhütung beim Sex.

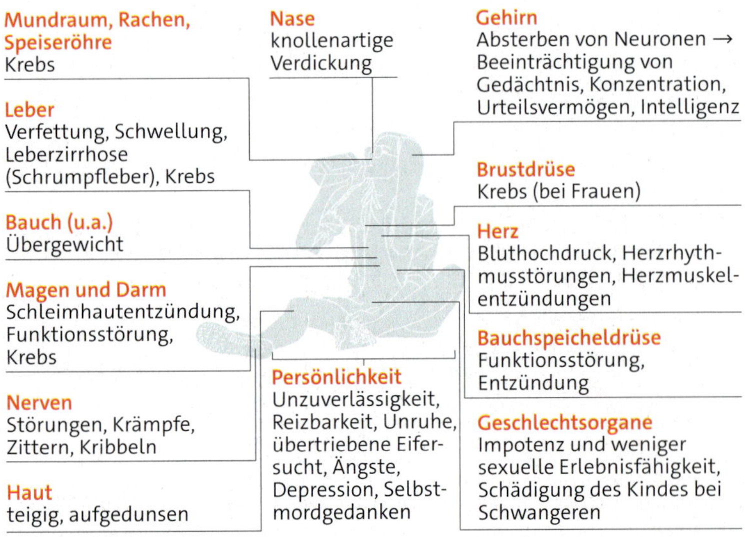

04 Mögliche Folgen durch Alkoholmissbrauch

Material A ▸ Legalisierung von Cannabis

Pro

- Alkohol richtet mehr Gesundheitsschäden an.
- Drogenmissbrauch lässt sich durch Verbote nicht verhindern.
- Es gibt keine Belege für die Behauptung, Cannabis sei eine Einstiegsdroge und führe zu vermehrtem Verlangen nach anderen Drogen.
- Der kriminalisierte Beschaffungsweg führt eher zu Kontakt mit anderen Drogen.
- Cannabisprodukte werden nicht mit anderen Substanzen gestreckt und sind damit hochwertiger, da eine Kontrolle möglich ist.
- In anderen Kulturen gilt Cannabis als Genussmittel.
- Die Niederlande haben gute Erfahrungen mit der Legalisierung gemacht.
- Die gefährlichere Nutzung synthetischer Cannabinoide wird reduziert.
- Die legale Nutzung von Cannabis wird kranken Menschen, zum Beispiel Krebspatienten helfen.

Kontra

- Die allgemeine Hemmschwelle zum Drogenkonsum wird sinken.
- Jugendliche kommen eher in Kontakt mit Cannabis.
- Deutschland wird zu einem Drogentourismusland.
- Auch von Cannabis kann man abhängig werden.
- Dass Alkohol erlaubt ist, ist kein Grund, auch Cannabis zu erlauben.
- Joints können auch zu Lungenkrebs führen.
- Cannabiskonsum führt nachweislich zu Psychosen, Entwicklungsstörungen und Erkrankungen, besonders des Nervensystems.
- Die Unfallgefahr im Straßenverkehr wird steigen, da Cannabis die Konzentrations- und Reaktionsgeschwindigkeit mindert.
- Legalisierung macht Cannabis gesellschaftsfähig und lässt den Konsum ansteigen.
- Laut Suchthilfestatistik stiegen cannabisbezogene Störungen in zehn Jahren um das Sechsfache.

Wertepool:

Bildung	Freundschaft	Glück	Selbstbestimmung
Demut	Frieden	Lebensqualität	Sicherheit
Eigentum	Gehorsam	Leistung	Unabhängigkeit
Empathie	Gerechtigkeit	Liebe	Verantwortung
Freiheit	Gesundheit	Respekt	...

Informationsbox Werte:
Werte sind Eigenschaften, die Objekten, Ideen oder Beziehungen zugeordnet werden. Werte dienen uns Menschen dazu, die Umwelt über Kriterien zu bewerten. Diese zielen dabei auf erwünschte Zustände wie materiellen Wohlstand oder auf erwünschtes Verhalten wie ein friedliches Miteinander ab.

Informationsbox Normen:
Normen sind gesellschaftliche Regelungen zur Definition eines allgemein akzeptierten Verhaltens. Sie dienen dem Schutz gesellschaftlicher Werte und sind häufig in Form von Gesetzen und Regeln festgeschrieben. Jeder soll sein Handeln daran ausrichten. Normen müssen immer wieder von der Gesellschaft legitimiert werden.

Informationsbox Moral:
Moral beschreibt die Handlungsmuster einer Person oder einer Gesellschaft, die normativen Regeln unterliegen, nach denen das Handeln ausgerichtet werden soll. Wenn ein Verhalten den bewährten Gebräuchen einer Gemeinschaft entspricht, wird es als moralisch gut bezeichnet. Bezieht sich Moral auf ein werteorientiertes Verhalten, nähert sie sich der Ethik.

Verschiedene Gruppierungen bis hin zu politischen Parteien fordern immer wieder eine Legalisierung von Cannabisprodukten in Deutschland. Genauso entschieden kämpfen andere Gruppen, vor allem Mediziner dagegen.

A1 Recherchieren Sie weitere Argumente und deren Hintergründe im Internet!

A2 Ordnen Sie den Argumenten die entsprechenden Werte zu!

A3 Fällen Sie Ihr persönliches Werturteil und erläutern Sie die gesellschaftlichen Konsequenzen!

Bau des Gehirns

Rechte Hirnhälfte (Längsschnitt) und Vergrößerungsausschnitt des Hirnstamms mit Thalamus und Kleinhirn

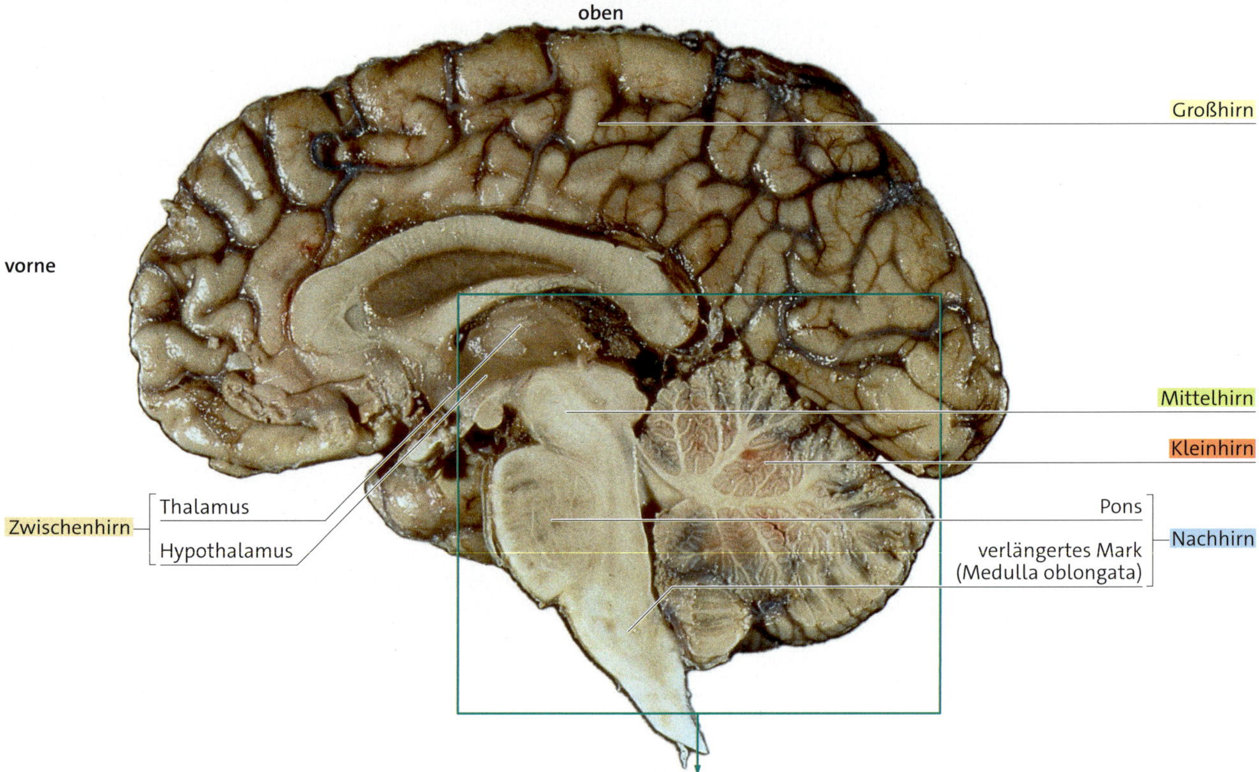

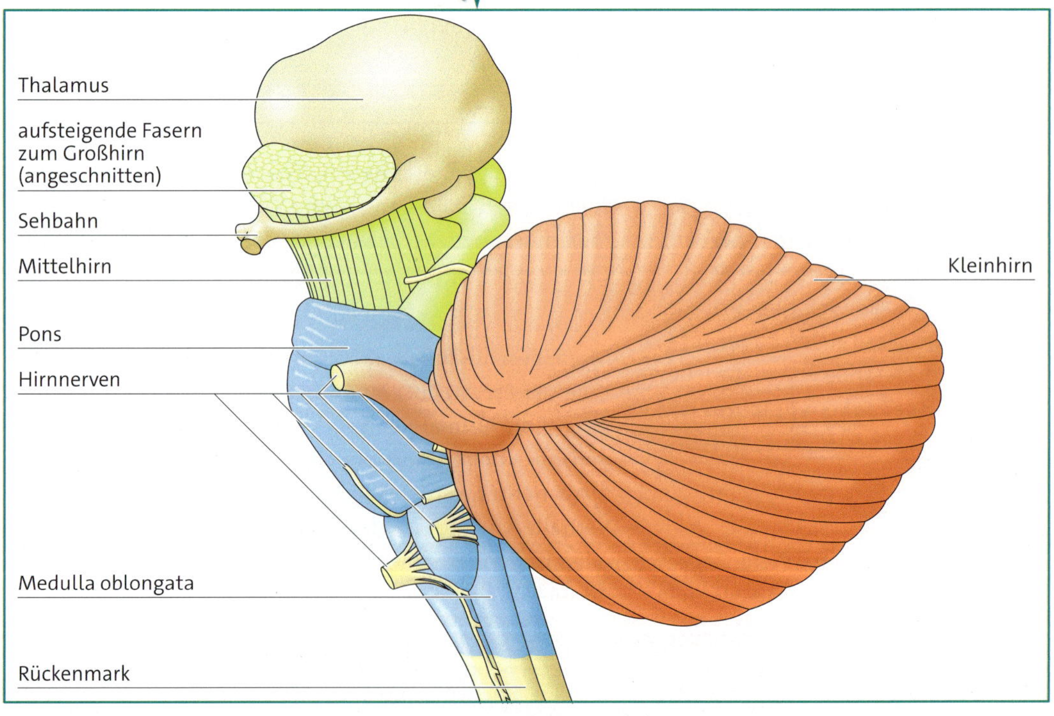

Areale und Rindenfelder des Großhirns

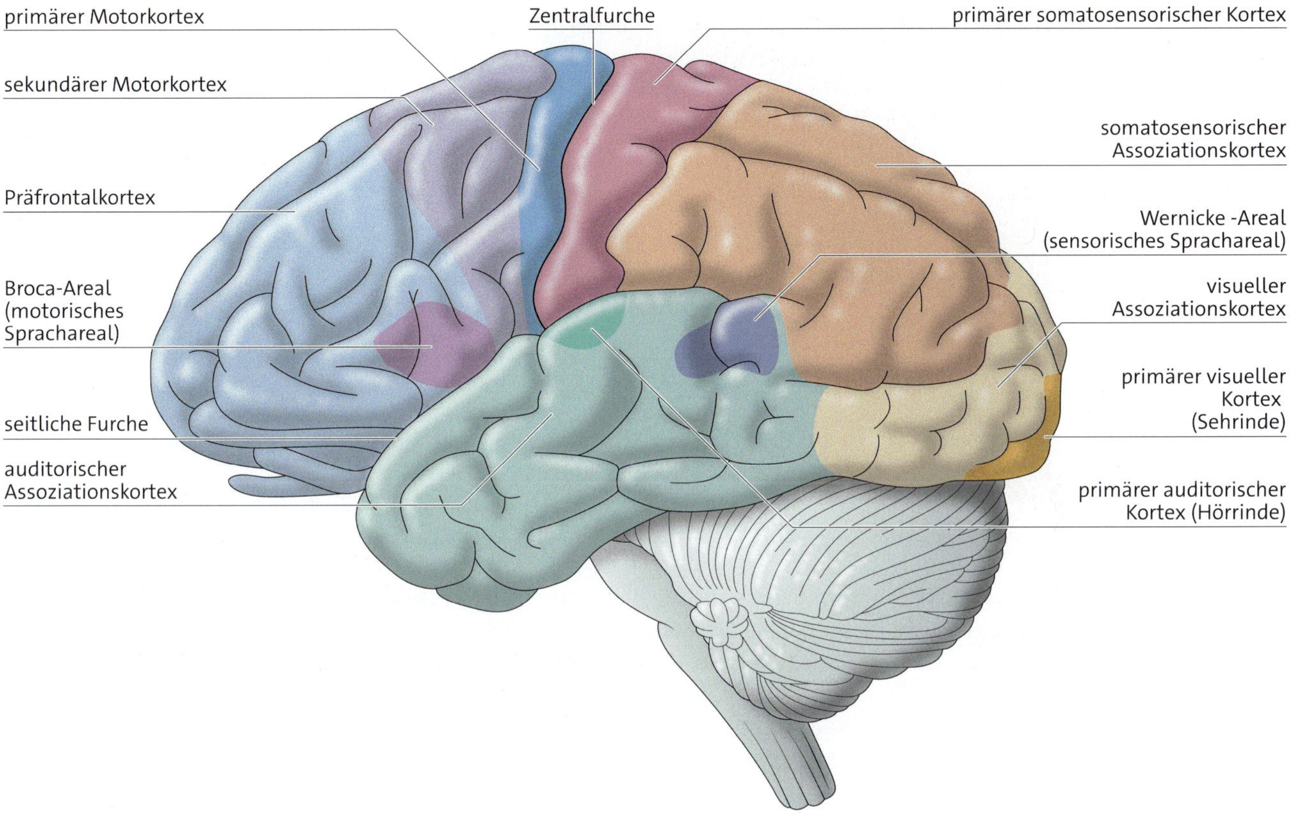

Limbisches System

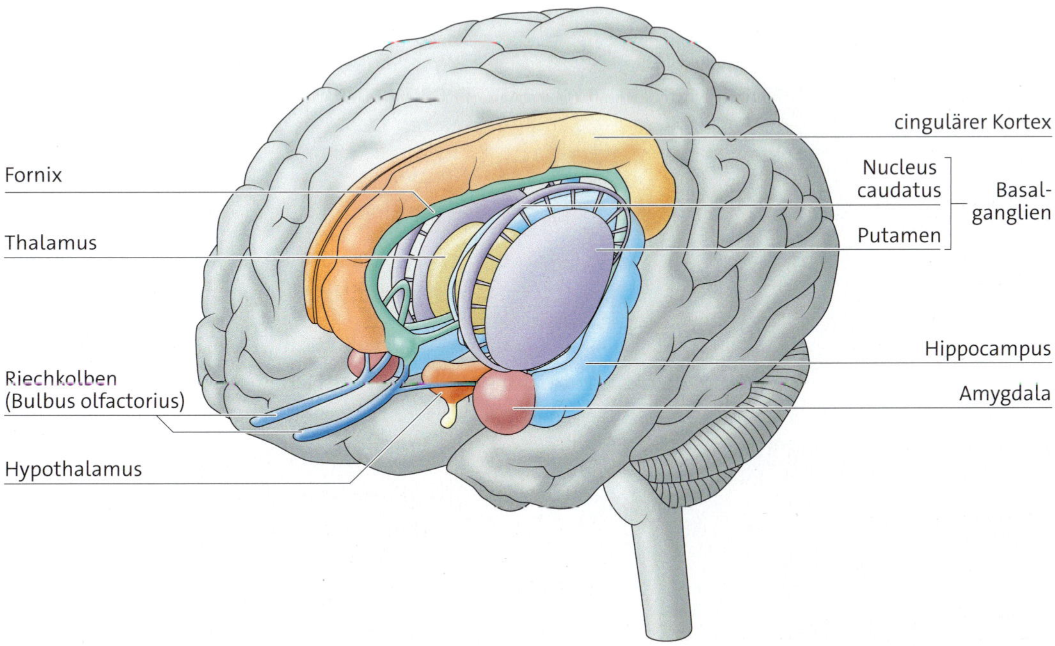

Training A ▸ Autoaggressives Verhalten

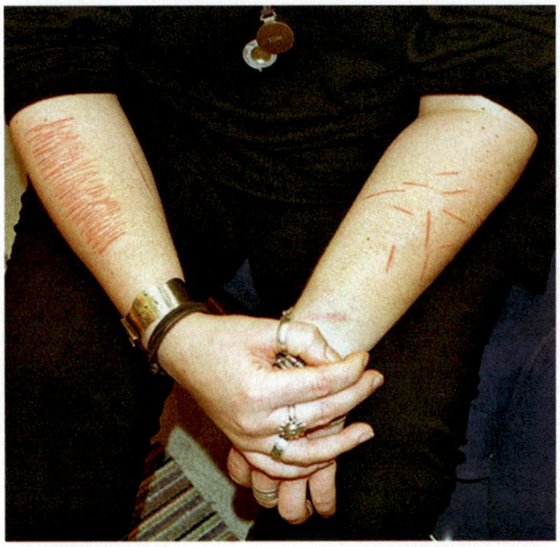

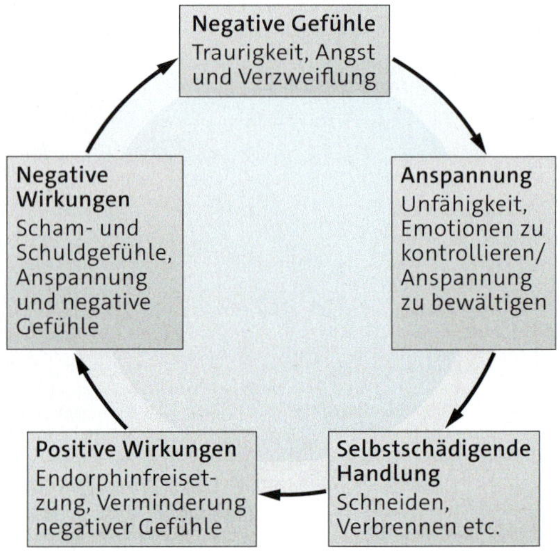

Als autoagressives oder selbstverletzendes Verhalten beschreibt man eine Vielzahl von Verhaltensweisen, bei denen sich Menschen absichtlich Wunden zufügen. Oft finden sich Schnittwunden an Armen oder Beinen, es können aber auch andere Körperteile auf unterschiedliche Art verletzt werden. Autoagressives Verhalten kann ein Anzeichen für eine psychische Erkrankung sein. Es tritt häufig im Zusammenhang mit dem Borderline-Syndrom und nach schweren traumatischen Erlebnissen auf. Obwohl die betroffenen Personen nicht selten Selbstmordgedanken äußern, steht hinter den Verletzungen meist keine direkte Selbstmordabsicht. Ein Teil der betroffenen Personen nutzt die Selbstverletzung dazu, emotionale Schmerzen besser ertragen zu können und einen kurzen Moment der Erleichterung zu erfahren. Aufgestaute Probleme werden auf die eigene Person übertragen und die Verletzung als gerechtfertigte Bestrafung gesehen. Oftmals beschreiben Betroffene auch, dass sie die körperlichen Schmerzen nicht spüren. Für viele entwickelt sich dieses Verhalten zur Sucht.

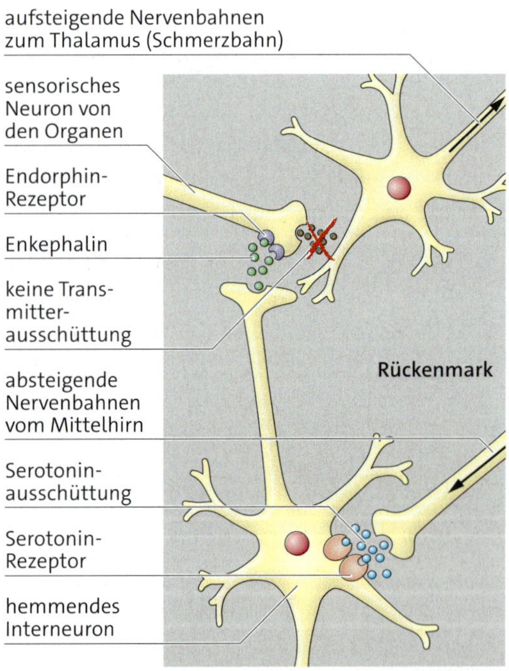

a Nennen Sie Gründe für autoaggressives Verhalten!

b Erklären Sie die Wirkung von Endorphinen auf die Weiterleitung von Schmerzsignalen!

c Erläutern Sie unter Berücksichtigung der zellulären Ebene, wie bei autoaggressivem Verhalten ein Suchtverhalten entstehen kann!

d Diskutieren Sie, welche medizinischen Maßnahmen zur Behandlung autoaggressiven Verhaltens sinnvoll erscheinen und wie Sie als Freund oder Freundin betroffene Menschen unterstützen könnten!

Training B ▸ Schilddrüse

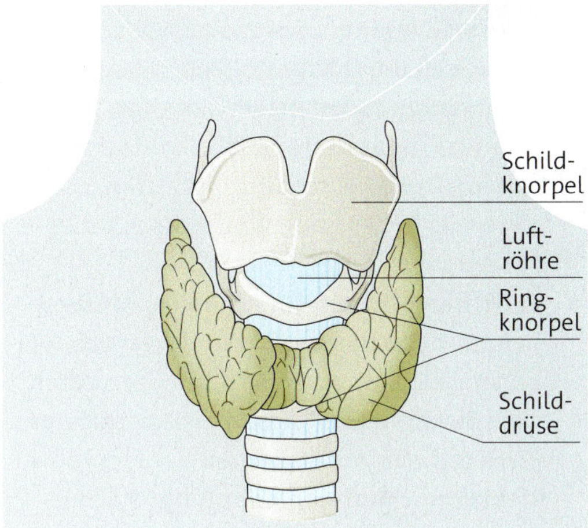

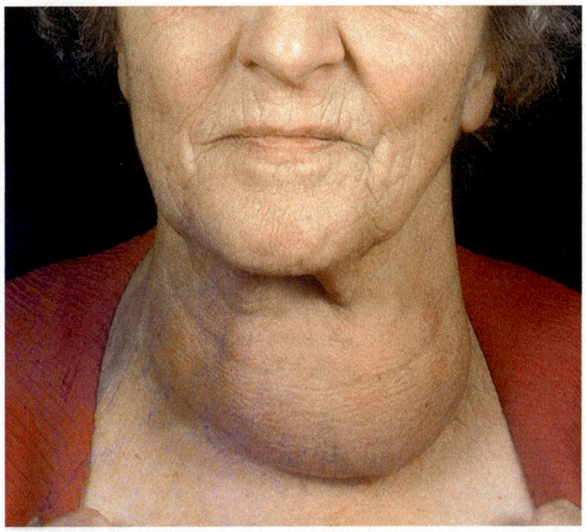

Thyroxin (T4)

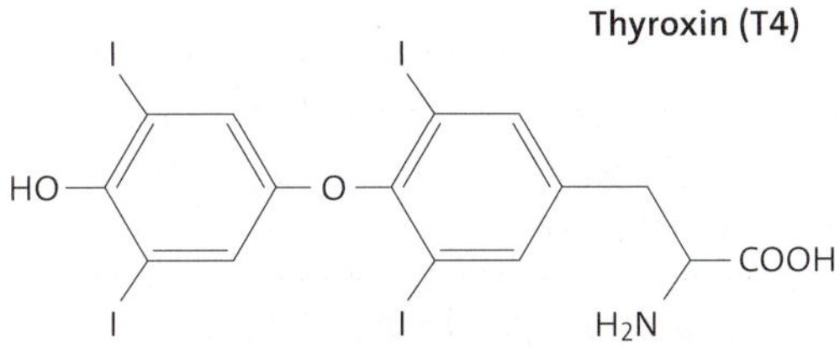

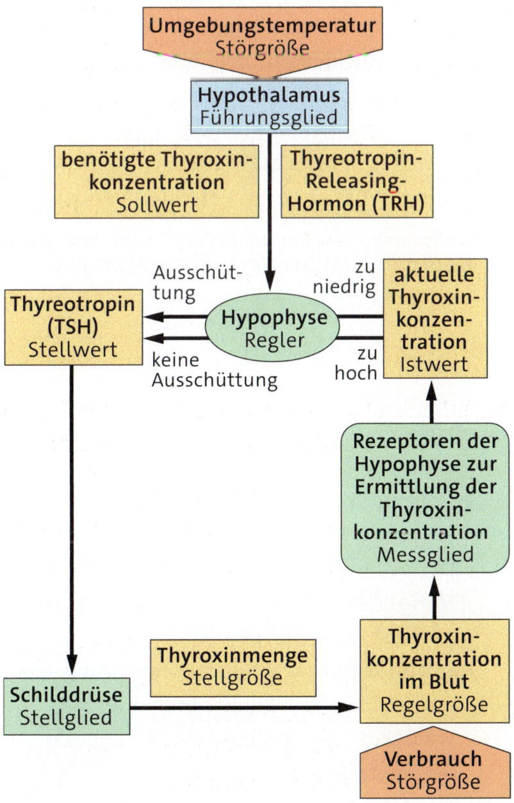

Die Schilddrüse ist die größte Drüse im Halsbereich. Sie besteht aus zwei Lappen, die schmetterlingsförmig die Luftröhre beidseitig umgeben. Eine Vergrößerung der Schilddrüse wird wissenschaftlich Struma, umgangssprachlich Kropf genannt und ist häufig auf Iodmangel zurückzuführen. Solche Strumen entstehen oft in Phasen der Hormonumstellung wie Pubertät, Schwangerschaft, Stillzeit oder Klimakterium.

a Beschreiben Sie den Bau der Schilddrüse!

b Erläutern Sie die Regulation der Thyroxinsynthese mithilfe des Regelkreisschemas!

c Erklären Sie unter Berücksichtigung der Funktion der Schilddrüse, weshalb die Bildung einer Struma auf Iodmangel zurückgeführt werden kann!

d Die Thyroxinmenge im Blut eines Kaninchens wurde bei verschiedenen Umgebungstemperaturen gemessen. Werten Sie die Tabelle mit den gemessenen Thyroxinwerten in Abhängigkeit von der Umgebungstemperatur aus!

Umgebungstemperatur in °C	Thyroxinmenge in µg/ml Blut
1	9,5
25	5,2
35	1,7

Sinne und Sinnesorgane

adäquater Reiz: spezifischer Reiz, für den ein Rezeptor empfindlich ist.

Signaltransduktion: Verarbeitung eines Reizes über einen Verstärkungsmechanismus zu elektrischen Signalen.

phasischer Rezeptor: codiert die Veränderungen in der Reizintensität.

tonischer Rezeptor: übermittelt Informationen über die Reizdauer.

phasisch-tonischer Rezeptor: codiert die Reizintensität und feuert auch bei lang anhaltenden, konstanten Reizintensitäten (tonisch) und reagiert besonders stark auf Änderungen der Reizintensität (phasisch).

Riechkolben, Bulbus olfactorius: vorderster, verdickter Teil des zum Großhirn gehörenden Riechhirns.

blinder Fleck: Austrittsstelle des Sehnervs in der Retina ohne Fotorezeptoren.

gelber Fleck, Fovea: Bereich des schärfsten Sehens der Retina mit sehr hoher Zapfendichte.

Fotorezeptor: Es gibt zwei Typen von Lichtsinneszellen in der Netzhaut: Stäbchen sind lichtempfindlicher und für das Sehen bei Dämmerung, Zapfen für das Farbensehen zuständig.

Rhodopsin: Sehfarbstoff bestehend aus dem lichtabsorbierenden Farbstoff Retinal und dem Membranprotein Opsin.

Fototransduktion: Verarbeitung des Lichtreizes zu einem Nervenimpuls.

Steuerung von Bewegung

motorische Endplatte, neuromuskuläre Synapse: Synapse zwischen Motoneuron und Muskelfaser.

Myofibrille: kontraktile, fadenartige Struktur aus Aktin und Myosin im Zytoplasma der Muskelfaser.

Sarkomer: kleinste kontraktile Einheit einer Myofibrille.

Aktinfilament: Filament aus miteinander verdrillten Ketten kugelförmiger Aktinmoleküle.

Myosinfilament: Bündel von Myosinmolekülen mit kugelförmigen Köpfen und einem fadenartigen Fortsatz.

Tetanus: dauerhafte Muskelkontraktion.

Interneuron: Verschaltungsneuron, zum Beispiel in der grauen Substanz des Rückenmarks.

Gleitfilamenttheorie: Modellvorstellung zur Kontraktion der Sarkomere, nach welcher Aktin- und Myosinfilamente durch die Beweglichkeit des Myosinköpfchens aneinander vorbeigleiten.

elektromechanische Kopplung: Aktivierung des Querbrückenzyklus des Myosinfilaments durch elektrische Impulse.

Reflexweg: auch Reflexbogen genannt. Neuronale Verbindung zur Reaktion auf Reize ohne willentliche Steuerung durch das Gehirn.

monosynaptischer Reflex: Reflexbewegung, an der nur zwei synaptisch verknüpfte Neuronen beteiligt sind.

polysynaptischer Reflex: Reflexbewegung, an der mindestens drei über Synapsen verbundene Neuronen beteiligt sind.

Spiegelneuron: Neuron des Motorkortex, welches bereits aktiv wird, wenn Bewegungen bei anderen Personen beobachtet werden.

Neuroplastizität: Veränderlichkeit neuronaler Netze im Gehirn.

Interaktion von Hormon- und Nervensystem

Hormon: chemischer Botenstoff mit regulatorischer Funktion, der von spezialisierten Zellen produziert und über Blut und Lymphe zu spezifischen Zielzellen transportiert wird.

Peptidhormon: auch Proteohormon genannt. Es gehört zu den Proteinen, ist wasserlöslich und bindet extrazellulär an die Zielzelle.

Aminosäurederivat: Hormon, welches sich von einer Aminosäure ableitet.

Steroidhormon: Es ist lipidlöslich, gelangt daher im Blut mittels Transportprotein zu den Zielzellen, passiert leicht die Zellmembran und bindet intrazellulär an einen Transkriptionsfaktor.

Gewebehormon: wird nicht von einer Drüse, sondern von einer Einzelzelle produziert und gelangt meist über Diffusion zu Zielzellen in der näheren Umgebung.

endokrine Drüse: Sie gibt ihr Sekret ins Körperinnere ab.

glandotropes Hormon: Es kontrolliert die Aktivität einer anderen Hormondrüse.

gonadotropes Hormon: Es wirkt auf die Gonaden, also Hoden und Eierstöcke.

negative Rückkopplung: Wirkungsprinzip, bei dem ein Stoff hemmend auf die eigene Herstellung wirkt.

Szintigrafie: nuklearmedizinisches Verfahren zur Sichtbarmachung der Stoffwechselaktivität bestimmter Zellen.

vegetatives Nervensystem: Teil des PNS, welches für die unwillkürliche Steuerung grundlegender Lebensfunktionen verantwortlich ist.

Homöostase: Konstanthaltung eines inneren Milieus durch Regulation.

Sympathikus: Teil des vegetativen Nervensystems, der grundsätzlich eine Leistungssteigerung des Organismus bewirkt.

Parasympathikus: Teil des vegetativen Nervensystems, der grundsätzlich der Erholung und Regeneration dient.

Emotion und Motivation

primäre Emotion: Änderung des Gefühlzustands als unwillkürliche Reaktion auf Reize, die bei Babys unabhängig von der kulturellen Herkunft gleich abläuft und auf angeborene neuronale Verknüpfungen zurückzuführen ist.

sekundäre Emotion: durch Erfahrungen sowie soziale und kulturelle Aspekte beeinflusste unwillkürliche Reaktion.

limbisches System: Funktionseinheit, die aus unterschiedlichen Teilen des Gehirns, zum Beispiel Hippocampus, cingulärer Kortex, Amygdala, Hypothalamus und Basalganglien, besteht und auch für die Verarbeitung von Emotionen zuständig ist.

Emotionsregulation: Fähigkeit, die emotionale Erregung zu kontrollieren.

Amygdala: Der auch als Mandelkern bezeichnete Teil des Großhirns gehört zum limbischen System und fungiert als zentrale Verarbeitungsstation für externe Reize und die emotionale Prägung der Reaktionen.

Hippocampus: zentrale Schaltstation des limbischen Systems.

Endogene und exogene Stoffe

Endorphine, endogene Morphine: körpereigene Neuropeptide, die euphorische Gefühle und Schmerzlinderung bewirken, zum Beispiel Enkephalin.

mesolimbisches System: System aus Neuronen des Groß- und Mittelhirns, das für die Entstehung positiver Gefühle verantwortlich ist.

psychoaktive Substanz: zugeführter Wirkstoff, der auf die Psyche und das Bewusstsein wirkt.

psychische Abhängigkeit: Verlangen nach Drogen zur Erlangung eines Lustgefühls oder zur Vermeidung von Unwohlsein.

Dopamin: Neurotransmitter im mesolimbischen System, der umgangssprachlich Glückshormon genannt wird.

Nozizeption: Schmerzwahrnehmung.

Opioid-Rezeptor: Rezeptormolekül in der Membran von Neuronen des mesolimbischen Systems oder Rückenmarks, an die nicht nur die körpereigenen Endorphine binden, sondern auch Opioide pflanzlicher Herkunft.

Adenylatzyklase: Enzym, das als Teil des Second-Messenger-Systems die Umwandlung von ATP zu cAMP katalysiert.

Verhalten und Kognition

In diesem Kapitel beschäftigen Sie sich mit

- den Untersuchungsmethoden der Verhaltensbiologie;
- den Einflussfaktoren auf das Verhalten;
- dem Aufbau des Gedächtnisses und den molekularen Grundlagen des Lernens;
- der Kommunikation bei Menschen und Tieren;
- den neuronalen Grundlagen der menschlichen Sprache.

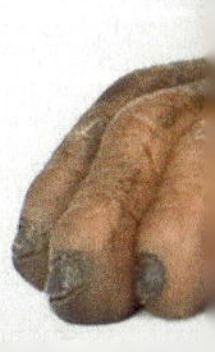

Ein Schimpanse ist in der Lage, sich selbst im Spiegel zu erkennen.

01 Mimik und Gestik bei Affe und Mensch

Untersuchung von Verhalten

Manchmal zeigt das Verhalten von Mensch und Tier erstaunliche Parallelen. Vieles an Gestik und Mimik können wir bei unseren nächsten Verwandten im Tierreich scheinbar wiedererkennen. Doch was können wir aus dem Verhalten der Tiere noch erkennen, wenn wir es mit wissenschaftlichen Methoden untersuchen?

VERHALTENSBIOLOGIE · Schon unsere hominiden Vorfahren haben sich vermutlich für das **Verhalten** der sie umgebenden Tiere interessiert. Ein erfahrener Jäger konnte beispielsweise die zu erwartende Reaktion eines Mammuts abschätzen und hatte dadurch einen bedeutenden Vorteil gegenüber seinen Konkurrenten.

Heutzutage untersucht man das Verhalten der Lebewesen mit wissenschaftlichen Methoden. Zum Verhalten zählt man alle Bewegungen und nachweisbaren Aktionen von Lebewesen. Selbst bei Mikroorganismen und Pflanzen kann man koordinierte Bewegungen oder Signale erkennen, die zu Aktivitäten führen.

Verhalten stellt einen essentiellen Mechanismus der **Angepasstheit** eines Organismus an seine Lebensweise dar und ermöglicht flexible Reaktionen auf wechselnde Umweltbedingungen. Die wichtigsten Angepasstheiten beziehen sich auf den Nahrungserwerb, die Vermeidung von Beutegreifern, das Finden von Fortpflanzungspartnern und die Aufzucht von Jungtieren. Die Organismen interagieren auf diese Weise mit ihren Artgenossen, Artfremden oder ihrer Umgebung. Häufig dienen solche Vorgänge der Erhaltung des Gleichgewichts einzelner regulierter Zustände. Solche Gleichgewichte werden als **Homöostase** bezeichnet. Wenn also eine Pflanze in der Mittagshitze ihre Spaltöffnungsapparate schließt, so führt dieses Verhalten zur Minimierung der Transpiration und stellt einen wichtigen Beitrag zur Regulation des Wasserhaushalts dar. Den meisten Verhaltensmerkmalen liegen dabei sowohl genetische als auch zahlreiche Umweltkomponenten zugrunde.

GRUNDFRAGEN DER VERHALTENSBIOLOGIE · Bei der Beschreibung und Analyse des Verhaltens eines Tieres entwickelten Verhaltensforscher verschiedene Blickrichtungen. Diese fasste der Nobelpreisträger Nikolaas TINBERGEN zu zentralen Fragen der Verhaltensbiologie zusammen. Warum zeigt ein Tier ein bestimmtes Verhalten, beispielsweise ein Wellensittich seinen charakteristischen Gesang? Untersuchen Verhaltensbiologen zum Beispiel hormonelle, neuronale oder muskuläre Mechanismen für die Lautäußerungen des Wellensittichs, so suchen sie nach den *unmittelbaren* Ursachen für das Verhalten. Ein Grund liegt zum Beispiel im Aufbau der Kehlkopfmuskulatur dieser Vögel, der den vielfältigen Gesang überhaupt erst ermöglicht. Wie entwickelt sich Verhalten bei einem Lebewesen? Bei der Beantwortung dieser Frage legt man das Augenmerk auf die Individualentwicklung des Tieres. Der Wellensittich singt, weil er diesen Gesang als Jungvogel von seinen Eltern erlernt hat. Die unmittelbaren und die entwicklungsbedingten Ursachen fasst man als **proximate Ursachen** zusammen.

Welche evolutionäre Bedeutung hat das Verhalten? Der unterschiedliche Gesang des Wellensichtichs kann sich auf die Anzahl der Nachkommen auswirken. Zu Beginn der Balz singt ein Wellensittichhahn mit aufgestelltem Kopf- und Kehlgefieder ein Weibchen an. Ist er dabei erfolgreich, produziert das Weibchen vermehrt Sexualhormone und die Balz wird fortgesetzt. Wellensittiche können über ihre vielfältigen Laute sehr differenziert in ihren Schwärmen kommunizieren. Jeder Wellensittichschwarm prägt dabei einen eigenen „Gesangsdialekt" aus. Jungtiere lernen diesen „Dialekt" von ihren Eltern. Die evolutionären Ursachen von Verhalten bezeichnet man als **ultimate Ursachen.**
Dass proximate Ursachen Einfluss auf das Verhalten haben, lässt sich meist durch geschickt konstruierte Experimente zeigen. Die ultimaten Ursachen lassen sich dagegen nur schwer experimentell untersuchen. Manche Verhaltensänderungen sind vermutlich zufällig entstanden. Die daraus resultierenden Vorteile für das Überleben der Art sind nach heutigem Stand der Forschung häufig unbekannt.

02 Wellensittich füttert Jungvogel in der Bruthöhle

lat. proximus = der Nächste

03 Wellensittiche bei der Balz

lat. ultimus = der Weiteste

04 Gruppe von Wellensittichen

05 Krähe bei der Werkzeugnutzung

06 Webervogelnest: **A** eines solitär lebenden Vogels, **B** von in Kolonien lebenden Vögeln

UNTERSUCHUNGSMETHODEN · Um das Verhalten von Lebewesen zu erforschen, versucht man häufig die Verhaltensweisen im Freiland oder unter kontrollierten Bedingungen zu beobachten und zu beschreiben. So kann es je nach Fragestellung von Interesse sein, ob eine Neukaledonische Krähe mit einem großen Satz auf einen Holzstamm springt, einen Ast von einem benachbarten Lichtnussbaum abbricht, um ihn danach langsam in den Bohrgang einer Larve zu führen, daraufhin eine im Ast verbissene Bockkäferlarve zügig aus dem Loch zieht, mit dem Schnabel vom Ast pickt und in einem Stück schluckt – oder ob es ausreichend ist festzuhalten, dass die Krähe eine Larve gefressen hat. Im ersten Fall interessiert man sich für die Struktur der Handlung und fasst diese dann in einem Katalog der möglichen artspezifischen Handlungen, einem **Ethogramm,** zusammen. Im zweiten Fall liegt der Beobachtungsfokus auf der Konsequenz des Handelns.

Neben den Beobachtungen im Freiland spielen häufig Laboruntersuchungen wie DNA-Analysen und Hormonmessungen eine wichtige Rolle. Heutzutage arbeiten Verhaltensforscher häufig neben den klassischen Methoden des Beobachtens und Beschreibens mit Vergleichen zwischen mehreren Arten und mit Kosten-Nutzen-Analysen.

So konnte man beispielsweise durch den Vergleich von verschiedenen Webervogelarten einen Zusammenhang zwischen ökologischen Faktoren und der sozialen Organisation dieser Vögel zeigen: Wald bewohnende Webervögel sind territoriale, monogame und solitäre Insektenfresser. Savannen bewohnende Webervögel leben dagegen in Kolonien, sind polygam und fressen Samen. Unterschiedliche Nahrung und Räuberdruck sind für diese Unterschiede verantwortlich. Ökologische Faktoren bestimmen in diesem Fall das Sozial- und Paarungssystem. Bei der Analyse der Daten werden mathematische Methoden der Statistik und Ökonomie benutzt, um die Hypothesen zu überprüfen.

BEDEUTUNG DER VERHALTENSBIOLOGIE · Das bessere Verständnis der Organismen ist ein wichtiges Anliegen biologischer Grundlagenforschung. Die hier gewonnenen Erkenntnisse beeinflussen die Züchtung und Haltung von Haustieren, dienen der Vorbereitung und Umsetzung von Artenschutzprogrammen und stellen einen wichtigen Beitrag bei der Schädlingsbekämpfung dar. Verhaltensstudien zu Aggression und Lernen bei Tieren liefern darüber hinaus grundlegende Erkenntnisse der Mechanismen menschlichen Verhaltens. Neben diesen wirtschaftlich bedeutsamen Argumenten sollte man berücksichtigen, dass es einfach auch Spaß macht, Tiere zu beobachten.

1 Beschreiben Sie am Beispiel eines bellenden Hundes, welche proximaten und ultimaten Ursachen das Verhalten hat!

2 Erläutern Sie die verschiedenen Untersuchungsmethoden der Verhaltensbiologen!

3 Nennen Sie eine Verhaltensweise, die zur Homöostase beiträgt, und erläutern Sie diese!

Material A ▸ Fortpflanzung der Buntbarsche

Männliche Fische einer noch nicht wissenschaftlich beschriebenen Buntbarschart aus dem Victorianil in Uganda bereiten in der Laichzeit Bodenmulden zur Eiablage der weiblichen Barsche vor. Wenige Sekunden nach dem Ablaichen in der Mulde nehmen die Weibchen die orangefarbenen Eizellen in ihr Maul auf. Während dieser Aufnahme schiebt sich das Männchen mit seiner Afterflosse, die durch eine Folge orangefarbener Tupfen gekennzeichnet ist, vor das Weibchen. Das Weibchen reagiert auf die Tupfen und versucht diese mit dem Maul aufzunehmen. Dabei gibt das Männchen sein Sperma ab und ein Teil dieser Fischmilch befruchtet den Rogen im Maul des Weibchens.

A1 Beschreiben Sie das von den Weibchen gezeigte Verhalten!

A2 Formulieren Sie eine Hypothese zur proximaten und zur ultimaten Ursache der orangefarbenen Tupfen auf der Afterflosse der Männchen!

A3 Entwerfen Sie ein Kontrollexperiment zur Überprüfung Ihrer Hypothesen!

Material B ▸ Rufe von Präriehunden

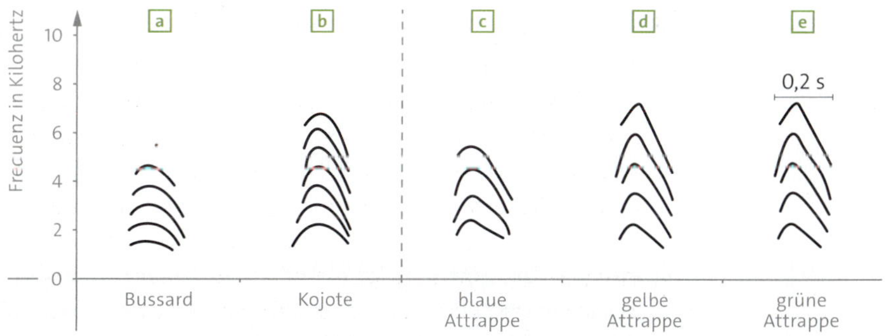

Die Präriehunde in Nordamerika leben in großen Kolonien mit bis zu eine Million Tieren. Die mit den Murmeltieren verwandten Präriehunde sind tagaktiv und ziehen sich nachts in ihre Erdhöhlen zurück. Ihre Rufe bestehen aus sehr kurzen, sich überlagernden Tönen verschiedener Frequenzen. Für das menschliche Ohr sind diese Rufe kaum zu unterscheiden. Verhaltensforscher untersuchten einzelne Frequenzen im zeitlichen Verlauf und machten Unterschiede in manchen Rufen deutlich.

B1 Vergleichen Sie die im Diagramm dargestellten Rufe!

B2 Erläutern Sie die Bedeutung der Rufe a und b für die Präriehundkolonie!

B3 Interpretieren Sie die Unterschiede und Gemeinsamkeiten in den Rufen c bis e!

IM BLICKPUNKT GESCHICHTE

Verhaltensbiologie gestern und heute

01 Paradiesvogel

Bereits im 4. Jahrhundert vor Christus stellte ARISTOTELES die Frage nach den inneren Antrieben der Tiere und wie man diese erklären könne. Doch über Jahrhunderte wurde das Verhalten der Tiere kaum ursächlich erforscht, sondern aus der Sicht des Menschen interpretiert: Das Verhalten der Löwen war mutig und tapfer, der Fuchs agierte listig und verschlagen.

Eine wissenschaftliche und rationale Verhaltensforschung, die auch die Funktion von Verhaltensweisen aus evolutionärer Sicht analysierte, kam erst mit Charles DARWIN im 19. Jahrhundert auf. Zum Beispiel beeinflussen die Balzrituale mancher Paradiesvögel die Partnerwahl der Weibchen. Ab Anfang des 20. Jahrhunderts untersuchten Biologen systematisch das Verhalten der Tiere. Dabei fiel auf, dass viele Tiere angeborene, stereotype Verhaltensmuster zeigen. Diese schematisch ablaufenden Handlungen wurden Instinkte genannt. Da Instinkte genetisch bedingt sind, lassen sie auch Aussagen über die Verwandtschaft von Arten zu. Charles WHITMAN war einer der ersten Forscher, der dies erkannte und am Beispiel von Tauben demonstrierte.

Unter einigen amerikanischen Forschern entwickelte sich indes eine andere Bewegung in der Verhaltensbiologie: Der Behaviorismus versuchte sämtliches Verhalten in Reize und Reaktionen zu zerlegen und auf diese Weise Voraussagen über das Verhalten zu machen. Einer ihrer Mitbegründer, John WATSON, ging davon aus, dass jegliches Verhalten die Summe früherer Erfahrungen darstellt. Der Russe Iwan PAWLOW demonstrierte die Mechanismen dieses Lernprozesses an einem Hund unter Laborbedingungen. Dabei wurde das Geräusch einer Glocke mehrfach mit dem Anblick von Futter gekoppelt. Nach einiger Zeit reichte allein das Geräusch aus, um beim Hund den Speichelfluss auszulösen. Diese Art des Lernens nennt man *klassische Konditionierung*.

Eine Fortführung der Gedanken von WATSON und PAWLOW stellen schließlich die Arbeiten Burrhus SKINNERs dar. Unter Laborbedingungen konzentrierte er sich vor allem bei Ratten und Tauben auf den Einfluss von Strafe und Belohnung auf das Lernen. Diese Form des Lernens wird als *operante Konditionierung* bezeichnet.

In Europa entwickelte sich die Verhaltensbiologie zu Anfang des 20. Jahrhunderts dagegen in eine andere Richtung. Die *klassische Ethologie* versuchte angeborene Verhaltensmuster unterschiedlichster Tierarten in ihrem natürlichen Habitat zu beschreiben und zu vergleichen. Die verschiedenen Konzepte dieser Schule vereinte Konrad LORENZ zu einem zusammenhän-

02 PAWLOW im Labor

genden Modell. Er konzentrierte sich dabei auf die exakte Beschreibung und Protokollierung der Verhaltensweisen verwandter Arten. LORENZ nahm an, dass das Verhalten hauptsächlich durch innere Handlungsbereitschaft und äußere Reize gesteuert wird. Durch LORENZ rückte die Verhaltensbiologie in das öffentliche Bewusstsein Deutschlands.

Weniger populär, aber nicht von geringerer Bedeutung waren die Arbeiten von Karl VON FRISCH. Er fokussierte sich auf die regulatorischen Grundlagen des Verhaltens, die *Verhaltensphysiologie*. Er zeigte zum Beispiel, wie sich Honigbienen am Sonnenstand orientieren und über eine Tanzsprache miteinander kommunizieren.

Zur genaueren Untersuchung der Mechanismen und Funktionen bestimmter Verhaltensweisen entwickelte Nikolaas TINBERGEN beeindruckend konstruierte Experimente im Freiland. Durch seine Forschungsergebnisse und Publikationen lenkte er zunehmend das Interesse auf den evolutionären Vorteil von Verhaltensweisen. 1973 erhielt er zusammen mit Konrad LORENZ und Karl VON FRISCH den Nobelpreis für ihre Leistungen in der Verhaltensbiologie. Einige der Arbeiten von TINBERGEN und LORENZ gerieten allerdings im Nachhinein in die Kritik. Experimente, auf denen die Wissenschaftler zum Teil ihre Theorien aufgebaut hatten, ließen sich nicht wiederholen und wiesen methodische Mängel auf. Seit den 1970er-Jahren prüfen Verhaltensökologen die Frage, welche Bedeutung ein bestimmtes Verhalten in der Umwelt der Tiere und für ihr Überleben hat. Dabei treten Annahmen über die inneren Mechanismen, wie sie beispielsweise Behavioristen oder Ethologen entwickelten, in den Hintergrund. Die *Verhaltensökologie* ist bis heute einer der bedeutendsten Zweige der modernen Verhaltensbiologie.

Einer ihrer Teilbereiche beschäftigt sich mit dem Sozialverhalten der Tiere und Menschen. Dabei spielen die Strukturen in den Gruppen und das Paarungsverhalten eine besonders wichtige Rolle. William HAMILTON untersuchte ein bemerkenswertes Helferverhalten bei manchen Tieren: Sie verzichten zugunsten ihrer Verwandten auf eigenen Nachwuchs. Besonders häufig kommt solches Verhalten bei sozial lebenden Insekten wie den Blattschneiderameisen vor. Der amerikanische Ameisenforscher Edward WILSON lieferte eine umfassende Übersicht solcher Insekten und prägte schließlich den Begriff der *Soziobiologie*. Die Übertragung der Erkenntnisse über sozial lebende Tiere auf den Menschen stießen jedoch auf Ablehnung: Kritiker werfen den Soziobiologen vor, mit Annahmen zu arbeiten, die sich nicht überprüfen lassen.

03 LORENZ im Freiland

04 Blattschneiderameisen

01 Gorillaweibchen Koko

Einflüsse auf das Verhalten

Koko, ein ausgewachsenes Gorillaweibchen, sitzt in einem Büro und pustet mehrfach in eine Plastikflöte. Eine Person fragt, ob sie auch lauter flöten könne, woraufhin Koko die Lautstärke verdoppelt. Anscheinend versteht Koko die Frage und kann darüberhinaus ihre Atemtechnik zielgerichtet verändern. Diese Fähigkeit vermutete man bislang nur bei Menschen. Wie lässt sich das außergewöhnliche Verhalten von Koko erklären?

Als Schule bezeichnet man eine Gruppe von Walen.

ANGEBOREN UND ERLERNT · Mindestens ein Jahrhundert lang stritten sich Forscher darum, ob Verhalten hauptsächlich angeboren und somit genetisch festgelegt oder doch eher erlernt ist. Die europäischen Ethologen waren der Auffassung, dass die meisten Verhaltensweisen instinktiv erfolgen, also angeboren sind. Dagegen vertraten die amerikanischen Behavioristen den Standpunkt, dass diese erlernt seien. Insbesondere bei der Frage nach den Ursachen menschlichen Verhaltens wurde diese Diskussion mit großem Eifer geführt.

Aus heutiger Sicht ist Verhalten außerordentlich stark durch Lernen beeinflusst. Aber weder Menschen noch andere Tiere könnten etwas lernen, wenn sie nicht über Nervensysteme verfügen würden. Die Informationen zum Aufbau der neuronalen Strukturen sind in den Genen verschlüsselt. Heute wissen wir, dass Gene abhängig von der Umwelt aktiv sind und dass wir diese Umwelt ohne Gene nicht wahrnehmen könnten.

Ein junger Wal beispielsweise lernt die spezifischen Klicklaute seiner Schule durch die Interaktion genetischer Information mit der sozialen und akustischen Umgebung, der er ausgesetzt ist. Würde man bestimmte Gene des Wals und damit die Entwicklung des Gehirns verändern, könnte der Wal die Fähigkeit verlieren, seinen „Dialekt" zu erlernen. Andersherum könnte eine Veränderung der Umwelt, beispielsweise durch das Vorspielen eines anderen „Dialekts", dazu führen, dass der Wal völlig andere Klicklaute als die anderen Individuen seiner Schule erzeugt.

INTERAKTIVE ENTWICKLUNG VON VERHALTEN · Betrachtet man das Verhalten einer jungen Arbeiterin im Bienenstaat, so kann man einen erstaunlichen Wandel des Verhaltens erkennen. Zunächst beginnt die Arbeiterin als Putzbiene mit dem Säubern der Brutzellen frisch geschlüpfter Bienen. Nach wenigen Tagen beginnt sie dann als Ammenbiene Larven mit Kopfdrüsensekret, Honig und Pollen zu füttern, bevor sie ihr Verhalten ein weiteres Mal wechselt und nun Futter an andere Bienen im Stock verteilt. Die letzte Lebensphase als Sammelbiene beginnt meist nach etwa drei Wochen.
Mit dem Wechsel der Tätigkeiten verändert sich die Genexpression im Nervensystem der Bienen. Diese Veränderungen lassen sich auch experimentell herbeiführen: Entfernt man die älteren Sammelbienen aus dem Stock, so zeigt ein Teil der jüngeren Ammenbienen innerhalb kürzester Zeit das Expressionsmuster und das Verhalten der Sammelbienen. Dieses Beispiel zeigt, wie sich Änderungen der Genexpression auf die neuronale Aktivität und letztlich auf das Verhalten der Bienen auswirken.

Bei der Entwicklung von Insekten spielt das Juvenilhormon eine wichtige Rolle. Junge Ammenbienen haben eine geringe Konzentration dieses Hormons in der Körperflüssigkeit. Ältere Sammelbienen verfügen dagegen über eine hohe Konzentration des Hormons. Verabreicht man den Ammenbienen höhere Dosen des Juvenilhormons, so entwickeln sie sich schnell zu Sammelbienen. Unter natürlichen Umständen passiert dies allerdings nicht, da die Sammelbienen bei jeder Heimkehr den selbst gebildeten Stoff Ethyloleat an die Bienen im Stock verfüttern, der den Juvenilhormonspiegel der Ammenbienen niedrig hält. Durch dieses Pheromon wird eine frühzeitige Reifung der Ammenbienen unterdrückt.
Botenstoffe wie das Juvenilhormon oder das Pheromon beeinflussen also die Aktivierung eines oder mehrerer Gene. Dies ist ein Beispiel dafür, dass Verhalten durch die Interaktion von genetischer Information und Umweltbedingungen ausgeprägt wird.
Das Wechselspiel von genetischer Disposition wie dem angeborenen Talent von Koko und dem Einfluss der Umwelt wie dem intensiven Training ist eine Erklärung für ihr außergewöhnliches Verhalten.

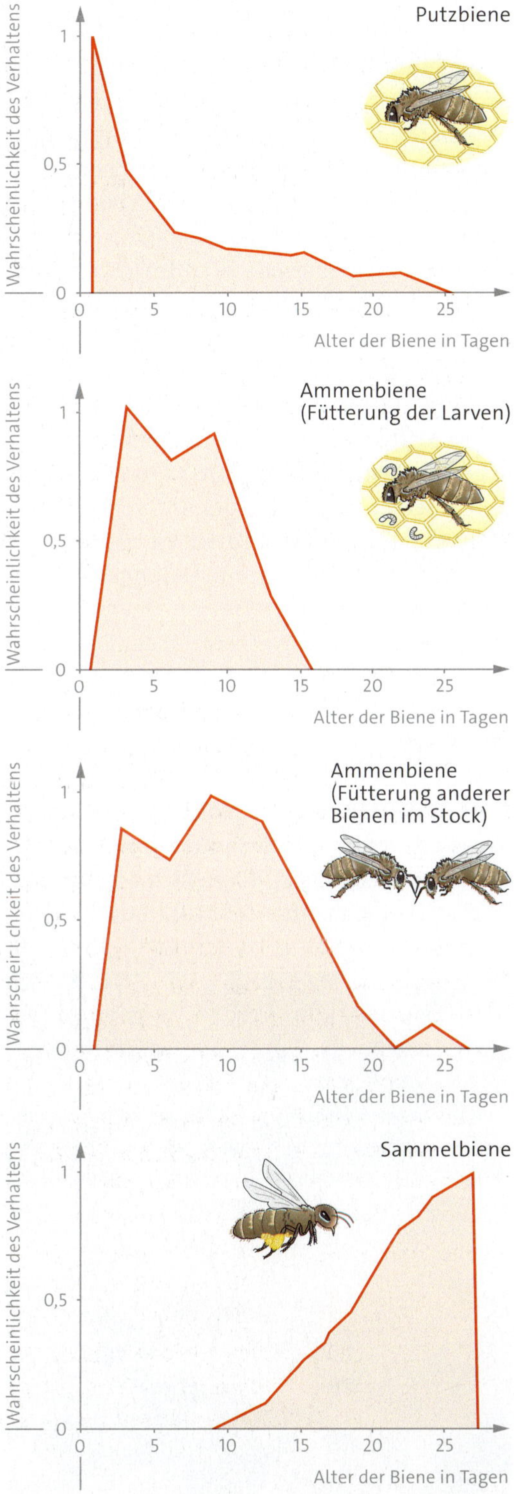

Pheromone siehe Seite 177

02 Entwicklung von Arbeiterbienen

EINFLUSS DER UMWELT · Tintenfische und Chamäleons sind bekannt dafür, dass sie ihre Färbung in Abhängigkeit von der Umgebung variieren können. Dadurch sind sie getarnt. Bei einem solchen Farbwechsel ist der Einfluss der Umwelt auf das Verhalten offensichtlich. Doch es gibt auch Tiere, bei denen die Fähigkeit des Farbwechsels bisher verborgen blieb. Im australischen Great Barrier Reef leben Zwergbarsche mit unterschiedlicher Färbung. Forscher waren lange Zeit der Meinung, dass die Färbung genetisch fixiert sei und die verschiedenen Farbvarianten der Zwergbarsche in unterschiedlichen Tiefen vorkämen. Inzwischen weiß man, dass diese Fische ihre Färbung aktiv an die Farbe der sie umgebenden Riffbarscharten anpassen können. Lebt ein brauner Zwergbarsch in der Nähe gelber Riffbarsche, nimmt er innerhalb einiger Tage eine gelbe Färbung an. Dabei verändert sich in seinen Hautzellen der Anteil gelber und schwarzer Pigmente. Auf diese Weise kann sich der Zwergbarsch unerkannt den jungen Riffbarschen nähern und diese fressen. Der Jagderfolg steigt nach dem Farbwechsel um das Dreifache. Wechselt der Zwergbarsch in die Nähe einer braunen Riffbarschart zurück, färbt er sich wieder braun.

EINFLUSS DER GENE · Normalerweise wird Verhalten durch das Zusammenspiel zahlreicher Gene beeinflusst. So weiß man zum Beispiel aus Experimenten an Mäusen, dass die Gene der *fos*-Klasse eine bedeutende Rolle beim Lernen spielen. Ein Vertreter dieser Klasse ist das *fosB*-Gen. Um die Funktion dieses Gens zu untersuchen, wurde es gezielt in einigen Tieren deaktiviert. Man spricht von *Knockout-Mäusen*. Bei darauffolgenden Untersuchungen des Verhaltens und der Anatomie konnte man zunächst keinerlei Veränderung zu den gesunden Tieren feststellen. Als die *fosB*-Knockout-Mäuse Nachwuchs bekamen, machte man jedoch eine überraschende Entdeckung: Die Weibchen mit den inaktivierten *fosB*-Genen verhielten sich absolut gleichgültig ihren neugeborenen Jungtieren gegenüber. Wenn die Nestlinge aus dem Nest krochen, ignorierten sie diese und ließen ihre Jungtiere verhungern. Mausweibchen mit intaktem *fosB*-Gen schieben dagegen ihre Nestlinge immer wieder an sich heran. Auf diese Weise werden die nackt und blind geborenen Jungtiere gewärmt, geschützt und können leicht gesäugt werden.

Das Brutpflegeverhalten der Mäuse ist ein erlerntes Verhalten. Es zählt zu den wenigen bekannten Beispielen, bei denen Verhalten durch ein einziges Gen derart manipuliert werden kann.

1 Erläutern Sie die interaktive Entwicklung von Verhalten am Beispiel der Bienen!

2 Erläutern Sie die Bedeutung von Umwelt und Genen für das Verhalten der Zwergbarsche und der Mäuse!

03 Zwergbarsch: **A** mit gelber Färbung, **B** mit brauner Färbung

Material A ‣ Gangarten bei Pferden

Pferderasse	relative Häufigkeit des mutierten Regulationsgens
Araberpferde	0,00
Islandpferde *	0,89
Kentucky Mountain Saddle Horse *	0,95
Paso Fino *	1,00
Przewalski-Pferd	0,00
Shetland Pony	0,00

* Pferde mit weiteren Gangarten

Pferde bewegen sich, abhängig von der Geschwindigkeit, in den Grundgangarten Schritt, Trab und Galopp. Manche Pferderassen beherrschen weitere Gangarten wie Tölt oder Pass. Diese Gänge zeichnen sich durch eine besondere Schrittfolge der Vorder- und Hinterhufe aus, die ein erschütterungsarmes Reiten ermöglichen. Bei verschiedenen Pferderassen wurde ein Regulationsgen, das auf Chromosom 23 lokalisiert ist, auf eine bestimmte Mutation hin untersucht.

A1 Beschreiben Sie die Ergebnisse der genetischen Untersuchung!

A2 Diskutieren Sie die Möglichkeit, einem Araberpferd das Tölten beizubringen!

A3 Formulieren Sie eine Hypothese, wie sich das Gangverhalten der Pferderassen durchsetzen konnte!

Material B ‣ Dufterkennung der Belding-Ziesel

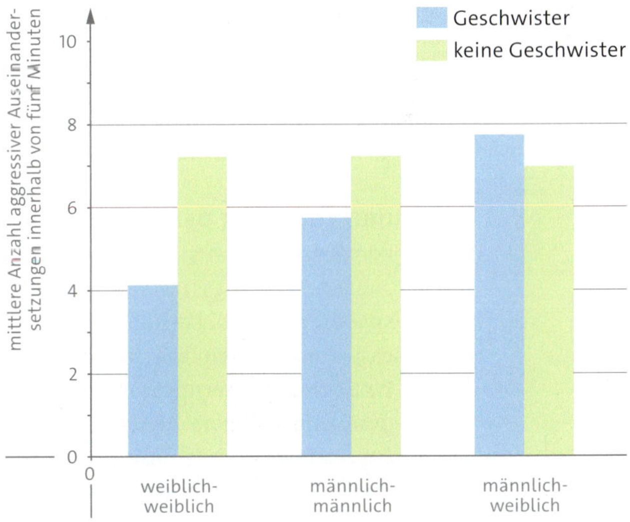

Belding-Ziesel sind Nagetiere und leben in Gebirgen im Westen der USA. Weibliche Tiere bilden große soziale Verbände, männliche Tiere sind Einzelgänger. Die Weibchen bauen Gangsysteme im Boden und leben dort meist in der Nähe verwandter Tiere. Ziesel, die gemeinsam aufwachsen, erkennen sich unabhängig von ihren Verwandtschaftsverhältnissen am Geruch und tolerieren sich.
In einem Versuch wurden getrennt voneinander aufgezogene Ziesel paarweise in ein Versuchsgehege gesetzt. Sie reagierten zumeist aggressiv aufeinander.

B1 Beschreiben Sie die Ergebnisse des Versuchs!

B2 Interpretieren Sie die Versuchsergebnisse vor dem Hintergrund der natürlichen Lebensweise der Belding-Ziesel!

01 Der chinesische Pianist Lang Lang bei einem Konzert

Lernen und Gedächtnis

Übersicht über das Gehirn siehe Seite 146 und 147

Ein Pianist spielt oft mehr als eine Stunde, ohne auf ein Notenblatt schauen zu müssen. Die koordinierten Bewegungen der Hände sind in seinem Gedächtnis gespeichert und können dort abgerufen werden. Wie werden solche Leistungen gelernt und im Gedächtnis organisiert?

ÜBUNG MACHT DEN MEISTER · Um zu einem konzertreifen Musiker zu werden, sind viele Tausend Übungsstunden notwendig. Dabei spielen viele Fähigkeiten des menschlichen Organismus in komplexer Weise zusammen.

Zu Beginn des Lernprozesses könnte die Bewegung eines Fingers stehen, der eine bestimmte Klaviertaste in bestimmter Kraftaufwendung und Geschwindigkeit herunterdrückt. Der Druck und die Bewegungsauslenkung werden über den Tastsinn haptisch wahrgenommen. Der entstandene Ton wird in Tonhöhe, Klangfarbe, Lautstärke und Dauer über das Gehör wahrgenommen. Die Augen ergänzen die haptische und die akustische um eine optische Wahrnehmung. Diese Wahrnehmungen werden über verschiedene Gehirnareale gefiltert, bewertet und nach und nach gespeichert. Hierbei arbeiten die sensorischen Zentren im Großhirn mit dem *Hippocampus* in einer ersten Bewertung zusammen. Unbewusst wird aufgrund von Vorerfahrungen, Emotionen und Motivation überprüft, was wichtig und was unwichtig ist. Erst nach dieser Bewertung werden die Sinnesdaten an das **Kurzzeitgedächtnis** weitergeleitet. Nach wenigen Sekunden gelangen die dort verarbeiteten Signale in das **Zwischengedächtnis,** das gemeinsam mit dem Kurzzeitgedächtnis auch als **Arbeitsgedächtnis** bezeichnet wird. Nach weiteren Sekunden bis Minuten gelangen die Signale nach und nach ins **Langzeitgedächtnis.** Von dort kann die Ausführung einer bestimmten Tonfolge von dem Musiker noch nach Jahrzehnten abgerufen werden.

An diesem Modell zeigt sich, dass Lernen allgemein als Erwerb von neuem Wissen und Verhalten bezeichnet werden kann. Bei der ständigen Wiederholung durch das Üben am Instrument bilden sich in den beteiligten Gehirnarealen neue neuronale Verknüpfungen und bereits bestehende werden ausgebaut. Das Gelernte abzurufen, macht letztlich die Gedächtnisleistung aus.

UNTERSCHIEDLICHE GEDÄCHTNISLEISTUNGEN · Ein weiteres Modell teilt das Gedächtnis in drei Systeme ein, deren Anteil an der Gedächtnisleistung je nach Art des Gelernten variiert. Erlebnisse und gelernte Fakten sowie Allgemeinwissen werden im deklarativen oder **expliziten Gedächtnis** gespeichert. Gelernte Fähigkeiten und Fertigkeiten, aber auch Gewohnheiten und Regeln werden im prozeduralen oder **impliziten Gedächtnis** gespeichert. Im **emotionalen Gedächtnis** bleiben die mit dem Gelernten verbundenen positiven wie auch negativen Gefühle haften.

Ob und wie lange Gelerntes gespeichert wird, hängt von der Verarbeitungstiefe ab. Diese nimmt zu, wenn ein Lerninhalt über möglichst viele Sinne aufgenommen, in den dazugehörigen Arealen verarbeitet und neuronal vernetzt wird. Besonders lernwirksam ist auch die Beteiligung der motorischen Gehirnareale.
Weitere mit dem Lerninhalt verknüpfte emotionale Komponenten wie Freude und Angst werden im **limbischen System** mit dem Gelernten verknüpft und ebenfalls dauerhaft gespeichert.

Der Pianist lernt beispielsweise neben den reinen Bewegungsabläufen seiner Finger in Takt, Tempo und Melodie auch die Hintergründe seiner gespielten Stücke sowie die Biografie des Komponisten, die Besonderheiten der musikalischen Epoche und kompositorische Prinzipien. Auch wird er sich an besonders intensiv erlebte Momente erinnern, wie seine erste Klavierstunde oder den ersten Applaus des Publikums. Die dabei empfundenen Emotionen werden gemeinsam mit dem gelernten Inhalt gespeichert. Die Fähigkeiten unseres Gehirns, neues Wissen und Verhalten zu lernen und das Gelernte aus dem Gedächtnis abrufen zu können, sind untrennbar miteinander verknüpft.

1 Denken Sie einige Minuten an Ihre Zeit in der Grundschule! Notieren Sie anschließend Dinge, die Ihnen besonders in Erinnerung geblieben sind!

2 Ordnen Sie diese Erinnerungen den drei Gedächtnissystemen zu! Benennen Sie Auffälligkeiten und gegebenenfalls Schwierigkeiten!

limbisches System siehe Seite 124 und 147

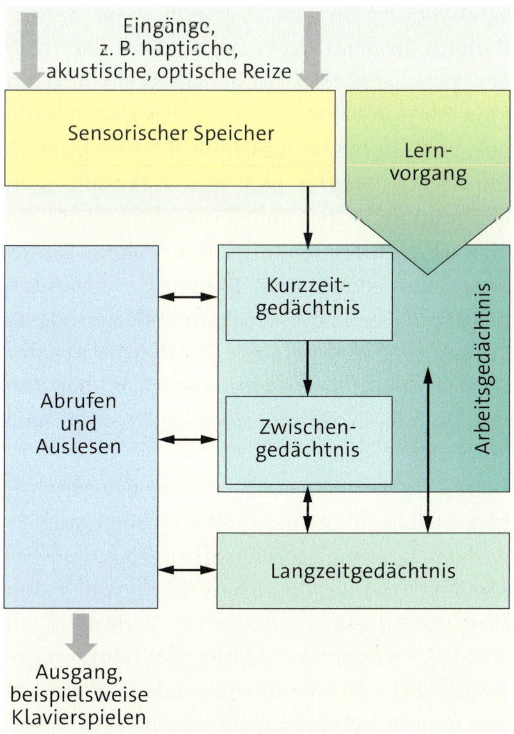

02 Modell der Gedächtnisfestigung

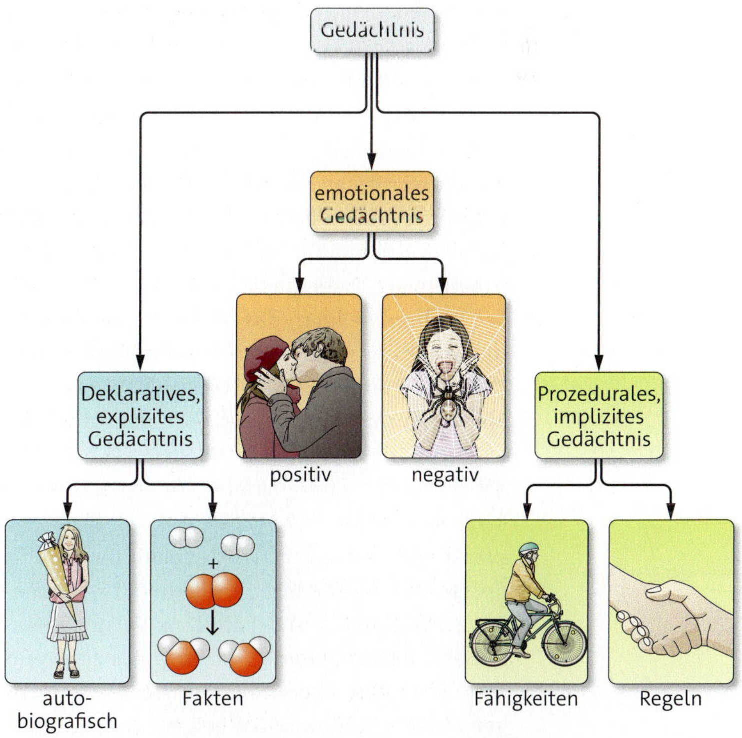

03 Modell der Gedächtnissysteme

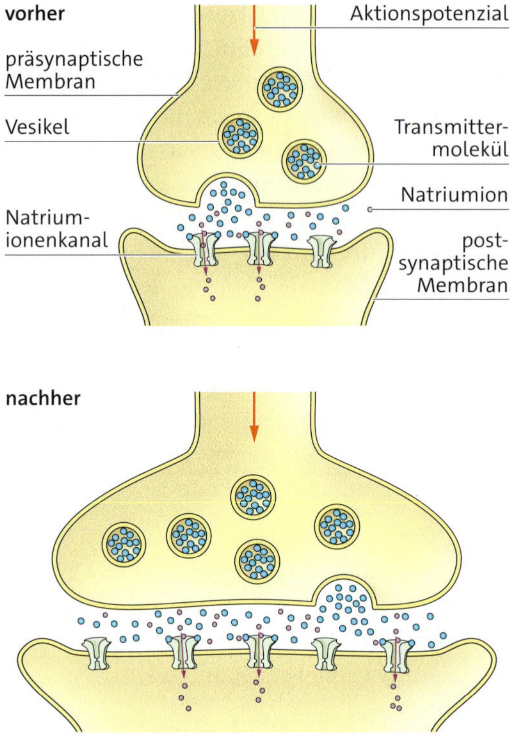

04 Synapse vor und nach einer Langzeitpotenzierung

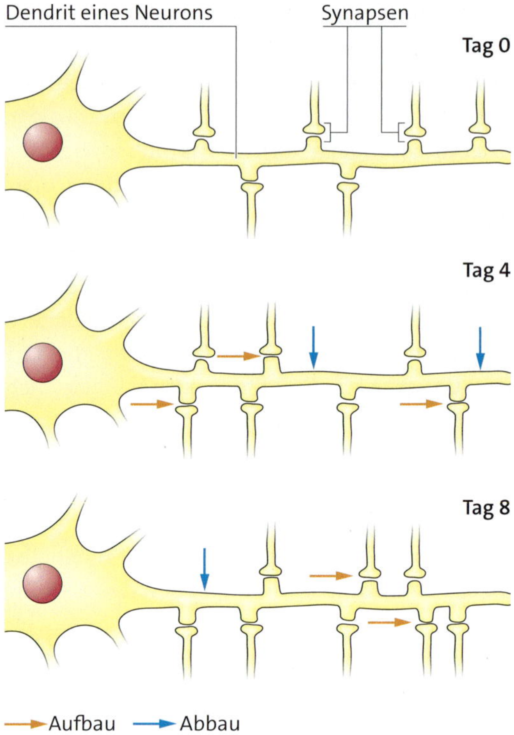

05 Entstehung neuer Synapsen innerhalb weniger Tage

LERNEN AUF NEURONALER EBENE · Die etwa 86 Milliarden Neuronen im menschlichen Gehirn stehen durch jeweils durchschnittlich 10 000 Synapsen miteinander in Kontakt. Dabei sind Anzahl und Intensität der synaptischen Verbindungen zum Teil stark veränderbar. Immer wenn ein Neuron wiederholt an ein nachgeschaltetes Neuron Signale überträgt, vergrößert sich die Kontaktfläche der Synapse und es werden mehr Vesikel sowie mehr Ionenkanäle in der postsynaptischen Membran gebildet. Dadurch reagiert das nachgeschaltete Neuron intensiver auf jedes einlaufende Signal. Diese Steigerung der Übertragungsrate an Synapsen nennt man **Langzeitpotenzierung** oder englisch *longterm potentiation*, kurz **LTP.** Sie bildet die zelluläre und molekulare Grundlage des Lernens.

Werden Bewegungen, Wörter oder Sinneseindrücke ständig wiederholt, bilden sich verschiedene molekulare und zelluläre Vernetzungsmuster, die durch mehr Aktionspotenziale und mehr Rezeptoren über zelluläre Second-Messenger den Informationsfluss beschleunigen. Ständig werden im Gehirn neue Synapsen gebildet und bestehende, aber wenig genutzte wieder abgebaut. Werden jedoch neue Erfahrungen gemacht und wird etwas gelernt, so werden innerhalb weniger Tage insgesamt mehr neue Synapsen gebildet als abgebaut. Wenn also ein Musiker eine neue Tonfolge lernt und ständig übt, verändern sich bestimmte Verbindungen im Gehirn. Häufig genutzte Verknüpfungen werden wie Trampelpfade ausgebaut und die Signale werden schneller übertragen. Dieses Phänomen nennt man **Bahnung.** So werden neue Dinge gelernt und bekannte Dinge in neue Zusammenhänge gesetzt. Die Fähigkeit unseres Gehirns, neue Verknüpfungen zu bilden und bestehende zu verändern, wird als **neuronale Plastizität** bezeichnet.

Diese Plastizität unseres Gehirns besteht entgegen früheren Annahmen ein Leben lang. Es werden zwar viele Synapsen abgebaut, die bei Kindern und Jugendlichen noch vorhanden sind, aber die neu geknüpften Verbindungen sind geordneter verschaltet und häufiger gebahnt. Das Gehirn eines Erwachsenen enthält also weniger Synapsen, die jedoch die Informationen effektiver übertragen.

Material A ▸ Lernen von Wortlisten

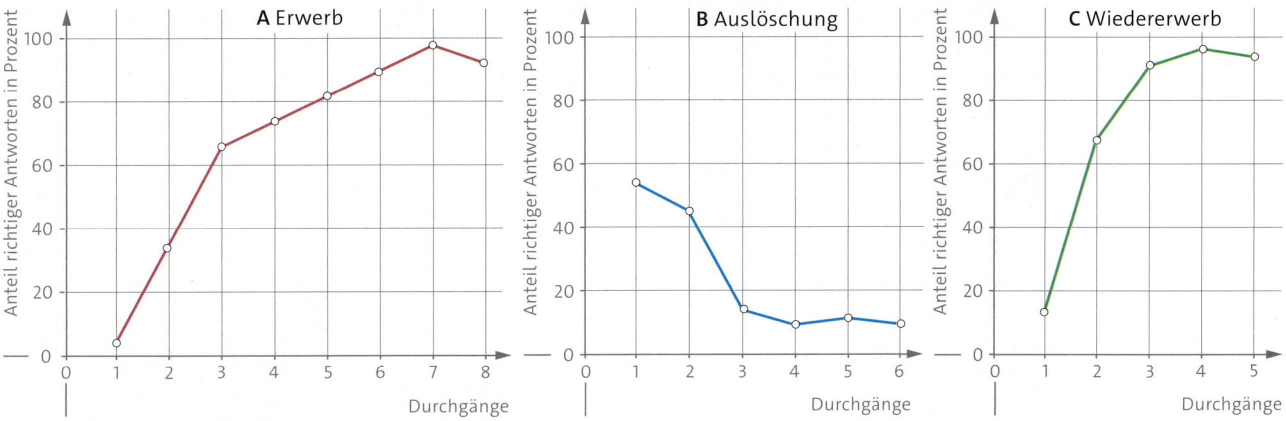

In Versuch A wurden Probanden Wortlisten zum Auswendiglernen gegeben. Sobald sie die Aufgabe bewältigen konnten, wurde ihnen eine andere Wortliste zum Lernen gegeben.

Zwischendurch, in Versuch B, wurden sie nach Wörtern der ersten Liste gefragt. Anschließend, in Versuch C, wurden sie erneut aufgefordert, sich die alte Liste einzuprägen.

A1 Beschreiben Sie die Ergebnisse!

A2 Deuten Sie die Ergebnisse im Hinblick auf die neuronale Plastizität des Gehirns!

VERSUCH B ▸ Abhängigkeit der Gedächtnisleistung von der Verarbeitungstiefe

werfen – HAMMER – leuchten – auge – RIESELN – laufen – BLUT – STEIN – denken – AUTO – zecke – LIEBEN – wolke – TRINKEN – sehen – buch – FEUER – KNOCHEN – essen – GRAS – meer – rollen – eisen – ATMEN

In einem einfach durchzuführenden Versuch lässt sich zeigen, inwiefern die Gedächtnisleistung von der Verarbeitungstiefe im Gehirn abhängig ist. Dazu wird die oben abgebildete Wortliste benutzt.

Durchführung:

Die Schülerinnen und Schüler werden nach dem Zufallsprinzip in drei Gruppen eingeteilt.

Gruppe I: Betrachten Sie nacheinander die oben abgebildeten Wörter jeweils etwa zwei Sekunden und sagen Sie leise zu sich selbst, ob das Wort mit kleinen oder mit großen Buchstaben geschrieben ist.

Gruppe II: Betrachten sie nacheinander die Wörter der Liste jeweils etwa zwei Sekunden und sagen sie leise zu sich, ob es ein Substantiv oder Verb ist.

Gruppe III: Betrachten Sie nacheinander die Wörter der Liste etwa zwei Sekunden und sagen Sie leise zu sich, ob es sich um etwas Belebtes oder etwas Unbelebtes handelt.

B1 Notieren Sie nach drei Tagen die Wörter, an die Sie sich erinnern können!

B2 Ermitteln Sie die durchschnittliche Behaltensleistung der Gruppen in Prozent!

B3 Stellen Sie das Ergebnis grafisch dar!

B4 Diskutieren Sie das Ergebnis im Hinblick auf die Komplexität der Aufgabe!

01 Meeresschnecke
Aplysia californica

Molekulare Grundlagen des Lernens

Die Erforschung der molekularen Grundlagen von Lernprozessen bei höher organisierten Lebewesen gestaltete sich immer wieder als schwierig. Ursache hierfür ist die hohe Komplexität ihres Nervensystems. Daher suchte man nach einfacher organisierten biologischen Systemen, um die Frage, wie das Lernen auf zellulärer und molekularer Ebene abläuft, zu klären. Ein Beispiel ist Aplysia californica. *Welche Erkenntnisse über das Lernen erhielt man mithilfe dieser gehäuselosen Meeresschnecke?*

EINFACHE LERNFORMEN · *Aplysia californica*, auch Kalifornischer Seehase genannt, besitzt ein vergleichsweise einfach aufgebautes Nervensystem. Es besteht nur aus etwa 20 000 Neuronen. Dies ermöglicht die Identifikation einzelner Neuronen und ihrer Verschaltung bei reflexartigen Bewegungen der Schnecke. *Aplysia* verfügt über mehrere Schutzreflexe wie das Zurückziehen des Schwanzes, der Kiemen und des Siphons. Letzteres ist eine Ausstülpung oberhalb der Kieme, die zum Ausstoßen von Meerwasser dient.

Reflexe siehe Seite 94

Eine leichte Berührung des Siphons führt zum reflexartigen Zurückziehen des Siphons und der Kieme, dem *Kiemenrückziehreflex*. Durch die Berührung werden in einem sensorischen Neuron der Siphonhaut Aktionspotenziale ausgelöst, die im nachgeschalteten Motoneuron erregende postsynaptische Potenziale, kurz EPSP, erzeugen und so die Kontraktion im Kiemenrückziehmuskel bewirken. Bei wiederholter, gleichartiger Reizung werden die EPSP allmählich schwächer, weil in der Präsynapse des sensorischen Neurons immer weniger Vesikel mit Neurotransmittern vorhanden sind. Dadurch nimmt die Intensität des Kiemenrückzugs ab. Diese Gewöhnung an harmlose Reize wird als **Habituation** bezeichnet und stellt eine einfache Form des Lernens dar. Solche Vorgänge lassen sich auch bei Reflexbewegungen der Wirbeltiere und des Menschen beobachten. Deshalb ist *Aplysia* als Modellorganismus für einfache Lernformen bei höher organisierten Lebewesen geeignet.
Wird die Schnecke anschließend beispielsweise am Schwanz berührt, so wird der Reflex unter Beteiligung von *Interneuronen* in ursprüng-

licher Stärke ausgelöst. Dieses Phänomen heißt **Dishabituation** und belegt, dass der verminderte Kiemenrückzug bei der Habituation nicht nur auf Muskelermüdung beruht.
Wird dagegen der harmlose Berührungsreiz am Siphon mit einem schädlichen elektrischen Reiz am Schwanz kombiniert, dann fällt bei wiederholter Reizung der Reflex immer stärker aus. Diese Verstärkung heißt **Sensitivierung.** Das Tier lernt auch auf harmlose Reize heftiger zu reagieren. Eine solche Verknüpfung zweier Reize spielt bei vielen Lernvorgängen, zum Beispiel bei der Dressur von Tieren, eine wichtige Rolle. Dabei werden in einem sensorischen Neuron des Schwanzbereichs Aktionspotenziale ausgelöst, die ein erregendes Interneuron aktivieren. Dieses Interneuron aktiviert das sensorische Neuron der Siphonhaut und führt auf diese Weise präsynaptisch zu einer verstärkten Transmitterausschüttung. Dadurch nehmen die EPSP im Motoneuron zu und der Kiemenrückzug verstärkt sich.
Diese einfachen Lernformen bei *Aplysia* wurden von KANDEL und seinen Mitarbeitern auch auf molekularer Ebene untersucht.

STECKBRIEF

Eric R. KANDEL (* 1929)

Eric Richard KANDEL wurde 1929 in Wien geboren. Die Familie emigrierte 1939 auf der Flucht vor den Nationalsozialisten in die USA. Nach seiner Schulzeit interessierte sich KANDEL für Geschichte und Literatur. Er bekam ein Stipendium für die Harvard University. Dort begann er, sich für die Psychoanalyse FREUDs zu interessieren und beschloss 1952, Psychiater zu werden. Anders als seine Kollegen wollte KANDEL statt der psychologischen die biologischen Vorgänge des Gehirns näher untersuchen. Er erkannte früh, dass das Gedächtnis mit den synaptischen Verbindungen zwischen den Neuronen zusammenhängen musste. 1962 ging er nach Paris, um sich mit einfachen Formen des Lernens bei der Meeresschnecke Aplysia *zu beschäftigen. Ab 1983 erforschte er – wieder in den USA – die molekularen Grundlagen des Lernens. KANDEL erhielt bis heute zahlreiche Auszeichnungen, unter anderem den Nobelpreis für Medizin im Jahr 2000.*

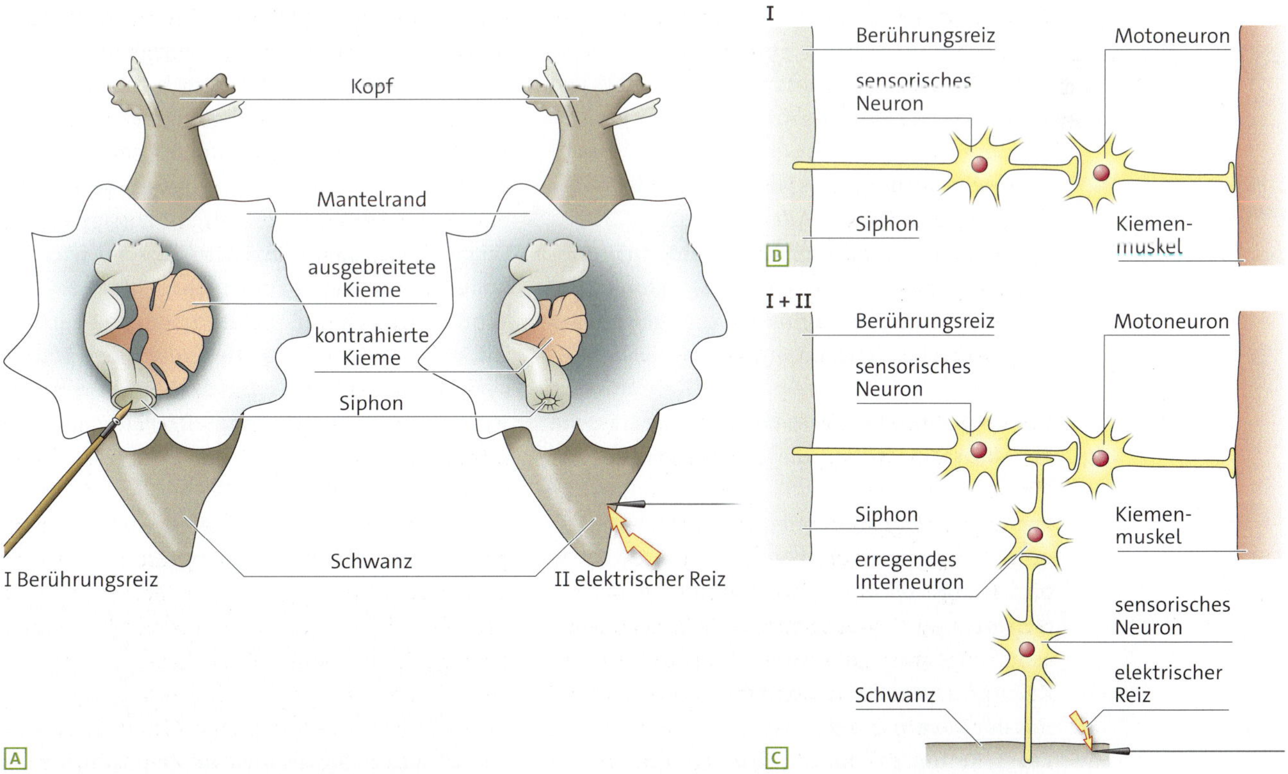

02 Schema des Kiemenrückziehreflexes: **A** Ansicht auf *Aplysia* von oben, **B** Habituation, **C** Sensitivierung

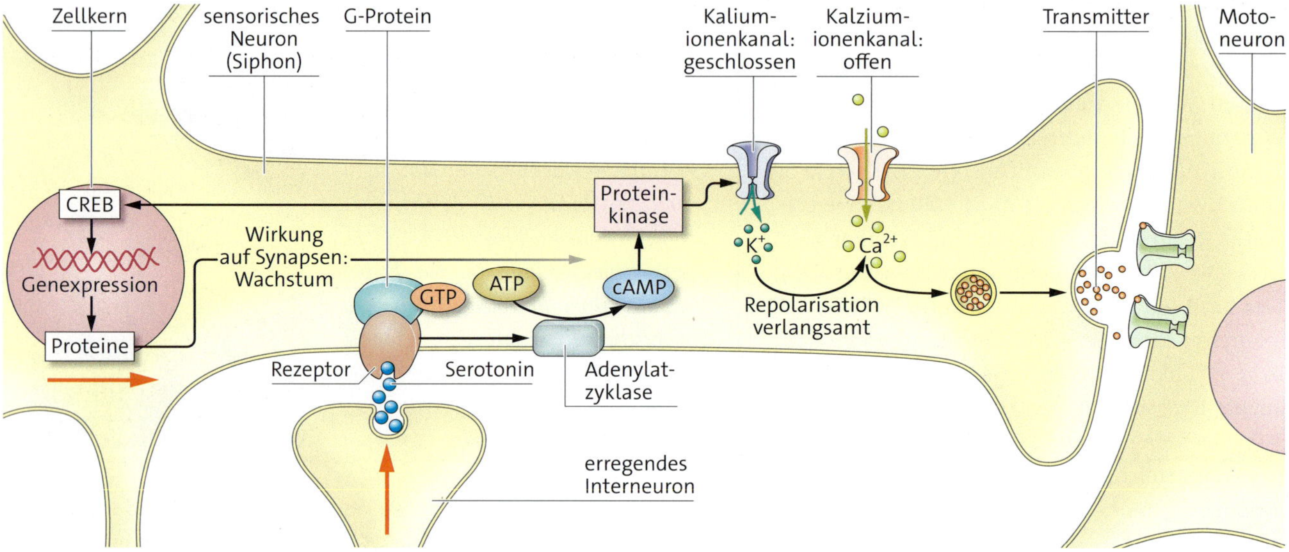

03 Signalkaskade in Zellkern und Zytoplasma während der Sensitivierung

CREB = cAMP-responsive element-binding proteine

G-Protein siehe Seite 44

KURZZEITSENSITIVIERUNG · Bei kurzzeitigem Training des Kiemenrückziehreflexes von *Aplysia* mittels Sensitivierung entdeckte KANDEL, dass im sensorischen Neuron in der Siphonhaut eine intrazelluläre Signalkaskade durch die Wirkung des erregenden Interneurons in Gang gesetzt wird. Das erregende Interneuron schüttet den Transmitter Serotonin aus. Er bindet auf der extrazellulären Seite an einen spezifischen Rezeptor in der präsynaptischen Membran des sensorischen Neurons. An diesen Rezeptor ist auf der intrazellulären Seite der Membran ein G-Protein gekoppelt. Es aktiviert ein weiteres Membranprotein, die Adenylatzyklase. Dieses Enzym bildet aus ATP zyklisches Adenosinmonophosphat, kurz cAMP. Das cAMP aktiviert die cAMP-abhängige Proteinkinase. Durch dieses Enzym werden Kaliumionenkanäle geschlossen, woraufhin der Ausstrom der Kaliumionen stark reduziert wird. Dies hat zur Folge, dass die Repolarisationsphase der Aktionspotenziale länger dauert und somit der präsynaptische Einstrom der Kalziumionen gesteigert wird. Die erhöhte Kalziumionenkonzentration im Zytoplasma führt zu einer verstärkten Transmitterfreisetzung an der Synapse zwischen sensorischem Neuron und Motoneuron, weil die Kalziumionen die Verschmelzung der Vesikel mit der Membran steuern.
Diese Kettenreaktionen können Minuten bis Stunden andauern, bevor sie sich abschwächen. Die auf diese Weise erzeugte Verstärkung der Signalübertragung wird deshalb als *Kurzzeitsensitivierung* bezeichnet.

LANGZEITSENSITIVIERUNG · Bei längerem Training werden durch die cAMP-Kaskade über Proteinkinasen, die in den Zellkern gelangen, transkriptionsfördernde Proteine aktiviert. Diese werden als **CREB-Proteine** bezeichnet. Sie bewirken die Genexpression verschiedener Proteine. Einige dieser Proteine führen zu einer dauerhaften Aktivierung der Proteinkinasen, andere verursachen eine Vergrößerung von Synapsen sowie die Ausbildung neuer Synapsen. Diese Effekte dauern bereits nach vier wiederholten Trainingseinheiten mehrere Tage an und können bei weiteren Wiederholungen eine Woche und länger nachgewiesen werden. Daher bezeichnet man diese Form der Verstärkung der Signalübertragung als *Langzeitsensitivierung*.

1. Geben Sie je ein Beispiel aus Ihrem Alltag an, bei dem der Vorgang der Habituation und der Sensitivierung wirkt!
2. Stellen Sie den Verlauf der Kurzzeitsensitivierung und der Langzeitsensitivierung in einem Flussdiagramm beginnend bei der Serotoninausschüttung dar!
3. Erläutern Sie die Kaskadenwirkung bei der Kurzzeitsensitivierung!

Material A ▸ Langzeitsensitivierung bei *Aplysia*

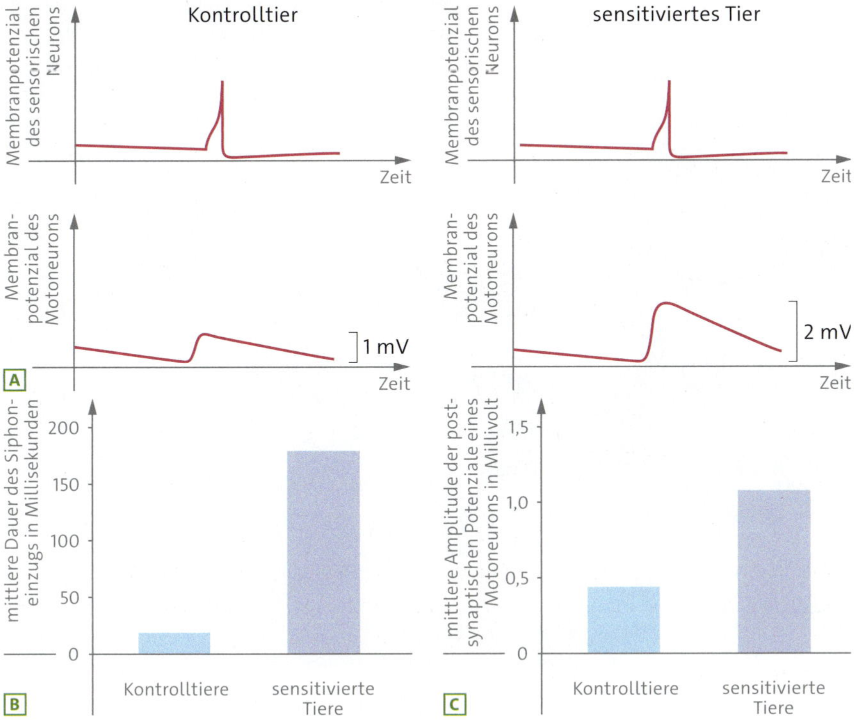

Abbildung A zeigt typische Aktionspotenziale eines sensorischen Neurons im Siphon und eines nachgeschalteten Motoneurons in der Kieme nach der Langzeitsensitivierung einer *Aplysia*-Schnecke im Vergleich zu einem Kontrolltier. Abbildung B stellt die mittlere Dauer für das Einziehen des Siphons als Maß für die Stärke des Reflexes dar. Abbildung C bezieht sich auf ein Motoneuron in der Kieme. Alle Messungen fanden einen Tag nach Beendigung der Langzeitsensitivierung statt.

A1 Beschreiben Sie anhand der Diagramme die Auswirkungen des Trainings!

A2 Erklären Sie die Trainingseffekte mithilfe Ihrer Kenntnisse über die entsprechenden zellulären und molekularen Grundlagen!

Material B ▸ NMDA-Rezeptor und das Lernen beim Menschen

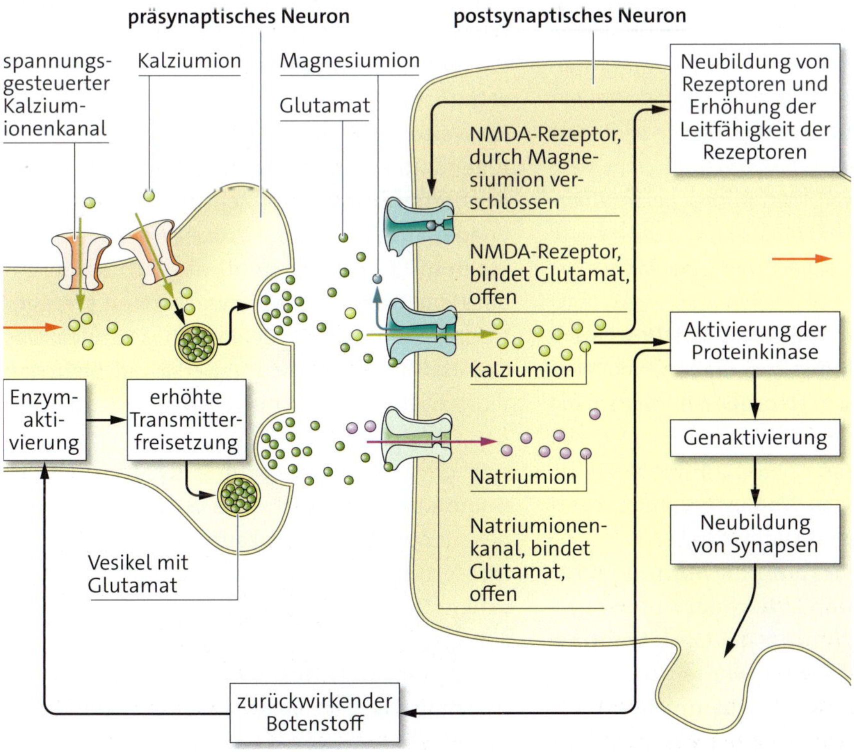

Im menschlichen Gehirn befinden sich bei einem speziellen Synapsentyp neben Natriumionenkanälen auch Ionenkanal-gekoppelte Rezeptoren, die für Kalziumionen durchlässig sind. Sie werden N-Methyl-D-Aspartat-Rezeptoren, kurz NMDA-Rezeptoren, genannt. Als erregender Neurotransmitter dient für beide Ionenkanäle Glutamat. Erst wenn eine genügend hohe Depolarisation der postsynaptischen Membran durch Einstrom von Natriumionen vorliegt, werden die im Ruhezustand durch Magnesiumionen blockierten NMDA-Rezeptoren freigegeben.

B1 Beschreiben Sie den in der Abbildung dargestellten Prozess!

B2 Erläutern Sie, inwiefern der NMDA-Rezeptor zu einem Lernprozess beitragen kann!

01 Alt gegen Jung – wer gewinnt?

Junge und alte Gehirne im Vergleich

Menschen entwickeln sich im Mutterleib, werden geboren, wachsen heran, werden erwachsen und altern. Zu Beginn dieser Entwicklung werden alle Organe des Körpers ausgebildet. Anders als die Struktur der meisten Organe verändert sich die Struktur des Gehirns im Laufe eines Menschenlebens ständig. Was unterscheidet junge von alten Gehirnen? Und wer hat wohl die größere Chance, beim Schachspiel zu gewinnen?

ENTWICKLUNGSPHASEN DES GEHIRNS · Bei der Geburt eines Menschen haben sich weit mehr als 86 Milliarden Neuronen im Gehirn gebildet. Jedes Neuron besitzt dabei schon bis zu 2500 Synapsen. Diese Anzahl nimmt stetig zu, sodass ein dreijähriges Kind insgesamt über etwa 200 Billionen Synapsen verfügt.

Während der Entwicklung im Mutterleib beginnt ab dem zweiten Drittel der Schwangerschaft ein weiterer Prozess der Gehirnreifung: Die Axone der Neuronen werden nach und nach von einer Myelinschicht umgeben. Bereits in den ersten acht Lebensmonaten erreicht die Myelinisierung ihren Höhepunkt. Dadurch erhöht sich die Fortleitungsgeschwindigkeit der neuronalen Impulse um das Sechzehnfache.

Im weiteren Verlauf der Entwicklung bis zum Jugendalter werden aber auch Neuronen durch den programmierten Zelltod, die *Apoptose*, wieder abgebaut. Diese Prozesse gelten mit etwa dem 18. Lebensjahr als abgeschlossen, sodass das Gehirn eines Erwachsenen weniger Neuronen aufweist als das eines Kindes. Das Gehirn wird dadurch in seiner grundsätzlichen Plastizität aber nicht eingeschränkt. Durch Lernen, Erfahrungen und Beanspruchung ergibt sich ein höherer Grad an Strukturierung des neuronalen Netzwerks. Die Leistungsfähigkeit des Gehirns wird im Laufe der Entwicklung insofern verändert, als dass in einem erwachsenen Gehirn zwar weniger Neuronen und Synapsen vorhanden sind, diese aber je nach Beanspruchung effektiver verschaltet sind und Informationen gezielter und schneller übermitteln.

MERKMALE JUNGER GEHIRNE · Junge Gehirne zeichnen sich dadurch aus, dass sie weniger selektiv auf Reize aus der Umwelt reagieren und diese als Erfahrungen speichern. Mit zunehmender Erfahrung entwickeln sich dann Gedächtnisspuren, die teilweise ein Leben lang erhalten bleiben. Durch den Prozess der kontinuierlichen Strukturierung des neuronalen Netzwerks werden wichtige und weniger wichtige Dinge aus einer Flut von Informationen zunehmend gefiltert und bewertet. Gleichzeitig erhöht sich die Fähigkeit, komplexe Sachverhalte und Vorgänge sowie abstrakte Gedankengänge kognitiv zu verarbeiten. Beeinflusst werden diese Vorgänge von angeborenen Motiven wie Neugier und der Bestätigung, etwas zu können.
Ein Kind lernt daher am besten auf spielerische Weise, welche Figuren zum Schachspiel gehören und welche Züge sie ausführen können. Anschließend begreift es nach und nach Regeln und Spielzüge und erst im Weiteren lernt es, strategische Überlegungen anzustellen und für sich zu nutzen.

MERKMALE ALTER GEHIRNE · Durch die ausgereifte Struktur des neuronalen Netzwerks und die damit verbundene Geschwindigkeit, auf Gedächtnisinhalte und Erfahrungen zurückzugreifen, erhöht sich die Effizienz des Gehirns in Bezug auf Eingeübtes und Gelerntes. Die Flexibilität im Umgang mit Neuem und Unerwartetem nimmt jedoch im Laufe eines Lebens nach und nach ab. Besonders in der Pubertät werden mehr und mehr Verbindungen, die nicht ständig genutzt werden, abgebaut, sodass es zu Veränderungen der Gedächtnisleistungen, vor allem im Bereich des Kurzzeitgedächtnisses kommt.

Ein junger Erwachsener, der früh in seinem Leben das Schachspiel erlernt hat, hätte demnach eine große Chance, das Spiel zu gewinnen. Aber auch ein älterer Mensch, der sich lebenslang intensiv mit dem Schachspiel auseinandergesetzt hat, kann durch Erfahrung seine altersbedingten Nachteile wettmachen und das Spiel gewinnen. Auch Faktoren wie Begabung und Motivation spielen eine Rolle.

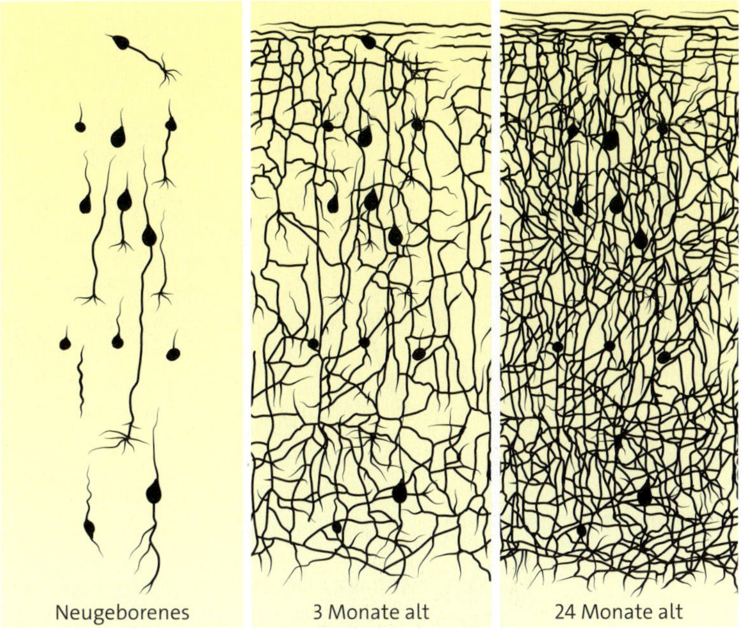

02 Entwicklung der neuronalen Vernetzung bis zum zweiten Lebensjahr

ALTERSABHÄNGIGE VERÄNDERUNGEN DES GEHIRNS · Abgesehen von typischen Veränderungen des alternden Gehirns wie das Abnehmen der Leistungen im Kurzzeitgedächtnis und der räumlichen Orientierungsfähigkeit treten auch Demenzerkrankungen auf. Sie gewinnen zunehmend gesellschaftliche Bedeutung. Das durchschnittliche Lebensalter erhöht sich und so steigt die Anzahl der Menschen, bei denen solche Veränderungen des Gehirns festgestellt werden.
Anzeichen für eine Demenz sind ein fortschreitender Gedächtnisverlust, zunehmende Verwirrung und Persönlichkeitsveränderungen. Angehörige werden oft nicht mehr als solche erkannt und emotionale Zustände werden stärker ausgelebt. Solche Veränderungen des Verhaltens sind auf Veränderungen des Gehirns zurückzuführen und werden als **degenerative Erkrankungen** bezeichnet.

1 Stellen Sie in einer Tabelle die Eigenschaften junger und alter Gehirne gegenüber!

2 Beurteilen Sie die Gewinnchancen junger und alter Menschen beim Schachspiel aus neuronaler Sicht!

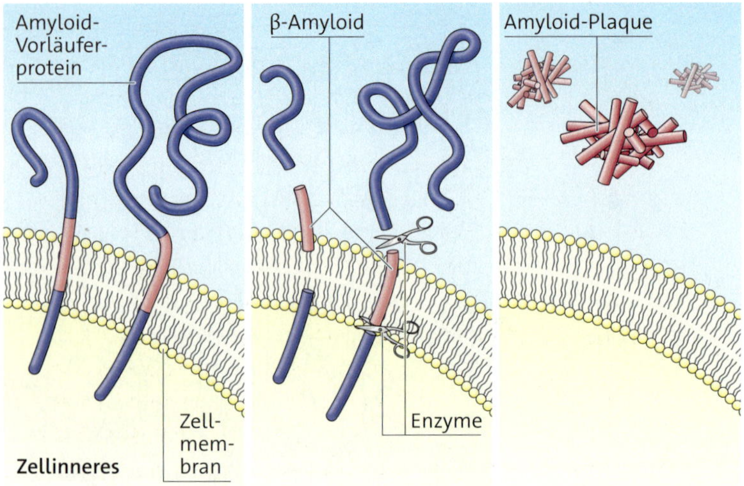

03 Bildung von Amyloid-Plaques

Vesikeltransport im Axon siehe Seite 22

ALZHEIMER-KRANKHEIT · Im Jahr 1906 entdeckte der deutsche Arzt Alois ALZHEIMER bei mikroskopischen Untersuchungen Veränderungen der neuronalen Struktur des Gehirns von Patienten mit Demenzerscheinungen. Innerhalb und außerhalb der Nervenzellen konnte er faserige Bündel als Ablagerungen beschreiben. Er vermutete, dass diese Veränderungen für die Erkrankung verantwortlich sind.

Nach heutigem Kenntnisstand handelt es sich bei diesen Ablagerungen um zwei unterschiedliche, veränderte Polypeptidstrukturen, welche die Funktion der betroffenen Neuronen einschränken. Die Ursache dieser Veränderungen sind wahrscheinlich ererbte Mutationen der Gene, die diese Polypeptide codieren. In der Forschung werden beide Veränderungen als mögliche Auslöser für die Alzheimer-Krankheit diskutiert, wobei es auch Menschen mit diesen neuronalen Veränderungen gibt, die aber keinerlei Symptome aufweisen. Daher ist die wissenschaftliche Diskussion in Bezug auf mögliche Ursachen noch nicht abgeschlossen.

Tatsache ist, dass es sich bei der Alzheimer-Krankheit um einen zunehmend relevanten gesellschaftlichen Faktor handelt, da viele Menschen immer älter werden und die Krankheit vergleichsweise häufiger auftritt.

AMYLOID-PEPTIDE · Amyloid-Peptide sind ein Bestandteil von membranständigen Proteinen, die am Zellstoffwechsel beteiligt sind. Diese Amyloid-Vorläuferproteine werden durch spezifische Enzyme in einzelne Peptidabschnitte zerlegt. Der Abschnitt des Proteins, der innerhalb der Membran liegt, wird als β-Amyloid-Peptid bezeichnet und ist wasserunlöslich. Nach der enzymatischen Spaltung der ursprünglichen Bestandteile, lagern sich in der wässrigen Umgebung diese β-Amyloid-Peptide zu Klumpen oder *Plaques* außerhalb der Zellmembran zusammen. Man vermutet, dass sich die Amyloid-Plaques an die Kalziumionenkanäle der Membran anlagern und so den Stoffwechsel der Zellen beeinträchtigen, bis diese absterben.

TAU-PROTEINE · Mikrotubuli durchziehen das gesamte Axon eines Neurons. Über Motorproteine werden entlang der Mikrotubuli beispielsweise die Produkte der Proteinbiosynthese in Vesikeln vom Soma zu den synaptischen Endigungen transportiert. Tau-Proteine stabilisieren die Mikrotubuli, indem sie sich daran anlagern. Bei gesunden Menschen werden defekte Tau-Proteine abgebaut, indem Phosphatgruppen enzymatisch daran gebunden werden. Daraufhin lösen sich die defekten Tau-Proteine von den Mikrotubuli. Sie werden abtransportiert und ersetzt.

Bei Alzheimer-Patienten werden die Tau-Proteine wesentlich stärker phosphoryliert. Sie lösen sich von den Mikrotubuli und lagern sich zu Fasern, den Neurofibrillen, zusammen. Dadurch werden die Mikrotubuli instabil und brechen auseinander. So kommt es zum Erliegen des axonalen Versorgungstransports und die Neuronen sterben ab.

Beide Mechanismen, die Bildung der Amyloid-Plaques und die Bildung der Neurofibrillen, sind in den neuronalen Strukturen betroffener Personen nachweisbar und führen zu den für die Alzheimer-Krankheit typischen Symptomen wie Gedächtnisverlust, Orientierungslosigkeit, Aggressionsschüben und Teilnahmslosigkeit. Aufgrund der Komplexität der Mechanismen ist es bisher noch nicht gelungen, wirksame Medikamente zu entwickeln, die nicht als Nebenwirkung bei allen Zellen des Körpers erhebliche Funktionsstörungen verursachen.

Material A ▸ Morbus Parkinson

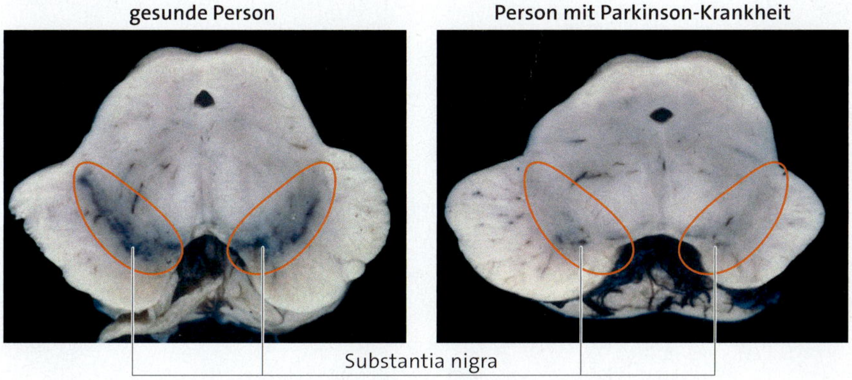

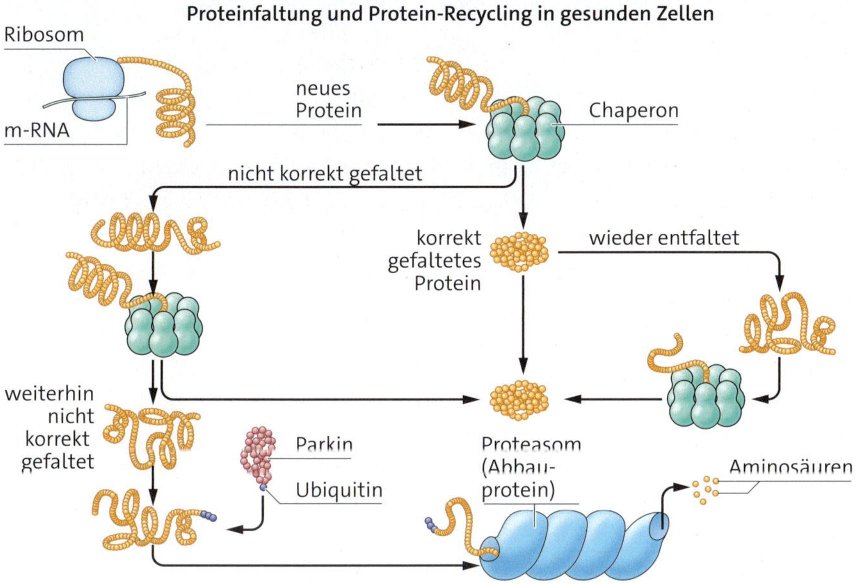

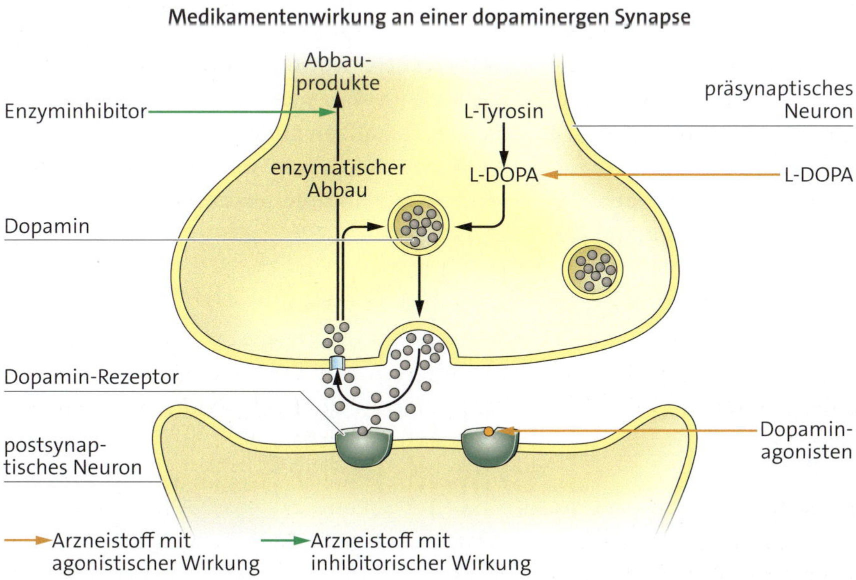

Zu den Symptomen der Parkinson-Krankheit gehören das Zittern der Gliedmaßen, Gleichgewichts- und Koordinationsstörungen, eine allgemeine Verlangsamung der Bewegungsabläufe und der Verlust der kognitiven Leistungsfähigkeit. Zurückzuführen sind diese Symptome auf eine Zerstörung der Neuronen im Bereich des Mittelhirns, sodass die Funktion der Basalganglien beeinträchtigt wird. Dabei handelt es sich um komplexe Schaltstationen im Inneren des Gehirns, durch die Bewegungsabläufe koordiniert werden. Außerdem wird der Transmitter Dopamin nicht mehr ausreichend produziert. Ursache für die Zerstörung der dopaminergen Neuronen sind Ansammlungen falsch gefalteter Proteine, die die Zelle degenerieren lassen. Diese bilden sich durch ein fehlerhaftes Protein-Recycling-System der Zelle. Die Parkinson-Krankheit kann entstehen, wenn Helfermoleküle zur Proteinfaltung, die Chaperone, nicht richtig oder schnell genug arbeiten. Auch eine mutationsbedingte Veränderung des Proteins Parkin führt zur Erkrankung, weil defektes Parkin falsch gefaltete Proteine nicht mit Ubiquitin markieren kann. Dadurch wird das Protein-Recycling unterbunden.

A1 Beschreiben Sie die Veränderungen im Gehirn eines Parkinson-Patienten und deren Folgen!

A2 Beschreiben Sie die Prozesse der Proteinfaltung und des Protein-Recyclings!

A3 Erklären Sie, wie es zu den Proteinansammlungen kommen kann!

A4 Erläutern Sie mögliche Maßnahmen zur Verringerung des Dopaminmangels im Gehirn!

01 Männliche Buckelwale, *Megaptera novaeangliae*

Formen der Kommunikation

Wale können mithilfe akustischer Signale über Tausende von Kilometern kommunizieren. In ihren erstaunlich komplexen Walgesängen verwenden sie Sätze und Teilsätze, die der menschlichen Sprache ähneln. Doch was versteht man unter Kommunikation? Und was ist Sprache?

KOMMUNIKATION · Tiere und Menschen sind in der Lage, auf ihre Umwelt zu reagieren. Viele Lebewesen haben Mechanismen entwickelt, mit denen sie ihren Artgenossen Informationen aus der Umwelt mitteilen können. Dieser inner- und zwischenartliche Austausch von Nachrichten wird als *Kommunikation* bezeichnet und erfordert stets einen Sender und einen Empfänger. Der Empfänger gibt entweder eine Antwort oder zeigt zumindest eine erkennbare Reaktion. Die Kommunikation der Tiere erfolgt über akustische, chemische, visuelle und taktile Signale. Beim Menschen ist die Sprache das wichtigste Kommunikationsmittel.

AKUSTISCHE KOMMUNIKATION · Tiere, die wie Wale im Wasser oder in dunklen Lebensräumen leben, nutzen für ihre Verständigung häufig akustische Signale. Töne eignen sich insbesondere zur Kommunikation über sehr weite Entfernungen.

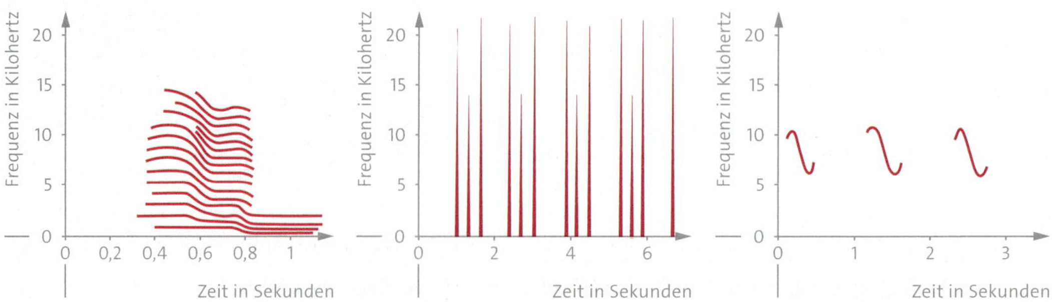

02 Sonagramme von Walgesängen

Die Gesänge der Buckelwale zeichnen sich durch ihre hohe Komplexität aus. Informationen werden hierbei in Form unterschiedlicher Frequenzen und Zeitmuster codiert, wie Sonagramme von Walgesängen zeigen.

CHEMISCHE KOMMUNIKATION · Viele Lebewesen, insbesondere Insekten, aber auch Pflanzen kommunizieren über chemische Substanzen. Die chemischen Signale können innerhalb des produzierenden Organismus wirken, intraspezifisch innerhalb derselben Art oder aber interspezifisch zwischen Individuen verschiedener Arten.
Intraspezifische Signalstoffe werden als *Pheromone* bezeichnet. Das Sexualhormon Bombykol des Seidenspinnerweibchens beispielsweise versetzt das Männchen in die Lage, das empfängnisbereite Weibchen noch in mehreren Kilometern Entfernung zu orten.
Interspezifische Signalstoffe nennt man *Kairomone*, wenn die Empfängerart daraus einen Vorteil erzielt. So verändern beispielsweise Wasserflöhe durch Kairomone, die von räuberischen Fischen ins Wasser abgegeben werden, innerhalb von wenigen Stunden ihre Kopfform und bilden einen Stachelschwanz aus. Sie verteidigen sich so gegen die Beutegreifer.
Erfährt jedoch der Signalgeber gegenüber dem Empfänger einen Vorteil, werden diese interspezifischen Signalstoffe zur Kategorie der *Allomone* gezählt. Einige Pflanzen locken zum Beispiel über bestimmte Allomone Parasiten von Pflanzenschädlingen an.

VISUELLE KOMMUNIKATION · Visuelle Signale zeigen die Position des Senders eindeutig an. Sie sind sehr variabel und leicht zu erzeugen, haben aber den Nachteil, dass Licht notwendig ist. Einige Arten wie die Leuchtkäfer, auch Glühwürmchen genannt, haben diese Einschränkung überwunden, indem sie selbst leuchten. Dies wird als *Biolumineszenz* bezeichnet.

TAKTILE KOMMUNIKATION · Soziale Insekten wie Ameisen, Termiten und Bienen verständigen sich über Berührung, indem sie einander mit ihren Antennen und ihrem ersten Beinpaar betasten. Ein Beispiel für diese taktile Kommunikation ist der Tanz der Honigbienen. Findet eine Sammelbiene Nahrung, fliegt sie zum Stock zurück und informiert die anderen Bienen über den Fundort, indem sie im dunklen Bienenstock auf der Honigwabe tanzt. Die anderen Bienen registrieren und entschlüsseln durch Berührung alle Informationen zum Fundort.

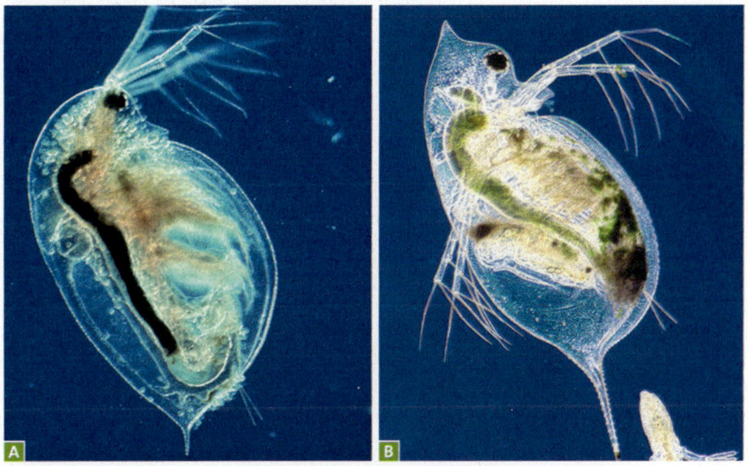

03 Wasserflöhe: **A** ohne Kairomone, **B** unter Einfluss von Kairomonen

04 Leuchtkäferweibchen

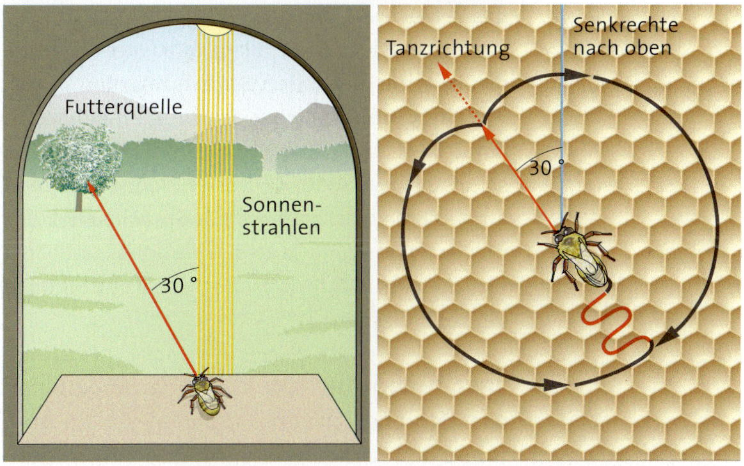

05 Schwänzeltanz der Bienen

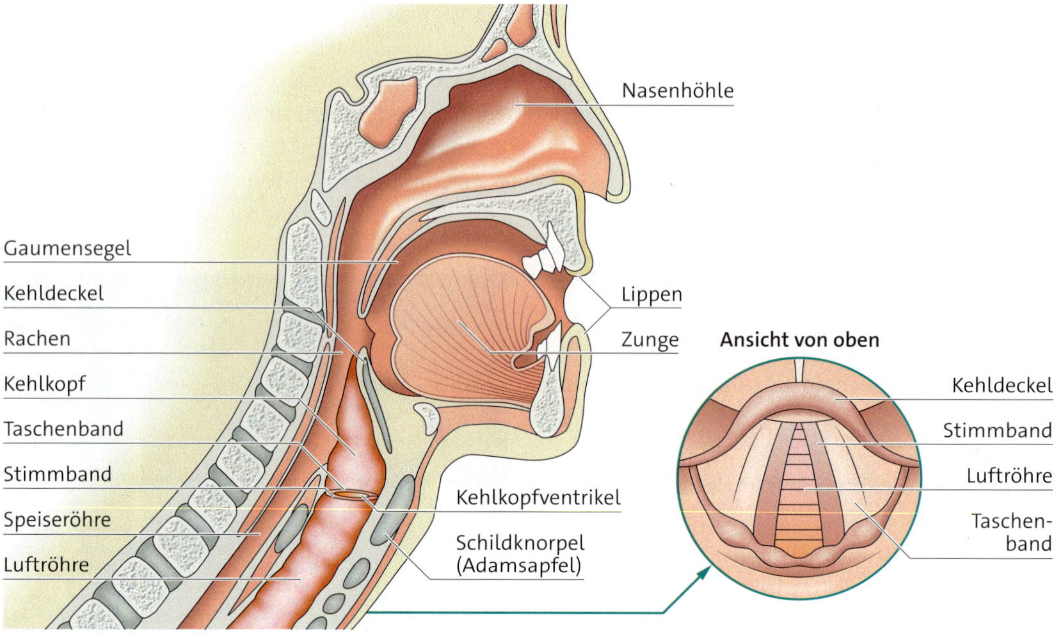

06 Anatomie des menschlichen Sprechapparats

MENSCHLICHE SPRACHE · Der Mensch nutzt ebenso wie andere Tiere die verschiedenen Formen der Kommunikation. Ein wesentlicher Unterschied zu Tieren ist jedoch die Fähigkeit zur Sprache, die sich in ihrer komplexen und vielschichtigen Form möglicherweise nur beim Menschen entwickelt hat. Der Mensch setzt Sprache zur mündlichen und schriftlichen Kommunikation ein. Viele Wissenschaftler behaupten, dass Denken nicht ohne Sprache möglich sei.

Mit der Evolution der Sprache haben sich spezielle sprachverarbeitende Systeme, zum Beispiel das Broca-Areal und das Wernicke-Areal, im Gehirn entwickelt. Sie führen dazu, dass Kinder, die in einer normalen Sprachumgebung aufwachsen, ohne jegliches Training eine Sprache verstehen und sprechen lernen. Obwohl es schätzungsweise 10 000 verschiedene Sprachen auf der Erde gibt, umfasst jede Sprache ein komplexes System aus Lauten, Symbolen und Gesten, die in charakteristischer Weise syntaktisch vernetzt werden.

SPRACHPRODUKTION · Die Sprachproduktion des Menschen basiert auf der speziellen Anatomie des Rachen-Nasen-Mund-Raums. Diese unterscheidet sich grundlegend von der anderer Primaten, die daher nicht in der Lage sind, so differenziertere akustische Signale wie der Mensch zu erzeugen.
Die *Stimmbildung* erfolgt im Kehlkopf, wo durch Spannungsänderungen in den Stimmbändern Töne und Klänge verschiedener Grundfrequenzen erzeugt werden. Im Mund-Rachen-Raum werden dann durch das Zusammenspiel von Zunge, Mundmuskulatur und der Stellung des Gaumensegels Resonanzräume gebildet, die Grundlage von unterschiedlichen Frequenzen und damit von erkennbaren Sprachlauten wie beispielsweise Vokalen sind. Dies nennt man *Artikulation*. Stimmbildung und Artikulation zusammen ergeben die Sprachproduktion.
Zum einwandfreien Sprechen sind die genaue Koordination der Atmung und der Kehlkopf-, Zungen- und Mundmuskulatur sowie die ständige Überprüfung durch das Gehör notwendig. Funktioniert einer dieser Mechanismen nicht, so kann das Sprechen erheblich gestört sein.

1 Fassen Sie die unterschiedlichen Kommunikationsformen zusammen und nennen Sie jeweils ein Beispiel!

2 Beschreiben Sie die Sprachproduktion des Menschen!

Material A ▸ Die „Sprache“ der Pflanzen

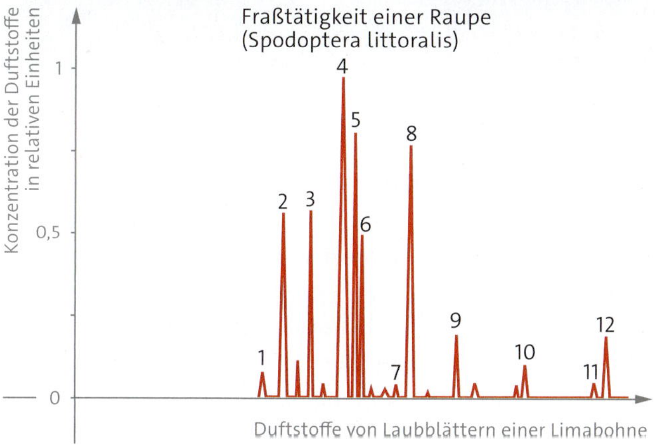

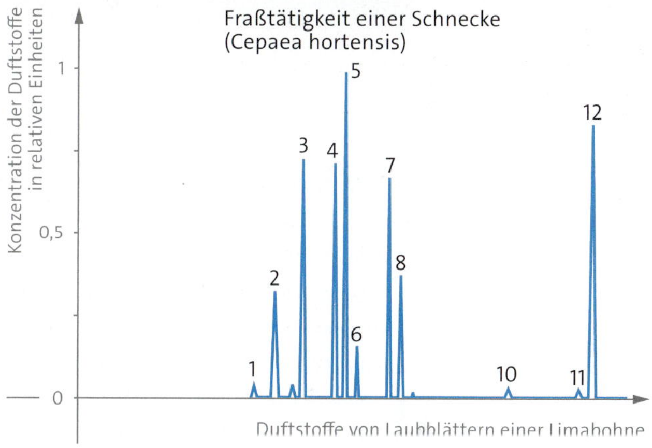

Viele Tierarten können Bedrohungen aus der Natur wahrnehmen, weil sie Augen, Ohren und Nasen haben. Pflanzen haben es da nicht so leicht – Sinnesorgane fehlen ihnen und weglaufen können sie schon gar nicht. Aber auch Pflanzen wehren sich gezielt gegen Schädlinge.

Wie Pflanzen ihre vermeintlichen Gegner erkennen und wie sie darauf reagieren, erforschen Wissenschaftler am Max-Planck-Institut für Chemische Ökologie in Jena. Sie konstruierten eigens dafür die mechanische Raupe MecWorm, die das Fressen von Laubblättern durch ihre natürlichen Verwandten imitieren kann. MecWorm ruft in einer Pflanze genau die Duftstoffabgabe hervor, die auch durch den Fraß von Insekten ausgelöst wird.

Das Resultat der Untersuchungen ist sehr überraschend: Pflanzen erkennen einen Insektenbefall nicht nur am Speichel des Angreifers, sondern auch an der Art und Weise, wie ihre Laubblätter verletzt werden.

Die Verwundung führt in den Zellen der beschädigten Laubblätter zu einer hochkomplexen, bisher noch nicht vollständig geklärten Signalkaskade aus biochemischen Reaktionen, bei der letztendlich verstärkt pflanzliche Hormone gebildet werden. Diese wiederum sind in der Lage, spezifische Gene zu aktivieren und damit die Synthese einer Vielzahl von Abwehrduftstoffen einzuleiten. Die Duftstoffe können mithilfe des MecWorm aufgefangen und mittels Gaschromatografie analysiert werden. Jeder Ausschlag in den Gaschromatogrammen steht für einen bestimmten Duftstoff. Die Ziffern geben jeweils unterschiedliche Duftstoffe an.

Die Wissenschaftler konnten zudem nachweisen, dass diese Duftstoffe von anderen Pflanzen aufgenommen werden können.

A1 Ordnen Sie die „Sprache“ der Pflanzen einer Kommunikationsform zu und begründen Sie Ihre Zuordnung!

A2 Fassen Sie die wesentlichen Aussagen der Gaschromatogramme zusammen!

A3 Stellen Sie Hypothesen über die biologische Funktion der Duftstoffe auf!

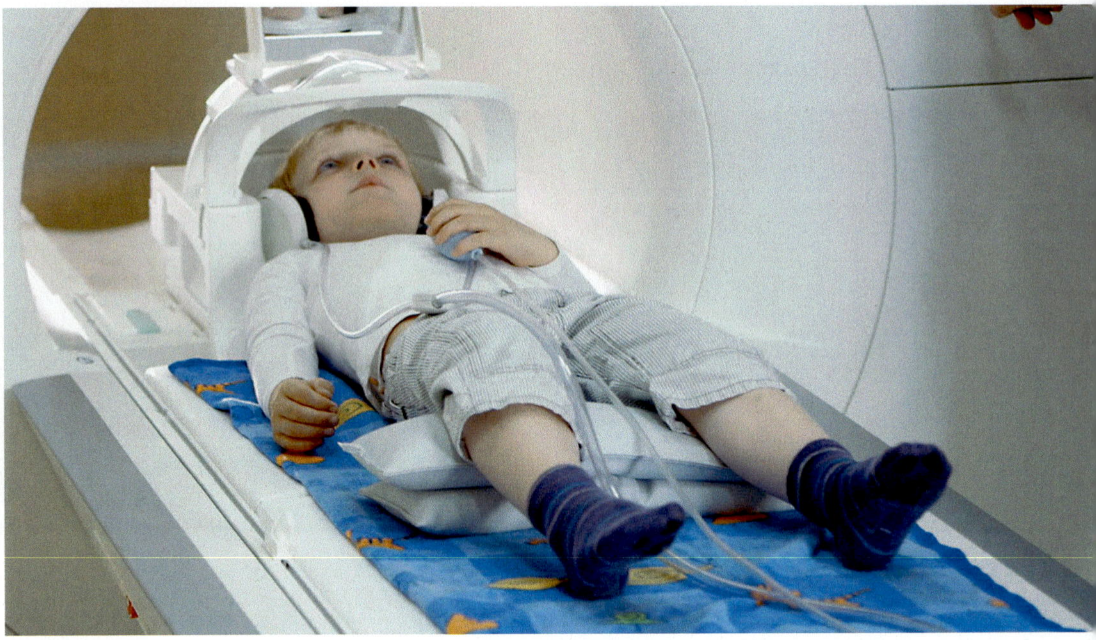

01 Kind während einer fMRT

Neurobiologie der Sprache

Pierre Paul BROCA 1824–1880

Carl WERNICKE 1848–1905

Ein Kind hört über einen Kopfhörer verschiedene Sprachlaute und Worte. Forscher untersuchen währenddessen mithilfe einer fMRT die Gehirnaktivität des Kindes. Welche Regionen im Gehirn sind für das Hören, die Verarbeitung und die Produktion von Sprache relevant? Und wie entwickelt sich die Sprache bei Säuglingen und Kindern?

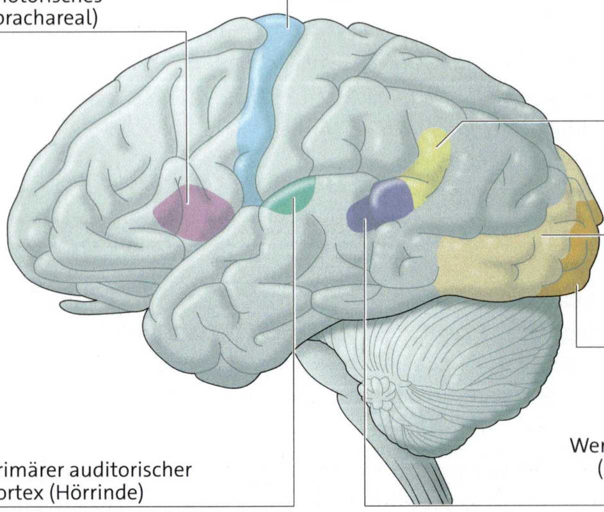

02 Wichtigste Sprachregionen in der linken Hemisphäre des Großhirns

SPRACHREGIONEN IM GEHIRN · Lange Zeit ging man davon aus, dass Sprache nicht vom Gehirn, sondern vom Mund kontrolliert wird. Kopfverletzungen, die Sprachstörungen zur Folge hatten, wurden daher beispielsweise mit Gurgeltechniken oder Zungenmassagen behandelt. Oder es wurde einfach die Zunge abgeschnitten. Erst im Laufe des 19. Jahrhunderts erkannte man, dass Sprache eine Funktion des Gehirns ist. Da es damals noch keine bildgebenden Verfahren gab, wurden die Erkenntnisse aus Studien zu Sprachstörungen in Folge von Hirnverletzungen gewonnen. Diese werden als Aphasien bezeichnet. So konnte der französische Neurologe Pierre Paul BROCA an verstorbenen Aphasiepatienten eine Region im Stirnlappen der linken Gehirnhälfte beschreiben, die für den Sprachausdruck verantwortlich ist. Heute wird diese Region als **Broca-Areal** bezeichnet. Im Jahr 1874 lokalisierte der deutsche Neurologe Carl WERNICKE eine andere Sprachregion im Gehirn, die hauptsächlich das Sprachverständnis beeinflusst. Dieses Areal wird als **Wernicke-Areal** bezeichnet.

SPRACHVERARBEITUNG IM GEHIRN · Inzwischen konnte durch PET-Aufnahmen und andere moderne bildgebende Verfahren nachgewiesen werden, dass beim Hören und Lesen von Sprache und beim Sprechen auch noch andere Regionen außer dem Broca- und dem Wernicke-Areal eine bedeutende Rolle spielen. Ein in der Neurowissenschaft allgemein anerkanntes Modell für die Sprachverarbeitung geht davon aus, dass unterschiedliche Aufgaben im Zusammenhang mit Sprache in spezifischen Arealen des Großhirns verarbeitet werden. Schlüsselelemente sind demnach das Broca- und Wernicke-Areal, ein Neuronenverband, der beide Hirnareale miteinander verbindet, sowie der Gyrus angularis. Außerdem sind sensorische Kortexareale beim Hören und Lesen von Sprache beteiligt und motorische Kortexareale beim Sprechen. Gelesene Wörter werden dabei in Hirnregionen verarbeitet, die auch bei visuellen Prozessen eine Rolle spielen, gehörte Wörter dagegen in auditorischen Hirnregionen. In beiden Fällen erfolgt dann die weitere Verarbeitung in der linken Großhirnhälfte vom Wernicke-Areal über das Broca-Areal zum Motorkortex.

Bemerkenswerterweise können zum Beispiel die Informationen von gehörten Wörtern auch direkt zu motorischen Arealen geleitet werden. Das bedeutet, dass Menschen in diesem Fall Wörter zwar nachsprechen können, den Sinn des Wortes aber nicht verstehen. Eine strikte funktionelle Trennung der einzelnen Regionen wurde jedoch bisher nicht nachgewiesen. Offenbar sind die Grenzen dieser sprachverarbeitenden Systeme nicht genau zu lokalisieren und von Person zu Person unterschiedlich. Zudem können andere Hirnregionen den Verlust einer Sprachfunktion, beispielsweise nach einem Schlaganfall, zu einem gewissen Grad kompensieren.

LATERALISIERUNG · Zahlreiche Studien haben ergeben, dass Sprache ähnlich wie Musik hauptsächlich in einer Hemisphäre des Großhirns verarbeitet wird. Diese funktionelle Asymmetrie des Gehirns nennt man *Lateralisierung*. Bei etwa 95 Prozent aller Rechtshänder und bei etwa 70 Prozent der Linkshänder ist die linke Hemisphäre die sprachdominante. Besonders gut lässt sich die Lateralisierung bei Patienten zeigen, denen aus medizinischen Gründen die Hauptverbindung

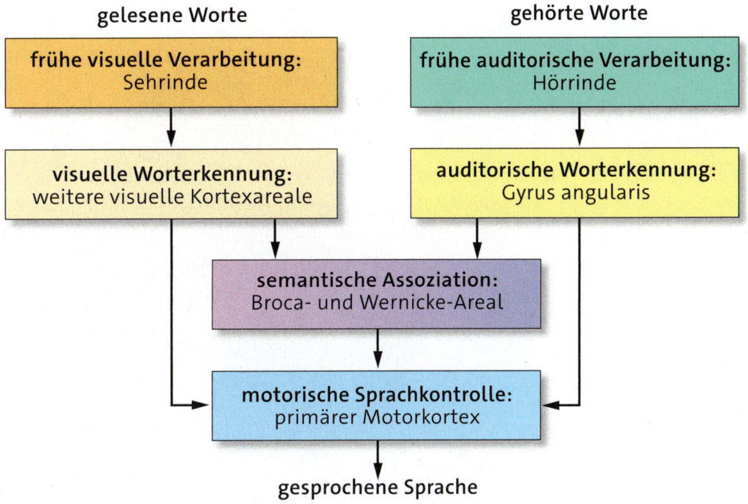

03 Vereinfachtes Modell der Sprachverarbeitung

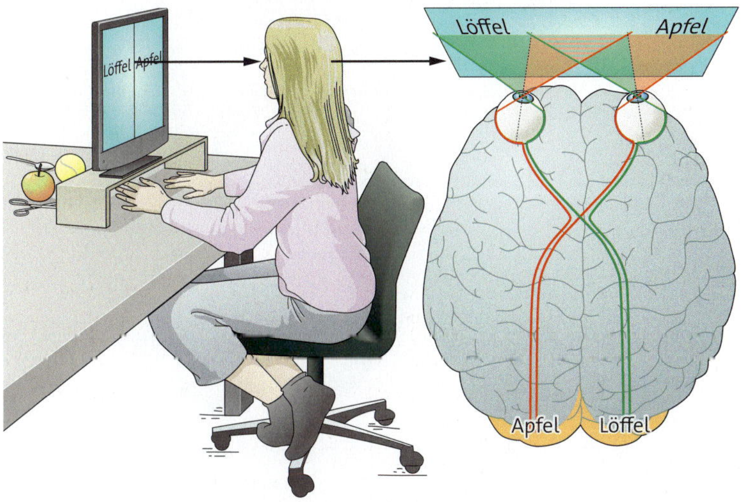

04 Sprachliche Einschränkungen einer Split-Brain-Patientin

zwischen den beiden Hemisphären, der Balken, durchtrennt wurde. Die Funktionen der beiden Hemisphären können bei diesen *Split-Brain-Patienten* getrennt untersucht werden. Zeigt man einer Split-Brain-Patientin auf einem Bildschirm Worte von Gegenständen, die sie hinter dem Bildschirm mit einer Hand ertasten soll, so ergibt sich ein bemerkenswerter Befund: Das rechts stehende Wort Apfel kann die Patientin aussprechen, zu dem links stehenden Wort Löffel kann sie nur mit ihrer linken Hand den entsprechenden Gegenstand hinter dem Bildschirm ertasten. Aussprechen kann sie das Wort dagegen nicht. Dieser Befund war ein wichtiges Indiz für die Lateralisierung von Sprache im menschlichen Gehirn.

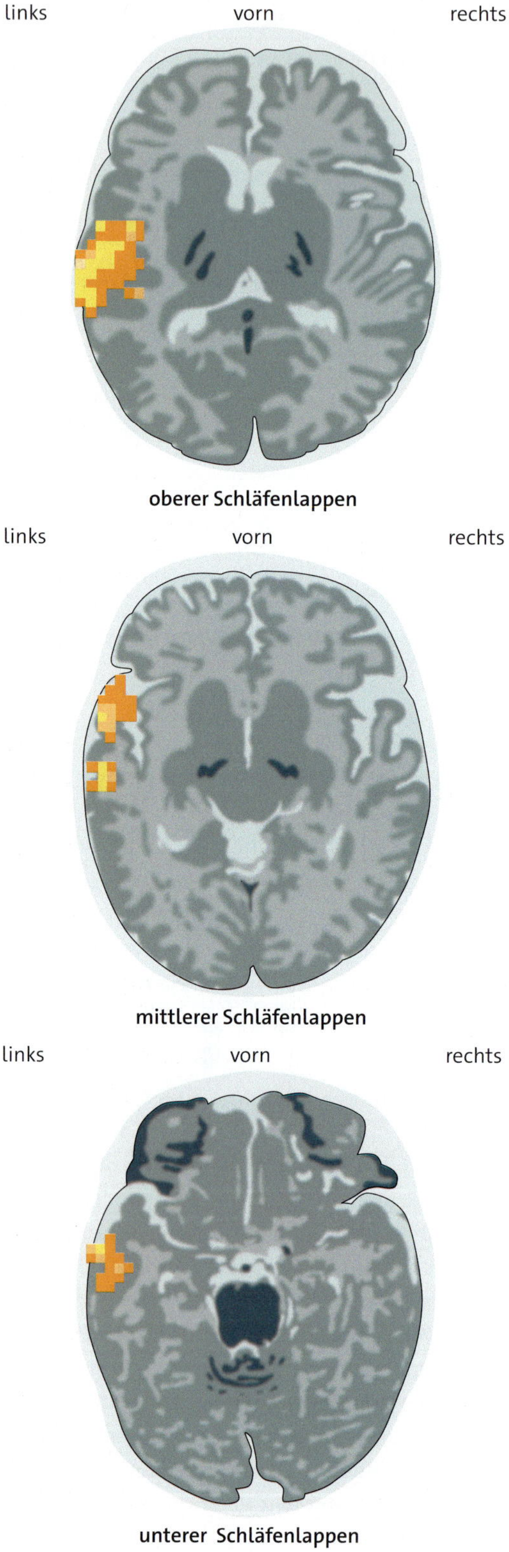

fMRT
siehe Seite 19

05 Hirnaktivität von Babys beim Hören von Sprachlauten

SPRACHERWERB · Die Sprachverarbeitung im Gehirn eines Erwachsenen ist das Resultat von Vernetzung und Interaktion spezifischer Hirnareale. Dieses neuronale Netz wird bereits in früher Kindheit ausgebildet. Das Erlernen von Sprache, der *Spracherwerb*, ist dabei offenbar universell und läuft in allen Kulturen gleich ab. Mit 18 Monaten verstehen Kinder bereits ungefähr 150 Wörter und können etwa 50 davon selbst aussprechen. Ein dreijähriges Kind bildet vollständige Sätze.

Die Gehirnmechanismen, durch die ein Kleinkind lernt, Wörter zu unterscheiden und auszusprechen, sind nach wie vor weitgehend ungeklärt. Bildgebende Verfahren belegen jedoch, dass die Gehirnaktivitäten bei gesprochenen Wörtern bereits im Alter von drei Monaten denen von Erwachsenen ähneln. So wurden Babys während einer fMRT, über Kopfhörer verschiedene Wörter vorgespielt. Beim Zuhören werden genau die Teile des Temporallappens aktiviert, die auch bei Erwachsenen aktiviert werden. Die Aktivierung ist in der linken Hemisphäre zudem deutlich stärker als in der rechten.
Diese Untersuchungen deuten darauf hin, dass der Spracherwerb sowie die Organisation und Lateralisierung der spezifischen Sprachareale sehr früh in der Individualentwicklung erfolgt. Die meisten Neuro- und Sprachwissenschaftler nehmen daher an, dass die Sprachfähigkeit des menschlichen Gehirns angeboren ist. Aktuelle Studien gehen davon aus, dass die Prädisposition für Sprache durch spezifische „Sprachgene" wie das *FoxP*$_2$-Gen gesteuert wird. Im Laufe der Evolution traten zwei Mutationen innerhalb dieses Gens auf, die dazu führten, dass sich Mensch und Schimpanse in zwei Aminosäuren des resultierenden Proteins unterscheiden. Dies war eine Voraussetzung für die Entwicklung der Sprachfähigkeit des Menschen.

1 Erläutern Sie mithilfe der Abbildung 03 auf Seite 181 das Modell der Sprachverarbeitung!

2 Erklären Sie, weshalb die Untersuchung von Split-Brain-Patienten wichtige Hinweise für die Lateralisierung spezifischer Hirnfunktionen wie Sprache liefern kann! Berücksichtigen Sie bei Ihren Überlegungen die Abbildung 04 auf Seite 181!

Material A ▸ Spracherwerb bei Kindern

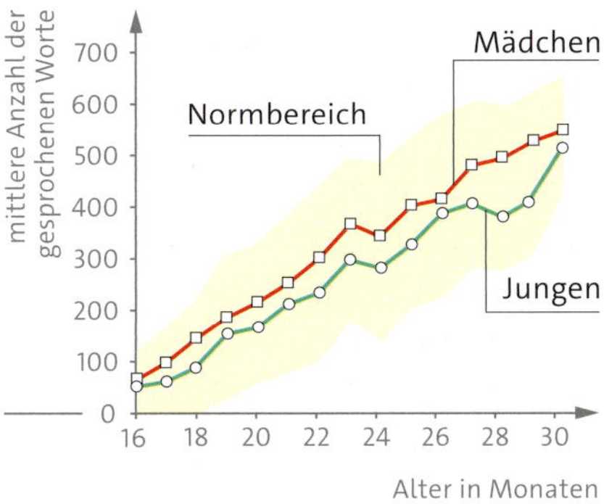

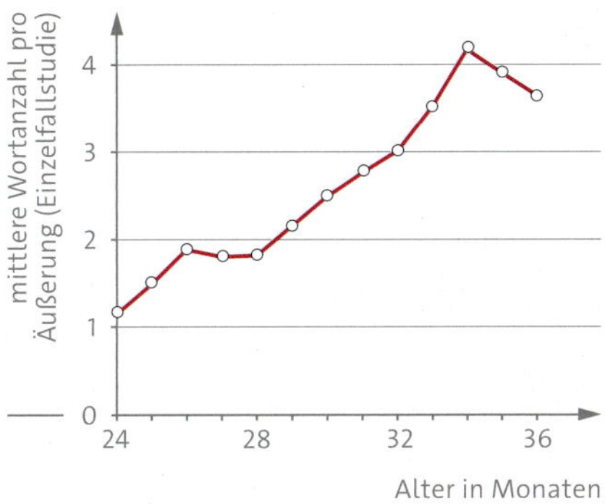

A1 Erläutern Sie, wie die beiden Untersuchungen durchgeführt wurden!

A2 Beschreiben Sie die Ergebnisse der beiden Untersuchungen!

A3 Werten Sie die Ergebnisse der beiden Untersuchungen im Hinblick auf den Spracherwerb bei Kindern aus!

Material B ▸ Unser mathematisches Gehirn

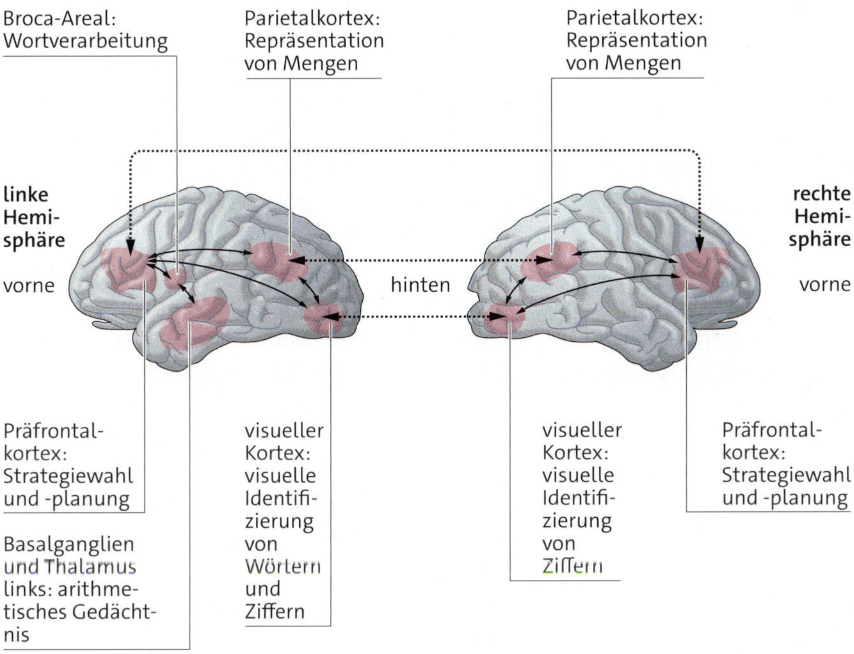

Vor einigen Jahren konnten Wissenschaftler nachweisen, dass Menschen und einige Tiere nicht nur Sprache, sondern auch Zahlen in spezifischen Hirnregionen verarbeiten. Was genau beim Zählen und Rechnen im Gehirn passiert, wurde in den letzten Jahren durch bildgebende und elektrophysiologische Untersuchungen aufgedeckt. So wurde zum Beispiel die Aktivität einzelner Neuronen im Gehirn von Rhesusaffen gemessen, während Ihnen unterschiedliche Punktmengen gezeigt wurden.

In einem anderen Experiment sollten Rhesusaffen per Tastendruck reagieren, falls eine Punktmenge kleiner beziehungsweise größer war als eine andere. Dabei wurden einzelne Neuronen im Gehirn abgeleitet.

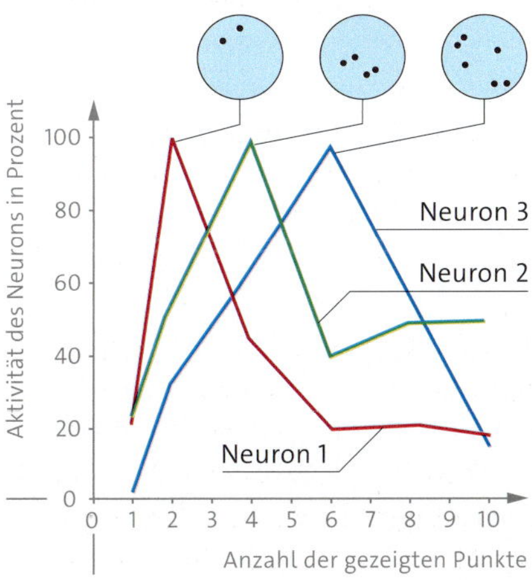

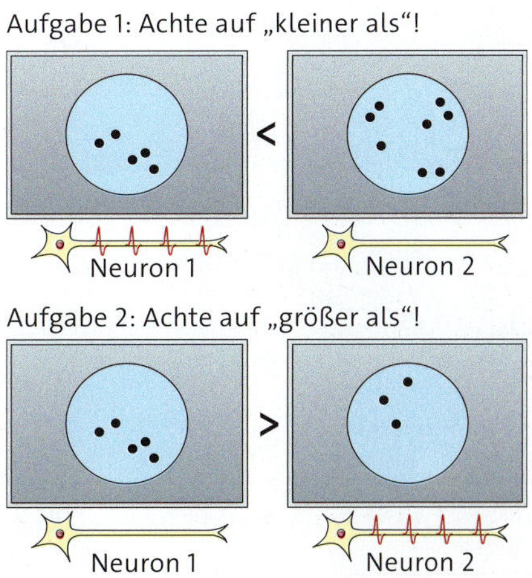

B1 Beschreiben Sie das Modell der Zahlenverarbeitung im Gehirn und erläutern Sie anhand dieses Modells das Prinzip der Modularität!

B2 Beschreiben und deuten Sie die Ergebnisse der Untersuchungen an Rhesusaffen!

B3 Stellen Sie Hypothesen auf, inwiefern ein Zahlenverständnis für Tiere lebensnotwendig sein könnte!

IM BLICKPUNKT NEUROPHILOSOPHIE

Theorien des Bewusstseins

Die Frage, was Bewusstsein ist oder wie bewusstes Denken entsteht, versuchen Philosophen seit Jahrhunderten zu beantworten. Noch immer ist diese Frage weitestgehend ungeklärt. Seit einigen Jahren versuchen nun Neurobiologen mit modernen bildgebenden Verfahren dem Geheimnis des Bewusstseins auf die Spur zu kommen. Die Klärung eines philosophischen Problems mit neurobiologischen Methoden wird heute der Neurophilosophie zugeschrieben. Sie ist eine eigene Forschungsrichtung, die der Frage nachgeht, inwiefern sich geistige Vorgänge in Zusammenhang mit Gehirnprozessen bringen lassen. So werden gegenwärtig drei Theorien des Bewusstseins diskutiert.

BEWUSSTSEIN ENTSTEHT IM ARBEITSGEDÄCHTNIS · Dieser Theorie zufolge entsteht Bewusstsein durch das Zusammenspiel von sensorischen Systemen, zum Beispiel dem visuellen Kortex, mit dem Arbeitsgedächtnis. Die in den sensorischen Arealen gespeicherten Informationen können in das Arbeitsgedächtnis gelangen und werden erst dort bewusst. Dabei entscheidet die Aufmerksamkeit darüber, welche sensorischen Neuronennetze in das Arbeitsgedächtnis eingebunden werden. Diese Theorie stimmt mit vielen Studien zum Bewusstsein überein. So konnte beispielsweise gezeigt werden, dass beim bewussten Lesen sowohl visuelle Areale als auch Hirnregionen, die mit dem Arbeitsgedächtnis im Frontalhirn in Verbindung gebracht werden, aktiviert sind. Nach dieser Theorie ist bewusstes Erleben allerdings nur möglich, wenn wir aufmerksam sind.

BEWUSSTSEIN IST EIN ZUSTAND HÖHERER ORDNUNG · Diese Theorie besagt, dass ein bewusstes Erlebnis gleichzeitig durch einen Gedanken interpretiert wird. Stellen Sie sich vor, Sie sehen einen Baum. Zum einen ist damit das bewusste Erleben des Baums verbunden, zum anderen entfaltet sich der Gedanke an dieses Erleben. Dies setzt voraus, dass bestimmte Sinneseindrücke oder Erlebnisse, die in spezifischen Hirnregionen verarbeitet werden, von anderen Hirnregionen gewissermaßen übergeordnet interpretiert werden. Diese neuronalen Netze fassen somit verschiedene neuronale Aktivitäten zusammen und repräsentieren das bewusste Erleben. Eine Schwäche dieses Ansatzes besteht darin, dass der Gedanke das ursprüngliche Erlebnis falsch interpretieren könnte. Wessen sich eine Person dann bewusst ist, bleibt unklar.

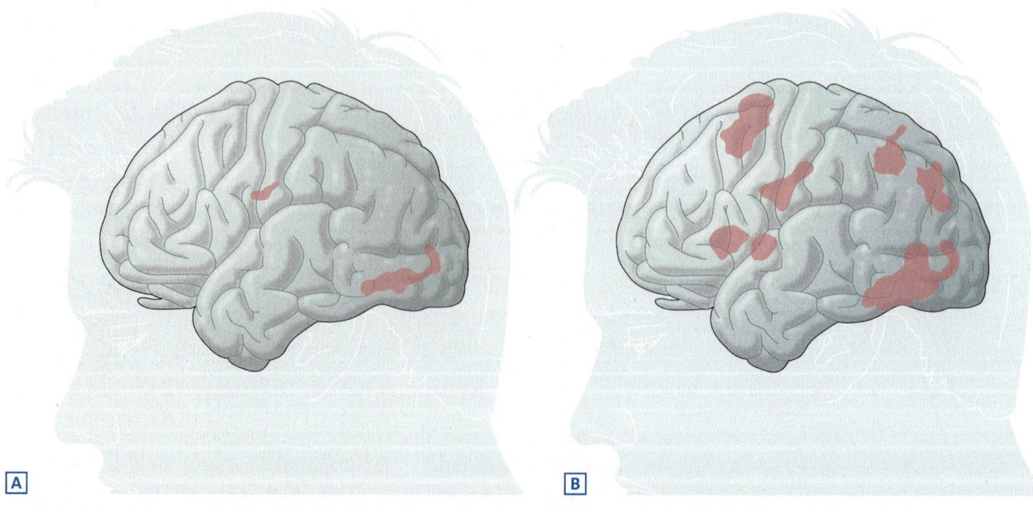

01 Gehirnaktivität während des Lesens:
A unbewusste Wahrnehmung,
B bewusstes Lesen

BEWUSSTSEIN IST EINE HIRNSPEZIFISCHE EIGENSCHAFT · Diese Theorie findet sich in unterschiedlichen Ausprägungen in vielen neurophilosophischen Deutungen des Bewusstseins wieder. Sie besagt, dass Bewusstsein oder ein bewusstes Erlebnis einer spezifischen neuronalen Aktivität im Gehirn entweder entspricht oder notwendigerweise von der Gehirnaktivität verursacht ist. Bewusstes Erleben erfordert nach dieser Theorie also immer physiologische Prozesse in Form von neuronaler Aktivität. Das bedeutet, dass ohne Gehirn kein Bewusstsein möglich ist. Ein vom Gehirn unabhängiges bewusstes Erleben existiert also nicht.
Diese Theorie kann allerdings nicht erklären, warum die betreffenden Hirnprozesse subjektiv bewusst erlebt werden, andere hingegen unbewusst bleiben.

DAS CLAUSTRUM ALS SCHNITTSTELLE FÜR DAS BEWUSSTSEIN · Aktuelle Forschungsergebnisse und Untersuchungen an Epilepsiepatienten deuten darauf hin, dass eine bestimmte Region im Gehirn, das *Claustrum*, eine zentrale Rolle für unser bewusstes Erleben spielt. Dabei handelt es sich um eine flache Struktur tief im Inneren des Gehirns, die vor allem stark mit Gehirnregionen vernetzt ist, die Sinneseindrücke verarbeiten. Einen bemerkenswerten Hinweis darauf, dass das Claustrum möglicherweise die Schaltzentrale für unser Bewusstsein sein könnte, erhielten Forscher während einer Gehirnoperation bei einer Epilepsiepatientin. Als man bei ihr eine kleine Region neben dem Claustrum elektrisch stimulierte, setzte das Bewusstsein aus: Sie hörte auf zu lesen, starrte vor sich hin und reagierte weder auf Anweisungen noch auf Gesten. Sobald die Stimulation aufhörte, verhielt sich die Frau wieder völlig normal. Sie konnte sich jedoch nicht an die Momente kurz zuvor erinnern, die sie nicht bewusst erlebt hatte. Noch ist die Bedeutung des Claustrums nicht eindeutig geklärt. Sicher ist aber, dass es für die Koordination des Bewusstseins und das Empfinden eines Selbst notwendig ist.

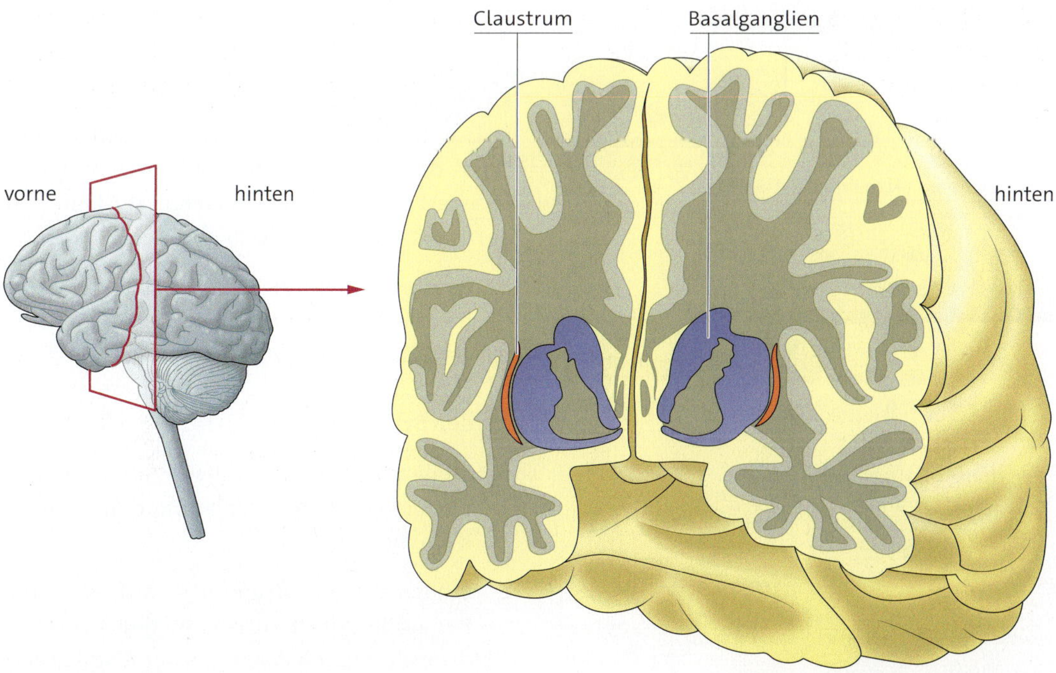

02 Lage des Claustrums im Frontalschnitt des Gehirns

Training A ▸ Morbus Alzheimer

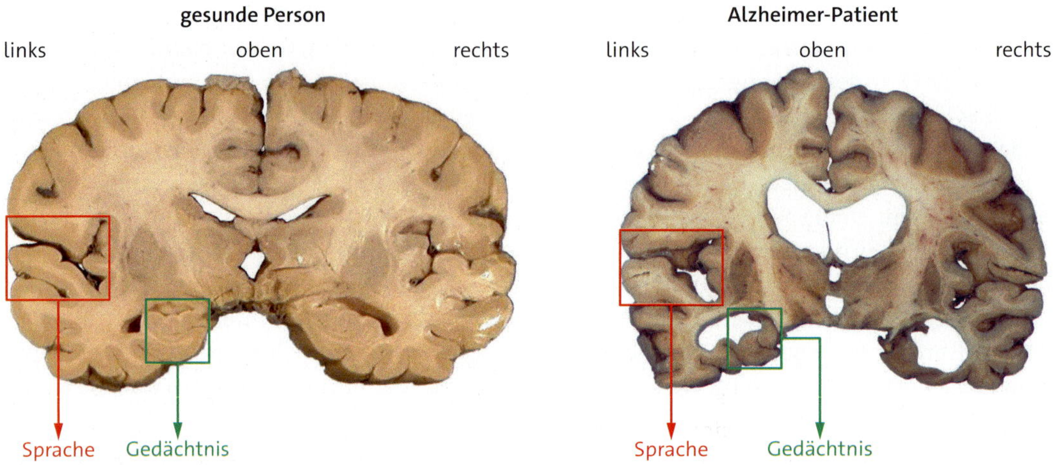

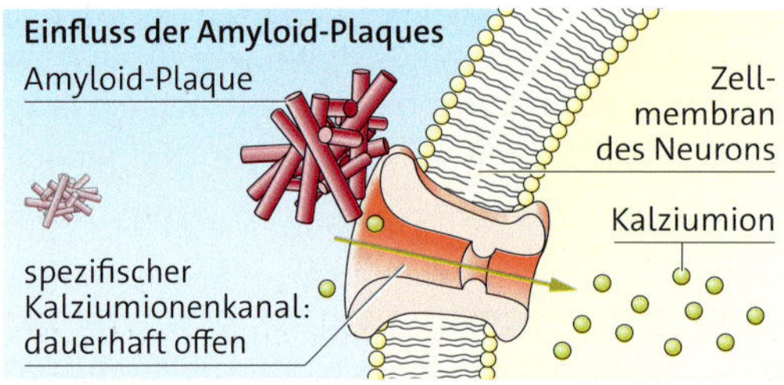

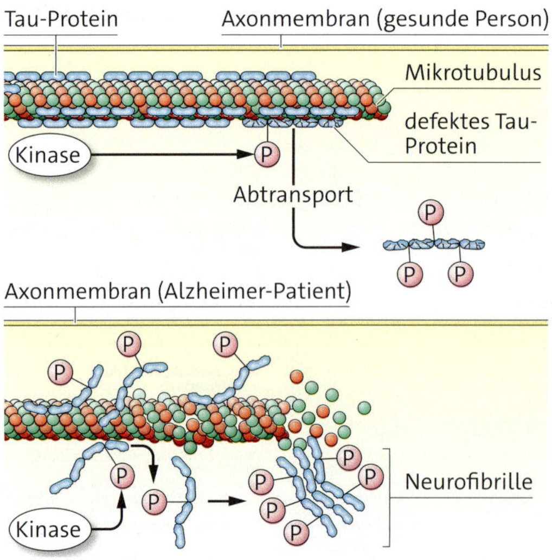

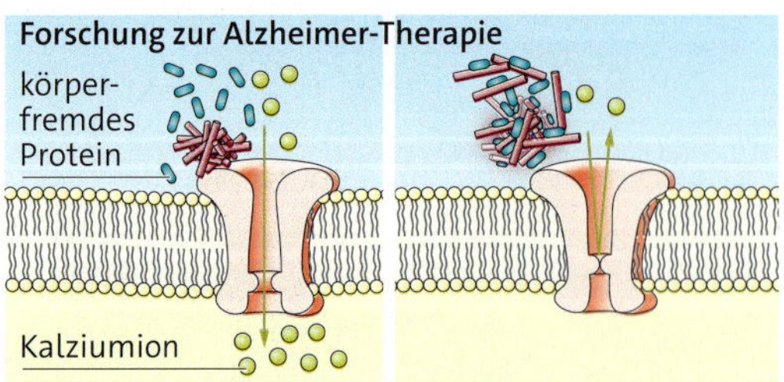

Morbus Alzheimer ist die weltweit häufigste neurodegenerative Erkrankung. Bekannte Symptome sind eine Verschlechterung der kognitiven Leistungsfähigkeit bis zur Unfähigkeit der Bewältigung des Alltags. Zu den kennzeichnenden Merkmalen der Erkrankung gehören extrazelluläre Amyloid-Plaques und intrazelluläre Neurofibrillenbündel im Gehirn. Die Amyloid-Plaques entstehen durch fehlerhafte Enzymfunktionen und aktivieren Immunzellen, die entzündliche gewebeschädigende Reaktionen auslösen. Zudem können die Plaques mit bestimmten Rezeptoren interagieren und die Kalziumionenkanäle beeinflussen. Ein hoher Kalziumionenspiegel in der Nervenzelle beeinflusst die synaptische Signalübertragung und aktiviert verschiedene Kinasen, deren Funktion darin besteht, Moleküle zu phosphorylieren.

a Beschreiben Sie die Veränderungen im Gehirn bei Morbus Alzheimer und erklären Sie den Zusammenhang zwischen den Veränderungen im Bereich des Hippocampus und den Symptomen der Alzheimer-Krankheit!

b Stellen Sie eine Hypothese zu den neurophysiologischen Ursachen der Alzheimer-Krankheit auf!

c Stellen Sie eine Hypothese auf, wie eine Behandlung mit körperfremden Peptiden, die sich mit den Proteinen der Plaques verbinden, zur Heilung beitragen könnte!

Verhaltensforschung

proximate Ursachen: Sie umfassen die unmittelbaren Ursachen von Verhalten wie hormonelle, muskuläre oder neuronale Mechanismen und die entwicklungsbedingten Ursachen wie Lernen.

ultimate Ursachen: evolutionsbedingte Ursachen von Verhalten.

Ethogramm: Beschreibung aller artspezifischen Verhaltensweisen.

Instinkt: angeborenes, stereotyp ablaufendes Verhaltensmuster.

Behaviorismus: Zweig der Verhaltensforschung, der in seiner Extremform davon ausgeht, dass sich das gesamte Verhalten von Lebewesen durch erlernte Reiz-Reaktions-Schemata erklären lässt.

klassische Konditionierung: einfacher Lernvorgang, bei dem ein angeborener Reflex mit einem neutralen Reiz gekoppelt wird wie beim PAWLOWschen Hundeversuch.

operante Konditionierung: einfacher Lernvorgang durch Strafe oder Belohnung.

klassische Ethologie: Zweig der Verhaltensforschung, bei dem besonders angeborene Verhaltensweisen untersucht werden.

Verhaltensökologie: Richtung der Verhaltensforschung, bei der das Verhalten vor dem Hintergrund ökologischer Rahmenbedingungen und dem Überlebenswert für das Individuum betrachtet wird.

Erwerb und Speicherung von Informationen

Kurzzeitgedächtnis: primäres Gedächtnis zur kurzzeitigen Informationsspeicherung.

Arbeitsgedächtnis: temporäres Gedächtnis, das für die erfolgreiche Bewältigung von Tätigkeiten mit einer verzögerten räumlichen Antwort erforderlich ist.

Langzeitgedächtnis: permanentes Gedächtnis, das Informationen über Tage, Monate oder das ganze Leben speichert.

explizites Gedächtnis: Hier werden Fakten und Wortbedeutungen sowie Erinnerungen an Ereignisse gespeichert.

implizites Gedächtnis: Es umfasst Fertigkeiten, Gewohnheiten und Regeln.

emotionales Gedächtnis: Es speichert die mit dem Erlebten oder Gelernten verbundenen Gefühle.

Langzeitpotenzierung, LTP: Die Steigerung der Übertragungsrate an Synapsen durch Aktivierung einer bestimmten neuronalen Verbindung bildet die zelluläre und molekulare Grundlage des Lernens.

Bahnung: Die Wirkungen einzelner räumlich oder zeitlich getrennter synaptischer Aktivitäten können sich gegenseitig verstärken, sodass eine postsynaptische Antwort stärker ausfällt als die vorhergehende, durch die gleiche präsynaptische Aktivität hervorgerufene Antwort.

neuronale Plastizität: lebenslange Fähigkeit des Gehirns, neue Verknüpfungen zu bilden und bestehende zu verändern.

Kommunikation und Sprache

Broca-Areal: Region im Stirnlappen der linken Großhirnrinde, die für den Sprachausdruck zuständig ist.

Wernicke-Areal: Region im Schläfenlappen der linken Großhirnrinde, die für das Sprachverständnis zuständig ist.

Lateralisierung: Spezialisierung der Hemisphären auf bestimmte Funktionen.

Kommunikation: intra- oder interspezifischer Austausch von Nachrichten in Form von akustischen, chemischen, visuellen oder taktilen Signalen.

Aphasie: Störung der Sprachfähigkeit aufgrund einer Läsion, meist in der linken Hemisphäre.

Split-Brain: Zustand nach Durchtrennung des Balkens, der beide Hemisphären verbindet.

Titel: Vario-Images / Design Pics; **5.1:** Shutterstock / Natalie Jean; **5.2:** Mauritius images / Science Source; **5.3:** Corbis / National Geographic Creative / Tim Laman; **6.1:** Interfoto / Sammlung Rauch; **7.2:** Cajal Institute, Spanish Research Council (CSIC); **9.1:** GlowImages / SuperStock; **10.1:** Photoshot / Paul Kay; **11.3 A:** Imago / SPL; **14.1:** TU Berlin Pressestelle / Ulrich Dahl; **17 Mat B ob.:** Agentur Focus / SPL / WELLCOME DEPT. OF COGNITIVE NEUROLOGY; **18.1:** Mauritius images / Alamy; **18.2:** Imago / SPL; **18.3:** Axer, Zilles und Amunts, INM-1, Forschungszentrum; **19.4 A li.:** Your photo today.A1 pix – superbild / BSIP; **19.4 B:** Corbis / SPL; **19.5 A:** Corbis / Visuals Unlimited; **19.5 B:** Corbis / Visuals Unlimited; **20.1:** Mauritius images / Phototake; **21.3 B:** Corbis / SPL / Thomas J. Deerinck; **21.3 D:** Mauritius images / Photo Researchers; **24.1:** Universität Bonn, Institut für Zoologie / Abteilung Neuroethologie und Sensorische Ökologie / Dr. Tim Ruhl; **26.6:** Prof. Jürg Streit, Universität Bern, Institut für Physiologie; **28.1:** Mauritius images / Alamy; **29.2:** wikipedia / public domain; **34.1:** Corbis / Paul Souders; **38.1:** Mauritius images / Phototake; **40.3 A:** Josef Spacek, 2000, SynapseWeb, Kristen M. Harris, PI, http: / / synapseweb.clm.utexas.edu; **42.1:** Imago / UIG; **46.1:** Corbis / Visuals Unlimited / Lewis-Everhart-Zeevi; **50.1:** picture-alliance / dpa; **51.2 li. ob.:** Mauritius images / Alamy; **51.2 li. un.:** Shutterstock / Craig Burrows; **51.2 un. li.:** Reinaldo Aguilar, Costa Rica; **51.2 un. Mi.:** Fotolia / Cristina Dinii; **51.2 un. re.:** Shutterstock / kanusommer; **51.2 re. ob.:** Corbis / Visuals Unlimited / Dennis Kunkel Microscopy, Inc; **52.3:** Image Source / Claire Keeley; **52.4:** picture-alliance / dpa; **53 Mat A li.:** Juniors Bildarchiv / Photoshot / D.Heuclin; **53 Mat B li.:** Topic Media; **53 Mat B re.:** Fotolia / emer; **54.1:** Juniors Bildarchiv / Photoshot / F. Banfi; **61.1:** Shutterstock / Sergey Dolgikh; **62.1:** Corbis / Erik Tham; **65 Mat A li.:** Imago; **65 Mat B li.:** Mauritius images / Science Faction; **66.1:** Laif / Hartmut Krinitz; **70.1 A:** Shutterstock / Piotr Krzeslak; **70.1 B:** Shutterstock / Kristala Graphics; **70.1 C:** picture-alliance / Arco Images; **70.1 D:** Imago / Anka Agency International; **71.3 B:** Okapia / NAS / Ralph Eagle; **72.4 C:** Dr. Holger Jastrow / Prof. H. Wartenberg; **73 Mat B re.:** Effigos AG Leipzig / Jens Grosche; **74.1 A–B:** Second Sight Medical Products, Inc; **77.Mat B li, re.:** National Eye Institute, National Institutes of Health (NEI / NIH); **80.1:** Fotolia / vector_maker; **85 Mat A ob.li.:** picture-alliance / Newscom; **85 Mat A ob. M.:** action press / THE MEDIA CIRCUIT; **85 Mat A ob. re, un. li.:** Imago; **90.1:** action press / REEMEDIA; **94.1:** Oliver Ramstedt – ohobby.de; **98.1:** Michael J. Fabian, Hannover; **101 Mat A li., Mat B li.:** Prof. Dr. Martin Lotze, Universität Greifswald, Diagnostische Radiologie; **102.1:** Laif / Polaris / Allan Tannenbaum; **103.2 A li., B li.:** UKE – Universitätsklinikum Hamburg-Eppendorf, Nuklearmedizin; **104.3:** EPFL / Alain Herzog; **104.4:** Michael J. Fabian, Hannover; **105 Mat B li.:** Anna-Sophia Wahl, Brain Research Institute, Universität Zürich; **106.li., re.:** Prof. Dr. Leo Peichl / MPI; **108.1:** Medtronic GmbH; **109.Steckbrief:** Mauritius images / United Archives; **112.1:** Imago; **114.5 A:** Mauritius images / Alamy; **114.5 B:** Mauritius images / Alamy; **116.1:** Mauritius images / Alamy; **118.3:** Fotolia / vbaleha; **122.1 A:** University of California, San Diego; **122.1 B:** University of California, San Diego; **123.3 A:** Max-Planck-Institut für Kognitions- und Neurowissenschaften, Leipzig; **125 Mat A li., Mi. re., Michael J. Fabian, Hannover; 126.1:** Corbis; **127.2 li.:** Prof. Martin Lotze, Universität Greifswald, Diagnostischen Radiologie; **127.2 re.:** Mauritius images / Alamy; **129 Mat B li.A, li.B:** Shutterstock / g-stockstudio; **130.1:** Bärbel Delia Nixdorf, Velbert; **131.2:** picture-alliance / ZB; **134.1:** Corbis / Tim Clayton; **138.1:** ddp images / United Archives; **142.1:** Shutterstock / Pe3k; **145 Mat A:** Fotolia / by-studio; **146.1:** Okapia / M.M.Rotker / Science Source; **148.1:** Laif / Regina Bermes; **149.1:** Okapia / Biophoto Associates / Science Source; **153.1:** Fotolia / lifeon-white.com; **154.1:** Corbis / Brian Smith; **155.2:** Imago / blickwinkel; **155.3 u. 4:** picture-alliance / Arco Images; **156.5:** Interfoto / ARDEA / Jean Paul Ferrero; **156.6 A:** Fotolia / gallas; **156.6 B:** Fotolia / Micha Klootwijk Photography; **157 Mat A li, re.:** Erwin Schraml, Augsburg; **157 Mat B li.:** Daniel Hohlfeld www.digital-fotografie-hohlfeld.de; **158.1:** Corbis / National Geographic Creative / Tim Laman; **158.2:** Interfoto / Granger, NYC; **159.3:** picture-alliance / United Archives; **159.4:** Mauritius images / Werner Layer; **160.1:** The Gorilla Foundation / Koko.org; **162.3 A:** Christopher Mirbach, Australien; **162.3 B:** Wildlife / F.Teigler; **163 Mat A li.:** Imago; **163 Mat B:** Photoshot / NHPA / Marie Read; **164.1:** picture-alliance / dpa; **168.1:** Shutterstock / Natalie Jean; **169 Steckbrief:** picture-alliance / dpa; **172.1:** F1 online; **175 Mat A ob.:** Agentur Focus / ISM / Pr JJ Hauw; **176.1:** Corbis / Flip Nicklin / Minden Pictures; **177.3 A:** Okapia / NAS / M. I. Walker; **177.3 B:** Mauritius images / Science Source; **177.4:** picture-alliance / Photoshot; **179 Mat A ob. li., re.:** Max-Planck-Institut für chemische Ökologie Jena / Axel Mithöfer; **180.1:** Max-Planck-Institut für Kognitions- und Neurowissenschaften, Leipzig; **186.ob. li., re.:** Agentur Focus / ISM